石油高等院校特色规划教材

油气田微生物学实验研究方法

Research Methods for Geomicrobiology Experiments in Oil and Gas Field

万云洋　董海良　编著

石油工业出版社

等教育领域中的“热点”。但是，交叉学科越是“热”，支撑交叉学科发展的传统学科的基础性功能就越重要，而且其在教学中面临的挑战也越为艰巨。本书的编写和出版，不仅是作者在石油地质微生物这个交叉领域中的一次有意义的尝试，而且形成了自身的创新特色，可为今后与微生物学相关的新兴交叉学科教材的编写提供借鉴。

赵国屏

中国科学院院士

2023 年 5 月 26 日

序　　二

油气田微生物学对石油工业有着重要意义，它不但参与地下油气形成和演化，还具备油气田污染治理、勘探和开发应用潜力。无论是伴随油气藏形成的极端细菌和/或古菌，还是在开发过程中进入到油气藏中的外源细菌，对原油性质和气体组成均有较大影响。在有营养物质情况下，微生物会被激活并产生成分复杂但有利于驱油的物质，从而可以进一步提高油气采收率。油气田微生物高效利用是提升油气田开发效果的重要技术手段之一。根据微生物培养环境条件，可分为地面法和地下法。地面法主要是以生产生物聚合物和表面活性剂为主，过程可控，因微生物代谢产物独特的流变性、环境耐受性及绿色环保等优点在污油泥处理、油水井压裂及提高采收率等方面有着广泛应用。地下法主要是向油气藏中注入微生物或营养物，使微生物在地下生长繁殖，进而提高采收率。近20年，地下发酵法在国内得到了快速发展，新疆砾岩、长庆低渗透、胜利稠油及大庆聚合物驱后等油藏均成功开展了微生物驱油现场试验，增油效果与生化指标呈现出较好的相关性，说明油藏微生物得到了激活并发挥了明显的驱油作用。随着分子生物学和基因工程技术快速发展，微生物在油气田开发过程中将发挥越来越重要的作用，具备成为油气田提高采收率的重要接替技术。

本书介绍了微生物灭菌、培养、计数及形态观察等基础实验方法，为深入开展相关实验奠定了基础。同时，围绕油气田微生物所在环境条件和开发应用潜力，从油气田微生物特有的样品采集、处理和保藏，到温度、压力等环境因素影响，再到微生物群落、代谢特征及原油降解等实验，涵盖了油气田微生物开发评价主要实验。最后，本书阐述了油气田微生物学研究中关于噬菌体和脱氧核糖核酸重组等前沿实验技术，拓宽了油气田微生物实验技术研究思路，能够为专门从事油气田微生物相关研究的科研人员提供借鉴和指导，是从事油气田微生物学研究及相关生物地质学、生物地球化学、环境学等相关研究的优秀参考书。油气田微生物种类丰富，开发应用潜力巨大。目前仅有1%左右的微生物得到了纯培养，油气微生物资源开发利用前景广阔，实验研究任重道远。本书涉及的传统和前沿实验技术必将推动油气微生物资源开发利用，促进微生物在油气田勘探开发及污染物治理等领域的快速发展，为我国石油工业发展做出贡献。

胡文瑞

中国工程院院士

2023年6月6日于成都

前　言

由于微生物学和地质学等的快速发展，石油工业急切需要一本专业的油气田微生物实验教材。笔者在多年微生物实验教学实践的基础上编写了本教材。本书设计64学时教学（根据实际情况选择开展），包括理论教学8学时、实验教学56学时。本书适合地球化学、地球生物学、环境生物学、环境科学与工程、微生物学、生物化学、石油工程、地质资源和地质工程等交叉学科教学和科研参考。

本书围绕油气工业对微生物研究的要求，遵照由浅入深、逐步掌握的基本教学规律，按照六章内容展开：第一章和第二章是培养基和微生物学基础观察。迄今为止，在过去有记录的1700多年的微生物研究历史中，大约不到1%的微生物得到纯培养，99%的未知微生物（或基因生物）等待纯培养，以揭示其生存本质，因此这两部分是基础而重要的。第三章作为对已知和未知微生物环境的研究，是针对油气藏极端环境和其它极端环境、样品采集、前处理和保存（含细胞和核酸），因为99%的未知微生物中，一大部分应该在极端环境中，嗜极微生物和耐极微生物是当前的研究热点和难点之一。第四章是环境因素对微生物生长发育的影响，是研究前三章获得的微生物的生存发育机制，是微生物对环境的响应和反馈，也是地质环境作用于微生物的具体化，始终是微生物学的核心内容之一。第五章对于拓展前述实验内容和知识是重要的，生长曲线，微生物糖的提取、测定和发酵，吲甲伏柠—硫化氢检测，酶和核酸的分离纯化和测定都是对微生物生理生化的鉴定分析和拓展，对环境分子、药物和原油的生物化学作用是综合利用微生物的代谢特征，群落结构和代谢活性分析是环境地质微生物的深入分析。第六章作为拓展性实验，对于进一步理解比细菌和古菌更小的生命（如噬菌体）和免疫反应都非常重要，分子鉴定也是对核酸$G+C$的进一步分析。

本书特色之一是将化学和生物学的内容向地球科学移植，很好地融入石油地质、地质资源与地质工程、地球化学、石油工程等学科中，将传统的实验微生物学的内容经过加工而升华为适合交叉新学科需要的实验技能指导。地质样品气、水、土、油、岩、物的采集、预处理、实验步骤都有详细描述，并详细说明了步骤的演绎，特别是作了原理性解释，对于记忆、理解和掌握均很友好。

本书特色之二是将原来模糊、混乱和矛盾的微生物中文、拉丁文命名根据《原核微生物资源和分类学词典》的要求，进行了全面的整理统一，从顶层设计层面解决了中文、拉丁文对微生物命名的唯一性和科学性，是本书的提升之一。有关详细内容参见各章节和附录9及有关论文。

本书编著过程中，受陈文新、王铁冠、金之钧、李阳、李根生、张来斌、徐春明等院士多方面的指导，特别是赵国屏院士和胡文瑞院士审定并作序；受中国石油集团安全环保技术研究院有限公司,长庆油田、新疆油田、胜利油田、辽河油田、大港油田、大庆油田、南海油田、中国华油等公司的帮助;受中国石油大学(北京)油气资源与探测国家重点实验室、油气污染防治北京市重点实验室、非常规油气科学技术研究院、地层微生物资源与应用研究中心等单位的支持;受到北京能源协会、北京市昌平区科学技术协会、北京市昌平区科学技术委员会等单位的指导,在此深表谢意。

本书在预审和讲义试用过程中,众多师生朋友和读者提出了不少宝贵意见,如伯杰氏奖章获得者阮继生先生(96 岁)和刘志恒先生(82 岁),陶天申、楚泽涵、林壬子、东秀珠、赖旭龙、张立飞、王根厚、屈撑囤、吉田孝等国内外教授,微生物地质学实验室的研究生朱迎佳、田燕、穆红梅、罗娜、王贺、孙午阳、李磊、顾雪莹、何欣月、许丽媛、段珂宇、樊宝旭、陈浩荣、刘晓丽,以及罗治斌、杜卫东、付金华、郑明科、石国新、许长福、吴宝成、白雷、汪庐山、汪卫东、王洪关、侯卫国、陈梅梅、郝纯、费佳佳、罗一菁、李文宏、徐飞艳、向中远、赵燕红、王艳琼、郭子龙等一线专家,挂一漏万,总难尽书,在此一并表示衷心的感谢,并继续欢迎任何意见和建议。

本书的出版,部分地受中国石油集团战略合作科技专项(ZLZX2020010805,ZLZX2020020405)、中国石油大学(北京)前瞻导向项目(ZX20190209)、国家科技重大专项(2016ZX05050011,2016ZX05040002)和科技新星与领军人才培养计划(Z161100004916033)的资助。

由于编著者水平所限,错误和不足在所难免,请读者和专家不吝赐教,欢迎批评指正。

编著者

2022 年 3 月

目　录

酸分解、代谢混乱而达到灭菌和灭孢子或芽孢的目的。

三、实验材料与设备

培养皿(6 套/包)、试管、平皿、移液器、手提式高压蒸汽灭菌锅或自动电热压力蒸汽灭菌锅(图 1-1,实验室使用的相关设备须符合有关国家标准和/或行业标准,参见第一章延伸阅读)、牛肉膏胨胨培养基(见第一章实验六,如果仅仅练习高压灭菌操作可省略,由指导教师事先准备。建议同具体实验结合起来教学)等。相关器皿须符合 GB/T 21298—2007《实验室玻璃仪器 试管》、QB/T 2561—2002《实验室玻璃仪器 试管和培养管》以及其它实验室玻璃仪器系列标准(附录 3)。

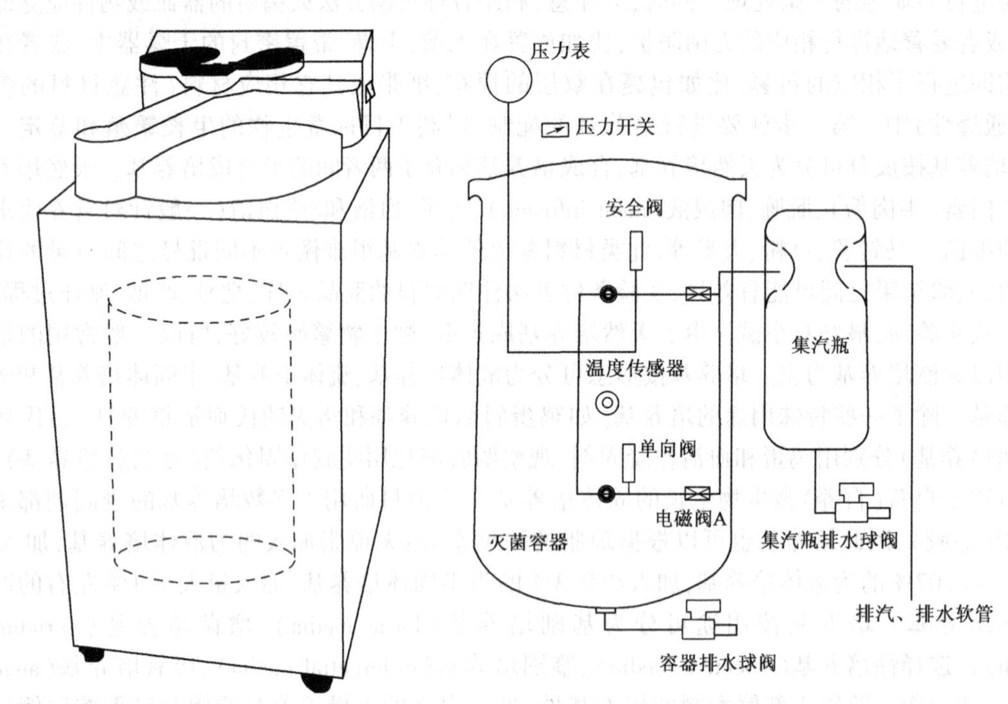

图 1-1 自动电热压力蒸汽灭菌锅及工作原理图

四、操作步骤

这里描述一般灭菌锅(灭菌器)的操作步骤,具体情况请参考仪器(如 YY/T 0646《小型蒸汽灭菌器》、YY/T 1007《立式蒸汽灭菌器》、YY/T 1609《卡式蒸汽灭菌器》)操作指南或使用说明。

1. 取锅加水

首先将内层锅取出,再向外层锅内加入适量的水,使水面与三角搁物架相平为宜。此步骤在新式的仪器中已经不需要,可以直接加水。

注意:切勿忘记加水,同时加水量不可过少,以防灭菌锅烧干而引起爆炸事故。现在有些灭菌锅并不需要取出内层锅,直接从边缘加水至一定高度即可。

2. 放锅装物

放回内层锅，并装入待灭菌物品。

注意：不要装得太挤，以免妨碍蒸汽流通而影响灭菌效果。三角烧瓶与试管等待灭菌器皿口端均不要与桶壁接触，以免冷凝水淋湿包口的纸而透入棉塞（或泡沫塑料塞、试管帽、试管纸等封口器件）。

3. 加盖保密

加盖，并将盖上的排气软管插入内层锅的排气槽内（自动电热压力蒸汽灭菌锅无此步骤）。再以两两对称的方式同时旋紧相对的两个或四个螺栓，使螺栓松紧一致，勿使漏气。

4. 通电加热

开启电源加热，并同时打开手动排气阀（自动电热压力蒸汽灭菌锅无需此步骤），使水沸腾以排除锅内的冷空气。待冷空气完全排尽后，关上排气阀，让锅内的温度随蒸汽压力增加而逐渐上升。当锅内压力升到所需压力时，控制热源，维持压力至所需时间。

本实验所用压力为 1atm，所用温度为 121℃ ±3℃。一般来说，对于未包裹的物件，20min 灭菌；对于有所包裹的物件（注意包裹材料的通透性和多孔性），30min 灭菌。如果所用温度达到 131℃ ±3℃，压力达到 2atm，则灭菌时间可以缩短到 15min。由于不同厂商的产品会有一定的差异，具体温度和操作最好遵守厂家的使用说明。同时，特定菌种的灭菌时间最好根据文献和研究目的确定。

老式灭菌锅可能用电炉或煤气加热，开、关排气阀除冷空气等步骤和要求相同。

高压灭菌的主要因素是温度，压力提供一个维持高温饱和蒸汽状态。灭菌锅实际起灭菌效果的是饱和蒸汽，在一定的压力和温度下，蒸汽实际上处于一种饱和状态。这种蒸汽温度较高，湿度较大，可以较好地杀菌。但因为是饱和蒸汽，所以又不会让灭菌材料浸湿。要想形成饱和蒸汽，至关重要的就是在灭菌前排冷空气，只有排除了锅内的冷空气，才能保证锅里的饱和蒸汽能够充满。因此，排冷空气至关重要，也是高压灭菌最关键的步骤。

注意：如果灭菌锅是手动排气阀，先手动将排气阀打开，让温度升高一阵再关上（如果是自动排气的就无此步骤）。降温时，待温度降至室温（或设定温度）再打开排气阀，因为如果灭菌的是液体容易爆炸。具体操作请遵守仪器厂商使用说明。

5. 断电待零

灭菌所需时间到后，切断电源或关闭热源，让灭菌锅内温度自然下降。当且仅当压力表的压力降至“0”时，打开排气阀，旋松螺栓，打开盖子，取出灭菌物品。

注意：压力表的压力一定要降到“0”时，才能打开排气阀，开盖取物；否则就会因锅内压力突然下降，使容器内的培养基由于内外压力不平衡而冲出容器口，造成棉塞沾染培养基而发生污染，甚至灼伤操作者。

6. 无菌复查

实验室一般常用的灭菌锅体积不大，所装药品常见，器皿结构并不复杂，物件量并不多且包裹适当，则可以将取出的灭菌培养基放入 37℃温箱培养 1d，经检查若无菌生长，即可待用。

如果所用灭菌锅体积庞大，所用药品特殊，一次所装器皿和物件众多，或者要进行彻底的无菌检查，则需把灭菌后的培养基按灭菌锅内的不同位置每处抽取数管（瓶），标上记号，置 25 ~

37℃培养一周左右进行检查。如果培养基没什么变化,说明灭菌效果良好;如果某一位置的培养基出现了杂菌菌落,可能是摆放得太紧导致蒸汽不畅,或锅的结构不合理等原因所致,应根据情况进行改进;如果大部分或全部菌种瓶都出现杂菌,说明灭菌温度或灭菌时间不够,应提高压力、提高温度或延长灭菌时间。如经过几次检验都证明能彻底灭菌,以后可按相同条件灭菌,可不必进行检查。

注意:培养微生物的培养皿,用后必须先经121℃、30min高压灭菌,再行清洗。同时要注意,可能存在高温高压菌。如果某些菌落在高温下生存良好并有增殖现象,即可证明是耐高温菌或超高温菌等,应要特别注意。

对于一些特殊的环境器具和物品,可参考表1-1灭菌。

表1-1 一些物件的灭菌条件(据陈天寿,1995)

灭菌物件	容器	灭菌压力 MPa	灭菌温度 ℃	灭菌时间 min
硫乙醇酸盐、改良马丁糖肉汤等培养基	中号试管、茄形瓶	0.06	114	30
含糖汉氏液、破伤风培养基	10L瓶	瓶0.06	114	30
流脑、百日咳培养基	克氏瓶、小罐	0.06~0.07	114~117	30
稀释液	铝筐	0.07	116	30
保养液、采血器	包布、铝皮箱等	0.07	116	30
工作服、小盐水等	包布、铁皮箱、茄形瓶	0.105	121	30~60
肉汤琼脂	克氏瓶	0.105	121	30
无糖汉氏液、乙类瓶等	50~60L瓶	0.105	121	30
各类盐水、交换水、蒸馏水等	50~60L瓶	0.105	121	40
带活菌活毒培养基		0.105	121	30
实验动物尸体垃圾	铁皮箱罐等	0.105	121	60
破伤风梭菌等芽孢菌活菌	瓶、滤器等	0.105	121	90
甲类瓶、导引管等杂件	5L瓶、10L瓶、铁皮箱等	0.105	121	60

实验二 干热灭菌

一、实验目的和要求

(1)了解干热灭菌的原理和应用范围。

(2)学习干热灭菌的操作技术。

二、基本原理

干热灭菌是利用高温使微生物细胞内的朊凝固变性、核酸降解和/或代谢混乱而达到灭菌的目的。细胞内的朊凝固变性、核酸降解和/或代谢混乱与其本身的含水量有关。在菌体受热时,环境和细胞内含水量越大,则朊凝固、核酸降解就越快;反之,含水量越小,朊凝固和核酸降解缓慢。

三、实验材料与设备

培养皿、试管、吸管、移液器、电烘箱(0～200℃或300℃,视实验需要而定)等。近年来也有专门的干热灭菌器生产(如 JB/T 20163《药用干热灭菌器》)。

四、操作步骤

1. 装入待灭菌物品

将包好的待灭菌物品(培养皿、试管、吸管等)放入电烘箱内,关好箱门。

注意:物品摆放得不要太挤,待灭菌的器皿或物件之间以及到炉壁的距离最好保持3～5cm,以免妨碍箱内空气流通;器皿或物件不接触电烘箱炉壁也可防止包装材料烤焦起火。

2. 升温

接通电源,拨动开关,打开电烘箱排气孔,旋动恒温调节器至绿灯亮,让温度逐渐上升。当温度升至100℃时,关闭排气孔。在升温过程中,如果红灯熄灭、绿灯亮,表示箱内停止加温,此时如果还未达到所需的约170℃、160℃、150℃、140℃和121℃温度,则需转动调节器使红灯再亮,如此反复调节,直至达到所需温度。

3. 恒温

当温度升到约170℃时,借恒温调节器的自动控制,保持此温度1h。

如选择温度升到约160℃,保持温度2h。

如选择温度升到约150℃,保持温度2.5h。

如选择温度升到约140℃,保持温度3h。

如选择温度升到约121℃,保持温度过夜(不小于8h)。

干热灭菌过程中,严防恒温调节的自动控制失灵造成安全事故。

4. 降温

切断电源,自然降温或使仪器按程序降温。

5. 开箱取物

待电烘箱内温度降到室温后,打开箱门,取出灭菌物品。

170℃灭菌总需时约2～3h,包括放器皿入炉、预热、加热到约170℃、保持1h和冷却降温。

160℃灭菌总需时约3～4h,包括放器皿入炉、预热、加热到约160℃、保持2h和冷却降温。

150℃灭菌总需时约4～5h,包括放器皿入炉、预热、加热到约150℃、保持2.5h和冷却降温。

140℃灭菌总需时约5～6h,包括放器皿入炉、预热、加热到约140℃、保持3h和冷却降温。

121℃灭菌总需时约7～10h,包括放器皿入炉、预热、加热到约121℃、保持此温度过夜和冷却降温。

如果待灭菌器皿和材料摆放得过于紧密,灭菌时间需要增加。

电烘箱内温度未降到70℃以下,切勿自行打开罐门,以免骤然降温导致玻璃炸裂。

另外,接种环在酒精灯上的短暂灼烧也是干热灭菌的一种,即直接燃烧法。简单的灭菌可用此法。

实验三　间歇灭菌和巴斯德消毒法

一、实验目的和要求

(1)了解间歇灭菌和巴斯德消毒法的基本原理。

(2)掌握间歇灭菌和巴斯德消毒法。

二、基本原理

间歇灭菌,因其发明者的名字也称为丁达尔灭菌法(tyndallization),是针对热抗性细菌(如芽孢/孢子)的灭菌方法,是在100℃下蒸煮15~30min(也有报道称煮沸1min即可)杀死培养基内杂菌的营养体,然后将这种含有芽孢/孢子的培养基在温箱内或室温下放置12~24h,使芽孢和孢子萌发成为营养体。这时再以100℃处理15~30min,再放置12~24h。如此连续灭菌三次(三天),即可达到完全灭菌的目的。这种1877年发明的方法现今已经很少用了,因为时间冗长,仍然存在孢子可以存活并繁殖的可能。间歇灭菌尤其适用于不宜长时间高温处理的材料,对设备的要求相对简单。鸡蛋培养基、血清培养基等也可用间歇灭菌法,但灭菌温度控制在75~85℃之间,每次灭菌30~60min,再重复处理三次即可。

巴斯德消毒法(pasteurization)也是常见的食物(尤其是乳品)消毒法,其特点是使用不高于水沸点(100℃)和较短处理时间,并在低温下保存,以避免酪朊等聚集或凝固变性。据《续北山酒经》,我国宋朝年间(1117年)在酒品保存上最早使用了这种方法,但法国化学家和微生物学家巴斯德1862年最早系统地实验和发展了这种以其名字命名的方法。

需要指出的是,灭菌和消毒在一般理解上是有区别的。灭菌是指绝对地杀灭细菌,将物品上所有活的微生物(包括致病菌和非致病菌)完全杀灭或完全除去;消毒一般指杀死或几乎接近杀死物品上的全部微生物,特别是有害微生物。灭菌是绝对的,消毒是相对的。前者只有灭菌和不灭菌的区别,没有相对灭菌的说法;后者则有部分有效、有效、高度有效的区别,主要取决于微生物本身的特质和消毒剂的消毒能力。除菌(见第一章实验五)则是指物品上的微生物被除去。

奶乳品的消毒通常同巴斯德消毒法联系在一起(图1-2)。这种方法的特点是一般不高于水的沸点,处理时间较短,处理物须低温保存(4℃),并可以较好地避免酪朊的高温聚集或凝固。其一般过程如图1-2所示,鲜奶乳进入时,微生物和酶保持了完全的活性,随着加热进行,逐渐失活,低温冷却则有助于避免美拉德(Maillard)反应和焦糖化,使得奶乳品保持风味。巴斯德消毒法目前有高温瞬时(high temperature-short time,HTST)消毒法和延架期(extended shelf life,ESL)消毒法两种,HTST消毒法是把乳品强制通过用热水加热的金属板/管,加热到71.7℃,维持15~20s;ESL消毒法通常经过微生物的过滤然后用较低的温度灭菌。巴斯德消毒法,尤其是HTST消毒法,在实际应用中温度范围较广,一般在63~90℃之间,视具体消毒物品的消毒时间而定,例如,63℃对应的消毒时间为30min(美国食品药物管理局采用),80℃对应的消毒时间为15min,90℃对应的消毒时间为5min。因为巴斯德消毒法可能对某些致病菌(如**鸟分枝小杆菌副结核亚种** *Mycobacterium avium* subsp. *paratuberculosis*,MAP)的杀灭不够彻底,国际上也有用UHT(超高温ultra-high temperature或超热处理ultra-heat treated)消毒法处理乳品的,即把乳品放在135℃的高温至少1s,这种方法有时也称作“超—巴斯德法”。如果担忧(储层)原油的病菌影响可以使用巴斯德消毒法。

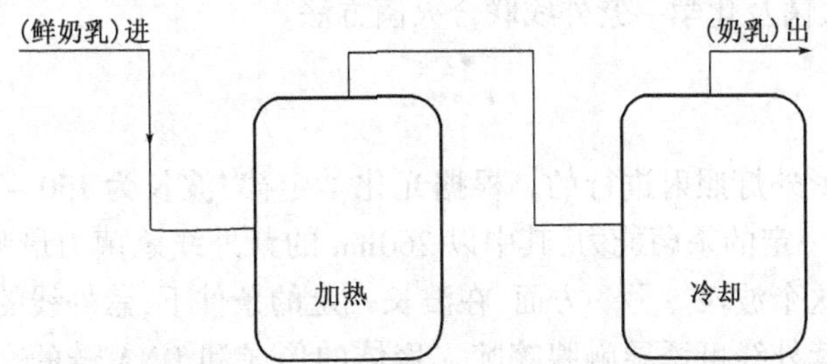

图 1-2　巴斯德消毒法一般性过程示意图

(据 L. E. Pearce et al,2012,有改动)

温度和一些致病菌的致死率(每千万细胞的对数值,即 $\lg 10^7$);66.5℃时**金色葡萄果菌**(*Staphylococcus aureus*)>6.7;62.5℃时**肠结肠耶尔森氏菌**(*Yersinia enterocolitica*)>6.8;65℃时能致病的**结肠埃希氏菌**(*Escherichia coli*)>6.8;67.5℃时**坂崎氏肠杆菌**(*Enterobacter sakazakii*)>6.7;65.5℃时**单核胞生里斯特氏菌**(*Listeria monocytogenes*)>6.9;61.5℃时**肠沙门姓菌肠亚种**(*Salmonella enterica* subsp. *enterica*)鼠伤寒血清型>6.9

三、实验材料与设备

水浴锅、灭菌锅、培养皿、试管、市售生乳(生牛乳或羊乳等)、原油等。有条件的可以用自动化巴斯德消毒装置。

四、操作步骤

1. 间歇灭菌

(1)取竿菌(或芽孢/孢子)接种培养基,在 100℃灭菌锅或在沸水浴中加热 15min,也可以在 90℃空气浴中恒温 15min。

(2)将高温处理的培养基在 30℃下培养 24h。

(3)重复步骤(1)和(2),看菌种生长情况。

大致重复三次后即可实现芽孢或孢子这种休眠体或耐高温菌死亡。

2. 巴斯德消毒法

本实验采用 80℃、15min 对生牛乳(见第五章实验六)或室内存储原油进行巴斯德消毒,过程如下:

(1)将水浴锅的温度调节到 80℃。

(2)将生牛乳或原油样品用力或混匀仪摇匀,使微生物能均匀分布。

(3)用灭菌的 10mL 吸管吸取 5mL 生牛乳或原油样品放入灭菌试管内,然后将试管放入调好温度的水浴锅中(水面要超过样品的表面)。

(4)保持 15min,并不时摇动。

(5)15min 后,立刻取出试管用冰水冷却,或用流动的自来水冲试管外壁,使其中的样品迅速冷却至室温,4℃冰箱存放进行后续观察和分析。

实验四　紫外线灭菌和化学灭菌及其联合

一、实验目的和要求

(1)了解紫外线灭菌和化学灭菌的原理。

(2)掌握紫外线灭菌及化学—紫外线联合灭菌方法。

二、基本原理

紫外线灭菌是用紫外灯照射进行的。根据光化学定律,波长为150～360nm(或者100～400nm)的紫外线都有一定的杀菌能力,其中以260nm的紫外线杀菌力最强,因为大多数生物朊分子化学键键能在这个波段。另一方面,在波长一定的条件下,紫外线的杀菌效率与强度和时间的乘积成正比。紫外线可诱导胸腺嘧啶二聚体的形成和DNA链的交联,从而抑制DNA的复制。另外,紫外线辐射能使空气中的氧电离成氧原子,使O_2氧化生成臭氧(O_3)或使水(H_2O)氧化生成过氧化氢(H_2O_2),O_3和H_2O_2均有杀菌作用。在实际操作中必须注意的是,尽管理论上强紫外线能够杀灭细菌和病毒,但紫外线灭菌有一些局限性,灰尘、水、黏液和物理阻隔(如缝隙)等都可能屏蔽光线、保护微生物,从而达不到完全灭菌,见第四章实验七。

相比于高压、高温湿热或干热灭菌,化学灭菌是一种"冷"灭菌法,适用于无法用湿热灭菌或干热灭菌的物件,如器具太大或不具备前两种方法的应用条件。应用能抑制或杀死微生物的化学制剂进行消毒或杀菌的方法即为化学灭菌,相应的制剂称为化学消毒剂。将微生物(包括孢子/芽孢在内)暴露在一些高浓度消毒剂或杀菌剂中,适当延长暴露时间(如10～24h),即可达到杀菌目的。能致死微生物的化学品为杀菌剂,如重金属离子等;只能抑制微生物代谢,使其不能增殖的化学品即为抑菌剂,如磺胺类和大多数抗生素等。但是否是杀菌剂或抑菌剂,还与化学药剂的浓度、作用时间、微生物自身种类及性状、微生物所处环境等有密切关系,参见第四章实验一。

普通的化学消毒剂包括戊二醛(2%～4%,浸泡10h)、甲醛(8%,浸泡24h)等。溶液配好后,甲醛溶液在两周内用完;戊二醛溶液在一个月内用完,且戊二醛最好在室温下使用,过冷(低于20℃)将不利于灭菌。甲醛和戊二醛(含蒸气)都有毒,要小心使用。甲醛不能同氯或氯化物或氯水混用,可能会产生剧毒物质双(氯甲基)醚(分子结构见附录10)。甲醛蒸气和环氧乙烷(ETO)也可以用于房间的灭菌或其它不适于其它方式灭菌的器具,但必须谨慎使用,因为这些物质对人和其它材料存在毒性和化学反应。过氧乙酸也经常用于热敏器具和孢子/芽孢的灭菌,其降解产物相对安全环保。多聚甲醛(paraformaldehyde)是甲醛的固体聚合物,可在封闭的干热环境中慢慢释放甲醛,达到对物件灭菌的目的。现在也有一些新的方法,如基于过氧化氢的等离子体灭菌方法,但需要特殊装置。臭氧和过氧化氢也是目前常用的化学灭菌剂,在矿泉水、纯净水制作过程中广泛应用,因为这些水的制作无法采用高温等灭菌手段。常见的化学抑菌剂及杀菌剂见表1-2。

表1-2 常见抑菌剂及杀菌剂类别及范例

类别	实例	常用浓度	应用范例	备注
醇类	乙醇	70%～75%	皮肤、器械消毒	弱消毒剂,对芽孢无效
酸类	乳酸	0.33～1mol/L	空气消毒(喷雾或熏蒸)	对革兰氏阳性菌效果较好
	乙酸	3～5mL/m³	熏蒸空气,可预防流感病毒	浓烈酸味
碱类	石灰水	1%～3%	地面、排泄物、尸体消毒	强力杀菌,腐蚀性强
酚类	苯酚	5%	空气(喷雾消毒)、器皿	强力杀菌,气味强
	来苏水(煤粉皂液)	2%～5%	空气、皮肤、桌面消毒	强力杀菌,气味特别
醛类	甲醛	10%(溶液),2～6mL/m³	接种室、接种箱或医院、厂房密闭熏蒸消毒6～24h	挥发慢,刺激性强

续表

类别	实　例	常用浓度	应用范例	备　注
重金属离子	升汞($HgCl_2$)	1‰	植物组织(如根瘤)和虫表面消毒	强力杀菌,但易腐蚀金属器材
	硫柳汞	1‰	生物制品防腐、皮肤消毒	弱杀菌,强抑菌,不变性朊
金属整合剂	8-羟喹啉硫酸盐	1‰~2‰	外用、清洗消毒	
	硝酸银	0.1%~1%	皮肤消毒	
氧化剂	高锰酸钾	0.1%~3%	皮肤、水果、器皿消毒	强氧化剂,宜随用随配
	过氧化氢	3%	伤口清洗	
	氯气	0.2~1μL/L	饮用水清洁消毒	消毒副产物有污染风险
	次氯酸钙	1%~5%	洗刷培养基、饮水、粪便及接种室等消毒	有氯味,刺激皮肤,腐蚀金属及棉织品,易潮解
氧化剂	二氯海因	1‰	游泳池水消毒	可能存在毒性及分解毒性
	硫黄	$15g/m^3$	空气熏蒸消毒	燃烧产生SO_2,杀菌,腐蚀金属
去污剂	新苯扎氯铵	加20倍水稀释	皮肤消毒,不能用于热器皿消毒	刺激性弱,稳定,不能与肥皂或其它洗涤剂共用
染料	结晶紫	2%~4%	外用紫药水,浅创伤口消毒	

以上试剂应满足GB/T 26373《醇类消毒剂卫生要求》、GB/T 670《化学试剂　硝酸银》、GB/T 676《化学试剂　乙酸(冰醋酸)》、HG/T 3476《化学试剂　36%乙酸》、GB/T 685《化学试剂　甲醛溶液》等标准要求。

虽然紫外线灭菌和化学灭菌都属于冷灭菌方法,有其特点和优势,但这两种方法均有局限性,有时无法彻底灭菌,因此也常被称为紫外线消毒、化学消毒。为了达到更好的灭菌、除菌效果,在实际操作中经常联合使用。

此外,用同位素钴60等物质电离辐射或电磁电离辐射等冷灭菌方法也有应用领域。

三、实验材料与设备

(1)培养基:牛肉膏朊胨培养基(平皿)。

(2)溶液或试剂:3%~5%苯酚或2%~3%来苏水(来苏水的概念可能来自德国Lysol,已经有百余年历史,最初含有甲酚,现在的商业产品成分差异较大,需要仔细校核)。苯酚应符合HG/T 4367《化学试剂　苯酚》和GB/T 339《工业用合成苯酚》要求,碳酸氢钠应符合GB/T 640《化学试剂　碳酸氢钠》要求。所有的化学试剂的包装和标志都要符合GB 15346《化学试剂　包装及标志》。

(3)仪器或其它用具:紫外灯。

四、操作步骤

1.单紫外线照射

(1)在无菌室内或在接种箱内打开紫外灯,照射30min后,关闭光源。紫外灯距离照射物不宜超过1.2m。

(2)将牛肉膏朊胨平皿的盖打开15min,然后盖上皿盖,置37℃培养24h,共做三套。

(3)检查每个平板上生长的菌落数。如果不超过4个,说明灭菌效果良好;否则,需延长照射时间或同时加强或配合其它措施。

注意:因为紫外灯的使用寿命有限和灰尘遮蔽,灯管或灯泡要经常更换和清洗,以免影响使用。

2. 化学消毒剂与紫外线照射结合使用

(1)在无菌室内,先喷洒3% ~5%的苯酚溶液,再用紫外线灯照射15min。

(2)无菌室内的桌面、凳子用2% ~3%来苏水擦洗,再打开紫外线灯照射15min。

(3)检查灭菌效果:方法与单紫外线照射相同。

注意:实验中必须穿戴好防护用品或做好防护措施。因紫外线对眼结膜、视神经等有损伤作用,对皮肤有刺激作用,故不能直视紫外线灯光,更不能在紫外线灯光下长时间工作。化学试剂对皮肤等也有刺激作用。

实验五　微孔滤膜过滤除菌

一、实验目的和要求

(1)了解过滤除菌的原理。

(2)掌握微孔滤膜过滤除菌的方法。

二、基本原理

尽管有报道称原核细菌小至纳米(10^{-9}m)级,大可达0.1 ~0.3mm甚至0.75mm(非洲纳米比亚球菌),一些真核微生物如蘑菇、木耳等担子菌也非常大,但绝大部分微生物都是微米级(10^{-6}m),常用的微孔滤膜可以把绝大部分细菌分离开来。过滤除菌是根据微生物的大小,如原核微生物的尺寸为1 ~10μm(球菌0.5 ~2μm,杆菌长1 ~8μm、宽0.5 ~1μm,螺旋菌长5 ~50μm、宽0.5 ~5μm),真核微生物的尺寸为10 ~100μm(粗略地说,真核微生物和原核微生物大小存在10∶1的递减规律)(表1-3),选择孔径不同的滤膜,通过机械作用滤去液体或气体中微生物的方法(图1-3)。这是一种非杀灭性除菌方式,实际上达到菌液分离的效果。

表1-3　几类典型的原核微生物与阿米巴原虫的对比尺寸

序号	菌种	尺寸,μm
1	球菌①	约0.5
2	杆菌②	约1.0×(2.0 ~6.0)
3	肺炎链果菌	约1.0
4	结核分枝小杆菌	0.3×(2.5 ~3.5)
5	消退沙雷氏菌	0.5×(0.5 ~1.0)
6	纤细竿菌	0.5×(1.0 ~3.0)
7	纳米菌	约0.2
8	阿米巴原虫	12 ~30
9	酵母(真核微生物)	约10

注:①据万云洋和赵国屏,2017;②据万云洋和赵国屏,2016。

具体实验应根据不同的需要选用不同的滤器和滤板材料。市面上常见的微孔滤膜材料有棉纤维、醋酸纤维酯(CA)和硝酸纤维酯(CN),以及玻璃纤维(硼酸盐或石英)、聚四氟乙烯(PTFE)、尼龙(NYL)、聚碳酸酯(PC)、聚丙烯(PP)、聚酯(PE)等,孔径有0.025μm、0.05μm、0.10μm、0.20μm、0.22μm、0.30μm、0.45μm、0.60μm、0.65μm、0.80μm、1.00μm、2.00μm、3.00μm、5.00μm、7.00μm、8.00μm和10.00μm等,实验室除菌用一般选择0.22μm,但除病毒需选择更小孔径的滤膜。大滤板有石棉滤板、K型滤板(孔径最大,作一般澄清用)、EK滤板(滤孔较小,用以去除一般细菌)、EK-S滤板(滤孔最小,可阻止大病毒通过)。

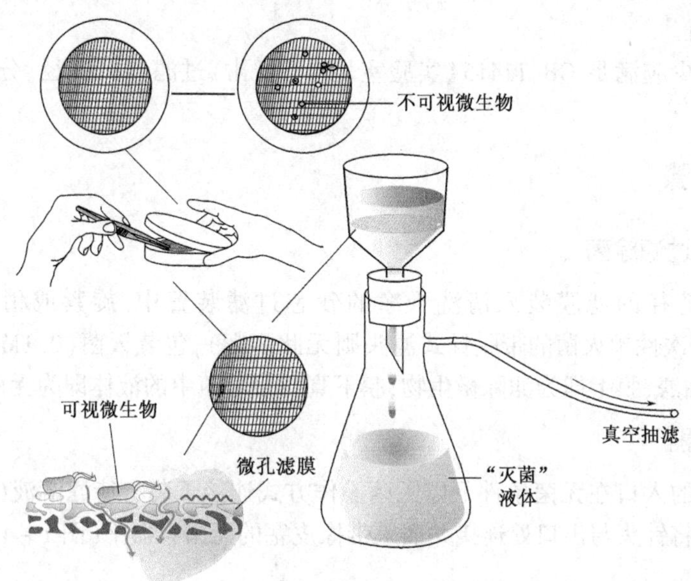

图1-3 微孔滤膜法过滤除菌原理示意图

此法除菌的最大优点是可以不破坏溶液中各种物质的化学成分,适用于酶、朊、核酸、抗生素、病毒等活性分子的过滤,但由于滤量有限,所以一般只适用于实验室中小量溶液的过滤除菌。随着超滤反渗透等技术的逐渐成熟和成本下降,大规模的过滤除菌工业应用也已经出现,在矿泉水、纯净水生产制作过程中已有应用。需要注意的是,地下(深地)样品中的微生物普遍比地表微生物尺寸小(约1/10),超微细菌(UMB)、纳米细菌(NB)或超微古菌(UMA)、纳米古菌(NA)等也时有报道,这种情况下膜的选择很关键。

三、实验材料与设备

1. 培养基

2%的葡萄糖溶液(葡萄糖试剂需满足HG/T 3475《化学试剂　葡萄糖》要求)、肉汤胨琼脂培养基(平皿)、营养肉汤。另见第四章实验四。

肉汤胨琼脂培养基配制:胨10g,牛肉膏5g,NaCl 5g,蒸馏水1000mL,琼脂16g,调节pH至7.2,分装克氏瓶,每瓶150mL,121℃、20min灭菌,后平放成平板。营养肉汤类有YY/T 1187—2010《营养肉汤培养基》可作参考,配制:胨10.0g,牛肉粉3.0g,NaCl 5.0g(品质应满足GB/T 1266—2006《化学试剂　氯化钠》),pH值7.2±0.2(25℃),加热溶解于1000mL蒸馏水中,分装三角瓶或试管,121℃高压灭菌15min备用。

如无特殊说明，本书及附录中所有药品均为市售分析纯（AR）或生物化学纯（BR）或以上纯度级别试剂，蒸馏水为双蒸水或去离子水，满足 GB/T 6882 要求，反渗透水或超滤水等高纯水，以满足无菌（无病毒）要求，所有市售化学药品应满足有关国家法律法规、标准和/或技术规范等。我国已经制定实施的化学试剂标准有 280 多条，如 GB/T 1266—2006《化学试剂 氯化钠》等，为了方便阅读，在本书首次提及的地方，都作了提示。

2. 仪器或其它用具

注射器、微孔滤膜过滤器、0.22μm/0.45μm 滤膜、无菌试管、镊子、玻璃刮棒、真空泵或水泵、砂芯过滤装置。

有关装置至少应满足 GB 11415《实验室烧结（多孔）过滤器 孔径、分级和牌号》等的要求。

四、操作步骤

1. 大量液体过滤除菌

将0.22μm 孔径的滤膜装入清洗干净的砂芯过滤装置中，旋紧或稍真空抽滤，压平（图 1－3，如用一次性预灭菌的带膜针式滤头则无此步骤），包装灭菌（0.1MPa、121.5℃灭菌 20min）后，真空抽滤，膜上即为滤除微生物，膜下真空接收瓶中的液体即为无菌液体。

2. 针孔过滤器

将灭菌滤器的入口在无菌条件下以无菌操作方式连接于装有待滤溶液（如 2% 葡萄糖溶液）的注射器上，将针头与出口处连接并插入带橡皮塞的无菌容器中（图 1－4）。

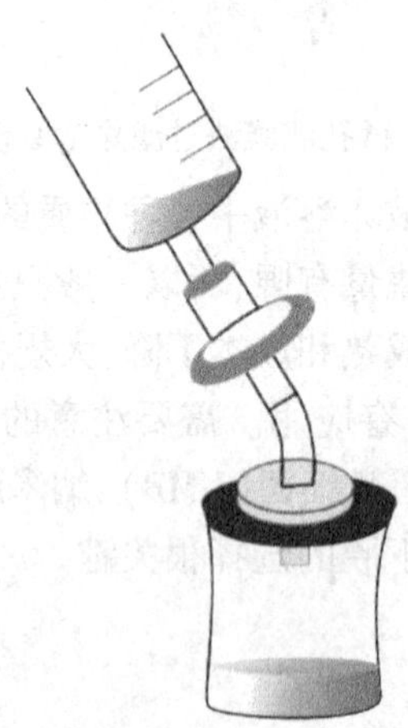

图 1－4 针头式过滤器无菌过滤示意图

3. 压滤

将注射器中的待滤溶液加压缓缓挤入过滤到无菌试管中，滤毕将针头拔出。

注意：压滤时，用力要适中，不可太猛、太快，以免细菌被挤压通过滤膜。

4. 无菌检查

以无菌操作吸取除菌滤液 0.1mL 或者直接将滤膜培育于胨琼脂平板上，涂布均匀，置 37℃温室中培养 24h，检查是否有菌生长。

5. 清洗

弃去砂芯过滤装置上的微孔滤膜，将砂芯过滤装置清洗干净，并换上一张新的微孔滤膜组装包扎，再经灭菌后使用。

注意：整个过程应在无菌条件下严格无菌操作，以防污染。过滤时应避免各连接处出现渗透现象。

综合比较上述实验一到实验五介绍的消毒、杀菌和除菌方法，可见各有各的特点、用途和范围，具体和特定条件下选用哪种方法，应综合起来考虑。除经济考虑外，针对材质和环境因素，比较各类方法（表 1－4），以供参考。

表 1－4　不同物件器具灭菌条件和方式

消毒物件	高压蒸汽灭菌		干热灭菌		紫外线灭菌		化学消毒剂灭菌		环氧乙烷气体灭菌		微孔滤膜过滤除菌		影响因素
玻璃和金属器材	√	+	√	+	√	—	√	+	√	+	/	—	温度
硅胶；天然橡胶	√	+	/	+	/	+	/	+	/	+	/	+	时间
硅橡胶	√	+	√		/								
塑料	/	+	/	+	√	—	/	—	√	+	/	+	压力
水溶液	√	+	/	+	√	—	√	—	/	+	√	+	真空
非水溶液及制剂	/	—	√	—	/	—	/	+	/	+	√	局部	浓度
粉剂	/	+	√	+	√	—	/	+	√	+	/	无菌	包装[a]
外科用敷料	/	+	√	—	√	—	√	+	√	+	/	—	湿度
		+		—		—		+		+		—	消毒后干燥/除气
		b		b		b		b		b		—	残留毒性
		批量		批量		批量/连续		批量		批量		批量	处理形式

注：√表示可以采用；/表示一般情况下不选用；+表示此因素对该方法有影响；－表示此因素对该方法无影响；a 表示放于不透气包装内；b 表示与消毒物品的材料特性有关。

实验六　天然培养基——牛肉膏胨培养基的制备

一、实验目的和要求

（1）掌握牛肉膏胨培养基的组成和应用范围，明确其配制原理。

（2）通过对基础培养基的配制，掌握配制培养基的一般方法和步骤。

二、基本原理

牛肉膏胨培养基，有时又称为牛肉膏胨琼脂培养基、肉膏胨培养基、普通培养基、基础/基本培养基，是一种天然培养基，也是一种应用最广泛和最普通的微生物基础培养基。由于这种培养基中含有牛肉膏、胨和 NaCl 等一般细菌和真菌生长繁殖所需要的最基本的营养物质，所以可供作微生物生长繁殖之用。牛肉膏是牛肉浸液的浓缩物，不同来源的牛肉膏的具体成分比较复杂，实际上也没有一个统一的具体成分表可供参考，但一般来说，它为微生物提供碳源、能源、磷酸盐和生长因子（如维生素，详见附录 5）。牛肉膏又称为牛肉浸膏、牛肉抽提物、牛肉膏粉等,大体是同一种物质。胨胨是酪朊、大豆朊、鱼粉等经朊酶水解后的中间产物,包括脲、胨、肽、氨基酸等,主要提供氮源。氯化钠(NaCl)提供无机盐。琼脂,“琼”来自海南的简称,由于其最初提取物来自海南,“脂”则实际上有误,因为化学上并非脂类,因此,正式的学名“琼胶”更加正确,但“琼脂”已经使用较长时间,“胶”在化学上也并非清晰,本书依然主要采用“琼脂”来描述此类化合物。琼脂有特殊的结构和物理化学性能(85～98℃溶解,32～40℃以下凝固,凝固的琼脂硬而透明)(图1－5),相比于明胶(gelatin)(图1－6)的多肽和朊质混合物特性或者其它天然多糖(卡拉胶、海藻酸钠、甲壳素、壳聚糖、淀粉等)而言结构迥异(图1－7至图1－11),主要作为支撑固化材料,并不为大多数微生物提供任何能源或营养源,是目前微生物分离纯化使用最广的固化支撑剂(但近年来也发现有些微生物可以利用琼脂作为营养源)。

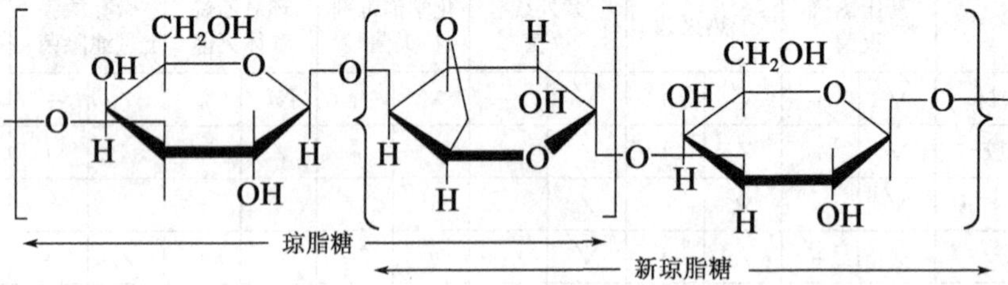

图1－5 琼脂

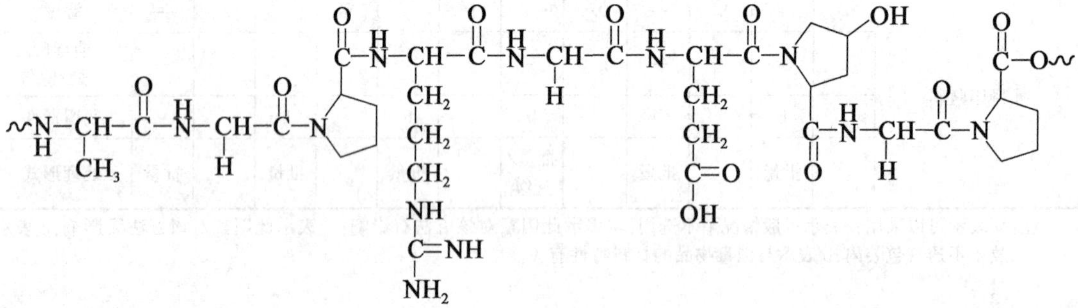

图1－6 明胶

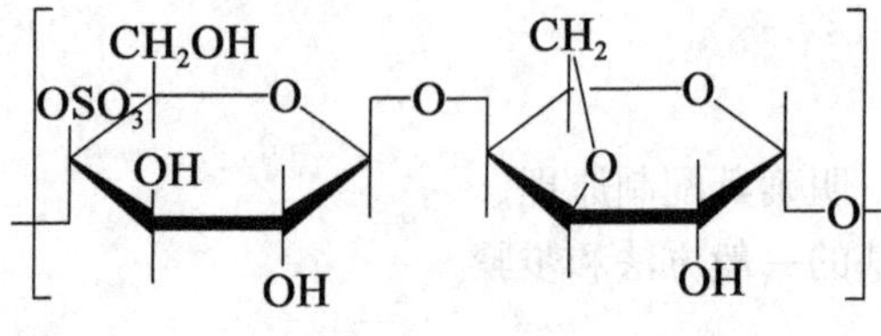

图1－7 卡拉胶

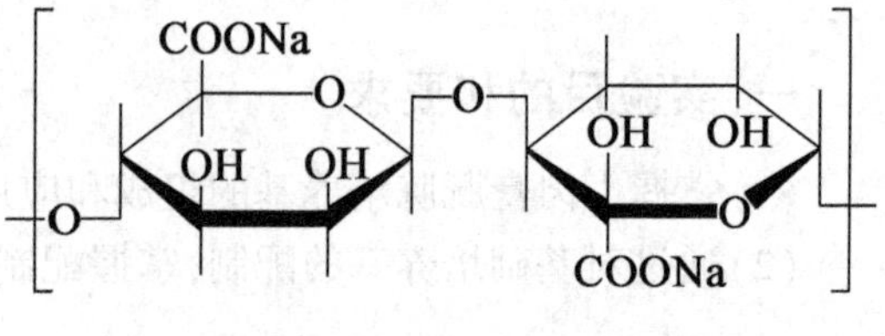

图1－8 海藻酸钠

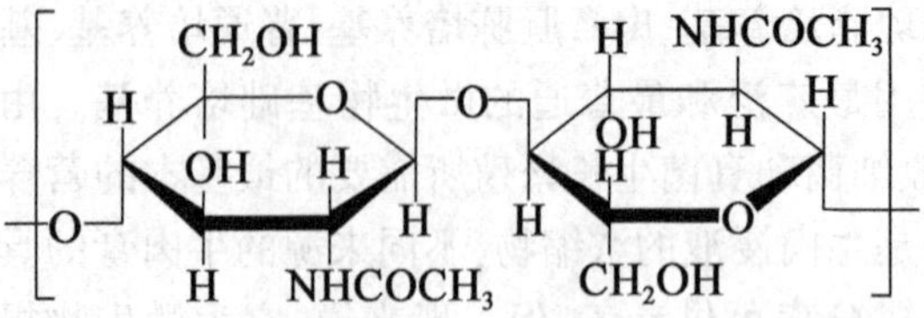

图1－9 甲壳素

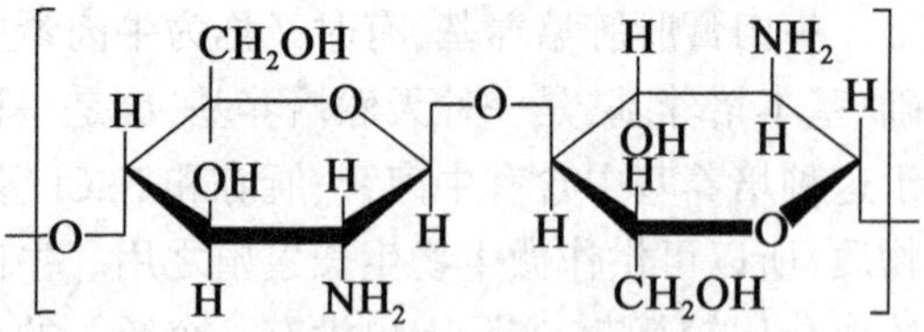

图1－10 壳聚糖

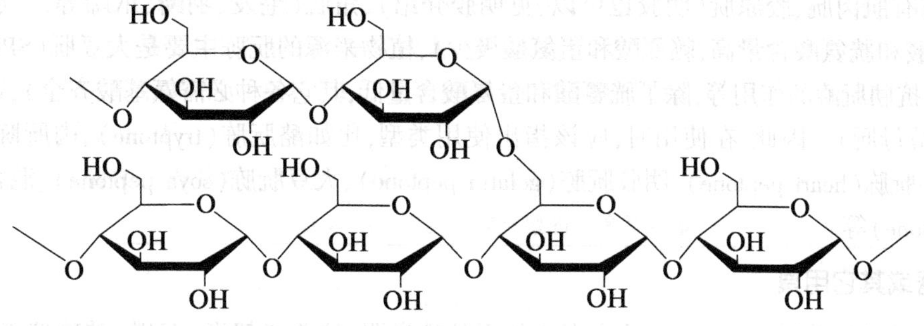

图 1-11　淀粉

明胶是经煮沸牛、猪等动物骨骼和组织，提取胶原水解后，得到的多肽和朊混合物产品，是一种无脂肪的高朊，一般不含胆固醇，是一种天然营养型的食品增稠剂。明胶常温下不溶解，煮沸后可溶，28℃凝固，37℃液化。培养微生物时，由于某些微生物具有明胶酶，可能会成为一种碳源或营养源而干扰结果。明胶一般结构如图 1-10 所示。明胶可以用来制作朊胨，富含甘氨酸、脯氨酸特别是羟赖氨酸和羟脯氨酸，不含胱氨酸和色氨酸，组氨酸和酪氨酸极少。

琼脂或琼胶，又称寒天、洋菜、冻粉等。琼脂有两大特性。第一是它的凝点和熔点间的差距大，它在水中需加热至 85～95℃时才开始熔化，熔化后的溶液温度需降到 40℃左右时才开始凝固。第二是它的成分和结构独特。琼脂由琼脂糖和琼脂胶两部分组成。3,6-脱水-α-L-半乳吡喃糖与两个 β-D-半乳糖分别以 1,4-和 1,3-糖苷键链接成琼脂二糖和新琼脂二糖单元；琼脂胶是一些小分子酸性混合物，常带有硫酸酯（盐）、葡萄糖醛酸和丙酮酸醛等复杂成分，是商业产品中试图去除的部分。由于这两个特点，琼脂是目前配制固体培养基的最好凝固剂。用琼脂配制的固体培养基，可以进行高温培养而不熔化，在凝固之前接种时，也不致将培养物烫死，同时又不干扰配制营养成分且不易被一般微生物降解。因此，琼脂是制备各种生物培养基中应用最广泛的一种凝固剂。

三、实验材料与设备

1. 溶液或试剂

牛肉膏、朊胨（peptone）或胰朊胨（casein tryptone）（两者在一定程度上可以替代，因为成分相似，但具体实验宜根据需要而定，前者配制的培养基颜色可能较深）、氯化钠（NaCl）、琼脂（尚无化学试剂质量标准，但可参考 GB 1886.239《食品安全国家标准　食品添加剂　琼脂》和 SN/T 0786《出口琼脂检验规程》）、1mol/L 氢氧化钠（NaOH）品质应满足 GB/T 629《化学试剂　氢氧化钠》、1mol/L 盐酸（HCl）品质应满足 GB/T 622《化学试剂　盐酸》、双蒸水或去离子水（实验室用水标准见 GB/T 6682，为了简便起见，本书中所有实验用水的质量要求均按此标准。

胰朊胨提供基本氨基酸、多肽和朊胨，酵母膏提供维生素、有机物和一些痕量元素，氯化钠则提供钠离子传输，保持渗透平衡。琼脂起培养细胞固定作用，并保持半透明，方便观察。氢氧化钠和盐酸调节培养基的 pH 值。

需要特别说明的是，一般来说 30kg 牛肉才能制备 1kg 牛肉膏，很贵，因此，除非特别说明，市面上的牛肉膏已没有纯牛肉制备的，一般是 40% 的牛肉膏、30% 的酵母膏和 10% 的盐，其中成分满足多种营养需求。自备牛肉膏见附录 2。朊胨来源复杂，成分也有很大差异，比如动物

4. 过滤

趁热用滤纸或多层纱布过滤培养基，以利于某些实验结果的观察。如果材料不纯，马丁氏肉汤(Martin Broth)(附录2)等天然或半合成培养基配制可能需要过滤。一般无特殊要求的合成培养基预制培养基等基本透明澄清，这一步可以省去(本实验无须过滤)。

5. 分装

按实验要求，可将配制的培养基分装入试管[通常用长度为16cm、直径为1.6cm的试管，也可用长度为20cm、直径为3cm的大试管(可装30~50mL)]、平皿[5cm×1cm(教学用)或9cm×1cm或9cm×1.5cm(直径×高度)]或三角烧瓶(50mL、100mL、150mL、200mL、250mL、300mL、500mL、1000mL、2000mL等)内。分装装置和方法见图1-13。

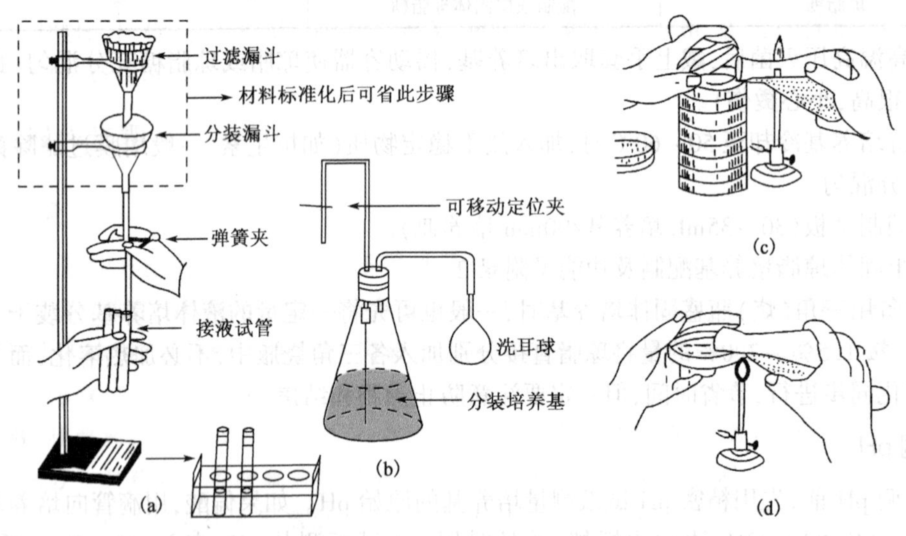

图1-13 培养基的分装和倒制

(a)试管漏斗法；(b)三角烧瓶压力法；(c)叠皿加法；(d)手持加法

注意：为利于培养基的彻底灭菌，各种分装容器应清洁干净并经干烤灭菌后使用；为测定每批次培养基的最后pH，每批次培养基应额外分装2支，每支10mL，随同该批次培养基同时灭菌。

(1)液体分装：分装高度以试管[图1-13(a)]高度的1/4左右(9~10mL)(分装前应以无菌水试装，以确定大致所需液体体积)为宜。分装三角烧瓶[图1-13(b)]的量则根据需要而定，一般以不超过三角烧瓶容积的一半为宜。如果是用于振荡培养，则根据通气量的要求酌情减少；有的液体培养基在灭菌后，需要补加一定量的其它无菌成分，如抗生素等，则装量一定要准确。

(2)固体分装(图1-13)：分装试管，其装量不超过管高的1/5(5mL)(分装前应以无菌水试装，以确定大致所需培养基体积)，灭菌后制成斜面；分装三角烧瓶的量以不超过三角烧瓶容积的一半为宜。

(3)半固体分装(图1-13)：试管一般以试管高度的1/3(即12mL)(分装前应以无菌水试装，以确定大致所需液体体积)为宜，灭菌后垂直待凝。

注意：分装过程中，注意不要使培养基黏附在管(瓶)口上，以免沾污棉塞而引起污染。

6. 加塞

培养基分装完毕后，在试管口或三角烧瓶口上塞上棉塞(由于棉塞制作麻烦，现在已有不同型号的市售棉塞,市面上也已经有很多替代产品,本书也大量使用替代产品,但本书仍保留这种提法),以阻止外界微生物进入培养基内而造成污染,并保证有良好的通气性能。

7. 包扎和标记

试管加塞后,将全部试管用麻绳或橡皮筋捆好,再在棉塞外包一层牛皮纸,以防止灭菌时冷凝水润湿棉塞,其外再用一道麻绳扎好。由于现在一般用试管套等,无需捆扎,此步骤可省略。

三角烧瓶加塞后,外包牛皮纸,用麻绳以活结形式扎好,使用时容易解开,有条件的实验室同样可用市售的铝箔等代替品取代棉塞和牛皮纸。

用记号笔(铅笔)一一注明培养基名称、组别、配制日期、保存条件、保存时间。有条件的要注明废物回收/处置方式等。

8. 灭菌

一般情况下,将上述培养基以0.103MPa、121℃、20~30min用高压蒸汽灭菌锅(方法详见第一章实验一)高压蒸汽灭菌。其它灭菌方式如干热灭菌、间歇灭菌、巴斯德消毒、紫外线灭菌、化学灭菌等参见第一章实验二至实验四。

9. 倾倒平板与搁置斜面

(1)分装平皿[图1-13(c)(d)]:平皿固体培养是微生物分离培养最常用的手段,培养基分装较多时,如图1-13(c)所示的叠皿加法比较便捷(左手无名指和小指插拔三角烧瓶瓶塞);分装不多的话,直接用手如图1-13(d)所示进行即可(右手无名指和小指插拔三角烧瓶瓶塞)。

注意:将灭菌的琼脂培养基冷却至50℃左右(以防培养基上冷凝水太多,影响微生物菌落的形成)再倾倒,每个平皿(90mm×15mm)分装6~7mL的培养基。平皿盖上皿盖,冷却凝固后,备用。冷却凝固有两种方法,在室温较高时,将平板一个个在实验台面上平摊开,让其迅速冷凝;在实验室室温较低时,将几个平板叠放成一叠,让其缓慢冷凝。前者冷凝较快,但有时易在皿盖或凝结的培养基表面形成冷凝水滴。后者冷凝较慢,但皿盖或培养基表面很少形成冷凝水微滴。

(2)斜面搁置:将分装后(图1-14)灭菌的试管培养基冷却至50℃左右(以防斜面上冷凝水太多),将试管口端搁在玻璃棒或其它合适高度的器具上,搁置的斜面长度以不超过试管总长的一半为宜(图1-14)。

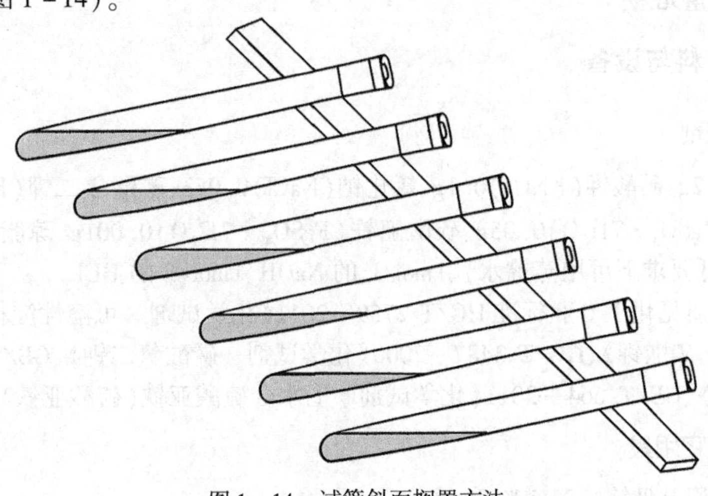

图1-14 试管斜面搁置方法

10. 无菌检查

将灭菌培养基放入37℃的温室中培养24～48h，以检查灭菌是否彻底。如无菌生长，即表明灭菌彻底，可处置后使用。

11. 保存

一般情况下，新配制培养基如不立即使用，应置于冰箱2～8℃保存。为防止培养基失水，液体或固体的试管培养基应放在严密的有盖容器中，一般可保存半年；高层培养基密封在容器中一般可存一年；平板培养基密封于塑料袋一般可存三周。勿使琼脂见日光极为重要，因为培养基日光直射15min以上，会产生过氧化物或其它物质，影响菌种特性。

注意：有的培养基不宜在冰箱中保存，如硫乙醇酸盐流体培养基（详见第四章实验二），应放在30℃以下的室温并避光保存。因为它含有少量琼脂，在低温条件下易凝固，影响耗氧菌（aerobes）的生长，如用前加热，易产生絮状物，影响实验观察。

干燥培养基应储存在冷（15～20℃）、暗、干、密处，一般可保存2～3a。现在也有一些商业培养基可直接购买，实验室应定期进行质量控制。

实验七　合成培养基——高氏Ⅰ号培养基的制备

一、实验目的和要求

（1）了解高氏Ⅰ号培养基的组成和应用范围。
（2）巩固掌握配制合成培养基的一般方法。

二、基本原理

高氏（Gause）Ⅰ号培养基，全称高斯氏合成培养基（Gause's synthetic medium），又称淀粉琼脂培养基，是用来分离、培养、观察和鉴定放线菌及其形态特征的合成培养基。如果加入适量的抗菌药物（如各种抗生素、酚等），则可用来分离各种放线菌。此合成培养基的主要特点是含有多种化学成分已知的无机盐，这些无机盐可能相互作用而产生沉淀。此外，合成培养基有的还要补加微量元素。

三、实验材料与设备

1. 溶液或试剂

可溶性淀粉2g、硝酸钾（KNO_3）0.1g、氯化钠（NaCl）0.05g、磷酸氢二钾（$K_2HPO_4 \cdot 3H_2O$）0.05g、硫酸镁（$MgSO_4 \cdot 7H_2O$）0.05g、硫酸亚铁（$FeSO_4 \cdot 7H_2O$）0.001g、琼脂2g、双蒸水或去离子水100mL（低要求下可用蒸馏水）、1mol/L的NaOH、1mol/L的HCl。

有关试剂品质见化工专业标准HG/T 2759—2011《化学试剂　可溶性淀粉》、GB/T 647—2011《化学试剂　硝酸钾》、HG/T 3487—2000《化学试剂　磷酸氢二钾》、GB/T 671—1998《化学试剂　硫酸镁》、GB/T 664—2011《化学试剂　七水合硫酸亚铁（硫酸亚铁）》。

2. 仪器或其它用具

仪器或其它用具见第一章实验六。

四、操作步骤

1. 称量和溶化

按配方先称取可溶性淀粉放入小烧杯中，并用少量冷水将淀粉调成糊状，再加入 2/5 所需水量的沸水中，继续加热，使可溶性淀粉完全溶化。然后再称取其它各成分（琼脂除外）依次逐一溶化。琼脂在另 2/5 水中加热溶解。最后将淀粉溶液和琼脂水溶液趁热相混溶，并补足剩余 1/5 水分。对微量成分 $FeSO_4 \cdot 7H_2O$，可先配成高浓度的储备液按比例换算后再加入：先在 100mL 水中加入 1g 的 $FeSO_4 \cdot 7H_2O$ 配成 0.01g/mL 溶液，再在 1000mL 培养基中加 1mL 的 0.01g/mL 的储备液即可。待所有药品完全溶解后，补充水分到所需的总体积（1000mL）。如配制固体培养基，其溶化过程与第一章实验六相同。

2. 调 pH

高氏Ⅰ号培养基的 pH 要求是在 7.2 ~ 7.4 之间，由于原材料等原因，如 pH 不在此范围，需要用氢氧化钠或盐酸调节。

3. 其它步骤

其它步骤同第一章实验六。

实验八　选择性培养基——马丁氏培养基的制备

一、实验目的和要求

(1) 了解马丁（Martin）氏培养基的组成和应用范围。

(2) 掌握真菌选择培养基的配制方法和选择性培养基的基本原理。

(3) 巩固掌握培养基配制的一般原理和方法。

二、基本原理

马丁氏培养基是一种用来分离真菌的选择性培养基。这种培养基的特点是：培养基中加入的孟加拉红和/或链霉素（分子结构见附录 10）等抗生素能有效地抑制细菌和放线菌的生长，而对真菌无抑制作用，因而真菌在这种培养基上可以得到优势生长，从而达到分离真菌的目的。

三、实验材料与设备

1. 溶液或试剂

KH_2PO_4 1g、$MgSO_4 \cdot 7H_2O$ 0.5g、胨胨 5g、葡萄糖 10g、琼脂 15 ~ 20g、蒸馏水 800mL、孟加拉红（1% 的水溶液）、链霉素（1% 水溶液）、孟加拉红培养基（附录 2）。

相关化学品品质应满足 GB/T 1274—2011《化学试剂　磷酸二氢钾》等。

2. 仪器或其它用具

仪器或其它用具见第一章实验六。

四、操作步骤

1. 称量和溶化

按培养基配方准确称取各成分，并将各成分依次溶化在少于所需要的水量中。待各成分完全溶化后，补足水分到所需体积。再取 1% 孟加拉红溶液 3.3mL，加入培养基中配成 1000mL 的溶液，使孟加拉红在培养基中的浓度达到约 33μg/mL，混匀后，加入琼脂加热溶化（方法与第一章实验六相同）。

2. 分装、加塞、包扎、灭菌、无菌检查等

这些步骤与第一章实验六相同。

3. 链霉素的加入

在 100mL 培养基中加 1% 链霉素液 0.3mL，使每毫升培养基中含链霉素 30μg。

注意：由于链霉素受热容易分解，所以临用时，将培养基溶化后待温度降至 45～50℃ 时才能加入。因此，马丁氏培养基也不适合分离温度高于 50℃ 的适宜真菌。

实验九　血液琼脂培养基的制备

一、实验目的和要求

(1) 掌握血液琼脂培养基（血琼脂培养基）的制备方法，明确血液琼脂培养基的用途。

(2) 巩固掌握一般培养基和选择性培养基的配制方法和原理。

二、基本原理

血液琼脂培养基可用于分离营养要求高的微生物。一些病原性真菌或放线菌等难养微生物，对营养要求高甚至十分苛刻，而动物血是微生物生长繁殖的优良营养物。研究证明，在 45～50℃ 时加入血液可以保存其中某些不耐热的生长因子，促进微生物生长。血液琼脂培养基也可用于溶血（解血）实验。

三、实验材料与设备

(1) 培养基：牛肉膏胨培养基，见第一章实验六。

(2) 仪器或其它用具：装有 5～10 粒玻璃珠（$\phi \approx 3$mm）的无菌三角烧瓶、无菌注射器、无菌平皿等，其它仪器或用具与第一章实验六相同。

(3) 动物：健康的兔或羊。

四、操作步骤

(1) 牛肉膏胨培养基的制备见第一章实验六，也可用豆粉琼脂（pH = 7.4～7.6）（附录 2）等营养丰富的基础培养基配制血液琼脂培养基。

(2) 无菌脱纤维兔血（或羊血）的制备：用配备 18 号针头的无菌注射器以无菌操作抽取全血（即未经处理的静脉抽血）（无菌采血操作），并立即注入装有无菌玻璃珠（$\phi \approx 3$mm）的无菌

三角烧瓶中,然后摇动三角烧瓶 10min 左右,形成的纤维朊块会沉淀在玻璃珠上,把含血细胞和血清的上清液倾入无菌容器即得到脱纤维兔血(或羊血),置冰箱 4℃存储备用。

注意:整个过程必须严格无菌操作。制备脱纤维血液时,应摇动足够时间以防凝固。也可以直接购买脱纤维兔血(或羊血)。

(3)血液琼脂培养基的制备:将牛肉膏胨琼脂培养基溶化,待冷却至 45 ~ 50℃时,以无菌操作方式,按 10%(体积分数)的量加入无菌脱纤维兔血(或羊血)于培养基中,立即摇荡,以便血液和培养基充分混匀。根据具体情况,还可以考虑是否加入 10g/L 的葡萄糖。45 ~ 50℃加入血液是为了保存其中某些不耐热的营养物质和保证血细胞的完整,以便于观察细菌的溶血(解血)作用;同时,在这种温度下琼脂不会凝固。

(4)迅速以无菌操作倒入无菌平皿中,即成血液琼脂平板,注意不要产生气泡。

(5)置 37℃培养箱 24h,如无菌生长即可使用。

五、实验报告(实验一至实验九)

1. 实验结果

(1)消毒、灭菌和除菌有何异同? 请列表比较。

(2)高压蒸汽灭菌、干热灭菌、紫外线灭菌和微孔滤膜除菌有何异同? 列表比较各自的特点和适用范围。过滤除菌仅适用于少量样品吗?

(3)培养基制备的一般步骤和注意事项是什么? 配制后,倒平板时平板倒置的目的? 稀释涂布平板法和平板划线法孰优孰劣? 适用范围有何差别?

(4)各种培养基成分对于微生物生长的主要功能是什么?

(5)各种培养基的适用范围是什么? 列表比较牛肉膏胨培养基、高氏 I 号培养基、马丁氏培养基和血液琼脂培养基的成分、特点及应用范围,为何葡萄糖在马丁氏培养基中出现而不在其它几种培养基中出现? 各种培养基的用量有何要求?

(6)为何培养基制作一般选用琼脂作为固定剂而不是其它物质? 琼脂是唯一的固定剂吗? 有非琼脂固定培养基吗?

(7)培养基配制过程中,pH 如何变化? 究竟如何控制和获得适宜的微生物培养 pH? pH 的调节会影响培养基的物理化学性质吗?

(8)请对照有关国家要求,比如 WS 233—2017《病原微生物实验室生物安全通用准则》和 GB 19489—2008《实验室　生物安全通用要求》等,如果开展血液琼脂培养,注意实验室基础条件是否具备?

(9)尽管目前已经有很多培养基的配方,但科学界普遍认为,由于实验条件和认知水平所限,人类目前已知的微生物仅占所有微生物的 1%,99%左右的微生物尚不为人类所知,请问原因是什么? 你能否更新设计一种或多种培养基,来获取和认识更多的微生物?

2. 思考题

(1)书中几种除菌、消毒、灭菌和杀菌方法,能否与有关菌种、培养基、环境介质进行一一匹配? 这些方法在考虑除菌/消杀/灭菌时,有无考虑成分变化? 比如巴斯德消毒法,显著降低乳品中的维生素 B 族(如 VB2 和 VB12)和 VE,但升高维生素 A,有无其它改进方法可以替代,比如高压处理(HPP)、脉冲电场(PEF)等非热处理方法?

(2)针对不同的环境介质如土壤、水样、油水样、原油、岩石以及实验室中完成培养任务的长有微生物的培养基,应该用什么方法进行灭菌或杀菌?有无既不破坏环境介质的成分,又能起到灭菌/杀菌的方法?

(3)生活饮用水中为了约束总菌落、总大肠菌群、耐热大肠菌群和**结肠埃希氏菌**污染指标,进行加氯或类似杀菌剂消杀,从微生物学的角度来说,有无更好的选项?

延伸阅读

表1-6 国家和地方部分现行的灭菌锅(灭菌器)各类标准

标准编号	标准名称	发布部门	实施日期	状态
GB 8599—2008	大型蒸汽灭菌器技术要求 自动控制型	国家质量监督检验检疫总局	2009-12-01	现行
GB 4793.4—2019	测量、控制和实验室用电气设备的安全要求 第4部分:用于处理医用材料的灭菌器和清洗消毒器的特殊要求	国家市场监督管理总局	2021-01-01	现行
GB/T 20130—2006	自屏蔽电子束消毒灭菌装置	国家质量监督检验检疫总局	2006-08-01	现行
GB/T 30690—2014	小型压力蒸汽灭菌器灭菌效果监测方法和评价要求	国家质量监督检验检疫总局	2015-07-01	现行
GB/T 32309—2015	过氧化氢低温等离子体灭菌器	国家质量监督检验检疫总局	2016-09-01	现行
JB/T 20001—2011	注射剂灭菌器	工业和信息化部	2011-11-01	现行
JB/T 20163—2014	药用干热灭菌器	工业和信息化部	2014-11-01	现行
JB/T 20171—2016	药用纯蒸汽灭菌器	工业和信息化部	2016-09-01	现行
WS/T 649—2019	医用低温蒸汽甲醛灭菌器卫生要求	国家卫生健康委员会	2019-07-01	现行
YY/T 0084.1—2009	圆形压力蒸汽灭菌器主要受压元件强度计算及其有关规定	国家食品药品监督管理总局	2010-12-01	现行
YY/T 0084.2—2009	矩形压力蒸汽灭菌器主要受压元件强度计算及其有关规定	国家食品药品监督管理总局	2010-12-01	现行
YY 0503—2016	环氧乙烷灭菌器	国家食品药品监督管理总局	2018-01-01	现行
YY 0504—2016	手提式蒸汽灭菌器	国家食品药品监督管理总局	2018-01-01	现行
YY/T 0646—2015	小型蒸汽灭菌器自动控制型	国家食品药品监督管理总局	2016-01-01	现行
YY/T 0679—2016	医用低温蒸汽甲醛灭菌器	国家食品药品监督管理总局	2018-06-01	现行
YY/T 0698.8—2009	最终灭菌医疗器械包装材料 第8部分:蒸汽灭菌器用重复性使用灭菌容器要求和试验方法	国家食品药品监督管理总局	2010-12-01	现行
YY 0731—2009	大型蒸汽灭菌器手动控制型	国家食品药品监督管理总局	2010-12-01	现行
YY 1275—2016	热空气型干热灭菌器	国家食品药品监督管理总局	2018-01-01	现行
YY 1277—2016	蒸汽灭菌器生物安全性能要求	国家食品药品监督管理总局	2018-01-01	现行
YY/T 1007—2018	立式蒸汽灭菌器	国家药品监督管理局	2019-10-01	现行

续表

标准编号	标准名称	发布部门	实施日期	状态
YY/T 1609—2018	卡式蒸汽灭菌器	国家药品监督管理局	2019 - 07 - 01	现行
JJF(吉)29—2016	高温灭菌器参数校准规范	吉林省质量技术监督局	2016 - 12 - 15	现行
JJF(沪)60—2018	蒸汽灭菌器温度、压力参数校准规范	上海市质量技术监督局	2019 - 03 - 01	现行
JJF(晋)20—2018	小型蒸汽压力灭菌器检测规范	山西省质量技术监督局	2018 - 11 - 28	现行

第二章　微生物的计数、测量、运动和形态观察

实验一　显微镜的使用

一、实验目的和要求

(1)学习并掌握油镜的原理和使用方法。

(2)复习普通台式光学显微镜的结构、各部分的功能和使用方法。

二、显微镜的基本结构及油镜的工作原理

现代普通光学显微镜利用目镜和物镜两组透镜来放大成像,故又称为复式显微镜。它们由机械装置和光学系统两大部分组成,其构造见图 2－1。

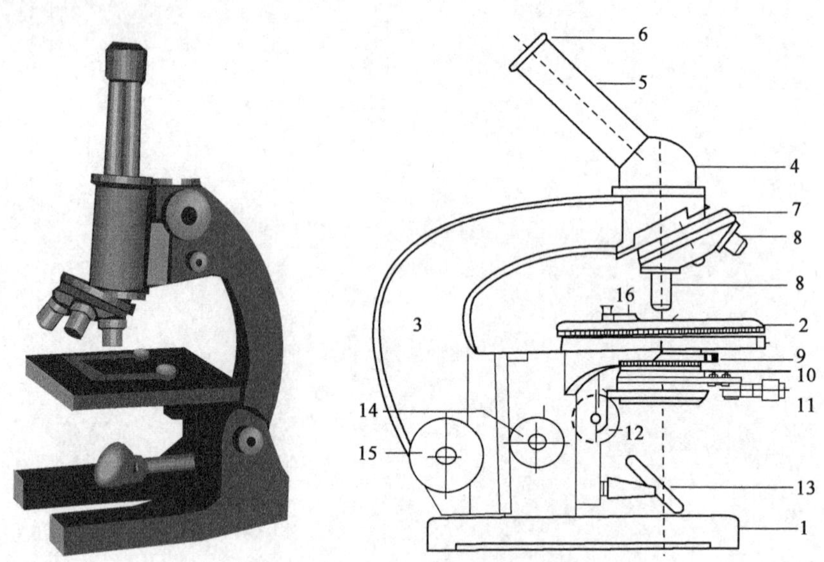

图 2－1　普通光学显微镜构造示意图

1—底座或镜座;2—载物台;3—镜臂;4—棱镜套;5—镜筒;6—接目镜;7—转换器;8—接物镜;9—聚光器;10—虹彩光圈;11—光圈固定器;12—聚光器升降螺旋;13—反光镜;14—细调节器;15—粗调节器;16—标本夹

在显微镜的光学系统中,物镜的性能最为关键,它直接影响显微镜的分辨率。而在普通光学显微镜通常配制的几种物镜中,油镜的放大倍数最大,对微生物学研究最为重要。与其它物镜相比,油镜的使用比较特殊,须在载玻片与镜头之间加滴镜油,这主要有以下两方面的原因。

1. 增加照明亮度

油镜的放大倍数可达100×,放大倍数这样高的镜头,焦距很短,直径很小(图2-2),但所需要的光照强度却最大。从承载标本的载玻片透过来的光线,因介质密度不同(从玻片进入空气,再进入镜头),有些会因折射或全反射不能进入镜头(图2-3),致使在使用油镜时会因射入的光线较少,物像显现不清。所以为了不使通过的光线有所损失,在使用油镜时须在油镜与载玻片之间加入与玻璃的折射率($n=1.55$)相仿的镜油(通常用香柏油,其折射率 $n=1.515$)。

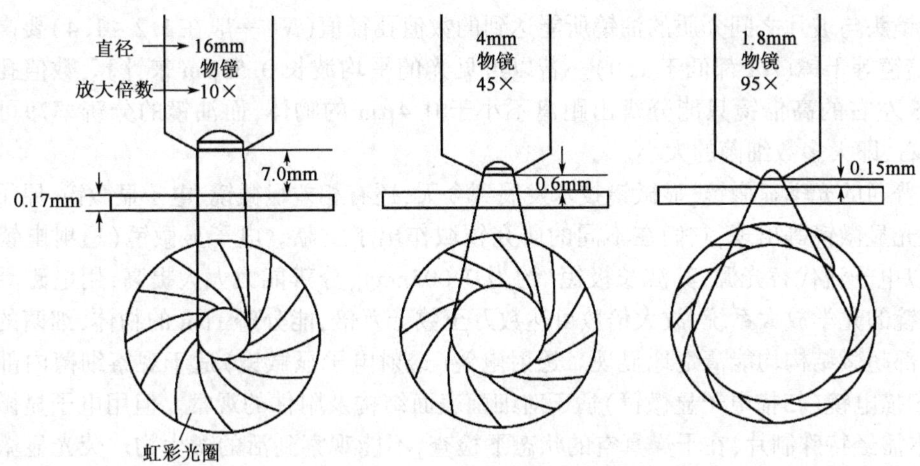

图2-2　物镜的焦距、工作距离和虹彩光圈的关系

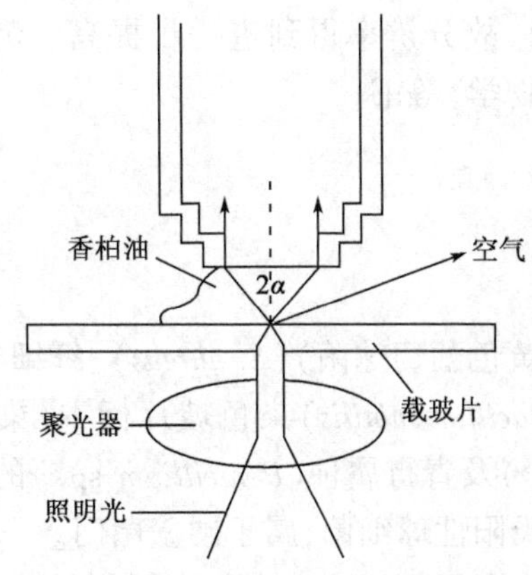

图2-3　介质折射率对物镜照明光线路径的影响

2. 增加显微镜的分辨率

显微镜的分辨率或分辨力(resolution or resolving power)是指显微镜能辨别两点之间的最小距离的能力。从物理学角度看,光学显微镜的分辨率受光的干涉现象及所用物镜性能的限制,可表示为

$$\text{分辨率(最小分辨距离)}=\frac{\lambda}{2NA}$$

式中　λ——光波波长;

NA——物镜的数值孔径值。

光学显微镜的光源不可能超出可见光的波长范围（约在 0.4 ~ 0.7μm），而数值孔径值则取决于物镜的镜口角和玻片与镜头间介质的折射率，可表示为

$$NA = n \times \sin\alpha$$

式中 α——光线最大入射角的半数，取决于物镜的直径和焦距，一般来说在实际应用中最大只能达到 120°；

n——介质折射率。

由于香柏油的折射率（1.515）比空气及水的折射率（分别为 1.0 和 1.33）要高，因此以香柏油作为镜头与玻片之间介质的油镜所能达到的数值孔径值（NA 一般在 1.2 ~ 1.4）要高于低倍镜、高倍镜等干镜（NA 都低于 1.0）。若以可见光的平均波长 0.55μm 来计算，数值孔径通常在 0.65 左右的高倍镜只能分辨出距离不小于 0.4μm 的物体，而油镜的分辨率却可达到 0.2μm左右，即大多数细菌的大小。

除了普通的光学显微镜，显微镜技术发展到今天，还有相差显微镜、电子显微镜、原子力显微镜和荧光显微镜等出现，它们在不同的研究领域作出了贡献。电子显微镜（透射电镜和扫描电镜）以电子流代替光源，其波长极短（约为 0.005nm），分辨能力大大提高，用电磁圈代替普通显微镜的光学放大系统，放大倍数可达数万至数十万倍，能分辨 1nm 的物体，细菌的表面形态和内部超微结构均能清楚地显现。透射电镜（透射电子显微镜）适于观察细菌内部的超微结构，扫描电镜（扫描电子显微镜）适于对细菌表面结构及附件的观察。但用电子显微镜观察时，标本需经特殊制片，在干燥真空的状态下检查，不能观察到活的微生物。荧光显微镜以紫外光或蓝紫光为光源，激发荧光物质发光使之成为可见光。细菌经荧光染料染色后，置于荧光显微镜下，即可激发荧光，因此在暗色的背景下可以看到发射荧光的细菌。由于紫外光与蓝紫光的波长较短（0.3 ~ 0.4μm），故分辨率得到进一步提高。荧光显微镜还广泛应用于免疫荧光技术中，详见沈萍的《微生物学》等书。

三、实验材料与设备

1. 菌种

金色葡萄果菌（曾用名，金黄色葡萄球菌）（*S. aureus*）、**纤细芋菌**（曾用名，枯草芽孢杆菌、枯草芽胞杆菌、枯草杆菌等）（*Bacillus subtilis*）染色玻片标本（染色方法见本章实验 5 和实验 6）、**链霉菌属种**（*Streptomyces* sp.）及青霉属种（*Penicillium* sp.）的水封片。

金色葡萄果菌是一种革兰氏阳性球细菌，属于硬壁菌门。一般来说，**金色葡萄果菌**不会致病，但皮肤化脓、鼻窦炎和食物中毒很可能同它有关。**纤细芋菌**是一种革兰氏阳性、过氧化氢酶阳性细菌，属于杆菌属，棍形，能在环境恶劣条件下形成芽孢（内生孢子）。**链霉菌属**（*Streptomyces*）是放线菌门最大菌属，属于链霉菌科（*Streptomycetaceae*）。同其它放线菌相比，**链霉菌属**为革兰氏阳性的，$G+C$ 含量高。大多数的**链霉菌属**产生孢子，土生和腐生，具有泥土气息。青霉属（*Penicillium*）是子囊类真菌，在食品和医药领域十分重要，目前已经有 300 多种青霉发现。

2. 溶液或试剂

香柏油（cedarwood oil）、浸镜油、二甲苯。

相关化学品品质应至少满足 GB/T 16494—2013《化学试剂　二甲苯》等。

3. 仪器或其它用具

光学显微镜、擦镜纸、盖玻片、载玻片等。

四、操作步骤

1. 观察前的准备

1) 显微镜的安置

置显微镜于平整的实验台上，镜座距实验台边缘约 3～4cm。镜检时姿势要端正。取、放显微镜时，应一手握住镜臂，一手托住底座，使显微镜保持直立、平稳，切忌用单手拎提，不论使用单筒显微镜还是双筒显微镜，均应双眼同时睁开观察，以减少眼睛疲劳，也便于边观察边绘图或记录。

2) 光源调节

安装在镜座内的光源灯可通过调节电压以获得适当的照明亮度，而使用反光镜采集自然光或灯光作为照明光源时，应根据光源的强度及所用物镜的放大倍数选用凹面或凸面反光镜并调节其角度，使视野内的光线均匀，亮度适宜。

3) 调节双筒显微镜的目镜

根据使用者的个人情况，双筒显微镜的目镜间距可以适当调节，而左目镜上一般还配有屈光度调节环，可以适应眼距不同或两眼视力有差异的不同观察者。

4) 调节聚光器数值孔径值

调节聚光器虹彩光圈值与物镜的数值孔径值相符或略低。有些显微镜的聚光器只标有最大数值孔径值，而没有具体的光圈数刻度。使用这种显微镜时，可在样品聚焦后取下一目镜，从镜筒中一边看着视野，一边缩放光圈，调整光圈的边缘与物镜边缘黑圈相切或略小于其边缘。因为各物镜的数值孔径值不同，所以每转换一次物镜都应进行这种调节。

在聚光器的数值孔径值确定后，若需改变光照强度，可通过升降聚光器或改变光源的亮度来实现，原则上不应再调节虹彩光圈。当然，有关虹彩光圈、聚光器高度及照明光源强度的使用原则也不是固定不变的，只要能获得良好的观察效果，有时也可根据不同的具体情况灵活运用，不必拘泥。

2. 显微观察

在目镜保持不变的情况下，使用不同放大倍数的物镜所能达到的分辨率及放大率都是不同的。一般情况下，特别是对于初学者，进行显微观察时应遵守从低倍镜到高倍镜再到油镜的观察程序，因为低倍数物镜视野相对大，易发现目标及确定检查的位置。

1) 低倍镜观察

将**金色葡萄果菌**染色标本玻片置于载物台上，用标本夹夹住，移动推进器使观察对象处在物镜的正下方。下降 10 倍物镜，使其接近标本，用粗调节器慢慢升起镜筒，使标本在视野中达到初步聚焦，再使用细调节器调节使图像清晰。通过标本夹推进器慢慢移动玻片，认真观察标本各部位，找到合适的标的物，仔细观察并记录所观察到的结果。有条件的可结合拍照成像存档来对照。

在任何时候使用粗调节器聚焦物像时，必须养成先从侧面注视小心调节物镜靠近标本，然后用目镜观察，慢慢调节物镜离开标本进行准焦的习惯，以免因一时的误操作而损坏镜头及玻片。

2）高倍镜观察

在低倍镜下找到合适的观察目标并将其移至视野中心后，轻轻转动物镜转换器，将高倍镜移至工作位置。对聚光器光圈及视野亮度进行适当调节后，微调细调节器使物像清晰，利用推进器移动标本仔细观察并记录所观察到的结果。

在一般情况下，当物像在一种物镜中已清晰聚焦后，转动物镜转换器将其它物镜转到工作位置进行观察时，物像将保持基本准焦的状态，这种现象称为物镜的齐焦（parfocal）。利用这种齐焦现象，可以保证在使用高倍镜或油镜等放大倍数高、工作距离短的物镜时仅用细调节器即可对物像清晰聚焦，从而避免由于使用粗调节器时可能的误操作而损坏镜头或载玻片。

3）油镜观察

在高倍镜或低倍镜下找到要观察的样品区域后，用粗调节器将镜筒升高，然后将油镜转到工作位置，在待观察的样品区域加滴香柏油或浸镜油，从侧面注视，用粗调节器将镜筒小心地降下，使油镜浸在镜油中并几乎与标本相接。将聚光器升至最高位置并开足光圈。若所用聚光器的数值孔径值超过1.0，还应在聚光镜与载玻片之间也加滴香柏油或浸镜油，保证其达到最大的效能。调节照明，使视野的亮度合适。用粗调节器将镜筒徐徐上升，直至视野中出现物像并用细调节器使其清晰准焦为止。

注意：有时按上述操作还找不到目的物，则可能是由于油镜头下降还未到位，或因油镜上升太快，以至眼睛捕捉不到一闪而过的物像。遇此情况，应重新操作。另外，应特别注意，不要因在下降镜头时用力过猛，或调焦时误将粗调节器向相反方向转动而损坏镜头及载玻片（新仪器一般已经无此技术问题）。

3. 显微镜用毕后的处理

（1）上升镜筒，取下载玻片。

（2）用擦镜纸拭去镜头上的镜油。然后用擦镜纸蘸少许二甲苯（香柏油或浸镜油溶于二甲苯）擦去镜头上残留的油迹，最后再用干净的擦镜纸擦去残留的二甲苯。切忌用手或其它纸擦拭镜头，以免使镜头沾上污渍或产生划痕，影响观察。

（3）用擦镜纸清洁其它物镜及目镜；用绸布清洁显微镜的金属部件。

（4）将各部分还原，反光镜垂直于镜座，将物镜转成“八”字形，再向下旋，以免物镜与聚光镜发生碰撞危险。

五、实验报告

1. 实验结果

分别绘出在低倍镜、高倍镜和油镜下观察到的**金色葡萄果菌**、**纤细竿菌**、链霉菌的形态（可结合拍照一起报告），包括在三种情况下视野中的变化，同时注明物镜放大倍数和总放大率。

2. 思考题

(1)用油镜观察时应注意哪些问题？在载玻片和镜头之间加滴什么油？起什么作用？香柏油和浸镜油以哪种为宜？为什么？

(2)试列表比较低倍镜、高倍镜及油镜各方面的差异。为什么在使用高倍镜及油镜时应特别注意避免粗调节器的误操作？

(3)什么是物镜的齐焦现象？它在显微镜观察中有什么意义？

(4)影响显微镜分辨率的因素有哪些？

(5)根据实验体会，谈谈应如何根据所观察微生物的大小选择不同的物镜进行有效的观察。

(6)普通光学显微镜的最大缺点是什么？试述相差显微镜、荧光显微镜、激光聚焦显微镜的原理、特点、优缺点及适用范围。

实验二　微生物细胞大小和质量的测定

一、实验目的和要求

(1)了解目镜测微尺和镜台测微尺的构造和使用原理。

(2)掌握微生物细胞大小的测定方法。

(3)掌握微生物细胞重量的测定方法。

二、基本原理

微生物细胞的大小是微生物重要的形态特征之一，一般来说，细菌的球菌直径为 0.5 ~ 2μm，杆菌(含竿菌)长度为 1 ~ 8μm，宽度为 0.5 ~ 1μm，螺旋体门螺旋菌如螺旋体属(*Spirochaeta*)长度为 5 ~ 50μm，宽度为 0.5 ~ 5μm，质量在 10^{-4} ~ 1pg，详见第二章实验三、五、六、七，第四章实验六。但由于菌体很小，只能在显微镜下来测量。用于测量微生物细胞大小的工具有目镜测微尺(简称目尺)和镜台测微尺(简称台尺)。由于微生物的质量很小(10^{-4} ~ 1pg)，所以，测量单个细胞的质量是件难事，但测量生物量是可行的，在计算出个数之后，计算平均单个细胞的质量。

目镜测微尺[图 2 - 4(a)]是一块圆形玻片，在玻片中央把 5mm 长度刻成 50 等份，或把 10mm 长度刻成 100 等份，即每格 100μm。测量时，将其放在接目镜中的隔板上(此处正好与物镜放大的中间像重叠)来测量经显微镜放大后的细胞物象。由于不同目镜、物镜组合的放大倍数不同，目镜测微尺每格实际表示的长度也不一样，因此目镜测微尺测量微生物大小时须先用置于镜台上的镜台测微尺校正，以求出在一定放大倍数下目镜测微尺每小格所代表的相对长度。

镜台测微尺[图 2 - 4(b)]是中央部分刻有精确等分线的载玻片，一般将 1mm 等分为 100 格，每格长 10μm，它是专门用来校正目镜测微尺的。校正时，将镜台测微尺放在载物台上，由于镜台测微尺与细胞标本处于同一位置，都要经过物镜和目镜的两次放大成像进入视野，即镜台测微尺随着显微镜总放大倍数的放大而放大，因此从镜台测微尺上得到的读数就是细胞的真实大小，所以用镜台测微尺的已知长度在一定放大倍数下校正目镜测微尺，即可求出目镜测微尺每格所代表的长度，然后移去镜台测微尺，换上待测标本片，用校正好的目镜测微尺在同样放大倍数下测量微生物大小。

（2）掌握使用血细胞计数板进行微生物计数的方法。

（3）掌握显微镜直接计量牛乳中微生物数量的方法。

二、基本原理

显微镜直接计数法是将少量待测样品的悬浮液置于一种特别的具有确定面积和容积的载玻片上［又称计菌器、细胞计（cytometer）、计数室（counting chamber）］，在显微镜下直接计数的一种简便、快速、直观的方法。

目前国内外常用的计菌器（细胞计）有血细胞计数板、佩丘夫—豪塞（Petroff—Hausser，P—H）细胞计以及豪克斯利（Hawksley）计菌器等，它们计数的基本原理相同（图2－5），都可用于酵母、细菌、霉菌孢子等悬液的计数。

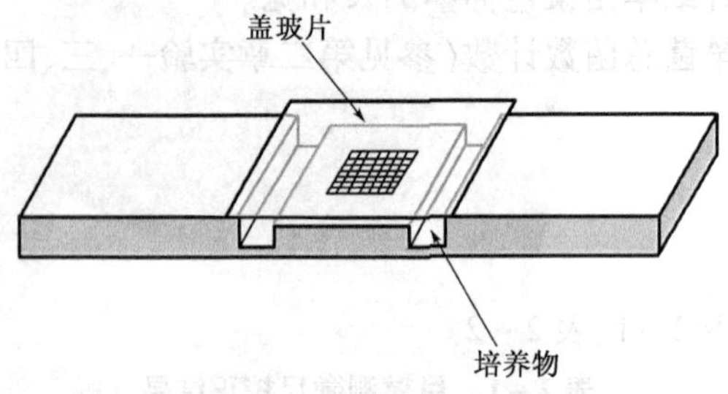

图2－5　常见计菌器细胞计数示意图

如图2－5所示，滴一滴液体培养物在盖玻片的侧面，随着毛细管力的作用，1～2min内微量菌液会分布到中间的方格中。P—H和豪克斯利这两种计菌器由于盖上盖玻片后，盖玻片和载玻片之间的距离只有1/50mm，因此可用油浸物镜对细菌等较小的细胞进行观察和计数，但务必不要弄脏计数方格。每个小方格的面积是1/400mm^2，计数10～15个这样的小方格，以每小方格中不超过3个细胞为宜，总数不少于100，然后计算平均数。如果超过太多，则要进行必要的稀释。1mL菌液总菌数可计算如下：

$$总菌数 = \frac{N_c \times 10^3}{\frac{1}{20} \times \frac{1}{20} \times \frac{1}{50}} \times D$$

式中　N_c——每方格平均细胞数；

D——菌液稀释倍数（如果有稀释的话）；

$\frac{1}{20} \times \frac{1}{20} \times \frac{1}{50}$——方格容积；

10^3——立方毫米和毫升的体积转换因子（$1mL = 1cm^3 = 10mm \times 10mm \times 10mm = 10^3mm^3$）。

这两种计菌器的具体使用方法，务必参看各厂商的说明书。

除了用这些计菌器外，还有在显微镜下直接观察涂片面积与视野面积之比的估算法，此法一般用于牛乳的细菌学检查。

显微镜直接计数法的优点是直观、快速、操作简单，但此法的缺点是所测得的结果通常是死菌体和活菌体的总和。目前已有一些方法可以克服这一缺点，如显微镜直接计数法结合活菌染色（第二章实验五、九）、微室培养（短时间）以及加细胞分裂抑制剂等方法来达到只计数活菌体的目的。本实验以血细胞计数板（图2－6）为例进行显微镜直接计数。血细胞计数板又称为血球细胞计数板（器）等。

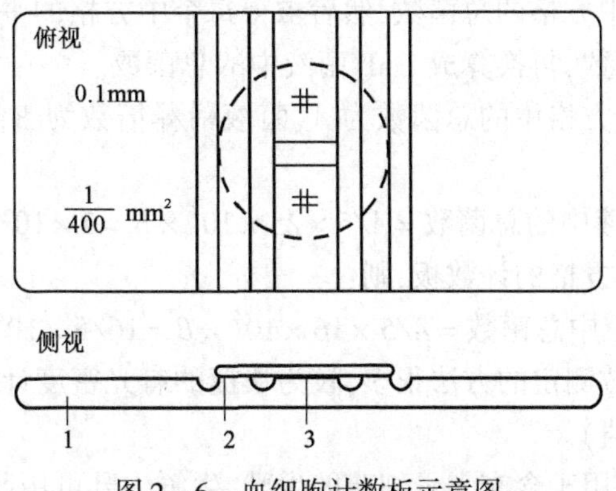

图 2-6　血细胞计数板示意图

1—血细胞计数板；2—盖玻片；3—计数室

用血细胞计数板在显微镜下直接计数是一种很常用的微生物计数方法。该计数板是一块特制的载玻片，其上由四条槽构成三个平台，中间较宽的平台又被一短横槽隔成两半，每一边的平台上各刻有一个方格网，每个方格网共分为九个大方格，中间的大方格即为计数室。血细胞计数板构造见图 2-7。计数室的刻度一般有两种规格，一种是一个大方格分成 25 个中方格，而每个中方格又分成 16 个小方格（图 2-7）；另一种是一个大方格分成 16 个中方格，而每个中方格又分成 25 个小方格。但无论是哪一种规格的计数板，每一个大方格中的小方格都是 400 个。每一个大方格边长为 1mm，则每一个大方格的面积为 $1mm^2$（每格 $1/400mm^2$），盖上盖玻片后，盖玻片与载玻片之间的高度为 0.1mm，所以计数室的容积为 $0.1mm^3$ 即 $10^{-4}mL$。

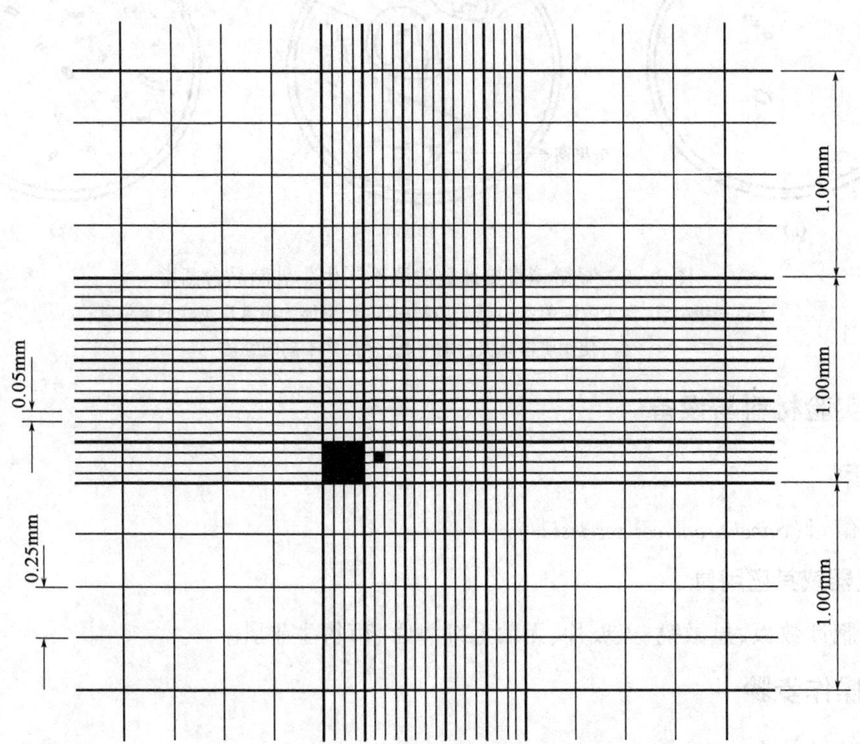

图 2-7　血细胞计数板放大后的方格构造网

中间大方格为计数室；小阴影表示小方格，大阴影表示中方格

计数时，通常数五个中方格的总菌数，然后求得每个中方格的平均值，再乘上 25 或 16，就得出一个大方格中的总菌数，再换算成 1mL 菌液中的总菌数。

设显微镜镜检五个中方格中的总菌数为 A，菌液稀释倍数为 B，如果是 25 个中方格的计数板，则：

$$1\text{mL 菌液中的总菌数} = A/5 \times 25 \times 10^4 \times B = 5 \times 10^4 AB(\text{个})$$

同理，如果是 16 个中方格的计数板，则：

$$1\text{mL 菌液中总菌数} = A/5 \times 16 \times 10^4 \times B = 16/5 \times 10^4 AB(\text{个})$$

需要说明的是，总菌数测定的方法很多，较为快捷的有光密度计数法（一般通过 OD_{600nm} 大小来衡量，也就是吸光度值）。

显微镜直接计数法适用于含有大量细菌的牛乳，生鲜牛乳可用此法检查。如果显微镜，每个视野只有 1 ~3 个细菌，此牛乳则为一级牛乳；如果牛乳中有很多长链链果菌（链球菌）和白细胞，通常此牛乳是来自患乳房炎的母牛；若一个视野中有很多不同的细菌，则往往说明此牛乳是使用了脏器具保存的牛乳（图 2 - 8）。我国生鲜牛乳的微生物指标规定（GB 19301—2010《食品安全国家标准　生乳》），特级乳细菌数小于或等于 500000 个/mL，一级小于或等于 1000000 个/mL，二级小于或等于 2000000 个/mL。由于上述方法不够精确，一般不作为消毒牛乳的卫生检查，而应根据 GB 4789.2—2022《食品安全国家标准　食品微生物学检验　菌落总数测定》来检验。

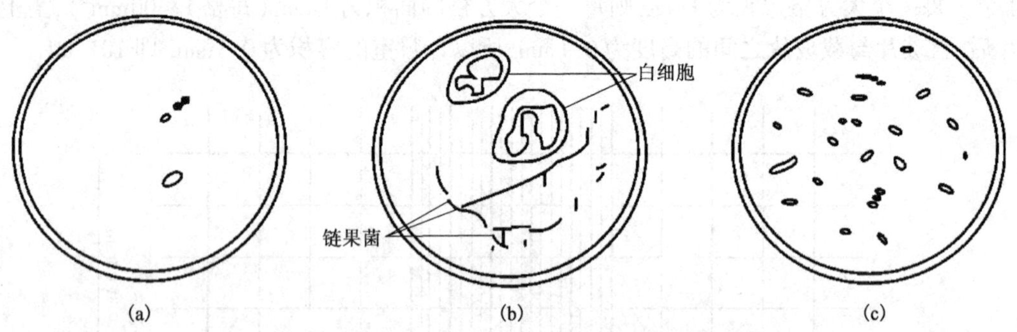

图 2 - 8　显微镜直接计数法测不同生牛乳制品含菌率

(a)一级牛乳，含少数细菌；(b)链果菌和白细胞，可能为患乳房炎症的母牛乳；(c)使用脏器具保存的牛乳，含很多不同的细菌

三、实验材料与设备

1. 菌种

酿酒酵母（*Saccharomyces cerevisiae*）。

2. 仪器或其它用具

血细胞计数板、显微镜、盖玻片、无菌毛细滴管、市售生牛乳。

四、操作步骤

1. 菌悬液制备

以无菌生理盐水（0.9% 氯化钠水溶液，高压蒸汽灭菌后使用）将酿酒酵母制成浓度适当的菌悬液。

2. 镜检计数室

在加样前，先对计数板的计数室进行镜检。若有污物，则需清洗、吹干后才能进行计数。

3. 加样品

将清洁干燥的血细胞计数板盖上盖玻片，再用无菌的毛细滴管将摇匀的酿酒酵母菌悬液由盖玻片边缘滴一小滴，让菌液沿缝隙靠毛细渗透作用自动进入计数室，一般计数室均能充满菌液。取样时先要摇匀菌液。加样时计数室不可有气泡产生。

4. 显微镜计数

加样后静止5min，然后将血细胞计数板置于显微镜载物台上，先用低倍镜找到计数室所在位置，然后换成高倍镜进行计数。

调节显微镜光线的强弱适当。对于用反光镜采光的显微镜，还要注意光线不要偏向一边，否则视野中不易看清楚计数室方格线，或只见竖线或只见横线。

在计数前若发现菌液太浓或太稀，需重新调节稀释度后再计数。一般样品稀释度要求每小格内约有5～10个菌体为宜。每个计数室选5个中格（可选4个角和中央的一个中格）中的菌体进行计数。位于格线上的菌体一般只数上方和右边线上的。当遇到酵母出芽且芽体大小达到母细胞的一半时，即作为两个菌体计数。计数一个样品时要从两个计数室中计得的平均数值来计算样品的含菌量。

5. 清洗血细胞计数板

使用完毕后，将血细胞计数板在水龙头上用水冲洗干净，切勿用硬物洗刷。洗完自行晾干或用吹风机吹干后镜检，观察每小格内是否有残留菌体或其它沉淀物。若不干净，则必须重复洗涤至干净为止。

6. 生鲜牛乳显微镜直接镜检

（1）在白纸上画出1cm^{2}的方块，然后将玻片放在纸上。

（2）用10μL的微量加样器吸取混匀了的生牛乳样品，放在玻片1cm^{2}区域的中央。差质生牛乳检测方法与此相同。

（3）用接种针将牛乳涂匀，并涂满1cm^{2}的范围。

（4）使涂片于空气中慢慢干燥。将铁丝试管架放在沸水浴中，然后置已干燥的涂片于试管架上，用蒸气热固定5min，待干。

（5）浸于亚甲蓝染液缶内染色2min（亚甲蓝分子式和变色原理见附录10）。

（6）取出玻片，用吸水纸吸去多余的染料，晾干。

（7）用水缓缓冲洗，晾干。

（8）油镜下观察细菌数，共数30～50个视野。

（9）计算。每毫升的细菌总数＝平均每视野的细菌数×500000。

因为一般油镜的视野直径为0.16mm，一个视野的面积＝0.08^2×3.1416＝0.02mm^2，转换成平方厘米，则视野面积＝0.02×0.01＝0.0002cm^2，1cm^{2}的视野数＝1.0/0.0002＝5000，又因每1cm^{2}的牛乳量为10μL，即1/100mL，则每一视野的牛乳量＝1/100×1/5000＝1/500000mL，所以，一个视野中的1个细菌就代表1mL牛乳中有500000个细菌，因此：

$$1\text{mL 牛乳中的细菌数}=\text{一个视野的细菌数}\times 500000$$
$$=50\text{ 个视野的细菌数}\div 50\times 500000$$

五、实验报告

1. 实验结果

将实验结果记录于表 2-3 中。

表 2-3 显微镜直接计数结果

	各个格中菌数					五个中方格总菌数	菌液稀释倍数	二室平均值	菌数,个/mL
	1	2	3	4	5				
第一室									
第二室									

2. 思考题

(1)根据实验情况,说明用血细胞计数板计数的误差主要来自哪些方面。应如何尽量减少误差?

(2)请设计 1~2 种可行的检测方法,检测干酵母粉中的活菌存活率。

(3)同国家标准 GB 4789.2—2022《食品安全国家标准 食品微生物学检验 菌落总数测定》相比,显微镜直接计数生牛乳中的菌数有无优劣?

实验四 平板菌落计数法

一、实验目的和要求

学习平板菌落计数法的基本原理和方法。

二、基本原理

平板菌落计数法是将待测样品适当稀释之后,其中的微生物充分分散成单个细胞,取一定量的稀释样液接种到平板上,经过培养,由每个单细胞生长繁殖而形成肉眼可见的菌落,即一个单菌落应代表原样品中的一个单细胞。统计菌落数,根据稀释倍数和取样接种量即可换算出样品中的含菌数。但是,由于生物生长的特性和其它一些因素,待测样品往往不易完全分散成单个细胞,所以,长成的一个单菌落也可能来自样品中的 2~3 个或更多个细胞,因此平板菌落计数的结果往往偏低。为了清楚地阐述平板菌落计数的结果,现在已倾向使用菌落形成单位(colony-forming units,简写为 CFU 或 cfu)而不以绝对菌落数来表示样品的活菌含量。

平板菌落计数法虽然操作较繁,结果需要培养一段时间才能取得,而且测定结果易受多种因素的影响,但是,由于该计数方法的最大优点是可以获得活菌的信息,所以被广泛用于生物制品检验(如活菌制剂),以及食品、饮料和水(包括水源水)等的含菌指数或污染程度的检测。但此法不适于测定样品中丝状体微生物,例如放线菌或丝状真菌或丝状蓝细菌等的营养体等。也要注意该法由于培养条件引起的选择性偏向性和对不可培养菌/体的损失。

三、实验材料与设备

1. 菌种和药品

结肠埃希氏菌(*Escherichia coli*,又称大肠杆菌、埃希氏菌或大肠埃希氏菌等)菌悬液(或其它任何待测样品)、75%乙醇(作为消毒剂)。

结肠埃希氏菌是一种革兰氏阴性、兼性厌氧棍形细菌,属于**埃希氏菌属**,一般在肠道温血生物中发现,大多数无害,但少数血清型可能致食物中毒。

储存液:取34.0g 磷酸二氢钾(KH_2PO_4)和500mL 蒸馏水混合,用1mol/L 氢氧化钠溶液大约175mL 调节 pH 至7.2,用蒸馏水稀释至1000mL 后储存于4℃冰箱。

稀释液:用蒸馏水稀释1.25mL 储存液至1000mL,分装于合适容器,121℃高压灭菌15min,冷却备用。

2. 培养基

牛肉膏胨胨培养基(第一章实验六)或其它同待测样品匹配的培养基、平板计数琼脂(plate count agar)培养基。

平板计数琼脂培养基应符合《进出口食品中菌落总数计数方法》(SN/T 0168—2015),其成分见表2-4。

表2-4 平板计数琼脂培养基成分

试剂/项目	量	试剂/项目	量
胰胨胨	5.0g	琼脂	15.0g
酵母浸膏	2.5g	蒸馏水	1000mL
葡萄糖	1.0g	pH	6.9~7.1

将表2-4中的成分混合溶于水,加热煮沸至琼脂完全溶解,调 pH 至7.0±0.1,分装,121℃高压灭菌15min,冷却备用。

3. 仪器或其它用具

0.5mL(500μL)和1mL 无菌吸管、移液器、无菌平皿、盛有4.5mL 无菌水的试管、试管架、恒温培养箱等。

四、操作步骤

1. 编号

取无菌平皿9套,分别用记号笔标明 10^{-4}、10^{-5}、10^{-6}(稀释度)各3套;另取6支盛有4.5mL无菌水的试管,依次标记 10^{-1}、10^{-2}、10^{-3}。

2. 稀释

用0.5mL 无菌吸头精确吸取0.5mL 已充分混匀的**结肠埃希氏菌**菌悬液(或其它待测样品),放至 10^{-1} 的试管中,此即为10倍稀释。

将 10^{-1} 试管置混匀仪上振荡,使菌液充分混匀。如果没有混匀仪,可用刚取样的0.5mL 无菌吸头插入 10^{-1} 试管中来回吹吸菌悬液三次,进一步将菌体分散、混匀。吹吸菌液时不要太猛太快,吸时吸头伸入管底,吹时离开液面,以免液体倒吸入移液管污染吸管或移液器,或使试管内液体外溢。用此吸头或吸管吸取 10^{-1} 菌液 0.5mL,精确地放至 10^{-2} 试管中,此即为 100 倍稀释。其余依次类推,整个过程如图 2-9 所示。

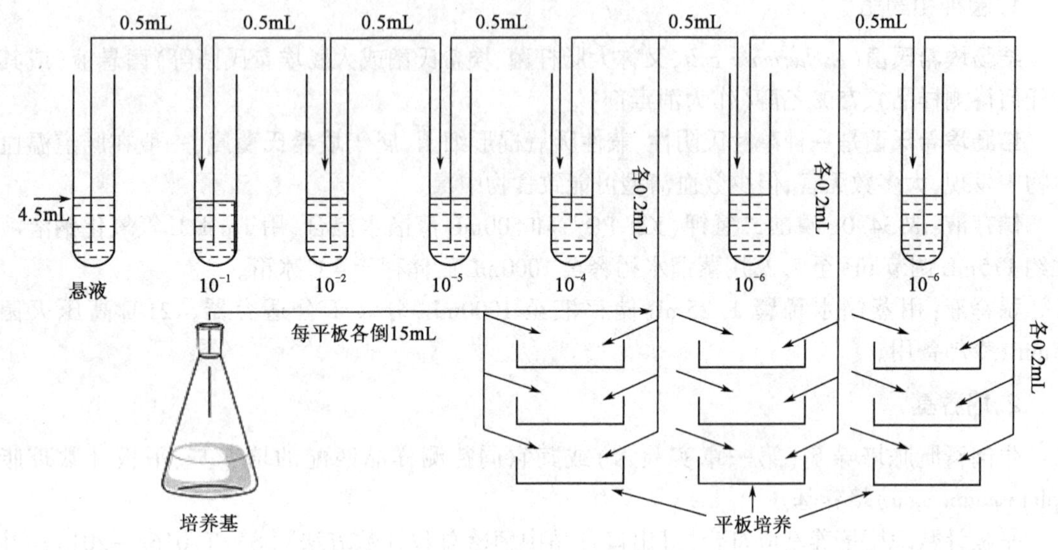

图 2-9　平板菌落计数操作示意图

放菌液时吸头尖不要碰到液面,即每一支吸头只能接触一个稀释度的菌悬液,否则稀释不精确,结果误差较大。

3. 取样

用三支 1mL 无菌吸管分别吸取 10^{-4}、10^{-5} 和 10^{-6} 的稀释菌悬液各 1mL,对号放入编好号的无菌平皿中,每个平皿放 0.2mL。同样不要用 1mL 吸管每次只靠吸管尖部吸 0.2mL 稀释菌液放入平皿中,这样容易加大同一稀释度几个重复平板间的操作误差。

4. 倒平板

尽快向上述盛有不同稀释度菌液的平皿中倒入熔化后冷却至 45℃ 左右的牛肉膏胨培养基约 15mL/平皿,置水平位置迅速旋动平皿,使培养基与菌液混合均匀,而又不使培养基荡出平皿或溅到平皿盖上。

由于细菌易吸附到玻璃器皿表面,所以菌液加入培养皿后,应尽快倒入熔化并已冷却至 45℃ 左右的培养基,立即摇匀;否则细菌将不易分散或长成的菌落连在一起,影响计数。待培养基凝固后,将平板倒置于 37℃ 恒温培养箱中培养。

平板菌落计数法的操作除上述倾注倒平板的方式以外,还可以用涂布平板的方式进行。两者操作基本相同,不同的是后者先将牛肉膏胨培养基熔化后倒平板,待凝固后编号,并于 37℃ 左右的恒温箱中烘烤 30min,或在超静工作台上适当吹干,然后用无菌吸管吸取稀释好的菌液对号接种于不同稀释度编号的平板上,并尽快用无菌玻璃涂棒将菌液在平板上涂布均匀,平放于实验台上 20～30min,使菌液渗入培养基表层内,然后倒置 37℃ 的恒温箱中培养 24～48h。

涂布平板用的菌悬液量一般以 0.1～0.2mL 较为适宜,如果过少,菌液不易涂布开;过多则在涂布完后或在培养时菌液仍会在平板表面流动,不易形成单菌落。

5. 计数

培养48h后，取出培养平板，算出同一稀释度三个平板上的菌落平均数，并按下列公式进行计算：

菌落形成单位(CFU)/mL＝同一稀释度三次重复的平均菌落数×稀释倍数×5

一般选择每个平板上长有30～300个菌落的稀释度计算每毫升的含菌量较为合适。同一稀释度的三个重复对照的菌落数不应相差很大，否则表示实验不精确。实际工作中同一稀释度重复对照平板不能少于三个，这样便于数据统计，减少误差。由10^{-4}、10^{-5}、10^{-6}三个稀释度计算出的每毫升菌液中菌落形成单位数也不应相差太大。

平板菌落计数法所选择倒平板的稀释度是很重要的，一般以三个连续稀释度中的第二个稀释度倒平板培养后所出现的平均菌落数在50个左右为好，否则要适当增加或减少稀释度加以调整。

五、实验报告

1. 实验结果

将培养后菌落计数结果填入表2－5。

表2－5　菌落计数结果

菌落形成单位，CFU	稀释度											
	10^{-4}				10^{-5}				10^{-6}			
	1	2	3	平均	1	2	3	平均	1	2	3	平均
平均CFU数												
每毫升中的CFU数												

2. 思考题

(1)为什么熔化后的培养基要冷却至45℃左右才能倒平板？

(2)要使平板菌落计数准确，关键在哪里？为什么？

(3)试比较平板菌落计数法和显微镜下直接计数法的优缺点及应用。

(4)平板上长出的菌落不是均匀分散的而是集中在一起时，问题出在哪里？

(5)用倒平板法和涂布法计数，其平板上长出的菌落有何不同？为什么要培养较长时间(48h)后观察结果？

(6)平板倒置培养的目的是什么？试说明稀释涂布平板法和平板划线法优劣和适用范围。

(7)其它计菌方式，如吖啶橙直接计数法(AODC)等如何计数？

实验五　细菌的简单染色和革兰氏染色

一、实验目的和要求

(1)学习细菌的简单染色法。

(2)学习革兰氏染色法。

二、基本原理

由于大多数细菌在正常状态下是无色的，同周围环境几乎没有区分度，很难观察，因此人们用染色来进行研究。有很多种类型的染色，分别用于不同的研究需要和目的。

大体上，细菌体50%是朊，朊电荷和等电点(pI)基本反映细菌表面电荷和等电点。酪朊的等电点为4.7，白朊的等电点为4.6，烟草花叶病毒的等电点为3.3~3.5，明胶的等电点为4.7，血色朊的等电点为6.8，烟草环点病毒的等电点为4.7。一般细菌的等电点pH为2~5，其中革兰氏阳性菌为2~3，革兰氏阴性菌为4~5。由于朊氨基酸的正负电荷两性，当细菌的培养液pH值大于等电点时，细菌带有负电荷；反之，带有正电荷。一般细菌的培养、染色、实验过程均在偏碱性(7~7.5)、中性、偏酸性(6~7)条件下，都高于细菌的等电点，故均带有负电荷。

用于生物染色的染料正是利用细菌的这种特点进行染色，主要有碱性染料、酸性染料和中性染料三大类。碱性染料的离子带正电荷，能和带负电荷的物质结合。因细菌朊等电点较低，当它生长于中性、碱性或弱酸性的溶液中时常带负电荷，所以通常采用碱性染料[如亚甲蓝、结晶紫、碱性复红或孔雀绿(分子结构和变色原理见附录10)等]使其着色。酸性染料的离子带负电荷，能与带正电荷的物质结合。当细菌分解糖类产酸使培养基pH下降时，细菌所带正电荷增加，因此易被伊红、酸性复红或刚果红等酸性染料着色。中性染料是前两者的结合物，又称复合染料，如伊红亚甲蓝、伊红天青等。

简单染色法(simple stain)是只用染料使细菌着色以显示其形态，能在显微镜下观察，但简单染色只能辨别细菌细胞的基本结构。鉴别染色或差异染色(differential stain)能够用不同的显色反映不同的细菌。专一染色(special stain)用以着色不同的细胞器官，如鞭毛、孢子等(第二章实验六、七、八)。

革兰氏染色法是差异染色的一种，于1884年由丹麦病理学家革兰(Gram C.)所创立。革兰氏染色法可将绝大部分的细菌区分为革兰氏阳性菌(G+)和革兰氏阴性菌(G-)两大类，是细菌学上最常用的鉴别染色法。

该染色法之所以能将细菌分为G+菌和G-菌，是由这两类菌的pH、细胞壁结构和成分的不同等多因素共同决定的。其中，G+菌细胞壁中肽聚糖层厚且交联度高，类脂质含量少(图2-10)，经脱色剂处理后反而使肽聚糖层的孔径缩小，通透性降低，因此细菌仍保留初染时的颜色，是着色的主要因素。

G-菌的细胞壁中含有较多易被乙醇溶解的类脂质，而且肽聚糖层较薄，交联度低(图2-11)，故用乙醇或丙酮脱色时溶解了类脂质，增加了细胞壁的通透性，使初染的结晶紫和碘的复合物易于渗出，结果细菌就被脱色，再经番红复染后就成红色。

另外，近来也有一些染色方法被用于对细菌的观察，如吖啶橙染色直接计数法(AODC)。吖啶橙(分子结构和特性见附录10)是荧光染料，需用荧光显微镜观察。有人认为这种染色法可以区分活菌和死菌，但一般也是测定细菌或微生物的总数。要注意吖啶橙阳离子也能同朊、多糖和膜作用发荧光，所以一般用0.22μm滤膜过滤并固定细胞以消除干扰。

值得一提的是，暗视野显微镜由于采用特制的暗视野集光器(中央为不透光的遮光板，光线不能直接射入镜筒，故背景视野黑暗无光)代替普通光学显微镜上的明视野集光器，可以直接观察不染色的活细菌和螺旋体的形态及运动。由于光线从集光器四周边缘斜射到标本部位，经菌体散射后而进入物镜，故在强光的照射下，可以在黑暗的背景中看到发亮的菌体，犹如黑夜星空，明暗反差提高了观察的效果。

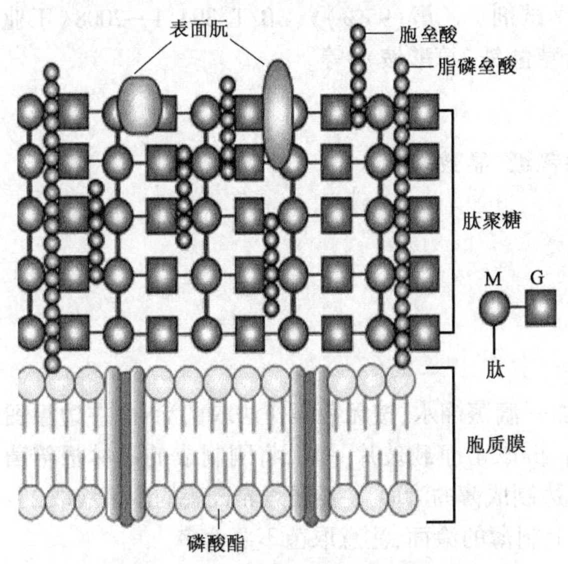

图 2－10　革兰氏阳性菌（G＋）的细胞壁结构示意图（彩图见附录 11）

M—N-乙酰胞壁酸；G—N-乙酰葡萄糖胺；胞垒酸—对细胞壁起强化作用；脂磷垒酸—对细胞壁起强化作用

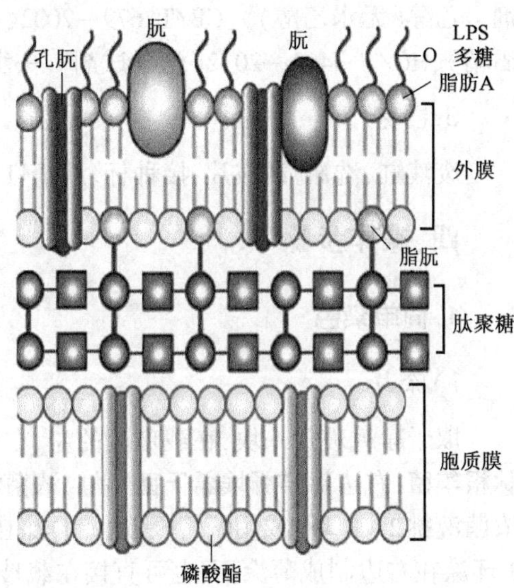

图 2－11　革兰氏阴性菌（G－）的细胞壁结构示意图（彩图见附录 11）

O—抗原；LPS—脂多糖

三、实验材料与设备

1. 菌种

培养 12～16h 的**图林根芊菌**（*Bacillus thuringiensis*，曾用名苏云金芽孢杆菌、苏云金芽胞杆菌、苏云金杆菌等）和/或**纤细芊菌**（*B. subtilis*）、培养 24h 的**结肠埃希氏菌**（*E. coli*）。

图林根芊菌是一种革兰氏阳性的土栖细菌，通常用于生物农药。

注意：宜选用幼龄的细菌。G＋菌（**图林根芊菌和纤细芊菌**）培养 12～16h，G－菌（**结肠埃希氏菌**）培养 24h。若菌龄太老，由于菌体死亡或自溶常使革兰氏阳性菌转呈阴性反应。

2. 染色液和试剂

结晶紫（crystal violet）、卢戈氏（或卢格氏）碘液（Lugol's iodine）［卢戈氏溶液（Lugol's solution）同此一样］、95% 酒精、沙黄（番红 O，碱性红 2）、复红（附录 10）、二甲苯、香柏油、结晶紫染色液、革兰氏碘液、沙黄复染液（参考 GB 4789.28—2013《食品安全国家标准　食品微生物学检验　培养基和试剂的质量要求》）。

结晶紫染色液：A 液成分为结晶紫 1g、酒精（95%）20mL，B 液成分为草酸铵（ammonium oxalate）0.8g、蒸馏水 80mL；混合 A、B 两种液体，静置 48h 后使用。

卢戈氏碘液：碘片 0.3g、碘化钾 0.6g、蒸馏水 30mL。先将碘化钾溶解在少量水中，再将碘片溶解在碘化钾溶液中，待碘全溶后，加足水分即可。卢戈氏碘液不能大量配制。碘化钾的功能是阻止元素碘在水溶液中形成三碘离子（I_3^-）。

沙黄（番红）复染液：沙黄 0.25g、酒精（95%）10mL、蒸馏水 90mL，将沙黄溶于乙醇中，再用蒸馏水稀释。

相关试剂品质应满足 GB/T 1272—2007《化学试剂　碘化钾》、GB/T 678—2002《化学试剂　乙醇(无水乙醇)》、GB/T 679—2002《化学试剂　乙醇(95%)》、GB/T 394.1—2008《工业酒精》、HG/T 3453—2012《化学试剂　一水合草酸铵(草酸铵)》等。

3. 器材

废液缸、洗瓶、载玻片、接种杯、酒精灯、擦镜纸、显微镜。

四、操作步骤

1. 简单染色

1)涂片

取干净载玻片一块,在载玻片的左、右各加一滴蒸馏水,按无菌操作法取菌涂片,左边涂**图林根竿菌**,右边涂**结肠埃希氏菌**,做成浓菌液。再取干净载玻片一块,将刚制成的**图林根竿菌**浓菌液挑 2 ~ 3 环(或用滴管吸取一滴)涂在左边制成薄的涂面,将**结肠埃希氏菌**的浓菌液取 2 ~ 3 环涂在右边制成薄涂面,也可直接在载玻片上制薄的涂面,注意取菌不要太多。

2)晾干

让涂片自然晾干或者在酒精灯火焰上方用文火烘干。

3)固定

手执玻片一端,让菌膜朝上,通过火焰 2 ~ 3 次固定(以不烫手为宜,防止细菌烧焦变形)。目的是杀死细菌并使细菌黏附在玻片上,便于染料着色。

4)染色

将固定过的涂片放在废液缸上的搁架上,根据涂片的厚薄,加复红染色 1 ~ 2min。

5)水洗

用水洗去涂片上的染色液。注意水量不要太大、动作不要太猛。

6)干燥

将洗过的涂片放在空气中晾干或用吸水纸吸干。

7)镜检

先低倍观察,再高倍观察,并找出适当的视野后,将高倍镜转出,在涂片上加香柏油一滴,将油镜头浸入油滴中仔细调焦观察细菌的形态。

其它现实微生物样品的观察检验,即可重复上述步骤开展。

2. 革兰氏染色

1)制片

取菌种培养物常规涂片、干燥、固定。要用活跃生长期的幼培养物作革兰氏染色。涂片不宜过厚,以免脱色不完全造成假阳性。火焰固定不宜过热(以玻片不烫手为宜)。

2)初染

滴加结晶紫染色液,以刚好将菌膜覆盖为宜,染色 1min,水洗。

3）媒染

用革兰氏碘液冲去残水，并用革兰氏碘液覆盖约 1min，水洗。

4）脱色

用滤纸吸去玻片上的残水，将玻片倾斜，在白色背景下，用滴管流加 95% 的乙醇脱色，至流出的乙醇无紫色时（约 30s）立即水洗；或将乙醇滴满整个涂片，立即倾去，再用乙醇滴满整个涂片，脱色 10s，立即水洗。

革兰氏染色结果是否正确，乙醇脱色是革兰氏染色操作的关键环节。脱色不足，阴性菌被误染成阳性菌；脱色过度，阳性菌被误染成阴性菌。脱色时间一般约 20～30s。脱色时间的长短还受涂片厚薄、乙醇用量和菌龄等因素的影响，难以严格规定，需要在实验中仔细摸索。

5）复染

用番红复染液复染约 1～2min，水洗。

6）镜检

干燥后，用油镜观察。

菌体被染成蓝紫色的是革兰氏阳性菌，被染成红色的为革兰氏阴性菌。

7）混合涂片染色

按上述方法，在同一载玻片上，以**结肠埃希氏菌**和**蜡色竿菌**（*Bacillus cereus*；曾用名，蜡样芽孢杆菌、蜡样芽胞杆菌、蜡色芽胞杆菌、蜡色芽孢杆菌等），或**结肠埃希氏菌**和**金色葡萄果菌**作混合涂片、染色、镜检进行比较。

注意：染色过程中勿使染色液干涸。用水冲洗后，应吸去玻片上的残水，以免染色液被稀释而影响染色效果。

革兰氏染色操作过程可用图 2－12 简单示意。由于细胞壁的差异，阴性菌在整个过程中呈现颜色的变化，而阳性菌则着色牢固不变。

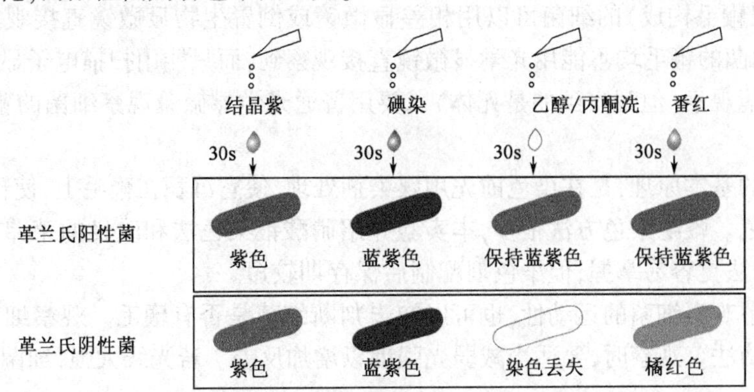

图 2－12　革兰氏染色过程示意图（彩图见附录 11）

第 1 步染色 30s，第 2 步 30s，第 3 步可考虑丙酮，第 4 步 30s。如仅观察形态，直接第 4 步即可

五、实验报告

1. 实验结果

列表简述 3 株细菌的染色观察结果，说明各菌的形状、颜色和革兰氏染色反应，有条件的

拍照对比。

2. 思考题

(1)哪些环节会影响革兰氏染色结果的正确性？其中最关键的环节是什么？实验染色结果是否正确？如果不正确，请说明原因。

(2)进行革兰氏染色时，为什么特别强调菌龄不能太老？用老龄细菌染色会出现什么问题？菌样涂片为何不宜过厚？

(3)革兰氏染色时，初染前能加碘液吗？乙醇脱色后复染之前，革兰氏阳性菌和革兰氏阴性菌应分别是什么颜色？

(4)革兰氏染色中，哪一个步骤可以省去而不影响最终结果？在什么情况下可以采用？

(5)对一株未知菌进行革兰氏染色时，怎样确保染色技术操作正确、结果可靠？现有一株细菌宽度明显大于**结肠埃希氏菌**的粗壮杆菌，需要鉴定其革兰氏染色反应。怎样运用**结肠埃希氏菌**和**金色葡萄果菌**为对照菌株进行涂片染色，以证明染色结果正确性？

(6)除了革兰氏染色，还有哪些染色方法？其原理是什么？

实验六　原核微生物运动观察

一、实验目的和要求

(1)学习并初步掌握鞭毛染色法，观察细菌鞭毛的形态特征。

(2)学习用压滴法和悬滴法观察细菌的运动性。

二、基本原理

鞭毛是细菌的运动“器官”。细菌是否具有鞭毛、鞭毛着生的位置和数目是细菌的一项重要形态特征。细菌的鞭毛很纤细，其直径通常为 0.01 ~ 0.02μm，所以，除了很少数能形成鞭毛束(由许多根鞭毛构成)的细菌可以用相差显微镜或倒置生物显微镜直接观察到鞭毛束的存在外，一般细菌的鞭毛均不能用光学显微镜直接观察到，而只能用扫描电子显微镜或者环境扫描电子显微镜观察(但观察到的是死体)。要用普通光学显微镜观察细菌的鞭毛，必须用鞭毛染色法。

鞭毛染色的基本原理，是在染色前先用媒染剂处理，使它沉积在鞭毛上，使鞭毛直径加粗，然后再进行染色。鞭毛染色方法很多，本实验介绍硝酸银染色法和改良的莱弗氏(Leifson)染色法，前一种方法更容易掌握，但染色剂配制后保存期较短。

在显微镜下观察细菌的运动性，也可以初步判断细菌是否有鞭毛。观察细菌的运动性可用压滴法和悬滴法。观察时，要适当减弱光强度以增加反差。若光线太强，细菌和周围的液体难以区分。

三、实验材料与设备

1. 菌种

图林根竿菌(*B. thuringiensis*)、**假单胞菌属种**(*Pseudomonas* sp.)、**金色葡萄果菌**(*S. aureus*)。

假单胞菌属(*Pseudomonas*)是革兰氏阴性耗氧 γ-变形菌纲假单胞菌目假单胞菌科(Pseudomonadaceae)的模式属。

2. 染色剂

硝酸银鞭毛染色液、莱弗氏(Leifson)鞭毛染色液、0.01%亚甲蓝水溶液。

硝酸银鞭毛染色液(制法参照 GB 4789.28—2013):甲液成分为单宁酸 5g、$FeCl_3$ 1.5g、蒸馏水 100mL、15%甲醛溶液 2mL、NaOH(1%)1mL,冰箱内可以保存 3~7d,延长保存期会产生沉淀,但用滤纸除去沉淀后,仍能使用;乙液成分为 $AgNO_3$ 2g,蒸馏水 100mL,乙液配制方法——待 $AgNO_3$ 溶解后,取出 10mL 备用,向其余的 90mL $AgNO_3$ 溶液中滴入 NH_4OH,使之成为很浓厚的悬浮液,再继续滴加 NH_4OH,直到新形成的沉淀又重新刚刚溶解为止;再将备用的 10mL $AgNO_3$ 溶液慢慢地滴入,出现薄雾,但轻轻摇动后,薄雾状沉淀又消失,再滴入 $AgNO_3$,直到摇动后仍呈现轻微而稳定的薄雾状沉淀为止。乙液宜现配现用,冰箱内保存通常一周内仍可使用。如雾重,则银盐沉淀出,不宜使用。

莱弗氏鞭毛染色液:A 液成分为碱性复红 1.2g、95%乙醇 100mL,B 液成分为单宁酸 3g、蒸馏水 100mL,C 液成分为 NaCl 1.5g、蒸馏水 100mL。临用前将 A、B、C 液等量混合均匀后使用。三种溶液在室温下可保存几周;若分别置冰箱保存,可保存数月。混合液装密封瓶内置冰箱几周仍可使用。

所用试剂应满足但不限于 LY/T 1300《单宁酸》、LY/T 1642《单宁酸分析试验方法》、HG/T 3474《化学试剂　六水合三氯化铁(三氯化铁)》,氢氧化铵可参考GB/T 631《化学试剂　氨水》。

3. 仪器或其它用具

载玻片、盖玻片、凹载玻片(凹玻片)、无菌水、凡士林或真空硅胶、光学显微镜等。

四、操作步骤

1. 鞭毛染色

1)硝酸银染色法

(1)菌种的准备:要求用活跃生长期菌种进行鞭毛染色和运动性的观察。对于冰箱保存的菌种,通常要连续移种 1~2 次后使用。为节约时间,从可行性角度出发,可选用下列方法(之一)接种培养作染色用菌种:①取新配制的营养琼脂(见附录 2)斜面(表面较湿润、基部有冷凝水)接种,28~32℃培养 10~14h,取斜面和冷凝水交接处培养物作为染色观察材料;②取新制备的营养琼脂(含 0.8%~1.0%的琼脂)平板,用接种环将新鲜菌种点种于平板中央,28~32℃培养 18~30h,让菌种扩散生长,取菌落边缘的菌苔(不要取菌落中央的菌苔)作为染色观察的菌种材料。

注意:良好的培养物,是鞭毛染色成功的基本条件。不宜用已形成孢芽或衰亡期培养物作为鞭毛染色的菌种材料,因为老龄细菌鞭毛容易脱落。

(2)载玻片的准备:将载玻片在含适量洗衣粉的水中煮沸约 20min,取出用清水充分洗净,沥干水后置 95%乙醇中,用时取出在火焰上烧去酒精及可能残留的油迹。

注意:玻片要求光滑、洁净,尤其忌用带油迹的玻片(将水滴在玻片上,无油迹玻片上的水能均匀散开)。

(3)菌液的制备:取斜面或平板菌种培养物数环于盛有 1 ~ 2mL 无菌水的试管中,制成轻度混浊的菌悬液用于制片。也可用培养物直接制片,但效果往往不如先制备菌液。挑菌时,尽可能不带出培养基。

(4)制片:取一滴菌液于载玻片的一端,然后将玻片倾斜,使菌液缓缓流向另一端,用吸水纸吸去玻片下端多余菌液,室温(或 37℃ 温室)自然干燥。载菌玻片干后,最好在 0.5h 内尽快染色,不宜长时间放置,以菌种免失活变性。

(5)染色:涂片干燥后,滴加硝酸银染色液甲液覆盖 3 ~ 5min,用蒸馏水轻轻地充分洗去甲液。用乙液冲去残水后,再加乙液覆盖涂片染色约数秒至 1min,当涂面出现明显褐色时,立即用蒸馏水冲洗。若加乙液后显色较慢,可用微火加热(加热时不能出现干燥面),直至显褐色时立即水洗,自然干燥。

注意:配制合格的染色剂(尤其是乙液)、充分洗去甲液后再加乙液、掌握好乙液的染色时间均是鞭毛染色成败的重要环节。

(6)镜检:染色载菌玻片干后用油镜观察。观察时,可从玻片的一端逐渐移至另一端,有时只在涂片的指定部位观察到鞭毛。菌体呈深褐色,鞭毛显褐色,通常呈波浪形。

2)改良的莱弗氏染色法

(1)载玻片和菌种材料的准备:与硝酸银染色法相同。

(2)制片:用记号笔在载玻片反面将玻片分成 3 ~ 4 个等分区,在每一小区的一端放一小滴菌液。将玻片倾斜,让菌液流到小区的另一端,用滤纸吸去多余的菌液。室温或 37℃ 温室自然干燥。

(3)染色:加莱弗氏染色液覆盖第一区的涂面,隔数分钟后,加染液于第二区涂面,如此继续染第三、四区。间隔时间自行议定,其目的是确定最佳染色时间。在染色过程中,要仔细观察,当整个玻片都出现铁锈色沉淀、染料表面现出金色膜时,即直接用水轻轻冲洗(不要先倾去染料再冲洗,否则背景不清)。染色时间大约 10min,自然干燥。

(4)镜检:载菌玻片染色干后用油镜观察,方法与硝酸银染色法相同。菌体和鞭毛均呈红色。

2. 运动性的观察

玻片的准备、菌种材料的准备与鞭毛染色法相同。

1)压滴法

(1)制片:在洁净载玻片上加一滴无菌水,挑取一环菌液与水混合,再加一环 0.01% 的亚甲蓝水溶液与其混合均匀。用镊子取一洁净盖玻片,使其一边与菌液边缘接触,然后将盖玻片慢慢放下盖在菌液上。观察专性耗氧菌(好氧菌)时,可在放盖玻片时压入小气泡,以防止细菌因缺氧而停止运动。

(2)镜检:先用低倍镜找到标本,再用高倍镜观察。也可用油镜观察,用油镜时,盖玻片厚度不能超过 0.17mm。观察时,要用略暗光线。

有鞭毛细菌可作直线、波浪式或翻滚运动,两个细菌之间出现明显的位移而与布朗运动或随水流动相区别。

2)悬滴法

(1)涂凡士林:取洁净凹载玻片(凹玻片),在其凹槽四周涂少许凡士林[图 2 - 13(a)]。

(2)加菌液:在盖玻片中央滴一小滴菌液。为便于观察时寻找菌液位置,可用记号笔在菌液周围画上记号。菌液不能加得太多,为了便于观察,也可用接种环挑取一环菌液于盖玻片中央[图 2-13(b)]。

(3)盖凹玻片:将凹玻片的凹槽对准盖玻片中心的菌液,并轻轻盖在盖玻片上。轻轻按压使盖玻片与凹玻片黏合在一起,把液滴封闭在凹槽小室中,翻转凹玻片,使菌液滴悬在盖玻片下并位于凹槽中央[图 2-13(c)、(d)]。若菌液加得过多,菌液就会流到凹玻片上而影响观察。

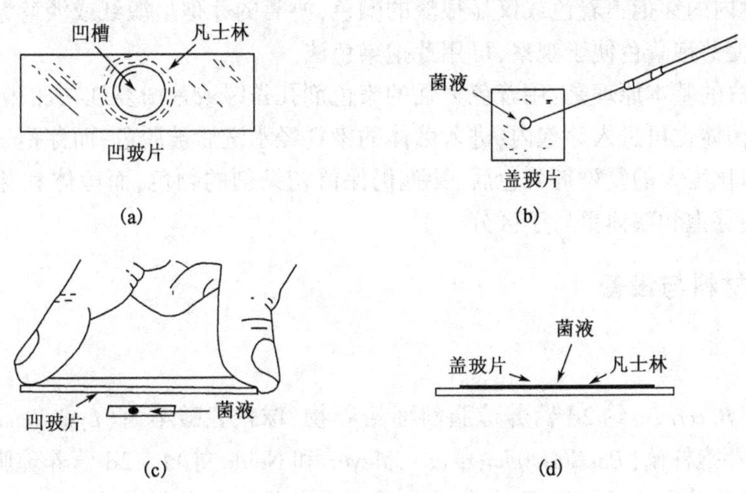

图 2-13　悬滴法制片步骤示意图

(a),(b)俯视;(c),(d)侧视

(4)镜检:先用低倍镜找到标本,并将液滴移至视野中央,然后用高倍镜观察。若用油镜观察,盖玻片厚度不能超过 0.17mm,并要十分细心,以免压碎盖玻片、损坏镜头。观察过程要在略暗光线下进行。

五、实验报告

1. 实验结果

所观察的 3 种细菌是否都有鞭毛?是否都能运动?鞭毛与运动有无相关性?绘图表示有鞭毛细菌的形态特征和运动特征。

2. 思考题

(1)用鞭毛染色法准确鉴定一株细菌是否具有鞭毛,要注意哪些环节?

(2)悬滴法为什么要涂凡士林?为什么加的菌液不能太多?如果发现显微镜视野内大量细菌向一个方向流动,可能是什么原因造成的?

实验七　细菌的芽孢染色法

一、实验目的和要求

(1)学习并掌握芽孢染色法。

(2)初步了解芊菌的形态特征。

二、基本原理

芽孢又叫内生孢子(endospore),是某些细菌在一定的环境下生长到一定阶段在菌体内形成的含水量低、壁厚、抗逆性强的休眠体,通常呈圆形或椭圆形。细菌能否形成芽孢以及芽孢的形状、芽孢在芽孢囊内的位置、芽孢囊是否膨大等特征是鉴定细菌的依据之一。

由于芽孢壁厚、透性低、不易着色,当用苯酚复红,结晶紫等进行单染色时,菌体和芽孢囊着色,而芽孢囊内的芽孢不着色或仅显很淡的颜色,游离的芽孢呈淡红或淡蓝紫色的圆或椭圆形的圈。为了使芽孢着色便于观察,可用芽孢染色法。

芽孢染色法的基本原理是:用着色力强的染色剂孔雀绿或苯酚复红在加热条件下染色,使染料不仅进入菌体也可进入芽孢内;进入菌体的染料经水洗后被脱色,而芽孢一经着色难以被水洗脱;当用对比度大的复染剂染色后,芽孢仍保留初染剂的颜色,而菌体和芽孢囊被染成复染剂的颜色,使芽孢和菌体更易于区分。

三、实验材料与设备

1. 菌种

蜡色芊菌(*B. cereus*)约 2d 营养琼脂斜面培养物、**球赖氨酸芊菌**(*Lysinibacillus sphaericus*)(曾用名,球形芽孢杆菌(*Bacillus sphaericus*),Meyer 和 Neide 等)1 ~2d 营养琼脂斜面培养物。

注意:所用菌种应掌握菌龄,以大部分细菌已形成芽孢囊为宜;取菌不宜太少。

2. 染色剂

5% 孔雀绿染液、0.5% 番红水溶液。

孔雀绿染液:孔雀绿(malachite green)5g、蒸馏水 100mL。

齐氏(Ziehl)苯酚复红染色液:A 液成分为碱性复红(basic fuchsin)0.3g、乙醇(95%)10mL,B 液成分为苯酚 5.0g、蒸馏水 95mL。将碱性复红在研钵中研磨后,逐渐加入 95% 乙醇,继续研磨使其溶解,配成 A 液。将苯酚溶于水中,配成 B 液。混合 A 液及 B 液即成苯酚复红染液。通常可将此混合液稀释 5 ~10 倍使用,稀释液易变质失效,一次不宜多配。

3. 仪器或其它用具

小试管、滴管、烧杯、试管架、载玻片、木夹、显微镜等。

四、操作步骤

1. 改良的舍弗勒—富尔顿(Schaeffer—Fulton)染色法

1)制备菌悬液

加 1 ~2 滴水于小试管中,用接种环挑取 2 ~3 环菌苔于试管中,搅拌均匀,制成浓的菌悬液。

2)染色

加孔雀绿染液 2 ~3 滴于小试管中,并使其与菌液混合均匀,然后将试管置于沸水浴的烧杯中,加热染色 15 ~20min。

3)涂片固定

用接种环挑取试管底部菌液数环于洁净载玻片上,涂成薄膜,然后将涂片通过火焰3次温热固定。

4)脱色

水洗,直至流出的水无绿色为止。

5)复染

用番红染液染色2~3min,倾去染液并用滤纸吸干残液。

6)镜检

干燥后用油镜观察。芽孢呈绿色,芽孢囊及营养体为红色。

2.舍弗勒—富尔顿(Schaeffer—Fulton)染色法(也称Wirtz—Conklin法)

1)制片

按常规涂片、干燥、固定。

2)染色

加数滴孔雀绿染液于涂片上,用木夹夹住载玻片一端,在微火上加热至染料冒蒸气并开始计时,维持5min。加热过程中,要及时补充染液,切勿让涂片干涸。

3)水洗

待玻片冷却后,用缓流自来水冲洗,直至流出的水无色为止。勿用急流水对着菌膜冲洗,以免细菌被水冲掉。

4)复染

用番红染液复染2min。

5)水洗

用缓流水洗后,吸干。

6)镜检

干后油镜观察。芽孢呈绿色,芽孢囊及营养体为红色。

五、实验报告

1.实验结果

绘图表示两种竿菌的形态特征。注意观察芽孢的形状、着生位置及芽孢囊的形状特征。

2.思考题

(1)说明芽孢染色法的原理。用简单染色法能否观察到细菌的芽孢?

(2)用舍弗勒—富尔顿(Schaeffer—Fulton)染色法加热染色时,若因一时疏忽玻片上的染液被烘干,此时能否立即补加染液?为什么?

(3)若涂片中观察到的只是大量游离芽孢,很少看到芽孢囊及营养细胞,这是什么原因?

实验八　荚膜染色法

一、实验目的和要求

(1)学习并掌握荚膜染色法。

(2)学习荚膜染色法的原理。

二、基本原理

荚膜是包围在细菌细胞外的一层黏液状或胶状物质,其成分为多糖、糖朊或多肽。由于荚膜与染料的亲和力弱、不易着色,而且可溶于水,易在用水冲洗时被除去,所以通常用衬托染色法染色,使菌体和背景着色,而荚膜不着色,在菌体周围形成一透明圈。荚膜含水量高,制片时通常不用热固定,以免变形影响观察。下面介绍四种荚膜染色法,其中湿墨水法较简便,并适用于各种有荚膜的细菌。

三、实验材料与设备

1. 菌种

色果氮杆菌(*Azotobacter chroococcum*,曾用中文名,褐球固氮菌),或**黏滑似竿菌**[*Paenibacillus mucilaginosus*,曾用名,胶质芽孢杆菌(*Bacillus mucilaginosus*)],约2d无氮培养基琼脂斜面培养物。

2. 染色剂

1%甲基紫水溶液、1%结晶紫水溶液、6%葡萄糖水溶液、20%硫酸铜水溶液、甲醇、黑色素。

黑色素(melanin)是一个通用名,代表一大类在大多数有机体中存在的天然色素,一般认为是酪氨酸在黑色素细胞中经过一系列氧化和聚合生成的。黑色素的配制方法为:将黑色素(5g)在蒸馏水(100mL)中煮沸5min,然后加入40%甲醛0.5mL作防腐剂。

试剂应至少满足但不限于如下标准:GB/T 683《化学试剂　甲醇》、HG/T 4581《化学试剂　高效液相色谱淋洗液　甲醇》。

3. 仪器或其它用具

载玻片、盖玻片、滤纸、显微镜等。

四、操作步骤

1. 湿墨水法

1)制备菌和黑色素混合液

加一滴黑色素于洁净的载玻片上,然后挑取少量菌体与其混合均匀。也有用墨水和黑色素替换的。墨水和黑色素都属于混合物,可以溶液替换。

2）加盖玻片

将一洁净盖玻片盖在混合液上，然后在盖玻片上放一张滤纸，轻轻按压以吸去多余的混合液。加盖玻片时勿留气泡，以免影响观察。

3）镜检

用低倍镜和高倍镜观察，用相差显微镜观察效果更好。背景灰色，菌体较暗，菌体周围明亮的透明圈即为荚膜。

2. 干墨水法

1）制混合液

加一滴6%葡萄糖液水溶液于洁净载玻片的一端，然后挑取少量菌体与其混合，再加一杯黑色素，充分混匀。玻片必须洁净无油迹，否则，涂片时混合液不能均匀散开。

2）制推片

另取一段边缘光滑的载玻片作推片，将推片一端的边缘置于混合液前方，然后稍向后拉。当推片与混合液接触后，轻轻左右移动，使之沿推片接触的后缘散开，之后以大约30°角迅速将混合液推向另一端，使混合液铺成薄层（图2－14）。

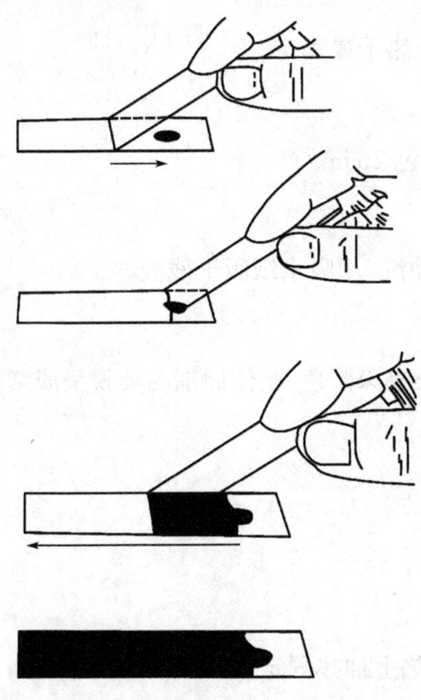

图2－14　荚膜干墨水染色方法示意图

3）干燥

空气中自然干燥。

4）固定

用甲醇浸没涂片固定。

5）干燥

在酒精灯上方用文火干燥。

6）染色

用甲基紫染1～2min。

7）水洗

用自来水轻轻冲洗，自然干燥。

8）镜检

用低倍和高倍镜观察。背景灰色，菌体紫色，菌体周围的清晰透明圈为荚膜。

3. 安东尼（Anthony）氏法

1）涂片

按常规取菌涂片。

2）固定

空气中自然干燥。不可加热干燥固定。

3）染色

用1%的结晶紫水溶液染色2min。

4）脱色

以20%的硫酸铜水溶液冲洗，用吸水纸吸干残液。

5）镜检

干后用油镜观察。菌体染成深紫色，菌体周围的荚膜呈淡紫色。

4. 奥尔特氏法

1）涂片

按常规取菌涂片。

2）固定

空气中自然干燥，或在火焰上加热固定。

3）染色

将沙黄3g与蒸馏水100mL混合，并用乳钵研磨溶解配成沙黄染色液。滴加染色液至涂片，并加热至产生蒸汽后，继续染色3min。水洗，待干。

4）镜检

干后用油镜观察。**炭疽竿菌**（俗称炭疽芽孢杆菌，炭疽芽胞杆菌等）菌体呈赤褐色，荚膜呈黄色。

五、实验报告

1. 实验结果

绘图说明四种染色方法所观察到的细菌的菌体和荚膜的形态。有条件的拍照比对说明。

2. 思考题

(1)试比较四种荚膜染色法的优缺点。

(2)通过荚膜染色法染色后,为什么被包在荚膜里的菌体着色而荚膜不着色?

实验九　酵母菌的形态观察及死活细胞的鉴别

一、实验目的和要求

(1)观察酵母菌的形态及出芽生殖方式,学习区分酵母菌死活细胞的原理和实验方法。

(2)掌握酵母菌染色的原理;了解细菌和真菌鉴别的异同。

(3)掌握酵母菌的一般形态特征及其与细菌的区别。

二、基本原理

酵母菌(长 5 ~ 30μm,宽 1 ~ 5μm)是不运动的单细胞真核微生物,通常比常见细菌大几倍甚至十几倍。大多数酵母以出芽方式进行无性繁殖,有的分裂繁殖;少数酵母菌进行有性繁殖,即通过结合产生子囊和子囊孢子(子囊菌)。本实验通过亚甲蓝染液水浸片和水—碘液浸片来观察酵母的形态和出芽生殖方式。

亚甲蓝是一种无毒性的染料,在氧化剂作用下呈蓝色,还原剂作用下为无色。用亚甲蓝对酵母的活细胞进行染色时,由于细胞的新陈代谢作用,细胞内具有较强的还原能力,能使亚甲蓝由蓝色的氧化态变为无色的还原态(详见附录 10)。因此,具有还原能力的酵母活细胞是无色的,而死细胞或代谢作用微弱的衰老细胞则呈蓝色或淡蓝色,借此即可对酵母菌的死细胞和活细胞进行鉴别。

三、实验材料与设备

1. 菌种

酿酒酵母(*S. cerevisiae*)、培养约 2d 的麦芽汁(或豆芽汁)斜面培养物。

麦芽和麦芽粉的自制方法:取一定量颗粒饱满的大麦(品质参照 NY/T 891《绿色食品大麦及大麦粉》、GB/T 7416《啤酒大麦》、GB/T 11760《青稞》等),加入 50℃温水中浸透,30℃恒温培养,待发芽 2 ~ 3cm 时,即得鲜麦芽;鲜麦芽沥水,在相对湿度 30% ~ 40% 下自然风干,碾磨成粉末,即得麦芽粉。

麦芽汁提取物(malt extract)的制备:取麦芽粉和蒸馏水混合(1∶25,质量体积比),70℃加热 1h,冷却,滤纸或滤布过滤,将滤渣用等量蒸馏水加热 1h,冷却,过滤,合并滤液,即制得麦芽汁。将麦芽汁真空冷冻干燥,即制得麦芽汁提取物,干燥低温保存。

2. 溶液或试剂

0.05%和0.1%洛夫叻(Loeffler)氏(或常见翻译:吕氏)碱性亚甲蓝染色液、革兰氏染色用碘液。

洛夫叻氏碱性亚甲蓝染液(吕氏碱性亚甲蓝染液):A液成分为亚甲蓝0.06g、乙醇(95%)30mL,B液成分为KOH 0.01g、蒸馏水100mL。分别配制A液和B液,配好后混合即可。

有关试剂应符合(包括但不限于)GB/T 1919《工业氢氧化钾》、GB/T 2306《化学试剂 氢氧化钾》及上述提及的标准。

3. 仪器或其它用具

显微镜、载玻片、盖玻片等。

四、操作步骤

1. 亚甲蓝浸片的观察

1)制片

在载玻片中央加一滴0.1%洛夫叻氏碱性亚甲蓝染色液,然后按无菌操作方法用接种环挑取少量酵母菌苔放在染液中,混合均匀。染液不宜过多(或过少),否则,在盖上盖玻片时,菌液会溢出(或出现大量气泡)而影响观察。

2)盖片

用镊子取一块盖玻片,先将一边与菌液接触,然后慢慢将盖玻片放下使其盖在菌液上。盖玻片不宜平着放下,以免产生气泡而影响观察。放置约3min后镜检。

3)镜检

先用低倍镜然后用高倍镜观察酵母的形态和出芽情况,并根据颜色来区别死细胞与活细胞。染色约0.5h后再次进行观察,注意死细胞数量是否增加。

用0.05%洛夫叻氏碱性亚甲蓝染液重复上述操作。

2. 水—碘液浸片的观察

在载玻片中央加一小滴革兰氏染色用碘液(第二章实验五),然后在其上加3小滴水,取少许酵母菌苔放在水—碘液中混匀,盖上盖玻片后镜检。

五、实验报告

1. 实验结果

(1)绘图说明实验观察结果。

(2)绘图说明所观察到的活菌和死菌形态特征及差异。

2. 思考题

(1)洛夫叻氏碱性亚甲蓝染液浓度和作用时间不同,对酵母菌死细胞数量有何影响?试分析其原因。

(2)在显微镜下,酵母菌有哪些突出的特征区别于一般细菌?

(3)酵母菌染色和细菌染色有何不同?

(4)活菌和死菌的染色要求和方法有何异同?

实验十　放线菌的形态观察

一、实验目的和要求

(1)学习并掌握观察放线菌形态的基本方法。

(2)初步了解放线菌的形态特征。

二、基本原理

放线菌只是形态学上的名词,不是生物学分类名词,真菌和细菌均有可能归入放线菌(目前一般认为放线菌是原核生物)。放线菌只因其在固体培养基上形成分枝丝状体或菌丝体呈辐射状生长而得名,多数为腐生菌(参见附录1,非科学名词),绝大多数为革兰氏阳性菌,一般认为陆地生的放线菌含有较高的鸟嘌呤和胞嘧啶。常见放线菌大多能形成菌丝体,紧贴培养基表面或深入培养基内生长的叫营养菌丝或基内菌丝(简称"基丝");基丝生长到一定阶段还能向空气中生长出气生菌丝(简称"气丝"),并进一步分化产生孢子丝及孢子。有的放线菌只产生基丝而无气丝。在显微镜下直接观察时,孢子丝及孢子在最上层,气丝在中上层,基丝在下层。孢子丝依种类的不同,有直、波曲、各种螺旋形或轮生。气丝色暗,基丝较透明。在油镜下观察时,放线菌的孢子有球形、椭圆、杆状或柱状等(图2-15)。能否产生菌丝体及由菌丝体分化产生的各种形态特征是放线菌分类鉴定的重要依据。

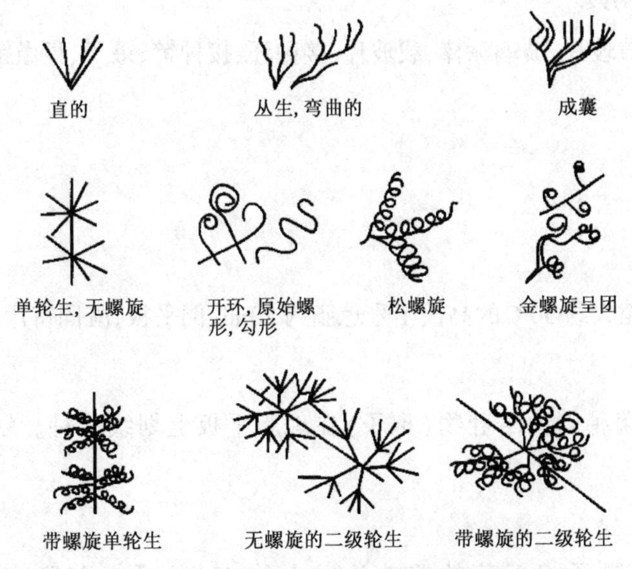

图2-15　放线菌孢子丝在显微镜下的形态

为了观察放线菌的形态特征,人们设计了各种培养和观察方法,这些方法的主要目的是尽可能保持放线菌自然生长状态下的形态特征。本实验介绍其中几种常用方法。

(1)扦片法:将放线菌接种在琼脂平板上,扦上灭菌盖玻片后培养,使放线菌苗丝沿着培养基表面与盖玻片的交接处生长而附着在盖玻片上。观察时,轻轻取出盖玻片,置于载玻片上直接镜检。这种方法可观察到放线菌自然生长状态下的特征,而且便于观察不同生长期的形态。

(2)玻璃纸法:玻璃纸是一种透明的半透膜。将灭菌的玻璃纸覆盖在琼脂平板表面,然后将放线菌接种于玻璃纸上。经培养,放线菌在玻璃纸上生长形成菌苔。观察时,揭下玻璃纸,固定在载玻片上直接镜检。这种方法既能保持放线菌的自然生长状态,也便于观察不同生长期的形态特征。

(3)印片法:将要观察的放线菌的菌落或苗苔先印在载玻片上,经染色后观察。这种方法主要用于观察孢子丝的形态、孢子的排列及其形状等。印片法简便,但观察到的放线菌形态特征可能有所改变。

三、实验材料与设备

1.菌种

微黄链霉菌(*Streptomyces microflavus*)或**蓝灰链霉菌**(*Streptomyces glaucus*)、**弗拉迪氏链霉菌**(*Streptomyces fradiae*)或**诺卡氏菌属种**(*Nocardia* sp.)。

诺卡氏菌,又译为奴卡氏菌,是一属弱染色革兰氏阳性菌,过氧化氢酶阳性,棍形。诺卡氏菌会形成部分抗酸珠头状支链菌丝,看起来像真菌,实际上当然是细菌。有些诺卡氏菌会致病,产生诺卡氏病。

2.药品和培养基

苯酚复红染液、灭菌的高氏Ⅰ号琼脂。

3.仪器或其它用具

平皿、玻璃纸、盖玻片、玻璃涂棒、载玻片、接种环、接种铲、镊子、显微镜等。

四、操作步骤

1.扦片法

1)倒平板

取熔化并冷却至大约50℃的高氏Ⅰ号琼脂约20mL倒平板,凝固待用。

2)接种

用接种环挑取菌种斜面培养物(孢子)在琼脂平板上划线接种。划线要密些,以利于扦片。

3)扦片

以无菌操作用镊子将灭菌的盖玻片以大约45°角扦入琼脂内(扦在接种线上)(图2-16),扦片数量可根据需要而定,扦入深度约为盖玻片的1/3左右。

接种与扦片的顺序也可以互换,即先扦片,再接种:先扦好盖玻片,然后在交界线盖玻片的正面一侧划线接种(划在盖玻片的正中央一半长度即可,两段留出空白,以备放线菌菌丝蔓延)。这种互换的好处是镜检时无需擦除盖玻片背部菌丝体。

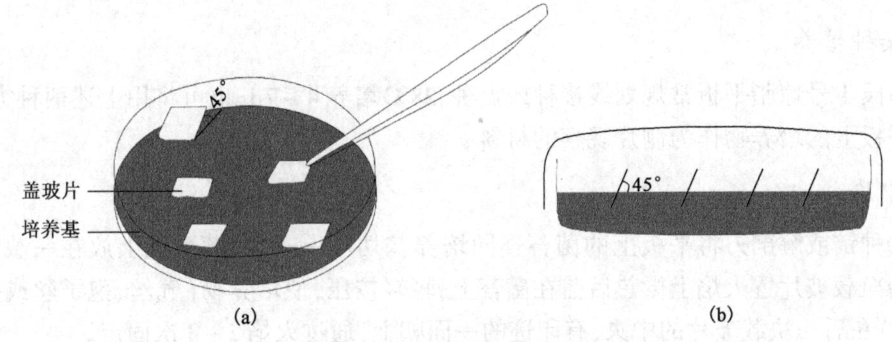

图 2-16　扦片法示意图
(a)俯视前倾图;(b)侧视剖面图

4)培养

将扦片平板倒置,28℃培养。培养时间根据观察目的而定,通常 3~5d。

5)镜检

用镊子小心拔出盖玻片,擦去背面培养物,然后将有菌的一面朝上放在载玻片上,直接镜检。

观察时,宜用略暗光线;先用低倍镜找到适当视野,再换高倍镜观察。用 0.1% 亚甲蓝对培养后的盖玻片进行染色后观察,效果会更好。

2. 玻璃纸法

1)倒平板

与扦片法相同。

2)铺玻璃纸

以无菌操作用镊子将已灭菌(155~160℃干热灭菌 2h)的玻璃纸片(盖玻片大小)铺在培养基琼脂表面,用无菌玻璃涂棒(或接种环)将玻璃纸压平,使其紧贴在琼脂表面,玻璃纸和琼脂之间不留气泡。每个平板可铺 5~10 块玻璃纸。也可用略小于平皿的大张玻璃纸代替小玻璃纸片,但观察时需要再剪成小块。

3)接种

用接种环挑取菌种斜面培养物(孢子),在玻璃纸上划线接种。

4)培养

与扦片法相同,将平板倒置,28℃培养 3~5d。放线菌的孢子能在表面的玻璃纸上形成菌落。

5)镜检

在洁净载玻片上加一小滴水,用镊子小心取下玻璃纸片,菌面朝上放在玻片的水滴上,使玻璃纸平贴在玻片上(中间勿留气泡)。先用低倍镜观察,找到适当视野后换高倍镜观察。操作过程中勿碰动玻璃纸菌面上的培养物。

3. 印片法

1) 接种培养

用高氏Ⅰ号琼脂平板常规划线接种或点种，28℃培养4～7d，也可将用上述两种方法得到的琼脂平板上的培养物作为制片观察的材料。

2) 印片

用接种铲或解剖刀将平板上的菌苔连同培养基切下一小块，菌面朝上放在一载玻片上。另取一洁净载玻片置火焰上微热后盖在菌苔上，轻轻按压，使培养物（气丝、孢子丝或孢子）黏附（"印"）在后一块载玻片的中央，有印迹的一面朝上，通过火焰2～3次固定。

印片时不要用力过大压碎琼脂，也不要错动，以免改变放线菌的自然形态。

3) 染色

用苯酚复红覆盖印迹，染色约1min后水洗。

4) 镜检

干后用油镜观察。

五、实验报告

1. 实验结果

(1) 比较三种观察放线菌方法的优劣。

(2) 按表2－6绘图说明三种方法所观察的放线菌的主要形态特征。有条件的拍照对比。

表2－6 放线菌的主要形态特征

中文菌名	拉丁文菌名	培养法	形态			平板菌落特征
			菌丝	孢子丝	孢子	
微黄链霉菌	*Streptomyces microflavus*					
蓝灰链霉菌	*Streptomyces glaucus*					
弗拉迪氏链霉菌	*Streptomyces fradiae*					
诺卡氏菌属种	*Nocardia* sp.					

2. 思考题

(1) 玻璃纸培养和观察法是否还可以用于其它类群生物的培养和观察？为什么？

(2) 镜检时，如何区分放线菌的基内菌丝和气生菌丝？

实验十一 霉菌的形态观察

一、实验目的和要求

(1) 学习并掌握观察霉菌形态的基本方法。

(2) 了解四类常见霉菌的基本形态特征。

(3)初步学习放线菌和霉菌的区分。

二、基本原理

霉菌是真菌的一种,可产生复杂分枝的菌丝体,分基内菌丝和气生菌丝。气生菌丝生长到一定阶段分化产生繁殖菌丝,由繁殖菌丝产生孢子。霉菌菌丝体(尤其是繁殖菌丝)及孢子的形态特征(图 2-17)是识别不同种类霉菌的重要依据。霉菌菌丝和孢子的宽度(为 3 ~ 10μm)通常比细菌和放线菌粗得多,常是细菌苗体宽度的几倍至几十倍,因此,用低倍显微镜即可观察。

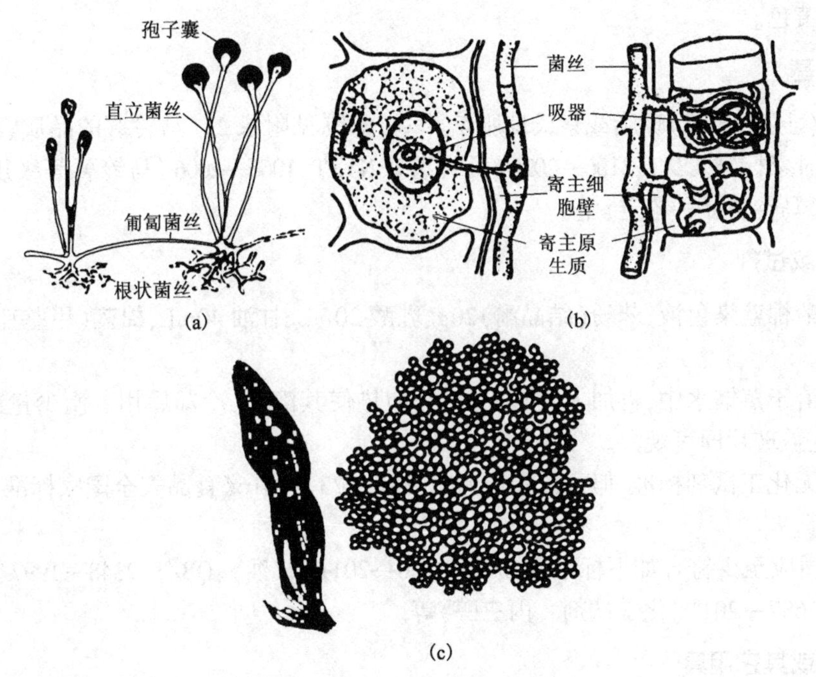

图 2-17　霉菌菌丝的几种特殊形态

(a)假根;(b)吸器;(c)菌核

观察霉菌的形态有多种方法,常用的有下列三种:

(1)直接制片观察法:将培养物置于乳酸苯酚棉蓝染色液(用于真菌固定和染色,短期保存)中,制成霉菌制片镜检。用此染液制成的霉菌制片的特点是霉菌菌丝和孢子均可染成蓝色,细胞不变形,具有防腐作用,不易干燥,能保持较长时间,能防止孢子飞散,染液的蓝色能增强反差;必要时,还可用树胶封固,制成永久标本长期保存。

(2)载玻片培养观察法:用无菌操作将培养基琼脂薄层置于载玻片上,接种后盖上盖玻片培养,霉菌即在载玻片和盖玻片之间的有限空间内沿盖玻片横向生长。培养一定时间后,将载玻片上的培养物置显微镜下观察。这种方法既可以保持霉菌自然生长状态,还便于观察不同发育期的培养物。

(3)玻璃纸培养观察法:霉菌的玻璃纸培养观察方法与放线菌的玻璃纸培养观察方法相似。这种方法用于观察不同生长阶段霉菌的形态,也可获得良好的效果。

三、实验材料与设备

1. 菌种

曲霉属种(*Aspergillus* sp.)、青霉属种(*Penicillium* sp.)、根霉属种(*Rhizopus* sp.)和毛霉属种(*Mucor* sp.)、马铃薯琼脂(平板培养 2 ~ 5d)。

曲霉属(*Aspergillus*)在全球已发现的有数百种发霉种,几乎在所有富氧环境中均可发现它们。根霉属(*Rhizopus*)是腐生在植物上的真菌,有些特定寄生在动物上,全球已发现十几种。毛霉属(*Mucor*)一般是白色或灰色的真菌,生长速度很快,可高达几厘米,老的毛霉由于形成孢子变成灰黄色。

2. 培养基

马铃薯(土豆、洋芋)琼脂或察氏琼脂培养基,配制见附录 2。马铃薯的品质、品种和等级应参照有关国家标准 LS/T 3106—2020《马铃薯》、NY/T 1066—2006《马铃薯等级规格》、NY/T 1963—2010《马铃薯品种鉴定》等。

3. 溶液或试剂

乳酸苯酚棉蓝染色液、苯酚(结晶酚)20g、乳酸 20mL、甘油 40mL、棉蓝(甲基蓝)0.05g、蒸馏水 20mL。

将棉蓝溶于蒸馏水中,再加入其它成分,微加热使其溶解,冷却后用。滴少量染液于真菌涂片上,加上盖玻片即可观察。

乳酸尚无化工试剂标准,但可以参照 GB 1886.173—2016《食品安全国家标准　食品添加剂　乳酸》等。

试剂品质应至少符合如下标准:GB/T 13206—2011《甘油》、QB/T 2348—1997《甘油(发酵法)》、GB/T 687—2011《化学试剂　丙三醇》等。

4. 仪器或其它用具

无菌吸管、平皿、载玻片、盖玻片、U 形玻璃棒、解剖针、解剖刀、接种针、镊子、50% 乙醇、20% 的甘油以及显微镜等。

四、操作步骤

1. 直接制片观察法

在载玻片上加一滴乳酸苯酚棉蓝染色液,用解剖针从霉菌菌落边缘处挑取少量已产孢子的霉菌菌丝,先置于 50% 乙醇中浸一下以洗去脱落的孢子,再放在载玻片上的染液中,用解剖针小心地将菌丝分散开。盖上盖玻片,置低倍镜下观察,必要时换高倍镜观察。

注意:挑菌和制片时要细心,尽可能保持霉菌自然生长状态;加盖玻片时勿压入气泡,以免影响观察。

2. 载玻片培养观察法

1)培养小室的灭菌

在平皿皿底铺一张略小于皿底的圆滤纸片,再放一 U 形玻璃棒,其上放一洁净载玻片和两块盖玻片(图 2 - 18),盖上皿盖,包扎后于 121℃灭菌 30min,烘干备用。

2)琼脂块的制作

取已灭菌的马铃薯琼脂(或察氏琼脂)培养基 6 ~ 7mL 注入一灭菌平皿中,使之凝固成薄层。用解剖刀切成 0.5 ~ 1cm^2 的琼脂块,并将其移至上述培养室中的载玻片上(每片放两块),见图 2 - 18。操作过程应注意无菌操作。

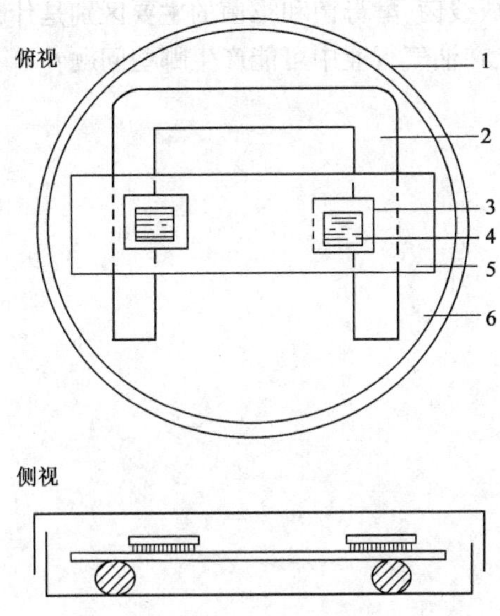

图 2 - 18　霉菌载玻片观察法示意图

1—平皿;2—U 形玻璃棒;3—盖玻片;4—培养物;5—载玻片;6—滤纸

3)接种

用尖细的接种针挑取很少量的孢子接种于琼脂块的边缘上,用无菌镊子将盖玻片覆盖在琼脂块上。接种量要少,尽可能将分散的孢子接种在琼脂块边缘上;否则,培养后菌丝过于稠密,影响观察。

4)培养

先在平皿的滤纸上加 3 ~ 5mL 灭菌的 20% 甘油(用于保持平皿内的湿度),盖上皿盖,28℃培养。

5)镜检

根据需要可以在不同的培养时间内取出载玻片置低倍镜下观察,必要时换高倍镜。

3. 玻璃纸培养观察法

参照实验十。

五、实验报告

1. 实验结果

(1)绘图(或拍照)说明曲霉、青霉、根霉、毛霉四种霉菌的形态特征。

(2)对比三种观察霉菌方法的优劣。

2.思考题

(1)主要根据哪些形态来区分曲霉、青霉、根霉、毛霉四种霉菌?

(2)根据载玻片培养观察方法的基本原理,上述操作过程中的哪些步骤可以根据具体情况进行一些改进或可用其它方法?

(3)在显微镜下,细菌、放线菌、酵母菌和霉菌的主要区别是什么?

(4)霉菌在日常生活中、在油气行业中可能产生哪些问题?

第三章 环境地质样品采集、前处理和保存

实验一 空气中微生物的检测

一、实验目的和要求

(1)了解特定环境空气中的微生物分布情况。

(2)学习和掌握空气中微生物的检查和计数方法。

二、基本原理

有些微生物附着在尘埃上,漂浮于大气中。通过空气传播疾病的现象,如立克次体可通过气溶胶传播(立克次体是必须依赖于宿主细胞,于专性细胞内寄生的小型革兰氏阴性原核单细胞微生物;气溶胶是指以气体为分散剂悬浮在大气中的固态粒子或液态小滴物质的统称,烟、雾、霾、霭、微尘等都属于大气气溶胶,尺寸在微米至毫米级,半径一般在 $10^{-3}\sim10^{2}\mu m$),已经引起科学界和公众的关注。空气中病菌或微生物的分布和数量已经成为一种常规的检测要求。目前特定环境空气中的微生物检测方法有沉降法、过滤法、固体法、离心法、滤膜法和静电吸附法等,前两种因为简单易行较为常用。一般认为,在 5min 内沉降在 $100cm^2$ 表面上的微生物数量,等于 $10m^3$ 空气中微生物的数量。据此,空气中微生物的简单检测方法是:将琼脂培养基平板放在待测环境中,打开皿盖 5min,再盖好皿盖,培养一定时间后统计菌落数。一般无菌室因为空气环境相对简单,测定无菌状态均采用此法。过滤法的原理是通过一个过滤装置,将一定体积的待测空气过滤于一定体积的无菌水中,然后取水样进行平板培养后统计菌落数,简单换算后,即可测知空气中的微生物数量。

三、实验材料与设备

1. 培养基

牛肉膏胨培养基、高氏I号培养基、马铃薯培养基(附录 2)、察氏培养基、空白琼脂培养基。

2. 仪器或其它用具

三角烧瓶、培养皿、蒸馏水瓶、无菌移液管、玻璃管。

四、操作步骤

1. 沉降法

(1)各配制 4 个牛肉膏胨培养基、高氏 I 号培养基、马铃薯培养基、察氏培养基和空白琼脂培养基平板,凝固后备用。

(2)各取上述 5 种培养基平板,分别在实验室(2 个)、无菌室(2 个)空气中打开,暴露

5min，盖上皿盖。

(3)将上述平板放置于28℃或37℃恒温箱中培养48h，统计菌落数。

若学生进行多组实验，可考虑在其它环境进行，如教室(2个，有人)、教室(2个，无人)、食堂餐厅(2个，有人)、食堂餐厅(2个，无人)、学生宿舍、教师办公室、特定公共场合……均可选取进行，统计菌落数。

2. 过滤法

(1)将容器按图3-1接好。A瓶所装为50mL无菌水，B瓶为流速可控的普通自来水。

注意：所有与A瓶相连接的塞子、导管及漏斗应事先灭菌，所有连接保证气密性。

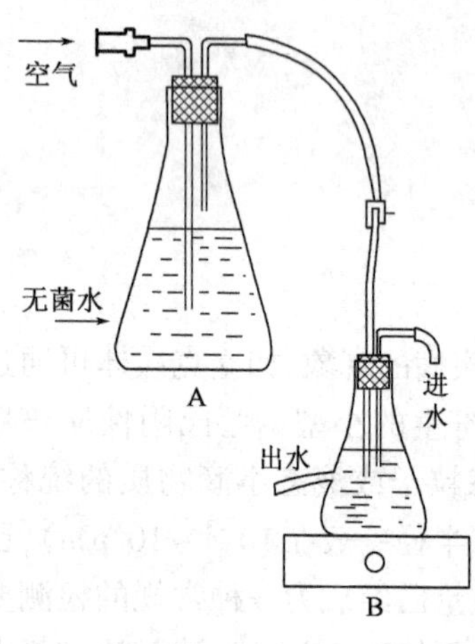

图3-1 过滤法采集空气微生物

(2)流经B瓶的总水体积为4L，保证B瓶的出水口流速分别为33.3mL/min、44.4mL/min、66.7mL/min。这时环境中的空气经直径为1cm的进样口进入A瓶所盛装的无菌水中。这样，分别经过2h、1.5h和1h内，B瓶中4L水流过后，结束样品采集。分别相当于约2L/h、2.67L/h和4L/h的空气微生物进入了A瓶无菌水。

(3)分别取无菌培养皿3套，用无菌移液管分别从A瓶中吸取1mL到无菌平皿中，加入已熔化冷却至50℃的牛肉膏朊胨培养基、高氏Ⅰ号培养基、马铃薯培养基、察氏培养基和空白琼脂培养基，轻轻摇匀，待凝固后置28℃或37℃恒温箱培养48h，统计菌落数；或者各取1mL直接涂布到5种凝固后的培养基中，28℃或37℃恒温箱培养48h，统计菌落数。

将过滤法实验结果代入公式，计算出每升空气中含有的微生物数量：

菌数/L(空气)=1mL水中菌落数(三皿平均)×50

五、实验报告

1. 实验结果

(1)将沉降法实验结果填入表3-1。

表3-1 沉降法实验结果

采集地点	暴露时间 min	菌落数，CFU/皿				
		细菌	酵母菌	放线菌	霉菌	空白
实验室	5					
无菌室	5					

(2)将过滤法实验结果填入表3-2。

表3-2 过滤法实验结果

采集地点	采集速率 mL/min	暴露时间 h	菌落数，CFU/皿				
			细菌	酵母菌	放线菌	霉菌	空白
实验室	33.3	2					
	44.4	1.5					
	66.7	1					

续表

采集地点	采集速率 mL/min	暴露时间 h	菌落数,CFU/皿				
			细菌	酵母菌	放线菌	霉菌	空白
无菌室	33.3	2					
	44.4	1.5					
	66.7	1					

2. 思考题

(1)采用一种培养基在一种培养条件下测出的微生物数值,能否作为空气中微生物总数的近似值?为什么?

(2)把检测结果分别对比国家推荐标准 GB/T 17093—1997《室内空气中细菌总数卫生标准》、GB/T 18204.1—2013《公共场所卫生检验方法　第1部分:物理因素》。

(3)不同采集速率下过滤法采集的微生物数量和种类是否相同或相近?为什么?

(4)沉降法和过滤法测出的微生物菌落数值是否相同或相近?种类是否相同或相近?为什么?

实验二　水样的采集

一、实验目的和要求

(1)理解水样来源与特点。

(2)掌握不同来源水样的采集方法。

(3)掌握不同水样的保存方法。

二、水样类型分类

由于几乎所有各种类型的水和水体中都包含微生物,作为参考值,1mL 淡水可包含 1×10^6 个活细胞,因此,如要严谨认真地分析水样微生物,合理采集、运输和保藏是必要的。

1. 开阔河流的采样

在对开阔河流进行采样时,应包括下列几个基本点:

(1)用水地点的采样。

(2)污水流入河流后,应在充分混合的地点以及流入前的地点采样。

(3)支流合流后,应在充分混合的地点及混合前的主流与支流地点采样。

(4)主流分流后地点的选择。

(5)根据其它需要设定的采样地点(比如地下水)。

原则上应在河流横向及垂向的不同位置采集样品。采样时间一般选择在采样前至少连续两天晴天、水质较稳定的时间(特殊需要除外)。采样时间是在考虑人类活动、工厂企业的工作时间及污染物到达时间的基础上确定的。另外,在潮汐区,应考虑潮水涨落的情况,确定把水质最坏的时刻包括在采样时间内。

2. 封闭管道的采样

在封闭管道中采样,也会遇到与开阔河流采样中所出现的类似问题。采样器探头或采样管应妥善地放在进水的下游,采样管不能靠近管壁。湍流部位,例如在"T"形管、弯头、阀门的后部,可充分混合,一般作为最佳采样点,但等动力采样(即等速采样)除外。采集自来水或抽水设备中的水样时,应先放水数分钟,使积留在水管中的杂质及陈旧水排出,然后再取样。采集水样前,应先用水样洗涤采样器容器、盛样瓶及塞子2~3次(油类除外)。

3. 水库和湖泊的采样

水库和湖泊由于采样地点不同和温度的分层现象可引起水质很大的差异。在调查水质状况时,应考虑到成层期与循环期的水质明显不同。了解循环期水质,可采集表层水样;了解成层期水质,应按深度分层采样。在调查水域污染状况时,需进行综合分析判断,抓住基本点,以取得代表性水样。如废水流入前后充分混合的地点、用水地点、流出地点等,有些可参照开阔河流的采样情况,但不能等同而论。

在可以直接汲水的场合,可用适当的容器采样,如水桶。从桥上等地方采样时,可将系着绳子的聚乙烯桶或带有坠子的采样瓶投于水中汲水。要注意不能混入漂浮于水面上的物质。

在采集一定深度的水时,可用直立式或有机玻璃采水器。这类装置在下沉的过程中,水就从采样器中流过。当到达预定深度时,容器能够闭合而汲取水样。在水流动缓慢的情况下采用上述方法时,最好在采样器下系上适宜重量的坠子;当水深流急时,要系上相应重的铅鱼,并配备绞车。

采样过程应注意:

(1)采样时不可搅动水底部的沉积物。

(2)采样时应保证采样点的位置准确,必要时使用仪器定位。

(3)认真填写采样记录表,字迹应端正清晰。

(4)保证采样按时、准确、安全。

(5)采样结束前,应核对采样方案、记录和水样。如有错误和遗漏,应立即补采或重新采样。

(6)如采样现场水体很不均匀,无法采到有代表性样品,则应详细记录不均匀的情况和实际采样情况,供使用数据者参考。

(7)测定油类时,应在水面至水面下300mm采集柱状水样,并单独采样,全部用于测定。采样瓶不能用采集的水样冲洗。

(8)测溶解氧、生物化学需氧量和有机污染物等项目时的水样,必须注满容器,不留空间,并用水封口。

(9)如果水样中含沉降性固体,如泥沙等,应分离除去。分离方法为:将所采水样摇匀后倒入筒形玻璃容器,静置30min,将已不含沉降性固体但含有悬浮性固体的水样移入盛样容器并加入保存剂。测定总悬浮物和油类的水样除外。

(10)测定湖库水COD、高锰酸盐指数、叶绿素a、总氮、总磷时,水样静置30min后,用吸管一次或几次移取水样,吸管进水尖嘴应插至水样表层50mm以下位置,再加保存剂保存。

(11)测定油类、BOD_5、DO、硫化物、余氯、粪大肠菌群、悬浮物、放射性等项目要单独采样。

4. 地下水的采样

地下水可分为上层滞水、潜水和承压水。

上层滞水的水质与地表水的水质基本相同。潜水含水层通过包气带直接与大气圈、水圈相通,因此具有季节性变化的特点。承压水地质条件不同于潜水,受水文、气象因素直接影响小,含水层的厚度不受季节变化的支配,水质不易受人为活动污染。采集样品时,一般应考虑以下一些因素:

(1)地下水流动缓慢,水质参数的变化率小。

(2)地表以下温度变化小,因而当样品取出地表时温度发生显著变化。这种变化能改变化学反应速度,倒转土壤中阴阳离子的交换方向,改变微生物生长速度。

(3)水样吸收二氧化碳导致 pH 值改变,某些化合物也会发生氧化作用。

(4)当将水样取出地表时,某些溶解于水中的气体,如硫化氢,极易挥发。

(5)有机样品可能会受到某些因素的影响,如采样器材料的吸收、污染和挥发性物质的逸失。

(6)土壤和地下水可能受到严重的污染,影响采样工作人员的健康和安全,尤其是一些恶臭气体在减压后突然释放。

监测井采样不能像地表水采样那样可以在水系的任一点进行,因此,从监测井采得的水样只能代表一个含水层的水平向或垂直向的局部情况。

如果采样只是为了确定某特定水源中有没有污染物,那么只需从自来水管中采集水样。当采样的目的是要确定某种有机污染物或一些污染物的水平及垂直分布,并作出相应的评价,那么需要组织相当的人力物力进行研究。

对于区域性的或大面积的监测,可利用已有的井、泉或者就是河流的支流,但是,它们要符合监测要求,如果时间很紧迫,则只有选择有代表性的一些采样点。但是,如果污染源很小,如填埋废渣、咸水湖,或者是污染物浓度很低,比如含有机物,那就极有必要设立专门的监测井。增设的监测井的数目和位置取决于监测的目的、含水层的特点以及污染物在含水层内的迁移情况。

如果潜在的污染源在地下水位以上,则需要在包气带采样,以得到对地下水潜在威胁的真实情况。除了氯化物、硝酸盐和硫酸盐,大多数污染物都能吸附在包气带的物质上,并在适当的条件下迁移。因此很有可能采集到已存在污染源很多年的地下水样,而且观察不到新的污染,这就会给人以安全的错觉,而实际上污染物正一直以极低的速度通过包气带向地下水迁移。另外,还应了解水文方面的地质数据和地质状况及地下水的本底情况。此外,采集水样还应考虑到:靠近井壁的水的组成几乎不能代表该采样区的全部地下水水质,因为靠近井的地方可能有钻井污染,以及某些重要的环境条件(如氧化还原电位)在近井处与地下水承载物质的周围有很大的不同,所以,采样前需抽取适量水。

对于自喷的泉水,可在涌口处直接采样。采集不自喷的泉水时,将停滞在抽水管的水汲出,新水更替之后,再进行采样。从井水采集水样,必须在充分抽汲后进行,以保证水样能代表地下水水源。

5. 降水/降雪的采样

准确地采集降水/降雪样品难度很大。在降水/降雪前,必须盖好采样器,只在降水/降雪真实出现之后才打开。每次降水/降雪取全过程水样(从降水/降雪开始到结束)。采集样品时,应避开污染源,采样器四周应无遮挡雨/雪的高大树木或建筑物,以便取得准确的结果。屋顶或空旷场所为优先场所,或根据采样目的决定地点。

三、实验材料与设备

1. 采集生物特性样品的设备

有些生物的测定和物理化学分析的采样情况一样，可在现场完成，但绝大多数样品须送回实验室检验。一些采样设备可以进行人工（潜水员）或自动化的遥测观察，以采集某些生物种类或生物群体。

此处叙述的采样范围主要涉及常规使用的简单设备。

采集生物样品的容器最理想的是广口瓶。广口瓶的瓶口直径最好接近广口瓶体直径，瓶的材质为塑料或玻璃。

1）浮游生物

（1）浮游植物：采样技术和设备类似于检测水中化学品采集的瞬间和定点样品中叙述的那些内容。在大多数湖泊调查中，使用容积为1～3L的瓶子或塑料桶。定量检测浮游植物时，不宜使用网具采集。

（2）浮游动物：采集浮游动物需要大量样品（多达10L）。采集浮游动物样品时，除使用缆绳操纵水样外，还可以用计量浮游生物的尼龙网，所使用网格的规格取决于检验的浮游动物种类。

2）底栖生物

对于定量地采集水生底栖生物，用标准显微镜载玻片（25mm×75mm）最适宜。为适应两种不同的水栖环境，载玻片要求两种形式的底座支架。

在小而浅的河流中或者湖泊沿岸地区，水质比较清澈，载玻片装在架子上或安置在固定于底部的柜架上。在大的河流或湖泊中部，水质比较混浊，载玻片可固定在聚丙烯塑料（PP）制成的柜架上，该架子的上端连接聚苯乙烯泡沫（PS）块，使其能漂浮于水中。载玻片在水中暴露一定的时间（视水质情况自定时间，一般在水中暴露两周左右）。

注意：载玻片在水中暴露的时间不是固定的，应视附着情况而定。如水质比较混浊，暴露时间相同，附着的生物过多，影响镜检。

2. 采集微生物的设备

灭菌玻璃瓶或塑料瓶适用采集大多数微生物水样。在湖泊、水库的水面以下较深的地点采样时，可使用深水采样装置。所有使用的仪器包括泵及其配套设备必须完全不受污染，并且设备本身也不可引入新的微生物。采样设备与容器不能用水样冲洗。

四、操作步骤

1. 水样采集频次

（1）监督性监测：地方环境监测站对污染源的监督性监测每年不少于1次；如被国家或地方环境保护行政主管部门列为年度监测的重点排污单位，应增加到每年2～4次。因管理或执法的需要所进行的抽查性监测由各级环境保护行政主管部门确定。

（2）企业自控监测：工业污水按生产周期和生产特点确定监测频次。一般每个生产周期不得少于3次。

(3)对于污染治理、环境科研、污染源调查和评价等工作中的污水监测,其采样频次可以根据工作方案的要求另行确定。

(4)根据管理需要进行调查性监测,监测站事先应对污染源单位正常生产条件下的一个生产周期进行加密监测。生产周期在8h以内的,1h采1次样;生产周期大于8h时,每2h采1次样,但每个生产周期采样次数不少于3次。采样的同时测定流量。根据加密监测结果,绘制污水污染物排放曲线(浓度—时间、流量—时间、总量—时间),并与所掌握资料对照,如基本一致,即可据此确定企业自行监测的采样频次。

(5)排污单位如有污水处理设施并能正常运行使污水稳定排放,则污染物排放曲线比较平稳,监督检测可以采瞬时样;对于排放曲线有明显变化的不稳定排放污水,要根据曲线情况分时间单元采样,再组成混合样品。正常情况下,混合样品的采样单元不得少于两次。如排放污水的流量、浓度甚至组分都有明显变化,则在各单元采样时的采样量应与当时的污水流量成比例,以使混合样品更具代表性。

2. 污水监测项目

污水监测项目根据行业类型有不同要求。在分时间单元采集样品时,测定 pH、COD、BOD_5、DO、硫化物、油类、有机物、余氯、粪大肠菌群、悬浮物、放射性等项目的样品,不能混合,只能单独采样。

3. 自动采样

自动采样用自动采样器进行,有时间等比例采样和流量等比例采样。当污水排放量较稳定时,可采用时间等比例采样;否则,必须采用流量等比例采样。

4. 采样位置

采样位置应在采样断面的中心,在水深大于1m时,应在表层下1/4深度处采样;水深小于或等于1m时,在水深的1/2处采样。

5. 水样样品保存

水样采集样品的现场保存方法见表3-3。

表3-3 生物样品采集保存方法

待测项目	采样容器 P-塑料; G-玻璃	保存方法及保存剂用量	最少采样量 mL	可保存 时间	容器洗涤 方法	备注
一、微生物分析						
细菌总数、大肠菌总数、粪大肠菌、**渣链果菌**(*Streptococcus faecalis*)、沙门氏菌、志贺氏菌等	灭菌容器G	1~5℃冷藏	根据样品的污染情况	尽快(地表水、污水及饮用水)		取氯化或溴化过的水样时,所用的样品瓶消毒之前,按每125mL加入0.1mL的10%(质量分数)硫代硫酸钠以消除氯或溴对细菌的抑制作用。对重金属含量高于0.01的水样,应在容器消毒之前,按每125mL容积加入0.3mL的15%(质量分数)乙二胺四乙酸(EDTA)

续表

待测项目	采样容器 P－塑料； G－玻璃	保存方法及保存剂用量	最少采样量 mL	可保存时间	容器洗涤方法	备　注
二、生物学分析（本表所列的生物分析项目，无法包括所有生物分析项目，仅涉及研究常见的生物种群）						
鉴定和计数						
底栖无脊椎动物类—大样品	P 或 G	加入70%乙醇	1000	1a		样品中的水应先倒出以达到最大的防腐剂的浓度
	P 或 G	加入37%甲醛（用硼酸钠或四氮六甲圜调节至中性）用100g/L甲醛溶液稀释到3.7%	1000	1a（最少3个月）		
底栖无脊椎动物类—小样品（如参考样品）	G	加入防腐溶液，含70%乙醇、37%甲醛和甘油（比例是100∶2∶1）	100	不确定		对无脊椎动物群，如扁形动物，需用特殊方法，以防止被破坏
藻类	G 或 P 盖紧瓶盖	每200份加入0.5～1份卢戈氏溶液，1～5℃暗处冷藏	200	6个月		碱性卢戈氏溶液适用于新鲜水，酸性卢戈氏溶液适用于带鞭毛虫的海水。如果退色，应加入更多卢戈氏溶液
浮游植物	G		200	6个月		暗处
浮游动物	P 或 G	加入37%甲醛（用硼酸钠调节至中性）稀释至3.7%，海藻加卢戈氏溶液	200	1a		如果退色，应加入更多卢戈氏溶液

续表

待测项目	采样容器 P－塑料； G－玻璃	保存方法及保存剂用量	最少采样量 mL	可保存时间	容器洗涤方法	备注
湿重和干重						
藻类、浮游植物、浮游动物、鱼	P或G	1～5℃冷藏	1000	24h		不要冷冻到－20℃，尽快分析，不得超过24h
	P或G	加入37%甲醛（用硼酸钠或四氮六甲圜调节至中性），用100g/L甲醛溶液稀释到3.7%	1000	最少3个月		水生附着生物和浮游植物的干重、湿重测量通常以计数和鉴定环节测量的细胞体积为基础
灰分重量						
藻类 浮游植物	P或G	加入37%甲醛（用硼酸钠或四氮六甲圜调节至中性），用100g/L甲醛溶液稀释到3.7%	1000	最少3个月		
干重和灰分重量						
浮游动物		玻璃纤维滤器过滤并－20℃冷冻	200	6个月		
毒性实验						
水生生物	P或G	1～5℃冷藏	1000	24h		保存期随所用分析方法不同
	P	－20℃冷冻	1000	2周		

注：表中试剂应满足HG/T 3457—2003《化学试剂　乙二胺四乙酸》的要求。

五、实验报告

1.实验结果

将水样采集的基本信息录入表3－4。

表3－4　水样采集基本信息

采集时间	采集地点	采集人	水样类型	待检项目	保存器具	保存温度	保存剂	样量	保存时长	备注

2. 思考题

(1)特定水样如游泳池、医院排污水、各种工业排污水、瓶装饮用纯净水、瓶装饮用天然矿泉水、瓶(桶)装饮用纯净水、生活饮用水等的微生物学指标,如何检测和评价?

(2)水样,以及实验室中完成分离任务的长有微生物的培养基应该用什么方法进行灭菌或杀菌?如何能够既不破坏环境介质的成分,又能起到杀菌的作用?

实验三　土壤样品的采集、前处理和保存

一、实验目的和要求

(1)理解土壤类型和分类。

(2)掌握土壤微生物样品采集方法。

(3)掌握土壤微生物样品的前处理方法。

(4)掌握土壤微生物样品的保存方法。

二、土壤类型分类

千百万年来各种动植物尸体积累不断地入土,大部分不见踪影的尸体主要被土壤中的各种微生物给分解了,还复了各种物质的分子/原子本身,最终成为土壤的一部分。事实上,土壤就是微生物的天然固体培养基,其中的微生物数量最大、种类最多,是微生物的天然储存库,是人类利用微生物资料的最主要来源。正常情况下,作为参考值,一克土壤会蕴含 4×10^{7} 个细菌细胞(不包括古菌和真菌),全球土壤细菌细胞可达 5×10^{30} 个。那么,如要分析特定的土壤样品,作为微生物栖居的大本营,土壤样品的采样、前处理和保存就至关重要了。

土壤根据利用方式可分为果园土、水稻土、麦地土、交通土、尾矿土、填埋土等,根据垂直分布可以分为表土、根际和沉积物等。

三、土壤样品采集

土壤样品的采集是分析工作中一个重要环节,是分析结果和结论正确与否的先决条件,因此,必须选择有代表性的地点和代表性的土壤。同时,分析目的不同,采样方法和处理方法也有区别。

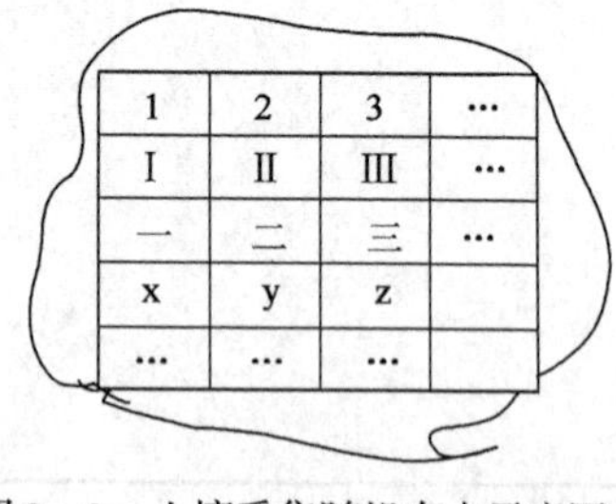

图 3-2　土壤采集随机布点示意图

1. 表土样品采集

随机布点,又称网格布点,是一种完全不带主观条件的布点方法。将监测单元分成网格(网格可以随机也可以系统等分),将每个网格编号,决定采样点样品数后,随机抽取规定的样品数的样品,标上对应的网格号,即为采样点(图 3-2)。

如果事先已经知道监测区域的土壤类型、环境条件、污染物种类,则可将区域分块,块内污染物相对均一,块间差异相对明显,每块作为一个单元,单元内再随机布点(图 3-3)。中心区

可以是功能区域、污染源或者其它研究标的核心等。目标区域内有河流经过时，最好配合土壤样品采集底泥和沉积物样品。

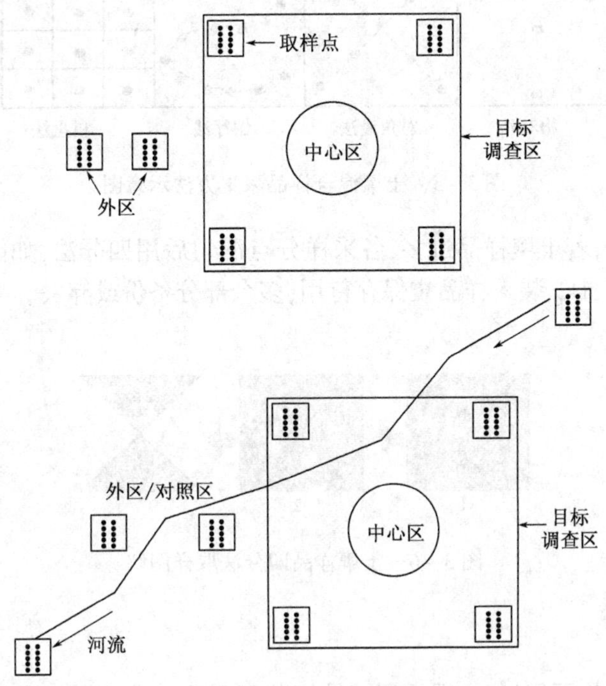

图 3 - 3　已知功能区块土壤和底泥样品采集示意图

采样点的数量根据具体情况和要求而定。一般要求每个监测单元最少设 3 个点。区域土壤环境调查根据区块不同可选择 2.5km、5km、10km、20km、40km 网距网格布点，区域内的网格接点数量即为土壤采样点数量。

2. 土壤剖面样品采集

除了表土采集，必要时还需采集土壤剖面样品。在选定剖面采集位置后，一般挖一个长 1.5 ~ 2m、宽 0.8 ~ 1m、深 1 ~ 2m 的矩形，较窄的向阳的面作为观察面，表土和底土分两侧放置(图 3 - 4)；也可以直接用手动或动力土壤采样器，如同取岩心一样取一定深度(一般为 1m)。

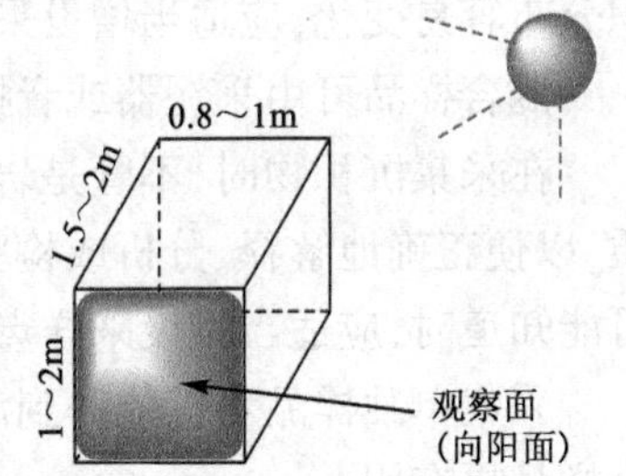

图 3 - 4　土壤剖面规格示意图

对于农业污灌等污染源不明确的非点源污染(面源污染)，土壤的混合采样是必需的。混合土壤的采集主要有梅花法、对角线法、棋盘法、蛇行法(S形法)等(图 3 - 5)。梅花法适用于面积较小、地势平坦、土壤组成和受污染程度比较均匀的地块，采样点 5 ~ 7 个；对角线法适用于明确流水方向的地块，对角线五等分(或若干等分)，等分点即为采样点；棋盘法类似于系统网格布点，面积可大可小，适用于大中型垃圾堆(场)污染的土壤采样，采样点应在 10 个以上；蛇行法适用于面积较大、土壤不均匀、地势不平坦复杂的地块，采样点 15 个以上。

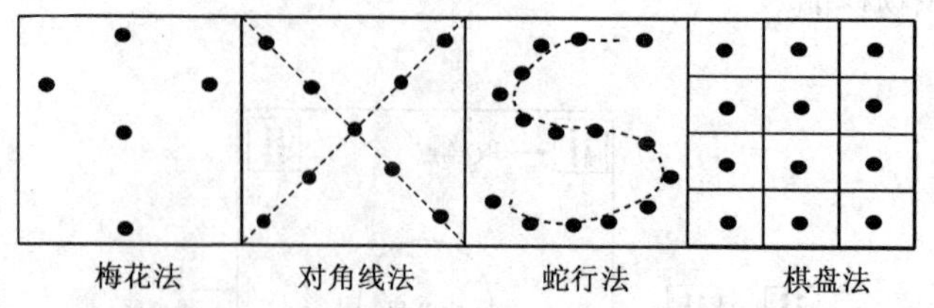

图 3－5　土壤混合样品采集方法示意图

土壤混合采样后，若土壤样品过多，各采样分点混匀后用四分法，如图 3－6 所示，按步骤 3，取对角线两份混合，1kg 装入样品袋保存待用，多余部分备份或弃去。

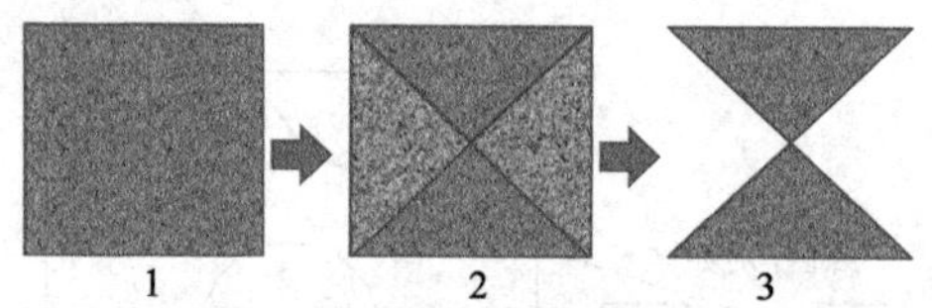

图 3－6　土壤样品四分法取样图解

3. 沉积物采样

水面下底部沉积物可用抓斗、采泥器或钻探装置采集。典型的沉积过程一般会出现分层或者组分的很大差别。此外，河床高低不平以及河流的局部运动都会引起各沉积层厚度的很大变化。

采泥地点除在主要污染源附近、河口部位外，应选择由于地形及潮汐原因造成堆积以及底泥恶化的地点，另外，也可选择在沉积层较薄的地点。

在底泥堆积分布状况未知的情况下，采泥地点要均衡地设置。在河口部分，由于沉积物堆积分布容易变化，应适当增设采样点，原则是在同一地方稍微变更位置进行采集。

混合样品可由采泥器或者抓斗采集。需要了解分层作用时，可采用钻探装置采集。

在采集沉积物时，不管是岩心还是规定深度沉积物的代表性混合样品，必须知道样品的性质，以便正确地解释、分析或检验。此外，对底部沉积物的变化程度及性质难以预测或根本不可能知道时，应适当增设采样点。

采集单独样品不仅能得到沉积物变化情况，还可以绘制组分分布图，因此，单独样品比混合样品更有用。

生物样品容器也适用于沉积物样品的存放，一般均使用广口容器。由于这种样品水分含量较大，要特别注意容器的密封性。

四、操作步骤

1. 土壤样品前处理

土壤中的微生物大多数附着在土壤颗粒表面，测定时首先要使土壤颗粒与微生物分离。研磨、振荡、搅拌和超声波处理等物理方法，加入分散剂使土壤团聚体分散等化学方法，均是微生物从颗粒中分散的方法，实际使用中，可选用物理方法加配化学分散，增强分散效果。

1）磷酸缓冲液振荡法

取10.00g新鲜土壤（$\phi<2mm$）到200mL三角烧瓶中，加入0.06mol/L的磷酸盐缓冲液95mL，充分振荡15min。

0.06mol/L的磷酸盐缓冲液配制：取一水磷酸二氢钠（$NaH_2PO_4 \cdot H_2O$）8.28g溶于1L无菌去离子水中，取二水磷酸氢二钠（$Na_2HPO_4 \cdot 2H_2O$）10.68g溶于1L无菌去离子水中，然后将两种溶液按比例（28∶72，体积比）混合，调节pH使其与土壤pH一致。

2）Tris缓冲液搅拌法

取1.00g新鲜土壤（$\phi<2mm$）到100mL烧杯中，加入Tris—盐酸溶液20mL，用搅拌机低速搅拌1min。

Tris—盐酸溶液配制（Tris浓度为0.05mol/L）：6.35g Tris溶于800mL无菌去离子水，用浓盐酸调节pH至7.5，定容至1L。其中，Tris即三羟甲基氨基甲烷，分子式$C_4H_{11}NO_3$，溶于乙醇和水。

3）膜过滤法分离细菌和真菌

用上述方法对土壤进行稀释，或者用分散剂超声涡旋法：取2.00g新鲜土壤（$\phi<2mm$）到100mL烧杯中，加入无菌去离子水50mL和10mL迪康90（Decon90）分散剂，在4℃下超声处理15min，同时低速涡旋30s，并在过滤前用无菌去离子水稀释200倍，静置5min备用。迪康90是一种商业洗涤剂，主要是由阴离子表面活性剂、非离子表面活性剂和碱液配制而成的，pH约13。分散剂也可以选择六偏磷酸钠、氯化钠、胆酸钠和离子交换树脂等。

（1）细菌过滤。取50mL稀释液，用孔径为8μm的微孔滤膜过滤（去除土壤微颗粒、有机质和菌丝体等），再取8μm过滤液，用3μm的微孔滤膜过滤，再用0.2μm或0.45μm（根据细菌的类型，活细菌一般可选0.45μm）的微孔滤膜过滤，参见图1－2。这样过滤的细菌收率可能较低，因为细菌可能仍吸附团聚在沉积颗粒物上，可多次用分散剂分散和低速离心（加速度小于500g），收集所有上清液，过滤纯化、干燥冷藏备用。

（2）真菌过滤。取50mL稀释液，用0.8μm或1μm的微孔滤膜过滤（除非是细菌团，分散细菌直径一般小于1μm）。这样过滤的真菌收率可能较低，因为真菌仍然可能大量附着在沉积物中。100g或300g低速离心，弃去上清液，沉淀用2倍量的林格氏溶液（Ringer's solution）洗涤过滤（$\phi<100\mu m$）至烧杯中，用铜丝搅拌器（铜丝直径150μm）慢速搅动，每次5min，多次搅动，多次林格氏溶液洗涤附着在铜丝上的菌丝，0.45μm滤膜过滤纯化，干燥冷藏备用。林格氏溶液是一种平衡的多离子非碱性等渗晶体状溶液，含有生理浓度的钠离子、钾离子、钙离子和氯离子。林格氏溶液配制：NaCl 6.5g，KCl 0.42g，$CaCl_2$ 0.25g，碳酸氢钠84g（也可以不用，主要用于缓冲pH值），溶于1L去离子水中。

碳酸氢钠品质应不低于GB/T 640《化学试剂　碳酸氢钠》。

2. 土壤样品保存

容器或器皿塞子必须是惰性的，包括化学惰性和生物惰性，防止容器和样品发生反应。目前市面上有许多特定样品专用容器，尽可能选用这类专用容器保存样品。

生物样品的保存应符合下列标准：

(1)预先了解防腐剂/保护剂对预防生物有机物损失的效果。

(2)防腐剂/保护剂至少在保存期内，能够有效防止生物/有机质退化。

(3)在保护期内，防腐剂/保护剂应能保证充分研究目标生物类群。

土壤样品的保存可参考水样样品保存方法。

五、实验报告

1.结果

膜过滤法对于磷酸缓冲液振荡法、三羟甲基氨基甲烷—盐酸缓冲液和分散剂超声涡旋法提取细菌和真菌生物量，提取到的生物量分别是多少？如何解析这种差异性？

2.思考题

(1)膜过滤法能否区别活菌和死菌？有无其它方法分离收集土壤微生物？

(2)正常土壤含菌(细菌)多少？不同时间段采集相同点位的土壤/沉积物样品，微生物类型、多样性和丰度是否相同？为何？

3)土壤样品在实验室中完成培养任务，以及从土壤中分离长有微生物的培养基应该用什么方法进行灭菌或杀菌？如何能够既不破坏环境介质的成分，又能起到杀菌的作用？

实验四　水中细菌总数的测定

一、实验目的和要求

(1)学习水样的采取方法和水样细菌总数测定的方法。

(2)了解水源水的平板菌落计数的原则。

二、基本原理

本实验应用平板菌落计数技术测定水中细菌总数。由于水中细菌种类繁多，它们对营养和其它生长条件的要求差别很大，不可能找到一种培养基在一种条件下使水中所有的细菌均能生长繁殖，因此，以一定的培养基平板上生长出来的菌落计算出来的水中细菌总数仅是一种近似值。目前一般是采用普通牛肉膏胨培养基。

三、实验材料与设备

1.培养基

牛肉膏胨琼脂培养基、灭菌水。

2. 仪器或其它用具

灭菌三角烧瓶、灭菌的带玻璃塞瓶、灭菌培养皿、灭菌吸管、灭菌试管等。

四、操作步骤

1. 水样的采取

1) 自来水

先将自来水龙头用火焰烧灼 3min 灭菌,再开放水龙头使水流 5min 后,以灭菌三角烧瓶接取水样,以待分析,另可参见 GB/T 5750.2《生活饮用水标准检验方法　水样的采集与保存》。

2) 池水、河水或湖水

应取距水面 10～15cm 的深层水样。先将灭菌的带玻璃塞瓶瓶口向下浸入水中,然后翻转过来,除去玻璃塞,水即流入瓶中。盛满后,将瓶塞盖好,再从水中取出。最好立即检查,否则需放入冰箱中保存。

2. 细菌总数测定

1) 自来水

(1) 用灭菌吸管吸取 1mL 水样,注入灭菌培养皿中,共做两个平皿。

(2) 分别倾注约 15mL 已熔化并冷却到 45℃左右的牛肉膏胨琼脂培养基,并立即在桌上作平面旋摇,使水样与培养基充分混匀。

(3) 另取一空的灭菌培养皿,倾注牛肉膏胨培养基 15mL,作空白对照。

(4) 培养基凝固后,倒置于 37℃温箱中,培养 14h,进行菌落计数。

两个平板的平均菌落数即为 1mL 水样的细菌总数。

生活饮用水微生物指标标准检验方法可参考 GB/T 5750.2。

2) 池水、河水或湖水等

(1) 稀释水样:取 3 个灭菌空试管,分别加入 9mL 灭菌水。取 1mL 水样注入第一管 9mL 灭菌水内、摇匀,再自第一管取 1mL 至下一管灭菌水内,如此稀释到第三管,稀释度分别为 10^{-1}、10^{-2}与 10^{-3}。稀释倍数视水样污浊程度而定,以培养后平板的菌落数在 30～300 个之间的稀释度最为合适,若三个稀释度的菌数均多到无法计数或少到无法计数,则需继续稀释或减小稀释倍数。一般中等污秽水样取 10^{-1}、10^{-2}、10^{-3} 三个连续稀释度,污秽严重的取 10^{-2}、10^{-3}、10^{-4} 三个连续稀释度。

(2) 接种:自最后三个稀释度的试管中各取 1mL 稀释水加入空的灭菌培养皿中,每一稀释度做两个培养皿。

(3) 倒平板:各倾注 15mL 已熔化并冷却至 45℃左右的牛肉膏胨培养基,立即放在桌上摇匀。

(4) 培养:凝固后倒置于 37℃培养箱中培养 24h。

3. 菌落计数方法

(1) 先计算相同稀释度的平均菌落数。若其中一个平板有较大片状菌苔生长,则不应采用,而应以无片状菌苔生长的平板作为该稀释度的平均菌落数。若片状菌苔的大小不到平板的一半而其余的一半菌落分布又很均匀，则可将此一半的菌落数乘 2 以代表全平板的菌落数，然后再计算该稀释度的平均菌落数。

(2)首先选择平均菌落数在 30 ~ 300 之间的，当只有一个稀释度的平均菌落数符合此范围时，则以该平均菌落数乘其稀释倍数即为该水样的细菌总数(表 3 - 5 例 1)。

(3)若有两个稀释度的平均菌落数均在 30 ~ 300 之间，则按两者菌落总数之比值来决定。若其比值小于 2，应采取两者的平均数；若大于 2，则取其中较小的菌落总数(表 3 - 5 例 2 及例 3)。

(4)若所有稀释度的平均菌落数均大于 300，则应按稀释度最高的平均菌落数乘以稀释倍数(表 3 - 5 例 4)。

(5)若所有稀释度的平均菌落数均小于 30，则应按稀释度最低的平均菌落数乘以稀释倍数(表 3 - 5 例 5)。

(6)若所有稀释度的平均菌落数均不在 30 ~ 300 之间，则以最近 300 或 30 的平均菌落数乘以稀释倍数(表 3 - 5 例 6)。

表 3 - 5　细菌菌落检数表

举例	不同稀释度的平均菌落数			两个稀释度菌落数之比	菌落总数，个/mL
	10^{-1}	10^{-2}	10^{-3}		
例 1	1365	164	20	—	16400
例 2	2760	295	46	1.6	37750
例 3	2890	271	60	2.2	27100
例 4	无法计数	1650	513	—	51300
例 5	27	11	5	—	270
例 6	无法计数	305	12	—	30500

两位以后的数字采取四舍五入的方法去掉。

五、实验报告

1. 实验结果

(1)自来水中细菌总数填入表 3 - 6。

表 3 - 6　自来水中细菌总数

平　板	菌　落　数	1mL 自来水中细菌总数
1		
2		

(2)池水、河水或湖水等细菌总数填入表 3 - 7。

表 3 - 7　池水、河水或湖水等细菌总数

稀释度	10^{-1}		10^{-2}		10^{-3}	
平板	1	2	1	2	1	2
菌落数						
平均菌落数						
计算方法						
细菌总数，个/mL						

2. 思考题

(1)从自来水的细菌总数结果来看,是否符合现行生活饮用水卫生标准 GB 5749?

(2)所测的水源水的污染程度如何?是否符合现行水源水标准?

(3)国家对自来水的细菌总数有一标准,那么各地能否自行设计其测定条件(诸如培养温度、培养时间等)来测定水样总数?为什么?

(4)各种水体中细菌总数有什么特点?如果产生污染,你有什么好建议?

实验五　特定环境地质微生物的采集、定性和定量检测

一、实验目的和要求

(1)了解特定环境中的微生物分布情况。

(2)学习和掌握特定环境中微生物的检查和计数方法。

二、基本原理

俗话说"病从口入",是有生物学依据的。可以说在生物圈中微生物无处不在,但由于微生物肉眼难以观察,人们往往忽视其存在,常常引起各种疾病,就算胃酸再强,也难以抵挡微生物的侵入,**幽门蛳杆菌**(幽门螺旋杆菌)就算一例。同时,常常引起工厂、医院、实验室等各种材料和管道腐蚀、手术伤口溃烂、实验菌种和产品污染等的就是无处不在的"微生物"。那么,各种人类活动的环境介质中,如何检测它们的存在和形态?传统上在微生物学中,通过自然或人工接种的方式,把这些微生物接种到适合它们生长的培养基(固体、半固体或液体)中,在适宜的温度下培养一定的时间后,少量分散的菌体或孢子即可生长繁殖成肉眼可见的细胞群体,即菌落。大量不同菌体共同交互生长,还可形成菌群。如果培养基上的单菌落是由单个细胞或孢子生长繁殖而来,则称为纯菌落,这种纯菌落和由它传代而成的菌种(如斜面培养物),称为纯种微生物或纯培养物。由于细胞具有形成菌落的特点,各种微生物形成的菌落大小、形态、干湿、松密、扁凸、生长速度、颜色和气味等各不相同,据此即可快速鉴别微生物的四大类型:细菌、放线菌、酵母菌和霉菌。其中,细菌和放线菌是原核生物,后两者是真核生物;细菌和酵母菌同为单细胞生物,放线菌和霉菌在外观形态上同为菌丝状生物。另外,现在有一些新型的检测方法,如测试瓶法。

三、实验材料与设备

1. 培养基

牛肉膏朊胨培养基、高氏Ⅰ号培养基、马铃薯培养基(PDA 培养基,见附录2)、察氏朊胨培养基(附录2)、空白琼脂培养基。

2. 仪器或其它用具

三角烧瓶、培养皿、蒸馏水瓶、无菌移液管、玻璃管、恒温培养箱、标签纸、各类功能测试瓶等。

四、操作步骤

1. 空气

简单的半封闭环境（如实验室、办公室、宿舍、食堂、大厅等）的微生物检测，只要打开无菌平板的皿盖，让其在空气中暴露标准时间（如 5 ~ 10min），空气中含微生物的尘埃或微粒即以沉降的形式自然接种到平板培养基的表面，然后盖上皿盖即可。具体参见第三章实验一。

2. 水

水中微生物种类众多，各种水域水中的微生物数量和种类各不相同。水样微生物的测试方法较多，具体可见第三章实验四。唯一需要注意的是，需要多种培养基同时进行检测，以测得更多的真实菌落数。也可以先把水样滴加在空白平板中，然后倾倒培养基培养。

3. 土壤

土壤微生物数量和种类众多，目前依然没有一种方法可以测得所有种类，稀释法可参见第三章实验六。定性检测弹土法接种简单易行。采集土壤氮气风干（不严格控制可能由空气菌产生的污染）磨碎后，将细土粉末撒在无菌多孔硬板纸表面（或用多孔硬板纸影印细土粉末），弹去纸面大量浮土，然后打开皿盖，使含土壤微粒（肉眼无法感知土壤微粒的存在）的纸面朝向平板培养基的表面（也可以先把土壤微粒弹落平板，然后倾倒培养基培养），用手指在硬板纸背面轻轻一弹，即可接上土壤中的各种微生物，待 28℃ 恒温培养一定时间后，即可辨认计数菌落。如果有万分之一或百万分之一精确天平，计算硬板纸重量变化，测知土壤重量，可定量换算单位土壤菌落数。

4. 桌面

在火焰旁，用一根无菌棉签，先在手持无菌平板的半侧润湿后划数条 Z 形接种线，作为对照。然后仍用此棉签擦拭待检桌面，再用擦拭后的棉签在平板的另一侧作相同的划线接种。

5. 皮肤

皮肤表面附着的微生物检测方法可类似于桌面取样方法进行。

6. 手指

用未经清洗的手指先在无菌的平板培养基的一侧类似桌面划线方法（手指取代棉签）接种。然后用肥皂洗手，待手指冲洗干净后再在平板培养基的另半侧作同样的划线接种，盖好皿盖。待培养后，比较平板两侧所形成的菌落或菌苔的差异来判断手指的含菌量。

7. 口腔

打开无菌平板培养基的皿盖，使口对着平板培养基的表面，以咳嗽或刺激鼻腔打喷嚏方式接种。清咳或无力吹气有时仅震动空气，常难以将口腔内的微生物自然接种至平板。也可用长柄无菌棉签从口腔或咽喉处取菌样，然后在平板表面作划线分离，再盖上皿盖，经 28℃ 恒温箱耗氧和/或厌氧培养后观察菌落或菌苔。

8. 食品

国家对食品微生物学安全制定了较严格的国家标准，现行食品卫生学检验 GB 4789 系列检测标准（参见附录 3）包括几十种常见病原微生物。一般来说，固体、半固体和液体的检测方法类似于土壤和水的检测步骤，但具体要求和规范更加标准和严格，部分可参看第五章实验六，检验用相应培养基及配方见附录2。

9. 饲料

现代饲料大部分以朊为原料，尤其以动物朊为原料的鱼粉、骨粉和其它牲畜产品，易受感染性沙门氏菌、大肠（肠道）菌等影响，以植物朊为原料的米糠、玉米等饲料，易受霉菌等污染，而使饲料变质。因此要用高灵敏度的培养基，检查细菌总数、沙门氏菌（病原微生物）、霉菌。目前国家推荐标准为GB/T 13093《饲料中细菌总数的测定》，适用于配合饲料、浓缩饲料、饲料原料（鱼粉等）、牛精料补充料中细菌总数的测定（表3－8）。

表3－8　饲料检验用培养基及目的检出物

序号	培养基	目的检出物	配方	备注
1	缓冲胨陈水	沙门氏菌	见附录2	增菌及稀释液
2	四硫磺酸钠煌绿增菌培养基	沙门氏菌	见表3－9	检验增菌
3	亚硒酸盐胱氨酸增菌培养基	沙门氏菌	见表3－10	检验增菌
4	煌绿琼脂	沙门氏菌	见表3－11	分离培养
5	DHL琼脂	沙门氏菌	见表3－12	分离培养
6	三糖铁琼脂	酶	见附录2	生物化学实验鉴定用
7	尿素琼脂	酶	见附录2	生物化学实验鉴定用
8	赖氨酸脱羧实验	酶	见表3－13	生物化学实验鉴定用
9	伏—普反应	酶	—	生物化学实验鉴定用
10	吲哚反应	酶	—	生物化学实验鉴定用
11	β－半乳糖苷酶实验	酶	见表3－14	生物化学实验鉴定用
12	营养琼脂	沙门氏菌	见附录2	培养及计数用
13	平板计数琼脂（即营养琼脂）	菌	见附录2	细菌计数用
14	高盐（NaCl含量为6%）察氏琼脂	霉菌	见附录2	计数用
15	半固体营养琼脂	沙门氏菌	见附录2	菌种保存用

增菌液或增菌培养基分通用和专用两种。通用增菌培养基指能用于促进目的和非目的细菌生长繁殖的营养物，含有一般细菌代谢所需的最基本营养成分，并根据细菌不同的营养要求添加合适的生长因子或微量元素。脆弱的细菌生长需加血清、血浆或腹水，有的要适量增加酵母浸膏，有的需加入镁、铁、钙、钾等微量离子，以促进细菌毒素的产生，或对抗生素的依赖性产生拮抗等，如硫酸镁能破坏四环素等对细菌的抑制作用，对氨基苯甲酸能中和磺胺类药物。专用增菌培养基又称选择性增菌培养基，即仅为选择目的菌并排斥非目的菌的培养基，一般需要添加一些抑制剂。如适量的胆盐和十二烷基磺酸钠可抑制革兰氏阳性菌，对革兰氏阴性菌无抑制作用；亚硒酸盐和四硫磺酸盐能抑制结肠埃希氏菌，对包括伤寒在内的沙门氏菌均无抑制作用；硫乙醇酸钠为还原剂，可使培养基氧化还原电位下降，造成厌氧环境，有利于厌氧细菌的生长繁殖；抗生素也经常用于选择性抑制，如磺胺增效剂（TMP）对链果菌及大多数革兰氏阴性菌有较强抑制，万古霉素对革兰氏阳性菌有较强杀菌或抑制，两性霉素对霉菌有抑制作用等（另见第四章实验六）；有些嗜盐菌需要高盐环境，同时要求培养基能抑制非嗜盐菌生长。

1）四硫磺酸钠煌绿增菌培养基

（1）四硫磺酸钠煌绿增菌培养基（Tetrathionate brilliant green enrichment medium，简称 TTB 培养基）成分见表 3－9。

表 3－9　四硫磺酸钠煌绿增菌培养基成分表

试剂/项目		量
基础培养基	脲朊胨或多价朊胨	5g
	胆盐	1g
	碳酸钙	10g
	五水硫代硫酸钠	30g
	蒸馏水	1000mL
碘溶液	碘片	6g
	碘化钾	5g
	蒸馏水	20mL
煌绿溶液	0.1%	10mL
pH		7.1

（2）制法。将基础培养基成分混合于蒸馏水中，加热溶解，分装于中号试管（装 10mL/管）或玻璃瓶（装 100mL/瓶），注意分装时不断振摇，使碳酸钙均匀分装。分装后 121℃ 高压灭菌 15min，冷却备用。将碘化钾加入碘片充分溶解于最少量的水中，振摇至碘片完全溶解，再加水至 20mL，装于棕色玻璃瓶中，密封备用。临用时，在试管或玻璃瓶基础培养液中分别加入碘溶液 0.2mL（试管）或 2mL（玻璃瓶）、0.1% 煌绿溶液 0.1mL（试管）或 1mL（玻璃瓶）（煌绿分子结构和特性见附录 10）。

（3）说明。该培养基用于沙门氏菌增菌培养，配成的培养基应呈现淡绿色透明液体，底部有白色碳酸钙沉淀。基础培养基可在 4℃ 冰箱放置数周，加入碘液后必须在几小时内用完。基础培养基和碘液混合后发生反应，生成四硫磺酸钠：

$$2Na_2S_2O_3 + I_2 \longrightarrow 2NaI + Na_2S_4O_6$$

沙门氏菌有四硫磺酸酶，能分解四硫磺酸钠，所以生成产物对沙门氏菌无影响；而结肠埃希氏菌因无此酶，故受到抑制。

煌绿水溶液混合后摇匀，暗处存放 1d 自行灭菌备用，但存放时间不宜过长，5d 内用完为宜。煌绿对革兰氏阳性菌、大肠菌群、志贺氏菌和变形菌有抑制作用。也可加入 0.125% 的磺胺噻唑防止变形菌生长，或在基础培养基中加入 40μg/mL 的新生霉素。

胆盐对革兰氏阳性菌有抑制作用，并可促进沙门氏菌生长。

碳酸钙作为缓冲剂，防止沙门氏菌因酸碱度改变而死亡。

相关试剂需至少符合 GB/T 15897—1995《化学试剂　碳酸钙》，GB/T 637—2006《化学试剂　五水合硫代硫酸钠（硫代硫酸钠）》。

2）亚硒酸盐胱氨酸增菌培养基

（1）亚硒酸盐胱氨酸增菌培养基（SC 培养基）成分见表 3－10。

表 3－10　亚硒酸盐胱氨酸增菌培养基成分表

试剂/项目		量
基础培养基	胨	5g
	乳糖	4g
	磷酸氢二钾	2.65g
	磷酸二氢钾	1.02g
	蒸馏水	800mL
亚硒酸盐液	亚硒酸氢钠	4g
	蒸馏水	200mL
L－胱氨酸氢氧化钠溶液	1%	1mL
pH		7.1

（2）制法。基础培养基各成分混合，加热煮沸溶解，冷却至 60℃，待用。亚硒酸氢钠和水混合，加热煮沸溶解，冷却至 60℃，待用。将基础培养基、亚硒酸盐溶液、L－胱氨酸氢氧化钠溶液混合，调节 pH，分装试管或玻璃瓶中，冰箱 4℃保存备用。

3）煌绿琼脂

（1）煌绿琼脂成分见表 3－11。

表 3－11　煌绿琼脂成分表

试剂/项目	量
牛肉膏粉	5g
胨	10g
酵母膏粉	3g
磷酸氢二钠	1g
磷酸二氢钠	0.6g
琼脂	15g
乳糖	10g
蔗糖	10g
酚红	0.09g
煌绿	0.005g
蒸馏水	1000mL
pH	7.0

（2）制法。把上述各成分混合，搅拌加热煮沸至完全溶解，分装三角瓶，121℃灭菌 20min，待冷却至 50℃左右，倾注灭菌平皿，待凝固后备用。

（3）说明。乳糖、蔗糖为可发酵的糖类；酚红为指示剂，发酵糖产酸的菌落呈黄色，不发酵糖的菌落为红色；煌绿抑制革兰氏阳性菌和大多数非沙门氏菌的革兰氏阴性杆菌，通常抑制发酵乳糖、蔗糖的细菌。乳糖品质应符合化工标准 HG/T 3461—2012《化学试剂　一水合 α－乳糖（α－乳糖）》，可参考国家标准 GB 25595—2018《乳糖》。蔗糖品质应符合 HG/T 3462—

2013《化学试剂　蔗糖》,磷酸氢二钠可参考 GB/T 1267—2011《化学试剂　二水合磷酸二氢钠(磷酸二氢钠)》。

酵母膏(Yeast Extract),又称酵母浸膏、酵母抽提物、酵母浸出物。有时把粉状的称酵母浸出粉、酵母粉、酵母浸出膏粉、酵母膏粉,成分并无大的区别。方便起见,本书优先用酵母膏,粉剂称为酵母膏粉。酵母膏中维生素尤其是 B 族维生素丰富。

可参考 GB/T 13091—2018《饲料中沙门氏菌的测定》。

4)胆硫乳琼脂

(1)胆硫乳琼脂(Deoxycholate hydrogen sulfate lactose agar,简称 DHL 琼脂)成分见表 3 - 12。

表 3 - 12　胆硫乳琼脂成分表

试剂/项目	量	试剂/项目	量
朊胨	20g	枸橼酸钠	1.0g
牛肉膏	3g	枸橼酸铁铵	1.0g
乳糖	10g	中性红	0.03g
蔗糖	10g	琼脂	15g
去氧胆酸钠	1g	蒸馏水	1000mL
硫代硫酸钠	2.2g	pH	7.2

(2)制法。除中性红外,将表 3 - 12 中的其余成分混合于 1000mL 水中,加热溶解,调 pH 至 7.2,加 0.5% 中性红水溶液 6mL,混匀。待冷却至 50℃时,倒入无菌平皿。

(3)说明。此培养基无需高压灭菌,此培养基呈橙黄色。

5)赖氨酸脱羧实验

赖氨酸脱羧实验,由于检验其中酶学特性,又称赖氨酸脱羧酶实验。

(1)赖氨酸脱羧实验成分见表 3 - 13。

表 3 - 13　赖氨酸脱羧实验成分表

试剂/项目	量	试剂/项目	量
一水赖氨酸	5.0g	溴甲酚紫	0.015g
酵母膏	3.0g	蒸馏水	1000mL
葡萄糖	1.0g	pH	6.8 ±0.2

(2)制法。混合表 3 - 13 中各成分,搅拌加热,煮沸几分钟充分溶解,分装三角瓶,121℃灭菌 15min,冷却,冰箱保存备用。

微生物如沙门氏菌对葡萄糖发酵后产酸,酸性降低,培养基颜色从紫色变为黄色。酸性的降低激发脱羧酶大量产生,使得赖氨酸在脱羧酶的作用下降解为尸胺:

H_2N—(CH₂)₄—CH(NH_2)—COOH —脱羧酶→ H_2N—(CH₂)₅—NH_2

赖氨酸　　　　尸胺

由于二氧化碳的挥发和尸胺的大量产生,大约 24h 后,培养基可能重新回到碱性,表现为颜色又由紫色变黄色。

6)β－半乳糖苷酶实验培养基

此培养基又称ONPG肉汤,可同附录中邻硝基β－D－半乳糖苷(ONPG)培养基比较。

(1)β－半乳糖苷酶实验培养基成分见表3－14。

表3－14 β－半乳糖苷酶实验培养基成分表

试剂/项目	量
胨胨水(pH＝7.5)	750mL
ONPG溶液	250mL
pH	7.3

(2)制法。胨胨水配制见附录2。ONPG溶液配制如下:取1.5g的ONPG,溶于0.01mol/L、pH＝7.5的磷酸盐缓冲液中,过滤除菌,冰箱避光保存。将ONPG溶液250mL无菌加入胨胨水750mL中,每支灭菌试管分装2.5mL,冰箱保存。

10.化妆品

我国GB 7918《化妆品微生物标准检验方法》规定,包括液体制品(水剂和油性乳化剂)、霜和软膏类制品、粉末制品、美容用具(唇膏、眉笔)等不同现代化妆品待检试料,可按标准检测,主要检查细菌总数、**结肠埃希氏菌**(曾用名:大肠杆菌)、**铜绿假单胞菌**(曾用名:绿脓杆菌、绿脓假单胞菌等)和**金色葡萄果菌**(表3－15)。要求眼部、口唇、口腔黏膜用化妆品及婴儿与儿童用化妆品的总菌数不超过500个/mL(液体)或500个/g(粉末固体),其它化妆品总菌数不超过1000个/mL或1000个/g,每克或每毫升产品中不得检出**结肠埃希氏菌**、**铜绿假单胞菌**和**金色葡萄果菌**。

表3－15 化妆品微生物检测用培养基及目的检出物

序号	培养基	目的检出物	配方	备 注
1	SCDLP	供试品制备增菌用	见表3－16	**铜绿假单胞菌和金色葡萄果菌**增菌用
2	卵磷脂吐温80营养琼脂	细菌总数	见附录2	营养琼脂培养基中加0.1%卵磷脂和0.7%吐温80
3	胆盐乳糖发酵管培养基	粪大肠菌群	见附录2	生物化学反应检测用
4	伊红亚甲蓝琼脂	粪大肠菌群	见附录2	分离鉴别检测用
5	胨胨水	粪大肠菌群	见附录2	生物化学反应检测用
6	十六烷三甲基溴化铵培养基(CTAB培养基)	**铜绿假单胞菌**	见表3－17	分离鉴别用
7	乙酰胺琼脂	**铜绿假单胞菌**	见表3－18	分离鉴别用
8	PDP琼脂	绿脓菌素	见表3－19	菌素实验用
9	明胶	**铜绿假单胞菌**	见附录2	液化明胶实验用
10	硝酸盐胨胨水	**铜绿假单胞菌**	见表3－20	硝酸盐还原产气实验用
11	普通营养琼脂斜面	**铜绿假单胞菌**	见附录2	42℃生长实验用
12	7.5%氯化钠肉汤	**金色葡萄果菌**	见表3－21	增菌用
13	贝尔德—帕克(Baird-Parker)琼脂	**金色葡萄果菌**	见表3－22	分离鉴别用
14	血琼脂	**金色葡萄果菌**	见附录2	鉴别用
15	甘露醇发酵培养基	**金色葡萄果菌**	见表3－23	生物化学鉴别用

1）大豆胨酪胨葡萄糖卵磷脂吐温80培养基(SCDLP)

(1)SCDLP成分见表3-16。

表3-16　SCDLP成分表

试剂/项目	量
大豆朊胨	3g
酪朊胨	17g
葡萄糖	2.5g
卵磷脂	1g
吐温80	7g
氯化钠	5g
磷酸二氢钾	2.5g
0.2%溴麝香草酚蓝溶液	12mL
蒸馏水	1000mL
pH	7.1~7.3

(2)制法。先将卵磷脂、吐温80(分子结构式见附录10)与少量水混合，加热，设法全部溶解，然后加水至1000mL，加入其它成分，加热溶解，调pH至7.1，分装于合适容器，121℃高压灭菌15min，冷却至70℃时摇荡，使沉淀的吐温80充分混匀，继续冷却至室温(25℃)使用。

卵磷脂吐温80营养琼脂见附录2。

胆盐乳糖发酵管培养基见附录2。

2）十六烷三甲基溴化铵培养基

(1)十六烷三甲基溴化铵培养基成分见表3-17。

表3-17　十六烷三甲基溴化铵培养基成分表

试剂/项目	量	试剂/项目	量
朊胨	10g	(条状)琼脂	20g
牛肉膏	3g	蒸馏水	1000mL
氯化钠	5g	pH	7.4
十六烷三甲基溴化铵	0.3g		

(2)制法。除琼脂外，将表3-17中的其它成分加热溶解，调pH至7.4，加入琼脂溶解，116℃高压灭菌20min，冷却制板备用。

(3)说明。此培养基选择性强，**结肠埃希氏菌**不能生长，革兰氏阳性菌生长较差，**铜绿假单胞菌**生长较好，菌落扁平，灰白色，表面湿润。

3）乙酰胺琼脂

(1)乙酰胺琼脂成分见表3-18。

表 3-18 乙酰胺琼脂成分表

试剂/项目	量	试剂/项目	量
乙酰胺	10.0g	酚红	0.012g
氯化钠	5.0g	琼脂	15.0g
无水磷酸氢二钾	1.39g	蒸馏水	1000mL
无水磷酸二氢钾	0.73g	pH	7.2±0.2
七水硫酸镁	0.5g		

(2)制法。除琼脂和酚红外,将表 3-18 中的其它成分加到蒸馏水中,搅拌加热溶解,调 pH 至 7.2,加入琼脂煮沸至完全溶解,加热酚红溶解,分装三角瓶,121℃高压灭菌 20min,待培养基冷却至 50℃左右倾注无菌平皿,凝固后备用。

(3)说明。含乙酰胺酶的细菌能利用乙酰胺作为碳源,并分解乙酰胺产碱,因此用磷酸氢二钾和磷酸二氢钾为缓冲剂;氯化钠维持均衡的渗透压,硫酸镁提供生长必要的离子,酚红为 pH 指示剂。

4)PDP 琼脂

PDP 琼脂,全称为绿脓菌素测定用假单胞菌属琼脂(*Pseudomonas* Agar for Detection of Pyocyanin)。

(1)PDP 琼脂成分见表 3-19。

表 3-19 PDP 琼脂成分表

试剂/项目	量	试剂/项目	量
朊胨	20.0g	甘油	10.0mL
无水氯化镁	1.4g	蒸馏水	1000mL
无水硫酸钾	10.0g	pH	7.3±0.1
琼脂	14.0g		

(2)制法。取本品固体样(总 45.4g),加蒸馏水或去离子水 1000mL,加甘油 10.0mL,搅拌加热煮沸至完全溶解,分装试管,115℃高压灭菌 20min。取出放置成斜面待凝固后备用。

(3)说明。朊胨和甘油提供碳氮源,氯化镁和硫酸钾促进绿脓菌素和荧光素的产生。具体培养时,挑取可疑菌落,接种在本培养基斜面上,置 30~35℃培养 24h。在试管内加氯仿 3.0~5.0mL,搅拌并充分振摇,使培养物中的色素提取在氯仿中,待氯仿提取液呈现绿色时,用毛细吸管将其转入另一支试管中,并在该液中加盐酸约 1.0mL,振摇后静置片刻,上层盐酸溶液中呈现粉红至红色即为阳性反应;无红色出现者为阴性反应。相关试剂应满足但不限于如下标准:GB/T 16496—1996《化学试剂 硫酸钾》,GB/T 672—2006《化学试剂 六水合氯化镁(氯化镁)》,GB/T 682—2002《化学试剂 三氯甲烷》。

5)硝酸盐朊胨水

(1)硝酸盐朊胨水成分见表 3-20。

表3－20　硝酸盐胨水成分表

试剂/项目	量	试剂/项目	量
胨	10.0g	亚硝酸钠	0.5g
酵母膏粉	3.0g	蒸馏水	1000mL
硝酸钾	2.0g	pH	7.2±0.1

(2)制法。混合表3－20中各成分,搅拌加热煮沸至完全溶解,分装于带有小导管(德汉氏管)的试管中,115℃高压灭菌20min,冷却备用。

(3)说明。某些细菌可将硝酸盐还原为亚硝酸盐,并将亚硝酸盐分解产生氮气。取待检菌的新鲜纯培养物,接种于硝酸盐胨水培养基中,置36℃±1℃培养1~4d。培养基的小导管内有气泡产生的为阳性,无气泡产生的为阴性。亚硝酸钠应至少满足GB/T 633—1994《化学试剂　亚硝酸钠》。

6)7.5%氯化钠肉汤

(1)7.5%氯化钠肉汤成分见表3－21。

表3－21　7.5%氯化钠肉汤成分表

试剂/项目	量	试剂/项目	量
胨	10.0g	蒸馏水	1000mL
牛肉膏粉	3.0g	pH	7.3±0.1
氯化钠	75.0g		

(2)制法。混合表3－21中各成分,搅拌加热煮沸至完全溶解,分装三角瓶,121℃高压灭菌15min,备用。

(3)说明。较高浓度的氯化钠抑制大多数非葡萄果菌的微生物。

7)贝尔德—帕克(Baird-Parker)琼脂

(1)贝尔德—帕克(Baird-Parker)琼脂成分见表3－22。

表3－22　贝尔德—帕克琼脂成分表

试剂/项目	量	试剂/项目	量
胰胨胨	10.0g	氯化锂	5.0g
牛肉膏粉	5.0g	琼脂	15.0g
酵母膏粉	1.0g	蒸馏水	1000mL
丙酮酸钠	10.0g	pH	7.0±0.2
甘氨酸	12.0g		

(2)制法。将表3－22中各成分加到蒸馏水中,加热煮沸至完全溶解。冷却至25℃,校正pH。分装每瓶95mL,121℃高压灭菌15min。临用时加热溶化琼脂,冷却至50℃,每95mL加入预热至50℃的卵黄亚碲酸钾增菌剂5mL,摇匀后倾注平板。培养基应是致密不透明的。使用前在冰箱储存不得超过48h。

卵黄亚碲酸增菌剂的配法:30%卵黄盐水50mL与除菌过滤的1%亚碲酸钾溶液10mL混合,保存于冰箱内。

(3)说明。胰胨胨、牛肉膏粉和酵母膏粉提供碳氮源、维生素和生长因子；丙酮酸钠和甘氨酸刺激葡萄球菌的生长；氯化锂和亚碲酸钾抑制非葡萄球菌的微生物；含有卵磷脂酶的葡萄球菌降解卵黄使菌落产生透明圈，而脂酶作用则产生不透明的沉淀环；凝固酶阳性的葡萄球菌还能还原亚碲酸钾而产生黑色菌落。**金色葡萄果菌**在平板上应为圆形、光滑、凸起、湿润、直径为2~3mm，颜色呈灰色到黑色，边缘为淡色，周围为一浑浊带，在其外围有一透明带。用接种针接触菌落，似有奶油树胶的软度。

氯化锂品质应满足HG/T 3482《化学试剂　氯化锂》。

8)甘露醇发酵培养基

(1)甘露醇发酵培养基成分见表3-23。

表3-23　甘露醇发酵培养基成分表

试剂/项目	量	试剂/项目	量
胨胨	10g	0.2%溴麝香草酚蓝溶液	12mL
牛肉膏粉	5g	蒸馏水	1000mL
氯化钠	5g	pH	7.4
甘露醇	10g		

(2)说明。溴麝香草酚蓝(Brom Thymol Blue)溶液在其它试剂配好，调节pH后再加入。

11.地下空间

地下空间如地下水、地隙裂缝、墓穴、暗沟、洞穴、深谷、煤矿、油藏等采样十分困难，采样之后的运输保存也是难题。这方面的工作开展较少，有条件的可以参考有关文献自行设计开展。

五、实验报告

1.结果

将各类平板菌落检测结果记录于表3-24、表3-25。

表3-24　平板菌落检测结果

检测介质/对象	培养基类型	菌落数，个/皿

表3-25　微生物菌落和细胞形态特征的比较(实例可参见第三章实验六)

菌落特征			单细胞微生物		菌丝状微生物	
			牛肉膏胨胨	察氏胨胨	高氏Ⅰ号	PDA
主要特征	菌落	含水(干燥/湿润)				
		尺寸，mm/cm				
		外观(松/密，扁/凸)				
	细胞	相互关系				
		形态特征				

续表

菌落特征		单细胞微生物		菌丝状微生物	
		牛肉膏胨胨	察氏胨胨	高氏Ⅰ号	PDA
参考特征	菌落与培养基结合程度				
	菌落颜色				
	菌落正反面颜色的差别				
	菌落边缘(用低倍镜观察)				
	细胞生长速度(记录天数)				
	气味				

2. 思考题

(1)经过本实验后,对周围环境中微生物的分布、种类及数量有何认识?

(2)平板培养基上的菌落是如何形成的?

(3)如果上述所有培养基菌落检测结果均无菌落,是否能够判断相应的环境介质一定是无菌状态?为什么?

(4)如何检测一些特殊部位的微生物状况,如下水道或输油管道某部位内壁、地层深部、地下水、动物的胃肠道?

(5)如何表征从现场采集到实验室样品变化导致的微生物差异?

(6)如何采集样品才能使厌氧微生物可以最大可能的存活?如何表征从采集点到实验室过程中,厌氧微生物的变异情况?

(7)试述测试瓶法在分析特定环境地质样品中的优缺点。

实验六　土壤耗氧微生物的分离与纯化

一、实验目的和要求

(1)复习倒平板的方法。

(2)掌握几种常用的分离纯化耗氧微生物的基本操作技术。

本实验为设计性实验,所涉及的知识点如下:

(1)培养基的配制与灭菌,见第一章实验六至实验九。

微生物的接种,简略过程见图3-7。第1步,用最常用的一只手(如右手)掌握接种工具(如接种环或接种针),另一只手拿保存菌种的斜面试管,灼烧接种环(接种针等)至火红色;第2步,在火焰旁,用右手(或左手)无名指和小指两手指打开保存菌种的斜面试管(试管塞轻拿在手上,勿放桌面或其它地方),并把开口试管在火焰过热1~2s;第3步,把已经冷却的接种环或接种针如图斜深入斜面试管,轻轻一蘸后即快速取出,勿使接种环等接触试管壁;第4步,迅速地把斜面试管口在火焰过热2~3s,塞子同样过热1~2s,塞回塞子,并把该斜面试管放回原处备用;第5步,把带有接种物的接种环或接种针涂布到另一支斜面试管,步骤同2~4;第6步,接种完后,一定要把接种工具在火焰上灼烧至白热,杀灭接种物。

(2)倒平板技术,见第一章实验六。

(3)微生物的分离纯化技术。

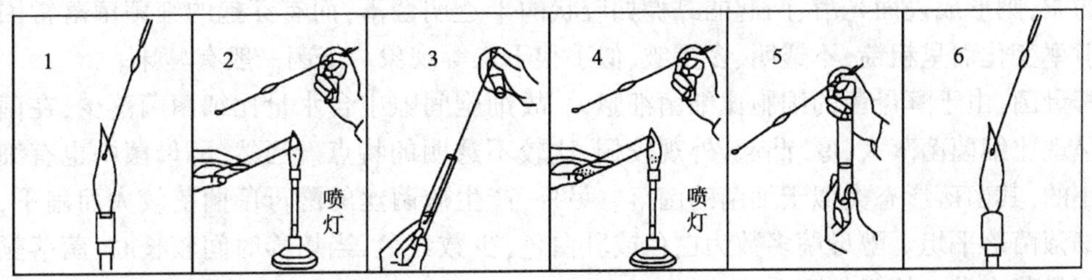

图 3－7　微生物接种过程示意图

(4)微生物及菌落的形态结构、分类与鉴别知识,见表 3－26。

表 3－26　微生物菌落和细胞形态特征的比较

菌落特征			单细胞微生物		菌丝状微生物	
			细菌	酵母菌	放线菌	霉菌
主要特征	菌落	含水	很湿/较湿	较湿	干燥/较干燥	干燥
		外观	小而凸起/大而平坦	大而凸起	小而紧密,凹陷	大而疏松
	细胞	相互关系	单个分散/有一定排列方式	单个分散/假丝状	丝状交织	丝状交织
		形态特征	小而均匀,个别有芽孢	大而分化	细而均匀	粗而分化
参考特征	菌落与培养基结合程度(黏稠或松脆)		不结合	不结合	牢固结合	较牢固结合
	菌落颜色(透明或不透明)		多样	单调,一般呈乳脂或矿烛色,少数红或黑色	十分多样	十分多样
	菌落正反面颜色的差别		相同	相同	一般不同	一般不同
	菌落边缘(用低倍镜观察)		一般看不到细胞	可见球状、卵圆状或假丝状细胞	有时可见细丝状细胞	可见粗丝状细胞
	细胞生长速度(记录天数)		一般很快	较快	慢	一般较快
	气味		一般有臭味	多带酒香味	常有泥腥味	有霉味

注:“均匀”指高倍镜下看到的细胞为均匀一团;“分化”指可见到细胞内部的一些模糊结构。

(5)微生物的生理和生物化学知识。

(6)菌落识别。

①细菌和酵母菌菌落的比较识别。

细菌和酵母菌都是单细胞微生物,在固体培养基上生长的菌落内的每个个体都借助细胞间隙中充满的毛细管水和培养基中的养料进行各自的代谢活动,由此导致它们在菌落上有别于放线菌和霉菌的特征,即菌落比较湿润、光滑、透明、易挑起、菌落的正反面颜色一致、菌落边缘和中央部位的颜色一致、菌落质地比较均匀等。两者的区别如下:

细菌:由于细菌的细胞较酵母菌小,故在其所形成的菌落细胞间隙中含水量相当多,所以,细菌菌落一般比酵母菌菌落小,较薄,较透明,较湿润和较有“细腻”感。但是,由于有些细菌均有特殊的结构,如鞭毛、荚膜和芽孢等,这些结构在菌落形态上也有所反映。例如,有鞭毛的细菌由于具有运动性,故所形成的菌落较扁平,且呈现不规则的边缘状;有荚膜的细菌由于有黏液物质，则形成表面光滑、凸起的黏稠如胶状的半透明菌落；而有芽孢的细菌菌落常因芽孢的折射率变化而呈粗糙、不透明、多褶皱、似乎很干燥等现象。细菌一般有臭味。

酵母菌：由于酵母菌的细胞比细菌细胞大，故细胞间隙中含水量比细菌菌落少，在菌落特征上呈现比细菌菌落大、厚、凸起、外观较稠、比较不透明的特点。当然，酵母菌中也有细胞形态较小的，其菌落形态类似于细菌的菌落。另外，产生假菌丝的酵母菌菌落较大而扁平，但一般较细菌菌落平坦。酵母菌多数为白色或乳白色，少数红色，当培养时间较长时，菌落颜色变暗。酵母菌多带有特殊的酒香味。

②放线菌和霉菌菌落的比较识别。

由于放线菌和霉菌的细胞都呈丝状，在固体培养基上都有营养菌丝（或基内菌丝）和气生菌丝的分化，而在气生菌丝间一般无毛细管水，因此它们的菌落外观表现为干燥、不透明，呈现或紧或松的蛛丝状、绒毛状或皮革状；由于基内菌丝的存在，其生成的菌落和培养基连接紧密不易挑起，而且菌落正反面颜色常不一致。另一个特点是越近菌落中央的气生菌丝的生理年龄越大，发育分化和成熟得也越早，故使菌落的正反面、中央和边缘显示出不同深浅的颜色，有些菌还时常分泌色素。两者的区分如下：

放线菌：由于它的菌丝比霉菌菌丝细，生长缓慢，分枝多且相互缠绕，故形成的菌落质地致密、干燥、多皱，菌落较小而不蔓延；早期如同细菌菌落，晚期逐渐分化为孢子丝，并在孢子丝上形成大量的孢子才使表面呈干粉状或颗粒状的典型特征。由于基内菌丝浸入培养基中，常使菌落的边缘和琼脂表面发生变化，形成下陷。放线菌常有泥腥味。

霉菌：霉菌的菌落也是由分枝状菌丝组成。它们的菌丝一般比放线菌菌丝粗且长，常达几倍至几十倍，并且菌丝生长比较松散，生长比放线菌快，因而所形成的菌落较疏松，呈绒毛状、絮状或蜘蛛网状。霉菌由于孢子颜色不同而使菌落的颜色丰富多彩。霉菌往往有霉味。

上面所叙述的为各大类微生物的菌落的一般特征，具体菌落有时会有出入，只有反复实践和不断辨认训练，才能真正掌握，归纳总结见表 3－26。

二、基本原理

从混杂的微生物群体中获得只含有单种或单株微生物的过程称为微生物的分离与纯化，常用的方法如下。

1. 简易单孢子分离法

该法需要特制的显微操纵器或其它显微技术，因而其使用受到限制。该法是一种不需显微单孢操作器，直接在普通显微镜下利用低倍镜分离单孢子的方法。它采用很细的毛细管，吸取较稀的萌发孢子悬浮液，滴在培养皿盖的内壁上，在低倍镜下逐个检查微滴，将只含有一个萌发孢子的微滴放在小块营养琼脂片中，使其发育成微菌落，再将微菌落转移到培养基中，即可获得仅由单个孢子发育而成的纯培养。

2. 平板分离法

该方法操作简便，普遍用于微生物的分离与纯化，其基本原理包括两方面：

（1）选择适合于待分离微生物的生长条件，如营养、酸碱度、温度和氧等要求或加入某种抑制剂造成只利于该微生物生长而抑制其它微生物生长的环境，从而淘汰一些不需要的微生物。

（2）微生物在固体培养基上生长形成的单个菌落可以是由一个细胞繁殖而成的集合体。因此可通过挑取单菌落而获得一种纯培养。获取单个菌落的方法可通过稀释涂布平板法或平板划线分离法等技术完成。

值得指出的是，从微生物群体中经分离生长在平板上的单个菌落并不一定保证是纯培养。因此，纯培养除观察其菌落特征外，还要结合显微镜检测个体形态特征后才能确定。有些微生物的纯培养要经过一系列的分离与纯化过程和多种特征鉴定方能得到。

土壤是微生物生活的大本营，它所含微生物无论是数量还是种类都是极其丰富的。因此，土壤是微生物多样性的重要场所，是发掘微生物资源的重要基地，可以从中分离、纯化得到许多有价值的菌株。本实验将采用几种不同的培养基从土壤中分离不同类型的微生物。水中分离纯化微生物相对简单，直接稀释即可。土壤与水样的采集见第三章实验二、实验三。

三、实验材料与设备

1. 菌种

米曲霉（*Aspergillus oryzae*）。

2. 培养基

高氏Ⅰ号培养基（淀粉琼脂培养基）、牛肉膏胨胨培养基、马丁氏培养基、察氏培养基。

3. 溶液或试剂

10%苯酚、盛9mL无菌水的试管、盛90mL无菌水并带有玻璃珠的三角烧瓶、4%（质量体积比）琼脂水。

4. 仪器或其它用具

无菌玻璃涂棒、无菌吸管、移液器、接种环、无菌培养皿、链霉素、土样、显微镜、血细胞计数板、混匀仪等。

四、操作步骤

1. 稀释涂布平板法

1）倒平板

将肉膏胨胨琼脂培养基、高氏Ⅰ号培养基、马丁氏培养基加热溶化，待冷却至55～60℃时，在高氏Ⅰ号培养基中加入10%酚数滴，在马丁氏培养基中加入链霉素溶液（终浓度为30μg/mL），混均匀后分别倒平板，每种培养基倒三皿。

倒平板的方法：右手持盛培养基的试管或三角烧瓶置火焰旁边，左手将试管塞或瓶塞轻轻地拔出，试管或瓶口保持对着火焰；然后用右手手撑边缘或小指与无名指夹住管（瓶）塞，也可将试管塞或瓶塞放在左手边缘或小指与无名指之间夹住［图3－8（a）］。如果试管内或三角烧瓶内的培养基一次用完，管塞或瓶塞则不必夹在手中［图3－8（c）］。左手拿培养皿并将皿盖在火焰附近打开一缝，迅速倒入培养基约15mL［图3－8（c）］，加盖后轻轻摇动培养皿［图3－8（b）］，使培养基均匀分布在培养皿底部，然后平置于桌面上，待凝后即为平板。

2）梯度法制备土壤稀释液

称取土样10g，放入盛90mL无菌水并带有玻璃珠的三角烧瓶中，振摇约20min，使土样与水充分混合，将细胞分散制成10^{-1}浓度（图3－9A）。用一支1mL无菌吸管从中吸取1mL土壤悬液加入盛有9mL无菌水的大试管中充分混匀[图3-8(b)],然后用无菌吸管从此试管中吸取1mL[无菌操作见图3-8(c)]加入另一盛有9mL无菌水的试管中,混合均匀。以此类推,分别制成10^{-2}、10^{-3}、10^{-4}、10^{-5}、10^{-6}不同稀释度的土壤溶液,如图3-9A所示。如果需要,还可以按此方法进一步梯度稀释。

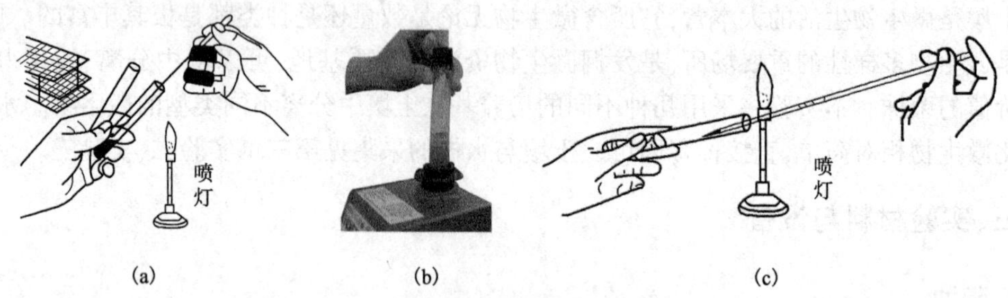

图3-8　用移液管无菌吸取菌液

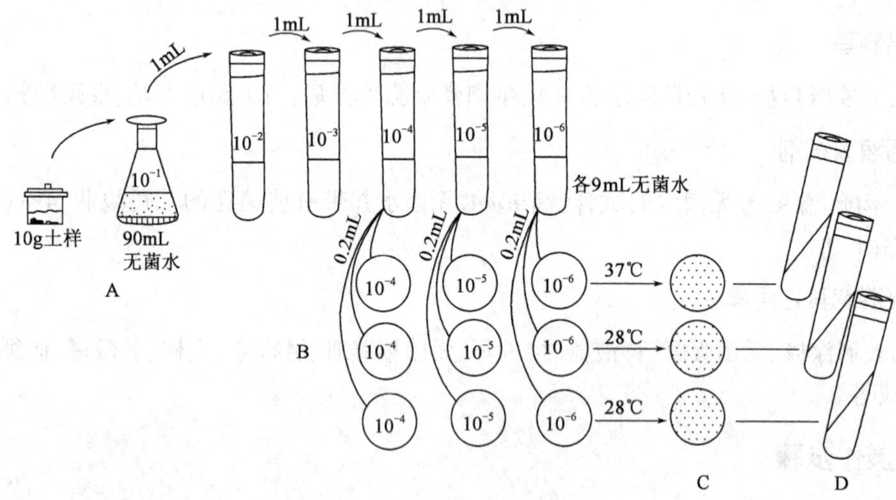

图3-9　土壤分离微生物的操作方法

3)涂布

将上述每种培养基的三个平板底面分别用记号笔写上10^{-4}、10^{-5}和10^{-6}三种稀释度,然后用无菌吸管分别由10^{-4}、10^{-5}和10^{-6}三管土壤稀释液中各吸取0.1~0.2mL对号放入已写好稀释度的平板中(图3-9B),用无菌玻璃涂棒按图3-10在培养基表面轻轻地涂布均匀,室温下静置5~10min,使菌液吸附进培养基。

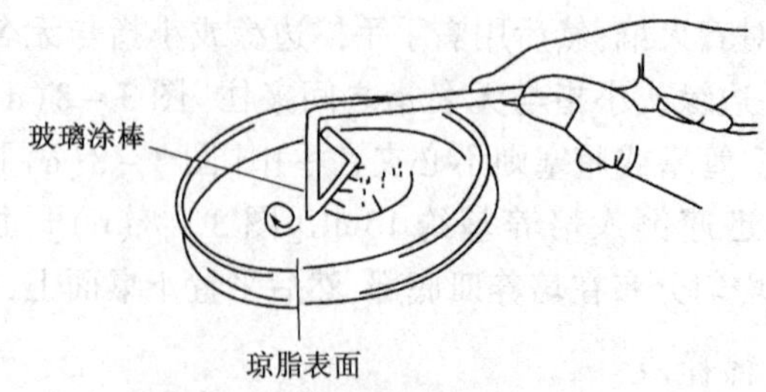

图3-10　平板涂布操作示意图

平板涂布方法:将0.1mL菌悬液小心地滴在平板培养基表面中央位置(0.1mL的菌液要

全部滴在培养基上;若吸移管尖端有剩余的,需将吸移管在培养基表面上轻轻地按一下便可)。右手拿无菌涂棒平放在平板培养基表面上,将菌悬液先沿一条直线轻轻地来回推动,使之分布均匀,然后改变方向沿另一垂直线来回推动,平板内边缘处可改变方向用涂棒再涂布几次。

4)培养

将高氏Ⅰ号培养基平板和马丁氏培养基平板倒置于28℃温室中培养3~5d,牛肉膏胨平板倒置于37℃温室中培养2~3d。

5)挑菌落

将培养后长出的单个菌落(图3-9C)分别挑取少许细胞接种到上述三种培养基的斜面上(图3-9D),分别置28℃和37℃温室培养。待菌苔长出后,检查其特征是否一致,同时将细胞涂片染色后用显微镜检查是否为单一的微生物。若发现有杂菌,需再一次进行分离、纯化,直到获得纯培养。

2. 平板划线分离法

1)倒平板

按稀释涂布平板法倒好平板,并用记号笔标明培养基名称、土样编号和实验日期。

2)划线

如图3-11所示,划线的方法很多,但无论采用哪种方法,其目的都是通过划线将样品在平板上进行稀释,使之形成单个菌落。常用的划线方法有下列两种:

(1)用接种环以无菌操作挑取土壤悬液一环,先在平板培养基的一边作第一次“之”字形划线3~4条[图3-11(a)];再转动培养皿约70°角,并将接种环上剩余物烧掉,待冷却后通过第一次划线部分作第二次平行划线[图3-11(b)];再用同样的方法通过第二次划线部分作第三次划线[图3-11(c)];通过第三次平行划线部分作第四次平行划线[图3-11(d)]。继续第五次划线,并注意不要同前四区相连[图3-11(d)]。划线完毕后,盖上培养皿盖,倒置于温室培养。这种划线方法实际上是在一个平皿上起到连续稀释的作用,逐渐找到单菌落。

(2)将挑取有样品的接种环在平板培养基上作连续划线[图3-11(e)],划线完毕后,盖上培养皿盖,倒置于温室培养。

3)挑菌落

按稀释涂布平板法,一直到分离的微生物认为纯化为止。

整个过程总结如图3-11所示。

3. 简易单孢子分离法

1)厚壁磨口毛细滴管的制备

截取一段玻璃管,在火焰上烧红所要拉细的区域,然后用镊子夹住其尖端,在火焰上拉成很细的毛细管。从尖端适当的部位割断,用砂轮或砂纸仔细湿磨,使管口平整、光滑(毛细滴管要求达到点样时出液均匀、快速,每微升孢子悬液约点50微滴,每滴的尺寸略小于低倍镜的视野)。

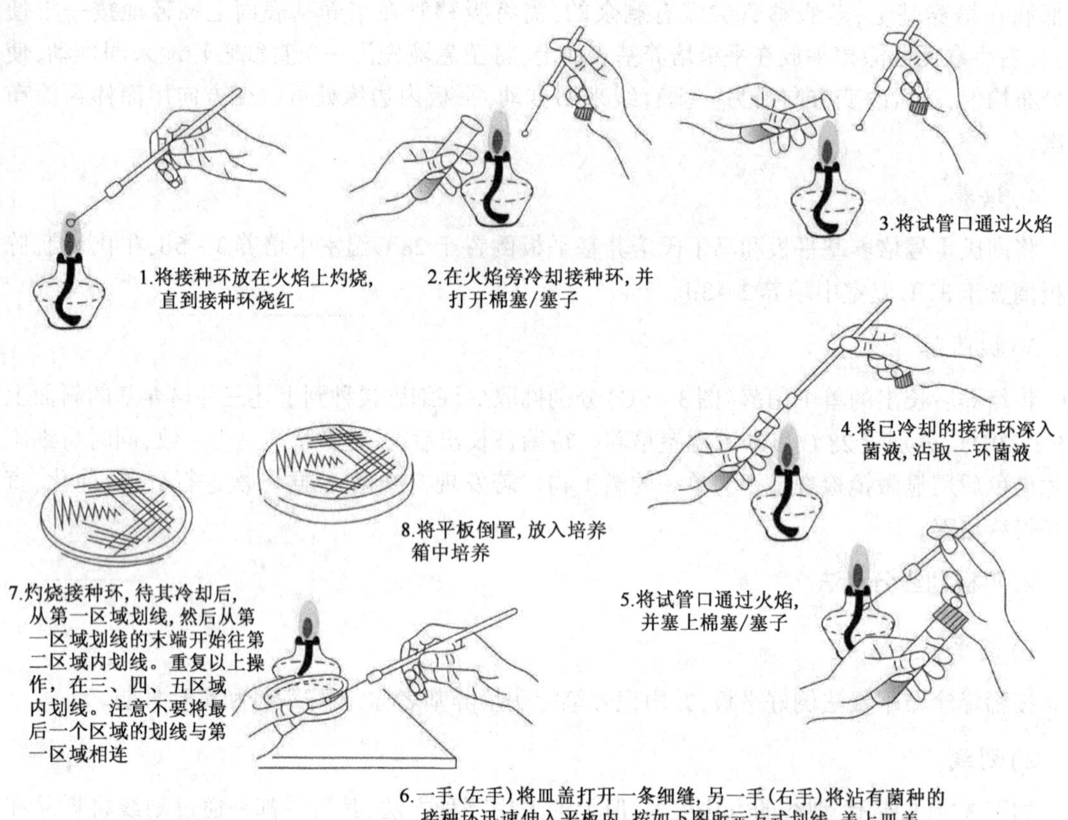

图 3－11　平板接种划线操作过程示意图（彩图见附录 11）

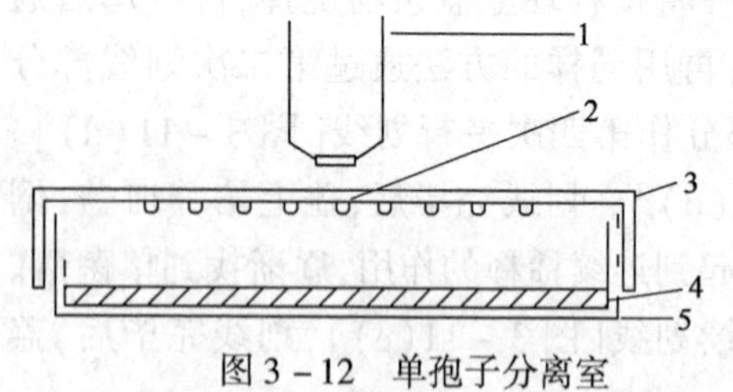

图 3－12　单孢子分离室

1—接物镜；2—单孢子悬液滴；3—皿盖；4—水琼脂；5—皿底

2）分离小室的准备

取无菌培养皿（$\phi=9$cm）倒入约 10mL 水琼脂（4%）作保湿剂。在皿盖上用记号笔（最好用红色）如图 3－12 所示画方格。待凝后倒置于 37℃恒温箱烘数小时，使皿盖干燥。

3）萌发孢子悬液的制备

（1）孢子悬液的制备：用接种环挑取米曲霉孢子数环接入盛有 10mL 察氏培养基及玻璃珠的无菌三角烧瓶中，振荡 5～10min，使孢子充分散开。

（2）过滤：用无菌漏斗（塞棉花）或自制的过滤装置将上述充分散开的孢子液过滤，收集过滤液。

（3）孢子萌发：将孢子过滤液用血球计数板测定孢子的浓度（见第二章实验三，此处可由教师准备），再用察氏培养基调整孢子液至（0.5～1.5）$\times10^6$ 个孢子/mL，置 28℃培养 8h。

（4）点样：用无菌自制的厚壁磨口毛细滴管吸取萌发孢子液少许，快速轻巧地点在培养皿壁的方格内，每微滴面积略小于显微镜低倍镜视野。依次将每方格点上萌发孢子液，成为分离小室。最后将皿盖小心快速翻过来,盖在原来的平板上。

(5)镜检:如图3-12所示,将点样的分离小室平板放在显微镜镜台上,用低倍镜逐个检查皿盖内壁上的微滴。如果观察到某微滴内只有一个萌发孢子,用记号笔在皿盖上做上记号。

(6)加薄片培养基:取少量察氏培养基倒入无菌培养皿(培养皿先置45℃预热)中制成薄层平板,待其凝固后用无菌小刀片将平板琼脂切成若干小片(其面积应小于培养皿盖上所画小方格的面积),然后挑一小片放在有记号的单孢子微滴上,其它依次进行,最后盖好皿盖。

(7)培养:将分离小室平板置28℃培养24h,直至单孢子形成微菌落。

(8)转种:用无菌微型小刀小心地挑取长有微菌落的琼脂薄片,移至新鲜的察氏培养基斜面或液体培养中,置28℃培养4~7d,即可获得由单孢子发育而成的纯培养。

五、实验报告

1. 实验结果

(1)所做的稀释涂布平板法和平板划线分离法是否较好地得到了单菌落?如果不是,请分析其原因并重做。

(2)在三种不同的平板上,分离得到哪些类群的微生物?简述它们的菌落特征,有条件的请拍照对比。

2. 思考题

(1)如何确定平板上某单个菌落是否为纯培养?请写出实验的主要步骤。

(2)分离单孢子前为什么先使孢子萌发?

(3)如果要分离得到极端嗜盐细菌,在什么地方取样品为宜?说明理由。

(4)如果一项科学研究内容需从自然界中筛选到能产高温朊酶的菌株,应如何完成?请写出简明的实验方案(提示:产朊酶菌株在酪素平板上形成降解酪素的透明圈)。

(5)为什么高氏Ⅰ号培养基和马丁氏培养基中要分别加入酚和链霉素?如果用牛肉膏朊胨培养基分离一种对青霉素具有抗性的细菌,应如何做?

实验七　厌氧微生物的培养技术

一、实验目的和要求

(1)掌握厌氧微生物的分离纯化技术。

(2)学习几种厌氧微生物的培养方法。

二、基本原理

厌氧微生物由于自身缺乏有氧代谢必备的各种酶,如细胞色素、细胞色素氧化酶、过氧化氢酶、过氧化物酶和超氧化物歧化酶,造成自身代谢缺陷,无法进行有氧代谢;而无氧发酵产生的能量又不足,所以厌氧微生物在正常的大气环境中既不能生长,又不能生存。因此,相对于有氧微生物而言,厌氧微生物的研究一直滞后。然而20世纪90年代后期开始,厌氧微生物的研究开始快速发展,人们普遍认为厌氧微生物在自然界中也是分布广泛、种类繁多的,其作用也正在日益引起各界广泛的重视,尤其是在能源地质环境界。由于它们不能代谢氧来进一步生长,且在多数情况下氧分子的存在对其机体至少部分有害,所以在进行分离、纯化、培养和鉴别时必须处于除去了氧及氧化还原电势低的环境中。但具体操作过程中,除了无氧氛围的构建,其它操作步骤同耗氧培养是相同或相似的。

目前,根据物理、化学、生物或综合原理建立的各种厌氧微生物培养技术很多,有些操作相对简单,可用于那些对厌氧要求相对较低的一般厌氧菌的培养,如碱性焦性没食子酸法、厌氧罐培养法、庖肉培养基法等。本实验将主要介绍这三种,它们都属于最基本也是最常用的厌氧微生物培养技术。其中有些厌氧微生物要求高的培养研究,对实验仪器也有较高的要求,如主要用于严格厌氧菌分离和培养的亨盖特(Hungate)技术、厌氧培养箱(手套箱)法等。厌氧培养箱已逐渐普及,本实验也作简要介绍。

1. 碱性焦性没食子酸法

焦性没食子酸(pyrogallic acid)与碱溶液($NaOH$、Na_2CO_3或$NaHCO_3$)作用后形成易被氧化的碱性没食子盐(alkaline pyrogallate),能通过氧化作用而形成黑、褐色的焦性没食子酸从而除掉密封容器中的氧。这种方法的优点是无需特殊及昂贵的设备,操作简单,适用于任何可密封的容器,可迅速建立厌氧环境,适用于前期实验性探索研究;而其缺点是在氧化过程中会产生少量的一氧化碳,对某些厌氧菌的生长有抑制作用,同时,NaOH的存在会吸收掉密闭容器中的二氧化碳,对某些厌氧菌的生长不利。用$NaHCO_3$代替NaOH,可部分克服二氧化碳被吸收问题,但却又会导致吸氧速率的降低。当然,大批量厌氧培养需消耗大量实验药品,并产生大量废液,可能引起环境污染。

2. 厌氧罐培养法

利用一定方法在密闭的厌氧罐中生成一定量的氢气,而经过处理的钯或铂可作为催化剂催化氢与氧化合形成水,从而除掉罐中的氧而造成厌氧环境。由于适量的CO_2(2% ~10%)对大多数的厌氧菌的生长有促进作用,在进行厌氧菌的分离时可提高检出率,所以一般在供氢的同时还向罐内供给一定的CO_2。厌氧罐中H_2及CO_2的生成可采用钢瓶灌注的外源法,但更方便的是利用各种化学反应在罐中自行生成的内源法,例如,镁与氯化锌遇水后发生反应产生氢气,碳酸氢钠加柠檬酸水后产生CO_2:

$$Mg + ZnCl_2 + 2H_2O \longrightarrow MgCl_2 + Zn(OH)_2 + H_2\uparrow$$

$$C_6H_8O_7 + 3NaHCO_3 \longrightarrow Na_3(C_6H_5O_7) + 3H_2O + 3CO_2\uparrow$$

厌氧罐中使用的厌氧度指示剂一般都是根据亚甲蓝(methylene blue)在氧化态时呈蓝色而在还原态时呈无色的原理设计的。目前,厌氧罐技术早已商业化,有多种品牌的厌氧罐产品(厌氧罐罐体、催化剂、气体发生袋、厌氧指示剂)可供选择。它实际上已经同厌氧培养箱类似,但因为体积小、携带方便,使用起来十分方便。图3-13显示了一般常用的厌氧罐的基本结构。

3. 庖肉培养基法

碱性焦性没食子酸法和厌氧罐培养法都主要用于厌氧菌的斜面及平板等固体培养,而庖肉培养基法则在对厌氧菌进行液体培养时最常采用。该方法基本原理是,将精瘦牛肉或猪肉经剁切、煮干、密闭保存处理后配成庖肉培养基，其中既含有易被氧化的不饱和脂肪酸能吸收氧，又含有谷胱甘肽(GSH)等还原性物质可形成负氧化还原电势差，再加上将培养基煮沸驱氧及用石蜡凡士林封闭液面，可用于培养厌氧菌。这种方法是保藏厌氧菌，特别是厌氧的芽孢菌的一种简单可行的方法。若操作适宜，比如额外添加100μg/mL的新霉素，严格厌氧菌都可获得生长。

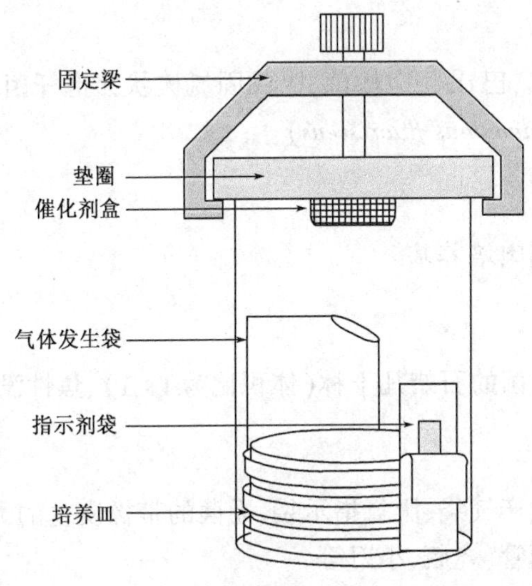

图3－13　常见厌氧罐结构和工作原理

4. 厌氧培养箱(手套箱)法

同以上三种方法相比，厌氧培养箱(又称手套箱，图3－14)的厌氧环境最高，非常适用于培养绝对/兼性厌氧微生物。该方法的优点是提供一个大的厌氧培养空间，保证高度无氧环境，由于系统的高度集成，无需上述方法的复杂操作过程，无大量化学废物产生。缺点是仪器价格高，需要氮气经常维护，高纯氮气使用量较大。该方法的工作原理是注入氢气 H_2 透过钯[钯催化剂片或钯桶(带热量)]催化氢氧化合作用把腔内的氧气化成水，除去氧 O_2：

$$O_2 + H_2 + 钯 + 热 = H_2O$$

因此厌氧培养箱中的氧浓度很低。产生的水蒸气通过系统的干燥管进行干燥，从而达到手套箱内干燥的效果，也同时减少了系统操作台内的氧气的含量。上述化学反应中的热量和催化剂钯是系统构造中的加热器来完成的，如图3－14所示。

气阀的作用是在使用前，充进惰性气体的入口，常充进的惰性气体有氮气(85%)、氢气(10%)和二氧化碳(5%)，通过真空泵的往复抽吸置换，达到了痕量氧的环境。

注意：混合气体的成分根据需要而定。其中二氧化碳的主要功能是提供厌氧培养需要的气源，氢气用于除氧，氮气用于保持厌氧培养箱的无氧氛围。

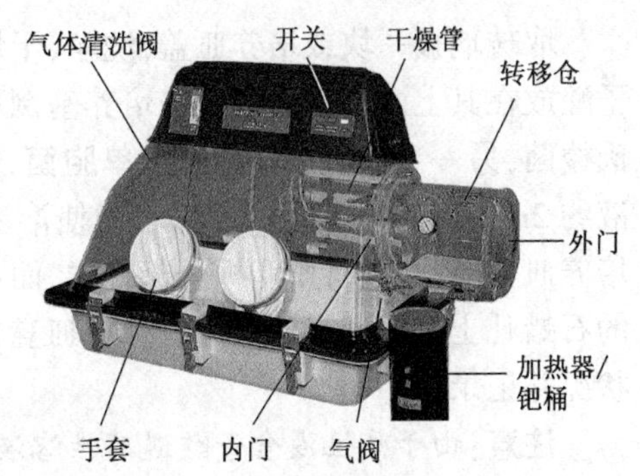

图3－14　厌氧培养箱(手套箱)

5. 亨盖特滚管法

详见实验八《厌氧微生物的分离与纯化——亨盖特厌氧滚管技术》。

三、实验材料与设备

1. 菌种

巴斯德氏梭菌(曾用名,巴氏芽孢梭菌,巴氏固氮梭状芽孢杆菌等)(*Clostridium pasteurianum*)、**荧光假单胞菌**(*Pseudomonas fluorescens*)。

2. 培养基

牛肉膏胨培养基、庖肉培养基。

3. 溶液或试剂

10%的 NaOH 溶液、灭菌的石蜡凡士林(体积比为 1 : 1)、焦性没食子酸。

4. 仪器或其它用具

棉花、厌氧罐、催化剂、产气袋、厌氧指示袋、无菌的带橡皮塞的大试管、灭菌的玻璃板(直径比培养皿大 3 ~4cm)、滴管、烧瓶、小刀等。

四、操作步骤

1. 碱性焦性没食子酸法

1)大管套小管法

在一已灭菌、带橡皮塞的大试管中,放入少许棉花和焦性没食子酸。焦性没食子酸的用量按它在过量碱液中能每克吸收 100mL 空气中的氧来估计,本实验用量约 0.5g。接种**巴斯德氏梭菌**在小试管牛肉膏胨斜面上,迅速滴入 10%的 NaOH 溶液于大试管中,使焦性没食子酸润湿,并立即放入除掉棉塞、已接种厌氧菌的小试管斜面(小试管口朝上),塞上橡皮塞,置 30℃培养,定期观察斜面上菌种的生长状况并记录。

2)培养皿法

取玻璃板一块或培养皿盖,洗净,干燥后灭菌,铺上一薄层灭菌脱脂棉或纱布,将焦性没食子酸放在其上。用牛肉膏胨培养基倒平板,待凝固稍干燥后,在平板上一半划线接种**巴斯德氏梭菌**,另一半划线接种**荧光假单胞菌**,并在皿底用记号笔做好标记。滴加 10%的 NaOH 溶液约 2mL 于焦性没食子酸上,切勿使溶液溢出棉花,立即将已接种的平板覆盖于玻璃板上或培养皿盖上,必须将脱脂棉全部罩住,而焦性没食子酸反应物不能与培养基表面接触。以溶化的石蜡凡士林液密封皿底与玻板或皿盖的接触处,置 30℃培养,定期观察平板上菌种的生长状况并记录。

注意:由于焦性没食子酸遇碱性溶液后即会迅速发生反应并开始吸氧,所以在采用此法进行厌氧微生物培养时必须注意,只有在一切准备工作都已齐备后再向焦性没食子酸上滴加 NaOH 溶液,并迅速封闭大试管或平板。

2. 厌氧罐培养法

(1)用牛肉膏胨培养基倒平板,凝固干燥后,取两个平板,每个平板均同上同时划线接种**巴斯德氏梭菌**和**荧光假单胞菌**,并做好标记。取其中的一个平板置于厌氧罐的培养皿支架上,而后放入厌氧培养罐内;而另一个平板直接置30℃温室培养。

(2)将已活化的催化剂倒入厌氧罐罐盖下面的多孔催化剂小盒内,旋紧。目前厌氧罐培养法中使用的催化剂是将钯或铂经过一定处理后包被于还原性硅胶或氧化铝小球上形成的"冷"催化剂,它们在常温下即具有催化活性,并可反复使用。由于在厌氧培养过程中形成水汽、硫化氢、一氧化碳等都会使这种催化剂受到污染而失去活性,所以这种催化剂在每次使用后都必须在140~160℃的烘箱内烘1~2h,使其重新活化并密封后放在干燥处,直到下次使用。

(3)剪开气体发生袋的一角,将其置于罐内金属架的夹上,再向袋中加入约10mL水。同时,由另一人配合,剪开指示剂袋,使指示条暴露(还原态为无色,氧化态为蓝色),立即放入罐中。

(4)迅速盖好厌氧罐罐盖,将固定梁旋紧,置30℃温室培养,观察并记录罐内情况变化及菌种生长情况。

注意:必须在一切准备工作齐备后再往气体发生袋中注水,而加水后应迅速密闭厌氧罐;否则,产生的氢气过多地往外泄,会导致罐内厌氧环境的失败。

3. 庖肉培养基法

1)接种

将盖在培养基液面的石蜡凡士林先于火焰上微微加热,使其边缘熔化,再用接种环将石蜡凡士林块拨成斜立或直立在液面上,然后用接种环或无菌滴管接种。接种后再将液面上的石蜡凡士林块在火焰上加热使其熔化,然后将试管直立静置,使石蜡凡士林凝固并密封培养基液面。

配好的庖肉培养基试管若已放置了一段时间,则接种前应将其置沸水浴中再加热10min,以除去溶入的氧;而刚灭完菌的新鲜庖肉培养基可先接种后再用石蜡凡士林封闭液面,这样可避免一些操作上的麻烦。在用火焰熔化培养基液面上的石蜡凡士林时应注意,不要使下面培养基的温度也升得太高,以免烫死刚接入的菌种。

2)培养

将按上述方法分别接种了**巴斯德氏梭菌**和**荧光假单胞菌**的庖肉培养基置30℃温室培养,并注意观察培养基肉渣颜色的变化和熔封石蜡凡士林层的状态。

对于一般的厌氧菌,接了种的庖肉培养基可直接放在温室里培养;而对于一些对环境要求比较苛刻的厌氧菌,接了种的庖肉培养基应先放在厌氧罐中,然后再送温室培养。

4. 厌氧培养箱法

(1)培养基配制、接种等环节见上述实验,与厌氧罐培养法相同。

(2)正常操作过程中,请保持转移箱的两扇门都关上(非常重要)。这一点是以备外面的门被错误地打开的安全装置。

(3)关闭并锁上外面的门。主箱里面的门(内门)关闭且锁上时,才能打开外面的门(外门)并将所需的材料放入箱内。白色的塑料盘是用来放液体的。

(4)打开真空阀,将真空箱泵的按钮推至开启位置。将真空降至2.4~2.7kPa,观察真空表。当达到设定真空度时,关掉真空泵并关上真空阀。真空泵不能"超过"转移仓内现有的负压(真空),必须引入所选的混合气体以减少负压。

(5)现在可以打开气阀,引入所选气体。继续操作直到量表显示0为止。

小窍门:控制送气程序(很容易)。当真空表显示接近17kPa时,减小气流速度。此程序共需重复3次。

(6)完成第3次操作后,可以安全地打开里面的门并将所需的材料送入主箱。

五、实验报告

1. 实验结果

在实验中,耗氧的**荧光假单胞菌**和厌氧的**巴斯德氏梭菌**在几种厌氧培养方法中的生长状况如何?请对在厌氧培养条件下出现的如下情况进行分析、讨论:

(1)**荧光假单胞菌**不生长,而**巴斯德氏梭菌**生长。

(2)**荧光假单胞菌**和**巴斯德氏梭菌**均生长。

(3)**荧光假单胞菌**生长而**巴斯德氏梭菌**不生长。

2. 思考题

(1)在进行厌氧菌培养时,为什么每次都应同时接种一种严格耗氧菌作为对照?

(2)根据所做的实验,这几种厌氧培养法各有何优缺点?除此之外,还有哪些厌氧培养技术?能否在现有条件下实现?请简述其特点。

实验八 厌氧微生物的分离与纯化——亨盖特厌氧滚管技术

一、实验目的和要求

(1)了解亨盖特厌氧滚管技术的原理。

(2)掌握用亨盖特厌氧滚管技术分离厌氧微生物的方法。

二、基本原理

由于厌氧菌只能在氧化还原电位极低的环境中生长,所以要在(绝对)无氧的条件下培养和研究。然而,严格的厌氧要求使得厌氧菌的培养极为困难。1950年,美国微生物学家亨盖特(Hungate)首次提出并应用于瘤胃厌氧微生物研究的一种厌氧培养技术。1969年,亨盖特又将该项技术改进,使得改进后的技术更加完善并逐渐发展成为研究厌氧微生物的一整套完整技术。

其基本原理是让菌落分散地附着在透明的管壁上,从而目视挑取单菌落进行纯培养(图3-15)。这种方法的优点是操作简便、厌氧环境好,而且多年来的实践已经证明它是研究严格、专性厌氧菌的一种极为有效的技术。

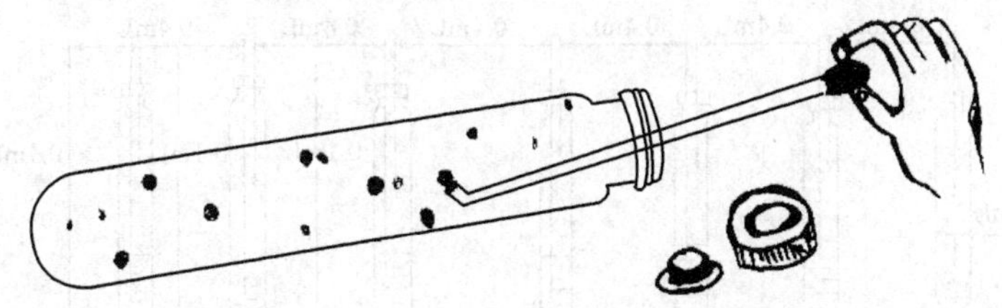

图 3-15　亨盖特厌氧滚管技术挑菌示意图

三、实验材料与设备

(1)菌种:**聚热脱硫化弧菌**(*Thermodesulfovibrio aggregans*)。

(2)培养基:**聚热脱硫化弧菌**液体培养基、**聚热脱硫化弧菌**固体培养基。

(3)仪器和其它用具:厌氧培养管[图 3-16(a)~(d)]、水浴锅、托盘、冰水、1mL 一次性注射器、弯头毛细管[图 3-16(e)]、厌氧培养箱等。

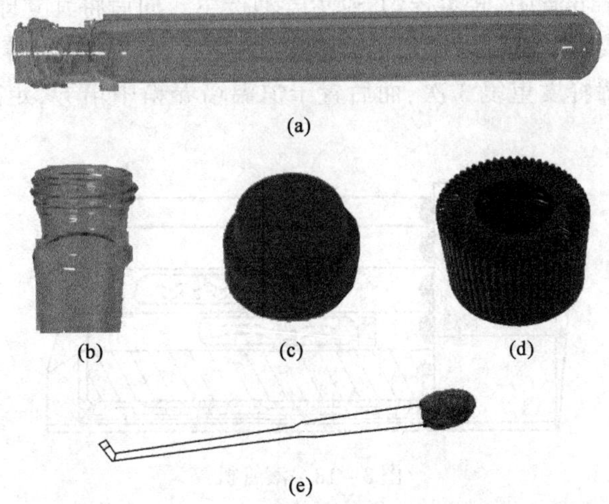

图 3-16　亨盖特厌氧培养用具

氧培养管;(b)厌氧培养管管口;(c)厌氧培养管胶塞;(d)厌氧培养管螺口;(e)弯头毛细吸管

四、实验步骤与内容

1. 稀释

取**聚热脱硫化弧菌**固体培养基 9 支(通常用 16mm×125mm 的厌氧培养管盛有 4mL **聚热脱硫化弧菌**固体培养基)分别用记号笔标明 10^{-4}、10^{-5}、10^{-6}(稀释度)各 3 套;另取 6 支盛有 4mL **聚热脱硫化弧菌**液体培养基的厌氧培养管(通常用 16mm×125mm 的厌氧培养管),依次标记 10^{-1}、10^{-2}、10^{-3}。

用 1mL 一次性注射器吸取 0.4mL 已充分混匀的**聚热脱硫化弧菌**菌悬液放至 10^{-1} 的厌氧管中,此即为 10 倍稀释。将 10^{-1} 菌液充分混匀,用一次性注射器吸取 10^{-1} 菌液 0.4mL 放至 10^{-2} 试管中,此即为 100 倍稀释[稀释原理参见教材"水中细菌总数的测定"(实验四)和"多管发酵法测定水中**结肠埃希氏菌**"(第五章实验二)]。其余步骤依次类推(图 3-17)。

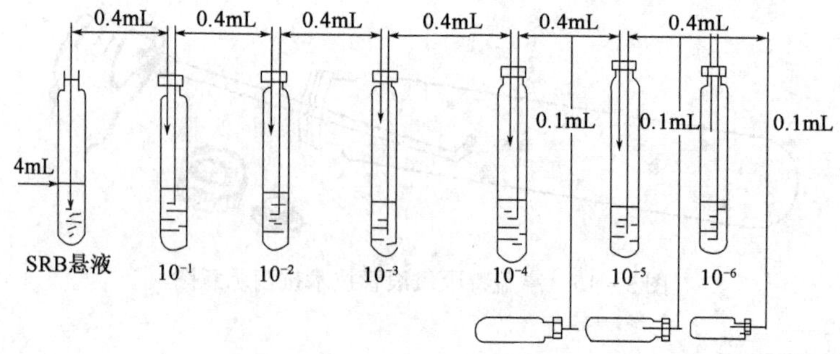

图 3－17　滚管稀释操作示意图

2. 滚管

将盛有融化的**聚热脱硫化弧菌**固体培养基放置于 50℃左右的恒温水浴中。用 1mL 一次性注射器分别吸取 10^{-4}、10^{-5}、10^{-6}三个稀释度的稀释液各 0.1mL 于融化了的**聚热脱硫化弧菌**固体培养基的厌氧培养管中，轻柔摇匀，避免气泡产生。而后将其立即平放入特制的滚管机（图 3－18）上或冰水或手动滚管以特定速率滚动，这样带菌的融化培养基在厌氧管内壁立即凝固成一薄层。每个稀释度重复 3 次，而后置于恒温培养箱中培养，定期观察滚管上菌种的生长状况并记录。

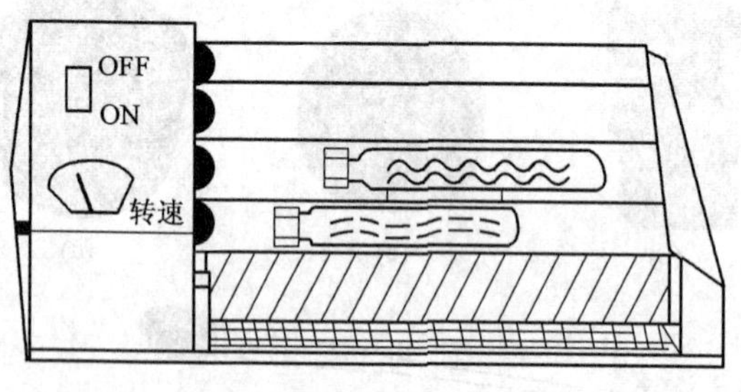

图 3－18　滚管机

3. 观察菌落形态

聚热脱硫化弧菌的菌落形态呈黑色，在观察后大致确定**聚热脱硫化弧菌**菌落，用记号笔标记，等待挑菌。一般选取菌落独立无重叠、大小、表面特征、边缘和颜色等形态特征有差异的菌落（图 3－19）。

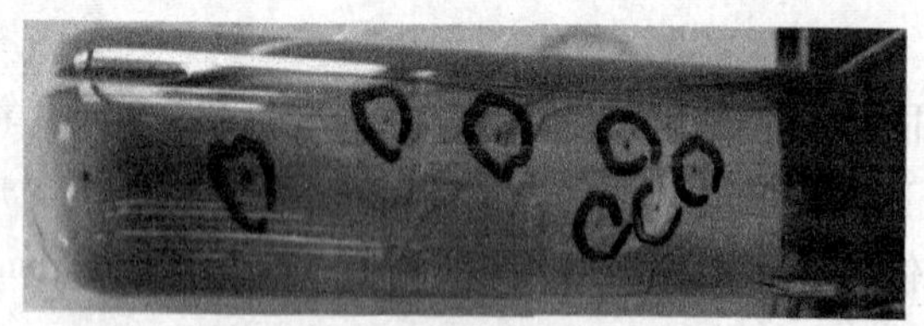

图 3－19　**聚热脱硫化弧菌**滚管培养后挑菌标记图（实物照）

4. 挑取菌落

准备挑菌落所用的弯头毛细管（将普通胶头滴管的细头端在火焰上拉成毛细管，并使末端 2～3mm 弯成近 90°的角，端部直径约 0.5mm）。在厌氧箱中打开滚管塞，将弯头吸管小心地垂直伸入管内,直至到达欲挑菌落。捏住橡胶滴头,利用形成的负压将菌落完整地吸入毛细管内。同样小心地将吸管从滚管中取出,放入和取出的途中都不可使吸头碰到管内其它任何区域,否则极易导致污染。打开一管无菌的**聚热脱硫化弧菌**液体培养基,将弯头吸管伸入至管内液体,吹吸几次,将所吸取的**聚热脱硫化弧菌**菌落吹至液体培养基内。盖紧液体培养基管口,将所有物品从厌氧箱中取出。然后放置一定条件下培养,验纯。

注意:挑取菌落时尽量避免滚管中的残余液体流过菌落,否则可能会造成菌落污染。

五、实验报告

1. 实验结果

将培养后的菌落和细胞特征记录在表 3-27 中。

表 3-27 微生物菌落和细胞形态特征观察记录表

菌落特征	稀释度		
	10^{-4}	10^{-5}	10^{-6}
含水			
大小			
颜色			
形状			
透明度			
边缘			
细胞特征	稀释度		
	10^{-4}	10^{-5}	10^{-6}
革兰氏阴/阳性			
大小			
形状			
相互关系			
运动性			
密度			

2. 思考题

(1)琼脂在管壁上的薄厚程度对菌落生长是否有影响?如有,是怎样影响的?

(2)该技术是否适用于其它兼性菌或耗氧菌的分离?

(3)有无更好的厌氧菌分离技术?

实验九 菌种和核酸样品的保藏

一、实验目的和要求

(1)学习和掌握菌种保藏的基本原理。

(2)比较几种不同菌种保藏方法。

二、基本原理

微生物的个体微小，代谢活跃，生长繁殖快，如果保存不妥，容易发生变异，或被其它杂菌污染，甚至导致细胞死亡，这种现象在世界各地的实验室屡见不鲜。菌种的长期保藏对任何微生物学工作者都是十分重要的，也是非常必要的。

自 1890 年生物学家卡尔（F. Král，1846—1911）开始尝试微生物菌种保藏以来，世界上已建立了许多长期保藏菌种的方法。不同的保藏方法虽原理各异，有的简单，有的复杂，但共同遵守的基本原则均是选用优良的纯种，最好是休眠体（分生孢子、芽孢等），使微生物的新陈代谢处于最低或几乎停止的状态。保藏方法通常基于温度、水分、通气、营养成分、渗透压和保护剂等方面考虑。

随着分子生物学发展的需要，基因工程菌株的保藏已成为菌种保藏的重要内容之一，其保藏原理和方法与其它菌种相同。但考虑到重组质粒在宿主中的不稳定性，所以基因工程菌株的长期保藏目前趋向于将宿主和重组质粒分开保存，因此本实验也将介绍 DNA 和重组质粒的保藏方法。综合起来，现有菌种保藏方法大体分为以下几种。

1. 传代培养法

此法使用最早，它是将要保藏的菌种通过斜面、穿刺或疱肉培养基（用于厌氧细菌）培养好后，置 4℃存放，定期进行传代培养，再存放。后来发展在斜面培养物上面覆盖一层无菌的液状石蜡，一方面防止因培养基水分蒸发而引起菌种死亡，另一方面石蜡层可将微生物与空气隔离，减弱细胞的代谢作用。不过，这种方法保藏菌种的时间不长，且传代过多使菌种的主要特性往往减退甚至丢失，因此它只能作为短期存放菌种用。

2. 悬液法

该法将细菌细胞悬浮在一定的溶液中，包括蒸馏水、蔗糖或葡萄糖等糖液、磷酸缓冲液、食盐水等，有的还使用稀琼脂。悬液法操作简便、效果较好。有的细菌、酵母菌用这种方法可保藏几年甚至近十年。

3. 载体法

该法是使生长合适的微生物吸附在一定的载体上进行干燥。这种载体来源很广，如土壤、沙土、硅胶、明胶、麸皮、磁珠和滤纸片等。该法操作通常比较简单，普通实验室均可进行，特别是以滤纸片（条）作为载体，细胞干燥后，可将含细菌的滤纸片（或条）装入无菌的小袋封闭后放在信封中邮寄很方便（陌生信件不要随便拆！）。

4. 真空干燥法

这类方法包括冷冻真空干燥法和液体干燥法（liquid drying，简称 L－干燥法）。前者是将要保藏的微生物样品先经低温（约 －20℃至样品冰点）预冻，然后在低温状态下进行减压干燥；后者则不需要低温预冻样品，只是使样品维持在 10～20℃范围内在液体状态下直接进行真空干燥。

5. 冷冻法

这是一种使样品始终存放在低温环境下的保藏方法，它包括低温法（－70～－80℃）和液氮法（－196℃）。此法的操作原则是“慢冻快熔”，即将菌株逐步冷却至目标温度，取用时快速把冷冻菌株熔化。

水是生物细胞的主要组分,约占活体细胞总量的90%,在0℃或0℃以下时会结冰。样品降温速度过低,胞外溶液中水分大量结冰,溶液的浓度提高,胞内的水分便大量向外渗透,导致细胞剧烈收缩,造成细胞损伤,此为溶液损伤。另一方面,若冷却速度过高,细胞内的水分来不及通过细胞膜渗出,胞内的溶液因过冷而结冰,细胞的体积膨大,最后导致细胞破裂,此为胞内冰损伤。因此,控制降温速度是冷冻微生物细胞十分重要的步骤。现在可以通过以下两个途径来克服细胞的冷冻损伤。

1)保护剂(也称分散剂)法

在需冷冻保藏的微生物样品中加入适当的保护剂,如甘油、二甲亚砜、谷氨酸钠、糖类、可溶性淀粉、聚乙烯吡咯烷酮(PVP,polyvinyl pyrrolidone)、血清、脱脂奶等,可以使细胞经低温冷冻时减少冰晶的形成。其中,二甲亚砜对很多微生物细胞有一定的毒性,一般不采用。甘油适宜低温保藏。脱脂奶和海藻糖(分子式见附录10)是较好的保护剂,尤其是在冷冻真空干燥中普遍使用。详见本实验附注。

2)玻璃化法

固体在自然界中有两种形式,即晶体和玻璃化。物质的质点(分子、原子和离子等)呈有序排列或具有格子构造排列的称为晶态,即晶体;反之,质点作不规则排列的则为玻璃态,即玻璃化。水非常容易结晶,玻璃化不会使生物细胞内外的水在低温下形成晶体,细胞不受损伤。实现玻璃化可以通过控制降温速率和提高溶液浓度等形式达到。

三、实验材料与设备

1.菌种

结肠埃希氏菌(*E. coli*)、**假单胞菌属种**(*Pseudomonas* sp.)、**灰色链霉菌**(*Streptomyces griseus*)、酿酒酵母(*S. cerevisiae*)、产黄青霉(*Penicillium chrysogenum*)。

2.培养基

LB培养基、马铃薯培养基、麦芽汁酵母膏培养基(配制方法见附录2)。

3.溶液或试剂

液状石蜡、甘油、五氧化二磷、河沙、瘦黄土或红土(不含腐殖质土壤)、95%乙醇、10%盐酸、无水氯化钙、食盐、干冰、谷氨酸钠。曲乙缓冲液(即TE缓冲液,参见附录1名词解释)。

相应化学试剂应至少满足和参照如下标准:GB/T 2305—2000《化学试剂　五氧化二磷》,GB/T 8967—2007《谷氨酸钠(味精)》。

4.仪器或其它用具

无菌吸管、无菌滴管、无菌培养皿、安瓿管、冻干管、40目与100目筛子、油纸、滤纸条(0.5cm×1.2cm)、干燥器、真空泵、真空压力表、喷灯、L形五通管、冰箱、低温冰箱(-30℃)、超低温冰箱和液氮罐。

四、操作步骤

以下几种保藏方法可根据实验室具体条件选做。

1. 斜面法

将菌种转接在适宜的固体斜面培养基上，待其充分生长后，用油纸将棉塞部分包扎好（斜面试管用带帽的螺旋试管或多孔塑料塞为宜）。这样培养基不易干，且螺旋帽或多孔塑料塞不易长霉；如用棉塞，要求塞子比较干燥（图3－20），置4℃冰箱中短期（1～3个月）保藏。

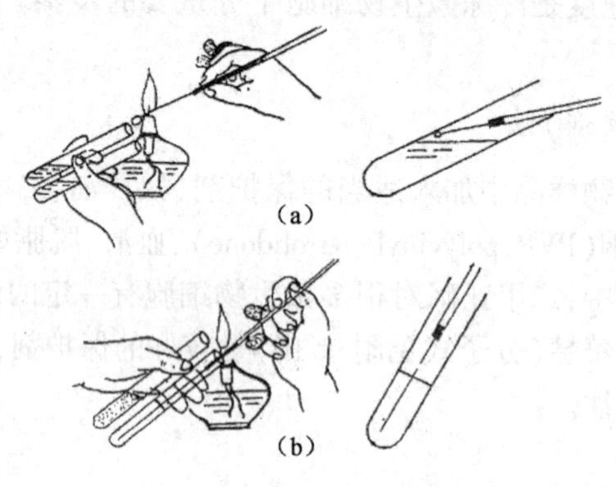

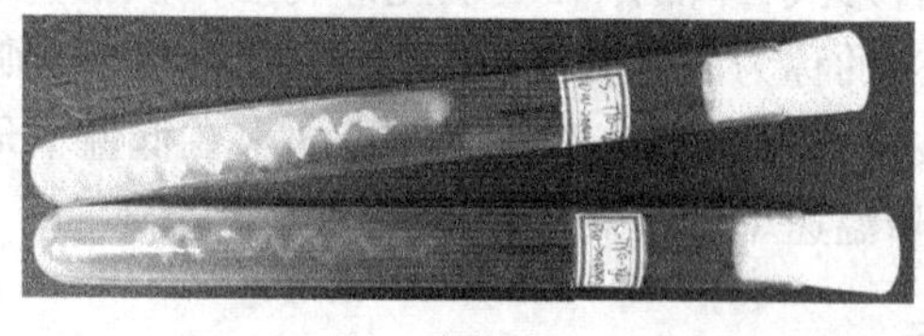

图3－20　斜面法菌种传代和保存

菌种保藏时间依微生物的种类各异。霉菌、放线菌及有芽孢的细菌保存2～4月移种一次，普通细菌最好每月移种一次，假单胞菌两周传代一次，酵母菌间隔两个月。

此法操作简单，使用方便，不需特殊设备，能随时检查所保藏的菌株是否死亡菌等；缺点是保藏时间短，需定期传代，易被污染，菌种的主要特性容易改变。

2. 液状石蜡法

（1）将液状石蜡分装于试管或三角烧瓶中，塞上棉塞并用牛皮纸包扎，121℃灭菌30min，然后放在40℃温箱中使水汽蒸发后备用。

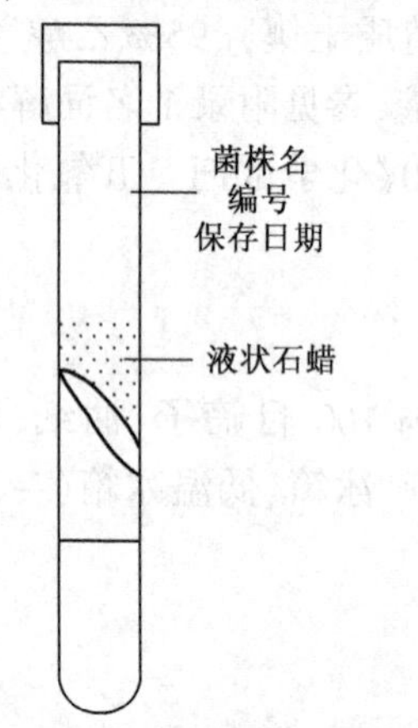

图3－21　液状石蜡覆盖直立保藏

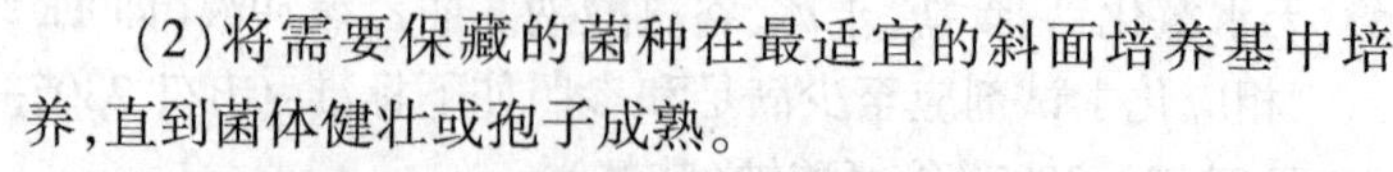

（2）将需要保藏的菌种在最适宜的斜面培养基中培养，直到菌体健壮或孢子成熟。

（3）用无菌吸管吸取无菌的液状石蜡，加入已长好菌的斜面上，其用量以高出斜面顶端1cm为准（图3－21），使菌种与空气隔绝。

（4）将试管直立（图3－21），置低温或室温下保存（有的微生物在室温下比在冰箱中保存的时间还要长）。

此法实用而且效果较好。产孢子的霉菌、放线菌、芽孢菌可保藏2a以上，有些酵母菌可保藏1～2a；一般无芽孢细菌也可保藏1a左右，用一般方法很难保藏的脑膜炎球菌，在 37℃温箱内，也可保藏 3 个月之久。

此法的优点是制作简单不需特殊设备，且不需经常移种；缺点是保存时必须直立放置，所占位置较大，同时也不便携带。

注意：从液状石蜡下面取培养物移种后，接种环在火焰上烧灼灭菌时，培养基残液与残留的液状石蜡可能一起飞溅。

3. 穿刺法

该方法操作简便，是短期保藏菌种的一种有效方法。

(1)接种培养。培养试管选用带螺旋帽的短试管或用安瓿管（一般指密封的玻璃小管，也有塑料类型的）、艾本德（Eppendorf）管等（图 3－22）。

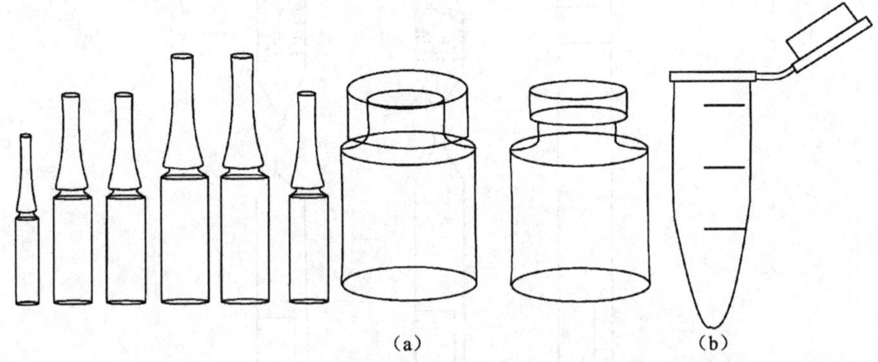

图 3－22　不同规格类型的安瓿管（瓶）(a)和开盖的艾本德管(b)

安瓿管（瓶）通常一旦装样即密封，开封即一次性使用，不用于重复使用

(2)将培养好的穿刺管盖紧，外面用石蜡膜（parafilm）封严，置 4℃存放。

(3)取用时将接种环（环的直径尽可小些）伸入菌种生长处挑取少许细胞，接入适当的培养基中，穿刺管封严后，保留以后再用。

4. 滤纸法

1)滤纸条的准备

将滤纸剪成 0.5cm × 1.2cm 的小条装入 0.6cm × 8cm 的安瓿管中，每管装 2 片，用棉花塞上后经 121℃灭菌 30min。

2)保护剂的配制

配制 20% 脱脂奶，装在三角烧瓶或试管中，112℃灭菌 25min。待冷却后，随机取出几份，分别置 28℃和 37℃培养过夜，然后各取 0.2mL 涂布在肉汤平板上或斜面上进行无菌检查，确认无菌后方可使用，其余的保护剂置 4℃存放待用。

3)菌种培养

将需保存的菌种在适宜的斜面培养基上培养，直到生长半满。

4)菌悬液的制备

取无菌脱脂奶约 2～3mL 加入待保存的菌种斜面试管内。用接种环轻轻地将菌苔刮下，制成菌悬液。

5）分装样品

用无菌滴管（或吸管）吸取菌悬液滴在安瓿管中的滤纸条上，每片滤纸条约 0.5mL，塞上棉花。

6）干燥

将安瓿管放入有五氧化二磷（或无水氯化钙）作吸水剂的干燥器中，用真空泵抽气至干。

7）熔封与保存

用火焰按图 3－23 将安瓿管封口，置 4℃或室温存放。

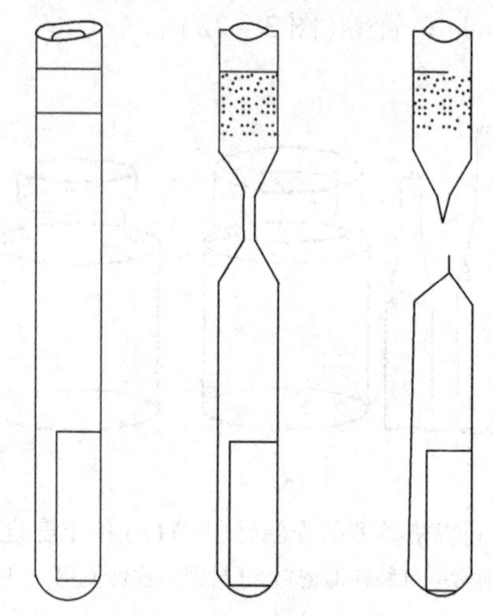

图 3－23　滤纸条法保存菌种的安瓿管熔封示意图

8）取用安瓿管

使用菌种时，取存放的安瓿管按图 3－24（a）用锉刀或砂轮从上端打开安瓿管，即用一只手握住锉刀或砂轮不动，另一只手把安瓿管沿顺时针或逆时针转一圈，在划割处包上一层纸后，两拇指抵住一侧划割端，用力一推即可折断；也可按图 3－24（b）将安瓿管口在火焰上烧热，加一滴冷水在烧热的部位使玻璃裂开，敲掉口端的玻璃，用无菌镊子取出滤纸，放入液体培养基中培养或加入少许无菌水用无菌吸管或毛细滴管吹打几次，使干燥物很快溶解后吸出，转入适当的培养基中培养。

5. 沙土管法

1）河沙处理

取河沙若干加入 10% 盐酸，加热煮沸 30min 除去有机质。倒去盐酸溶液，用自来水或蒸馏水冲洗至中性，最后一次用双蒸水冲洗，烘干后用 40 目（孔径 0.42mm）筛子过筛，弃去粗颗粒，备用。

2）土壤处理

取非耕作层不含腐殖质的瘦黄土或红土，加自来水浸泡、洗涤数次，用蒸馏水洗至中性。烘干后碾碎，用 100 目（孔径 0.149mm）筛子过筛，粗颗粒部分丢掉。

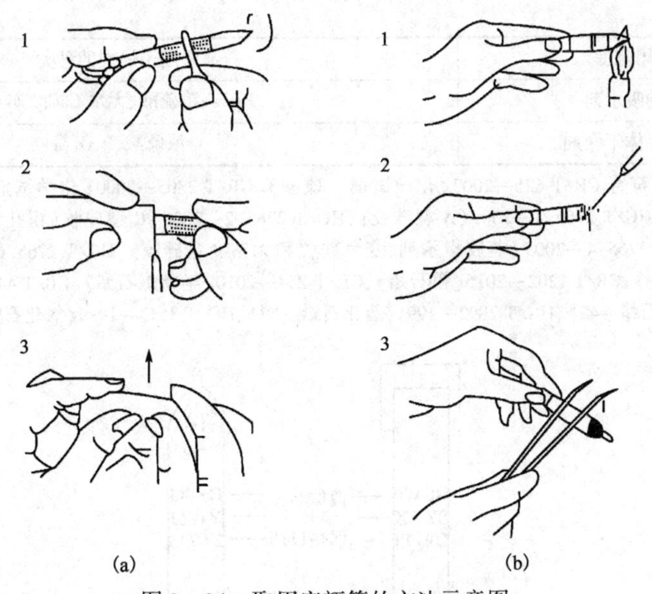

图 3 – 24 取用安瓿管的方法示意图

3) 沙土混合

将处理妥当的河沙与土壤按 3 : 1 的比例掺和(或根据需要用其它比例混合,甚至可全部用沙或全部用土)均匀后,装入 1cm × 10cm 的小试管或安瓿管中,每管分装 1g 左右,塞上棉塞,进行灭菌(通常采用间歇灭菌 2 ~ 3 次),最后烘干。

4) 无菌检查

每 10 支沙土管随机抽 1 支,将沙土倒入肉汤培养基中,30℃ 培养 40h。若发现有微生物生长,所有沙土管则需重新灭菌,再做无菌实验,直至证明无菌后方可使用。

5) 菌悬液的制备

取生长健壮的新鲜斜面菌种,加入 2 ~ 3mL 无菌水(每 18mm × 180mm 试管斜面菌种),用接种环轻轻将菌苔洗下,制成菌悬液。

6) 分装样品

每支沙土管(注明标记后)加入 0.5mL 菌悬液(刚刚使沙土润湿为宜),用接种针拌匀。

7) 干燥

将装有菌悬液的沙土管放入干燥器内,干燥器底部盛有干燥剂。用真空泵抽干水分后,火焰封口(也可用橡皮塞或棉塞塞住试管口)(图 3 – 25)。常用干燥剂见表 3 – 28。

表 3 – 28 常用的干燥剂

干燥剂适用范围	常用干燥剂的种类
气体干燥剂	石灰、无水 $CaCl_2$、P_2O_5、浓硫酸、KOH
酸性气体干燥剂	石灰、KOH、NaOH 等
有机溶剂蒸气干燥剂	石蜡片
液体干燥剂	P_2O_5、浓硫酸、无水 $CaCl_2$、无水 K_2CO_3、KOH、无水 Na_2SO_4、无水 $MgSO_4$、无水 $CaSO_4$、金属钠

续上表

干燥剂适用范围	常用干燥剂的种类
干燥器中的吸水剂	P_2O_5、浓硫酸、无水 $CaCl_2$、硅胶
常用的碱性气体干燥剂	浓硫酸、P_2O_5 等

注：试剂品质应至少符合 GB/T 625—2007《化学试剂　硫酸》、GB/T 2305—2000《化学试剂　五氧化二磷》、HG/T 2354—2010《层析硅胶》、HG/T 2765.1—2005《A 型硅胶》、HG/T 2765.2—2005《C 型硅胶(粗孔硅胶)》、HG/T 2765.3—2005《微球硅胶》、HG/T 2765.4—2005《蓝胶指示剂、变色硅胶和无钴变色硅胶》、HG/T 2765.6—2005《B 型硅胶》、GB 22379—2017《工业金属钠》、GB/T 1202—2016《粗石蜡》、GB/T 254—2010《半精炼石蜡》、GB/T 446—2010《全精炼石蜡》、HG/T 2091—1991《氯化石蜡-42》、HG/T 2092—1991《氯化石蜡-52》、HG/T 3643—1999《氯化石蜡-70》。

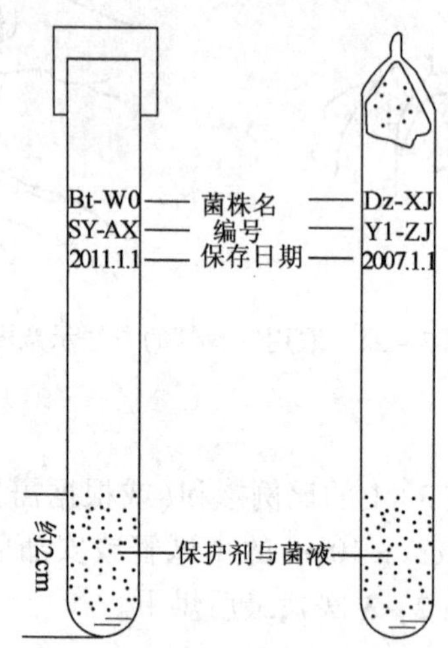

图 3-25　沙土管菌种保藏示意图

8)保存

沙土管置 4℃冰箱或室温干燥处，每隔一定的时间进行检测。

此法多用于产芽孢的细菌、产生孢子的霉菌和放线菌，在抗生素工业生产中应用广泛、效果较好，可保存几年时间，但对营养细胞效果不佳。

6. 冷冻真空干燥法

1)冷冻真空干燥管的准备

冷冻真空干燥管(简称冻干管)选用中性硬质玻璃，95 号材料为宜，内径约 50mm，长约 15cm，按新购玻璃皿洗净，烘干后塞上棉花。可将保藏编号、日期等打印在纸上，剪成小条，装入冻干管，121℃灭菌 30min。

2)菌种培养

将要保藏的菌种接入斜面培养，产芽孢的细菌培养至芽孢从菌体脱落，产孢子的放线菌、霉菌培养至孢子丰满。

3)保护剂的配制

选用适宜的冻干保护剂(见附注)，按使用浓度配制后灭菌检查(同滤纸法保护剂的无菌检查)，确认无菌后才能使用。糖类物质需用过滤器除菌，脱脂牛奶需 112℃灭菌 25min。

4)菌悬液的制备

吸2～3mL保护剂加入新鲜斜面菌种试管,用接种环将菌苔或孢子洗下,振荡制成菌悬液。真菌菌悬液则需置40℃平衡20～30min。

5)分装样品

用无菌毛细滴管吸取菌悬液加入冻干管,每管装约0.2mL。最后在几支冻干管中分别装入0.2mL、0.4mL蒸馏水作对照。

6)预冻

用程序控制温度仪进行分级降温。不同微生物的最佳降温度率有所差异,一般由室温快速降温至4℃,4℃至－40℃每分钟降低1℃,－40～－60℃以下每分钟降低5℃。条件不具备者,可以使用冰箱逐步降温:从室温到4℃,再到－20℃(三星级冰箱),再用超低温冰箱从－30℃降到－80℃。也可用盐冰、干冰替代降温。

7)冷冻真空干燥

启动冷冻真空干燥机制冷系统[图3－26(a)]。当温度下降到－50℃以下时,将冻结好的样品迅速放入冻干机钟罩内,启动真空泵抽气直至样品干燥。条件不具备的,也可按图3－26(b)用简单的装置代替冷冻真空干燥机。

样品的干燥程度对菌种保藏的时间影响很大。一般要求样品的含水量为1%～3%。判断方法如下:

(1)外观:样品表面出现裂痕,与冻干管内壁有脱落现象,对照管完全干燥。

(2)指示剂:用3%的氯化钴水溶液分装冻干管,当溶液的颜色由红变浅蓝后,再抽同样长的时间便可。氯化钴品质参见GB/T 1270—1996《化学试剂　六水合氯化钴(氯化钴)》。

8)取出样品

先关真空泵,再关制冷机,打开进气阀使钟罩内真空度逐渐下降,直至与室内气压相等后打开钟罩,取出样品。先取几只冻干管在桌面上轻敲几下,若样品很快疏散,说明干燥程度达到要求;若用力敲,样品不与内壁脱开也不松散,则需继续冷冻真空干燥,此时样品不需事先预冻。

9)第二次干燥

将已干燥的样品管分别安在歧管上,启动真空泵,进行第二次干燥。

10)熔封

用高频电火花真空检测仪检测冻干管内的真空程度。当检测仪将要触及冻干管时发出蓝色电光,说明管内的真空度很好,便在火焰下(氧气与煤气混合调节,或用酒精喷灯)熔封冻干管[图3－26(c)]。

11)存活性检测

每个菌株取1支冻干管及时进行存活检测。打开冻干管,加入0.2mL无菌水,用毛细滴管吹打几次,沉淀物溶解后(丝状真菌、酵母菌则需要置室温平衡30～60min),转入适宜的培养基培养。根据生长状况确定其存活性,或用平板计数法或死活染色方法确定存活率。如需要可测定其特性。

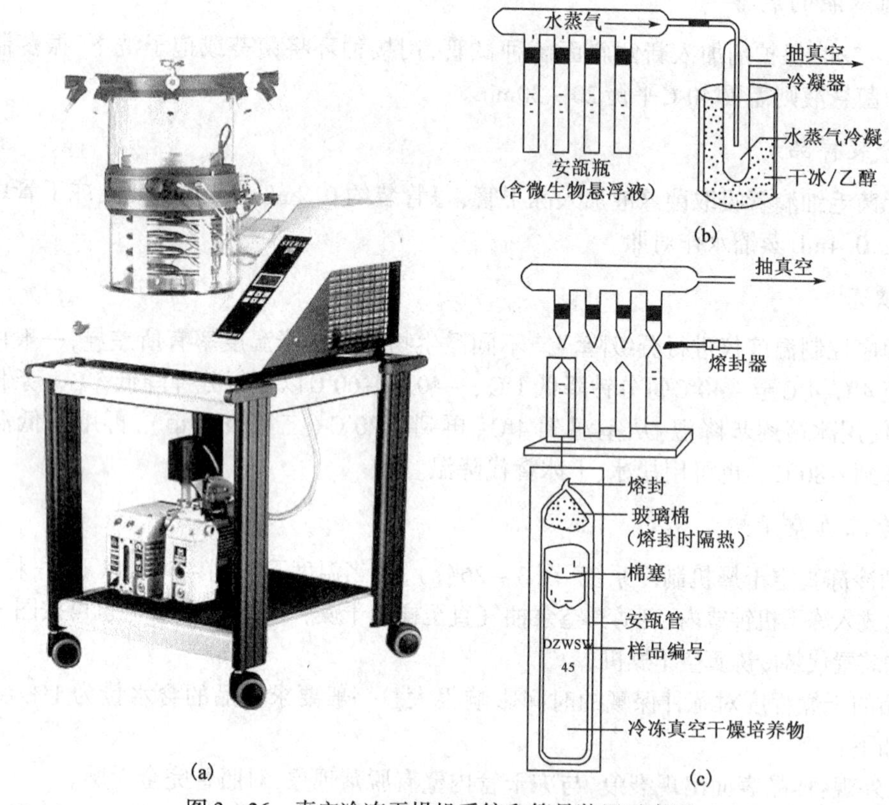

图 3－26　真空冷冻干燥机系统和简易装置示意图

12)保存

将冻干管置4℃或室温保藏(前者为宜)。隔一段时间进行检测。

该方法是菌种保藏的主要方法,对大多数微生物较为适合、效果较好,保藏时间依不同的菌种而定,可达几年甚至30多年或更长。

13)取用

取用冻干管时,先用75%乙醇将冻干管外壁擦干净,再用砂轮或锉刀按图3－24在冻干管上端画一小痕迹,然后将所画之处向外,两手握住冻干管的上下两端稍向外用力便可打开冻干管;或将冻干管进口烧热,在热处滴几滴水,使之破裂,再用镊子敲开。

7.液氮法

1)安瓿管的准备

用于液氮保藏的安瓿管要求既能经121℃高温灭菌又能在－196℃低温长期存放。现已普遍使用聚丙烯塑料制成带有螺旋帽和垫圈的安瓿管,容量为2mL。安瓿管用自来水洗净后,经蒸馏水冲洗多次,烘干,121℃灭菌30min。

2)保护剂的准备

配制10%～20%的甘油,121℃灭菌30min。使用前随机抽样进行无菌检查(见滤纸法保护剂的配制)。

3）菌悬液的制备

取新鲜的培养健壮的斜面菌种加入 2 ~ 3mL 保护剂，用接种环将菌苔洗下振荡，制成菌悬液。

4）分装样品

用记号笔在安瓿管上注明标号，用无菌吸管吸取菌悬液，加入安瓿管中，每只管加 0.5mL 菌悬液，拧紧螺旋帽。

注意：如果用带盖的安瓿管，垫圈或螺旋帽封闭不严，液氮罐中液氮进入管内，取出安瓿管时会发生爆冲或爆炸，因此密封安瓿管十分重要，需特别细致。

5）预冻

先将分装好的安瓿管置 4℃ 冰箱中放 30min 后转入冰箱 -20℃ 处放置 20 ~ 30min，再置 -30℃ 低温冰箱或冷柜预冻 20min 后，快速转入 -80℃ 超低温冰箱（可根据实验室的条件采用不同的预冻方式，如用程序控制降温仪、干冰、盐冰等）。

6）保存

经 -80℃ 下 1h 冻结，将安瓿管快速转入液氮罐（图 3 - 27）液相中，并记录菌种在液氮罐中存放的位置与安瓿管数。

7）解冻

需使用样品时，戴上棉手套，从液氮罐中取出安瓿管，用镊子夹住安瓿管上端迅速放入 37℃ 水浴锅中摇动 1 ~ 2min，样品很快熔化。然后用无菌吸管取出菌悬液加入适宜的培养基中保温培养便可。

8）存活率测定

可采用以下方法进行存活检测：

（1）染色法：取解冻熔化的菌悬液按细菌、真菌死活染色法，通过显微镜观察细胞存活和死亡的比例，计算出存活率。

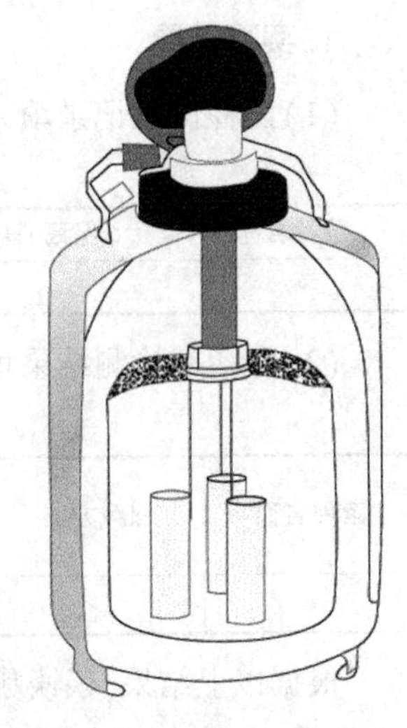

图 3 - 27　液氮冷冻保存罐

（2）活菌计数法：分别将预冻前和解冻熔化的菌悬液按 10 倍稀释法涂布平板培养后，根据两者每毫升活菌数计算出存活率（如有必要，可测定菌种稳定特征等）：

$$存活率 = \frac{保藏前活菌数/mL}{保藏后活菌数/mL} \times 100\%$$

如果要进行存活性测定，则可对比其对同一底物的降解能力（田燕等，2008）。

8. 核酸的保存

DNA 和 RNA 常采用以下方法保存。

1）以溶液形式置低温保存

DNA 溶于无菌 TE 缓冲液（10mmol/L 的 Tris—HCl，1mmol/L 的 EDTA，pH = 8.0）中，其中 EDTA 的作用是整合溶液中二价金属离子，从而抑制 DNA 酶的活性（Mg^{2+} 是 DNA 酶的激活剂）。pH = 8.0 是为了减少 DNA 的脱氨反应。哺乳动物细胞 DNA 长期保存时，可在 DNA 样品中加入 1 滴氯仿，避免细菌和核酸酶的污染。

RNA 一般溶于无菌 0.3mol/L 醋酸钠(pH =5.2)或无菌双蒸馏水中，也可在 RNA 溶液中加 1 滴 0.3mol/L 氧钒核糖核苷复合物(VRC)，其作用是抑制核糖核酸酶(RNase)的降解。核酸分子溶于合适的溶液后可置 4℃、-20℃或 -80℃条件下存放，4℃条件下样品可保存 6 个月左右，-80℃条件则可存放 5a 以上。

2)以沉淀的形式置低温保存

乙醇是核酸分子有效的沉淀剂。将提纯的 DNA 或 RNA 样品加入乙醇使之沉淀，离心后去上清液，再加入乙醇，置 4℃、-20℃可存放数年，而且还可以在常温状态下邮寄。

3)以干燥的形式保存

将核酸溶液按一定的量分装于艾本德(Eppendorf)管中，置低温(盐冰、干冰、低温冰箱均可)预冻，然后在低温状态下真空干燥，置 4℃可存放数年以上。取用时只需加入适量的无菌双蒸馏水，待 DNA 或 RNA 溶解后便可使用。

五、实验报告

1. 实验结果

(1)菌种保藏记录填入表 3-29。

表 3-29　菌种保藏记录

菌种名称	保藏编号	保藏方法	保藏日期	存放条件	经手人

(2)存活率检测结果填入表 3-30。

表 3-30　存活率检测结果

菌种名称	保藏方法	保护剂	保藏时间，月	保藏前活菌数，个/mL	保藏后活菌数，个/mL	存活率

根据以上结果，谈谈哪些因素影响菌种存活性。

2. 思考题

(1)根据实验结果，谈谈 1 ~2 种菌种保藏方法的利弊。

(2)现代已经有人设想，如果将人类目前还无法治愈的病者进行冷冻保藏，几十年或几百年后，在医学水平达到该病可治愈时，可将其复活治疗。这种设想可否实现？说明其技术难点或者克服这些难点的可能性。

六、附注：冻干保护剂

1. 常用冷冻真空干燥中常用的保护剂

(1)脱脂奶 10% ~20%。

(2)脱脂奶粉 10g，谷氨酸钠 1g，加蒸馏水至 100mL。

(3)脱脂奶粉 3g，蔗糖 12g，谷氨酸钠 1g，加蒸馏水至 100mL。

(4)新鲜培养液 50mL，24%蔗糖 50mL。

(5)马血清(不稀释)过滤除菌。

(6)葡萄糖 30g 溶于 400mL 马血清中，过滤除菌。

(7)马血清 100mL 加内旋环乙醇 5g。

(8)谷氨酸钠 3g，核糖醇(adonitol)1.5g，加 0.1mol/L 磷酸缓冲液(pH = 7.0)至 100mL。

(9)谷氨酸钠 3g，核糖醇 1.5g，胱氨酸 0.1g，加 0.1mol/L 磷酸缓冲液(pH = 7.0)至 100mL。

(10)谷氨酸钠 3g，乳糖 5g，聚乙烯吡咯烷酮(PVP)6g，加 0.1mol/L 磷酸缓冲液(pH = 7.0)至 100mL。

上述冷冻真空干燥机保护剂可视情况选用。其中，脱脂奶粉对于细菌、酵母苗和丝状真菌都适用，且来源广泛，制作方便，因此最为常用。

2. 常用低温保护剂

(1)甘油：使用浓度为 10% ~20%。

(2)DMSO：使用浓度为 5% 或 10%。

(3)甲醇：配成 5%，过滤除菌备用。

(4)PVP：使用浓度为 5%。

(5)羟乙基淀粉(HES)：使用浓度为 5%。HES 是一类非离子淀粉衍生物，只是一个通用术语，还可以根据平均相对分子质量、摩尔取代度、浓度、C_2/C_6等指标进一步细分，是使用频率最高的体积膨胀剂之一。

(6)葡萄糖：使用浓度为 5%。

第四章　环境因素对微生物生长发育的影响

所谓一方水土养一方人，其背后的科学问题应该也包括一些极端微生物对于环境的塑造。迄今为止，可以把微生物大致上分成三大类，即极端生物（extremophiles）、非极端生物［含中温生物（mesophiles）、中性生物（neutrophiles）］、多极生物（polyextremophiles）。其中，多极生物表示多种极端环境的耦合体。这里的三大类生物，主要就是指微生物。极端生物又可以细分成嗜酸（pH≤3）、嗜碱（pH≥8.5 或 9）、厌氧（绝对厌氧或兼性厌氧）、嗜盐（≥0.2mol/L NaCl）、嗜热（≥45℃）、嗜冷（-20～10℃，一般在-15℃以下生长）、嗜压（piezophile/barophile）、嗜极（xerophile）等多类（图 4-1）。从数量上来说，普通微生物（非极端微生物）是最多的，从类型上来看，极端微生物和多极微生物显得丰富多彩。

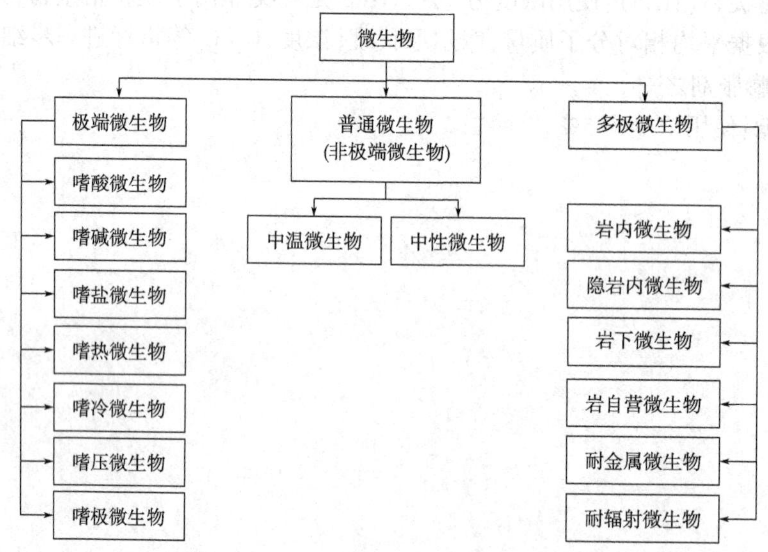

图 4-1　环境适应性的微生物分类

岩内微生物，又称岩内生微生物，石内微生物；岩下微生物指的是寒冷沙漠中岩石下生长的微生物；岩自营微生物，又称岩自养微生物，以二氧化碳为惟一碳源，母岩分化成分为营养物。

实验一　化学因素对微生物的影响

一、实验目的和要求

（1）了解常用化学消毒剂对微生物的作用。

（2）学习测定苯酚系数的方法。

二、基本原理

常用化学消毒剂主要有重金属及其盐类、有机溶剂（酚、醇、醛等）、卤族元素及其化合物、染料和表面活性剂等。重金属离子可与菌体朊结合而使之变性或与某些酶朊的巯基相结合而使酶失去活性，重金属盐则是朊沉淀剂，或与代谢产物发生螯合作用而使之变为无效化合物；有机溶剂可使朊及核酸变性，也可破坏细胞膜透性使内含物外溢；碘可与朊酪氨酸残基不可逆结合而使朊失去活性，氯气与水发生反应产生的强氧化剂也具有杀菌作用；染料在低浓度条件下可抑制细菌生长，染料对细菌的作用具有选择性，革兰氏阳性菌普遍比革兰氏阴性菌对染料更加敏感；表面活性剂能降低溶液表面张力，作用于微生物细胞膜，改变其透性，同时也能使朊发生变性。各种化学消毒剂的杀菌能力常以苯酚为标准，以苯酚系数来表示。将某一消毒剂作不同程度稀释，在一定时间内及一定条件下，该消毒剂杀死全部供试微生物的最高稀释倍数与达到同样效果的苯酚的最高稀释倍数的比值，即为该消毒剂对该种微生物的苯酚系数。苯酚系数越大，说明该消毒剂杀菌能力越强。

三、实验材料与设备

1. 菌种

结肠埃希氏菌（*E. coli*），**表皮葡萄果菌**（*Staphylococcus epidermidis*）。**表皮葡萄果菌**曾被误称为白色葡萄球菌（*Staphylococcus albus*），但实际上，经查，历史上无此拉丁名。

2. 培养基

牛肉膏朊胨培养基、牛肉膏朊胨液体培养基。

3. 溶液或试剂

2.5%碘酒、0.1%氯化汞（$HgCl_2$，俗称升汞）、5%苯酚（石炭酸）、75%乙醇、100%乙醇、1%来苏水（即 *o*－、*m*－、*p*－甲基苯酚混合物的水溶液，对皮肤有刺激和腐蚀，对人体危害大，须小心使用）、0.25%苯扎溴铵［含 90%十二烷基二甲基苄基溴化铵（苯扎溴铵或溴化苄烷铵）的溶液］、0.005%甲紫（结构见附录 10）、0.05%甲紫、无菌生理盐水（0.9%氯化钠水溶液，高压蒸汽灭菌后使用）。

氯化汞品质应不低于 HG/T 3468—2000《化学试剂　氯化汞》。

4. 仪器或其它用具

无菌培养皿、无菌滤纸片、试管、吸管、三角涂棒、尺子等。

四、操作步骤

1. 滤纸片法测定化学消毒剂的杀（抑）菌作用

（1）将已灭菌并冷却至 50℃左右的牛肉膏朊胨培养基倒入无菌平皿中，水平放置待凝固。

（2）用无菌吸管吸取 0.2mL 培养 18h 的**表皮葡萄果菌**菌液加入上述平板中，用无菌三角涂棒涂布均匀。

（3）将已涂布好的平板底皿划分成 4～6 等份，每一等份内标明一种消毒剂的名称。

（4）用无菌镊子将已灭菌的小圆滤纸片（$\phi = 5$mm）分别浸入装有各种消毒剂溶液的试管

中浸湿。

注意：取出滤纸片时，应保证过滤纸片所含消毒剂溶液量基本一致，并在试管内壁沥去多余药液。

用无菌操作将滤纸片贴在平板相应区域，平板中间贴上浸有无菌生理盐水的滤纸片作为对照（图 4－2）。

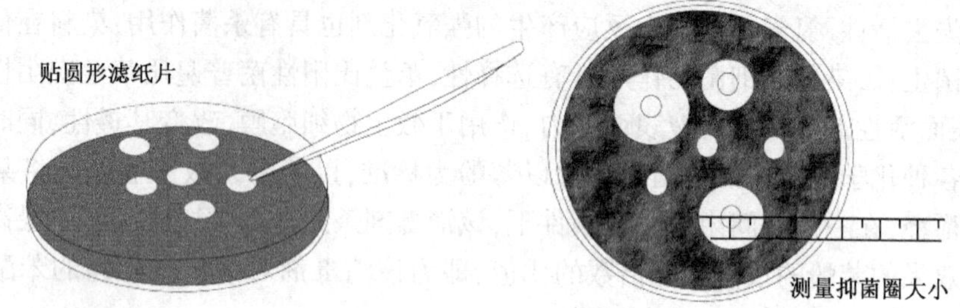

图 4－2　圆形滤纸法（抑菌圈法）测量化学消毒剂杀/抑菌性能

（5）将上述贴好滤纸片的含菌平板倒置放于 37℃ 温室中，24h 后取出观察抑（杀）菌圈的大小（图 4－1）。

2. 系数的测定

（1）将苯酚稀释配成 1/50、1/60、1/70、1/80 及 1/90 等不同的浓度，分别取 5mL 装入相应试管中。

（2）将待测消毒剂（来苏水）稀释配成 1/150、1/200、1/250、1/300 及 1/500 等不同的浓度，各取 5mL 装入相应的试管。

（3）取盛有已灭菌的牛肉膏胨胨液体培养基的试管 30 支，其中 15 支标明苯酚的 5 种浓度，每种浓度 3 管（分别标记上 5min、10min 及 15min）；另外 15 支标明来苏水的 5 种浓度，每种浓度 3 管（分别标记上 5min、10min 及 15min）。

（4）在上述盛有不同浓度的苯酚和来苏水溶液的试管中各接入 0.5mL **结肠埃希氏菌**菌液并摇匀。每管自接种时起分别于 5min、10min 和 15min 用接种环从各管内取一环菌液接入标记有相应苯酚及来苏水浓度的装有牛肉膏胨胨液体培养基的试管中。

注意：吸取菌液时要将菌液吹打均匀，保证每个试管中接入的菌量一致。

（5）将上述试管置于 37℃ 温室中，48h 后观察并记录细菌的生长状况。细菌生长者试管内培养液混浊，以“＋”表示；不生长者培养液澄清，以“－”表示。

（6）计算苯酚系数值。找出将**结肠埃希氏菌**在药液中处理 5min 后仍能生长而处理 10min 和 15min 后不生长的来苏水及苯酚的最大稀释倍数，计算两者比值。例如，若来苏水和苯酚在 10min 内杀死**结肠埃希氏菌**的最大稀释倍数分别是 250 和 70，则来苏水的苯酚系数为 250/70 = 3.6。

五、实验报告

1. 实验结果

（1）将各种化学试剂对**表皮葡萄球菌**的作用能力填入表 4－1。

表 4－1　各种化学试剂对表皮葡萄果菌的作用能力

消毒剂	抑菌圈直径,mm	消毒剂	抑菌圈直径,mm
2.5%碘酒		1%来苏水	
0.1%升汞		0.25%苯扎溴铵	
75%乙醇		0.005%甲紫	
100%乙醇		0.05%甲紫	
5%苯酚			

(2)将苯酚系数的计算结果填入表 4－2。

表 4－2　苯酚系数的计算结果

消毒剂	稀释倍数	生长状况			苯酚系数
		5min	10min	15min	
苯酚	50				
	60				
	70				
	80				
	0				
来苏水	150				
	200				
	250				
	300				
	500				

2. 思考题

(1)含化学消毒剂的滤纸片周围形成的抑(杀/灭)菌圈表明该区域培养基中原有细菌被杀灭或抑制不能生长,如何用实验证明这个抑(杀/灭)菌圈的形成是由于化学消毒剂的抑菌作用还是杀/灭菌作用?

(2)影响抑(杀/灭)菌圈大小的因素有哪些?抑(杀/灭)菌圈大小是否能准确反映化学消毒剂的抑(杀/灭)菌能力的强弱?

(3)医院常用乙醇消毒剂的浓度是多少?在本实验中,75%和100%的乙醇对表皮葡萄果菌的作用效果有何不同?请分析说明医院所用乙醇浓度的原因和机理。

(4)某公司推出一款新型饮料,并声称100%纯天然饮料,不含任何防腐剂。请利用本实验结果及所掌握的微生物学知识,设计一个简单实验来初步判断此公司所声称的天然饮料是否如此。

实验二　氧对微生物的影响

一、实验目的和要求

(1)了解氧对微生物生长的作用。

(2)学习测定各种微生物对氧需求的实验方法。

二、基本原理

就目前的认识来看,可能由于不同种类微生物细胞内生物氧化酶系统的差异,自然界存在的各种微生物对氧的需求是不同的。根据对氧的耐受性,可把微生物分成如下五类:

(1)专性耗氧菌或好氧菌:必须在有氧条件下生长,氧在高能分子如葡萄糖的氧化降解中作为氢受体。

(2)微耗氧菌或微好氧菌(microaerobes):生长只需要微量的氧,过量的氧常导致此类微生物的死亡或停止代谢。

(3)兼性厌氧菌(facultative anaerobes):有氧或无氧条件下均能生长,倾向于以氧作为氢受体,在无氧条件下可利用 NO_3^- 或 SO_4^{2-} 作为最终氢受体。

(4)专性厌氧菌(obligae anaerobes):必须在完全无氧的条件下生长繁殖,由于细胞内缺少超氧化物歧化酶(SOD)和过氧化氢酶,氧的存在常导致有毒害作用的超氧化物及氧自由基(O_2^-)的产生,对这类微生物具致死作用。

(5)耐氧厌氧菌(aerotoleant anaerobes):有氧及无氧条件下均能生长,与兼性厌氧菌不同之处在于耐氧厌氧菌虽然不以氧作为最终氢受体,但由于细胞具有超氧化物歧化酶和/或过氧化氢酶,在有氧的条件下也能生存。

本实验采用深层琼脂法来测定氧对不同类型微生物生长的影响,在葡萄糖牛肉膏朊胨琼脂深层培养基试管中接入各类微生物,在适宜条件下培养后,观察生长状况,根据微生物在试管中的生长部位,判断各类微生物对氧的需求及耐受能力(图4-3)。

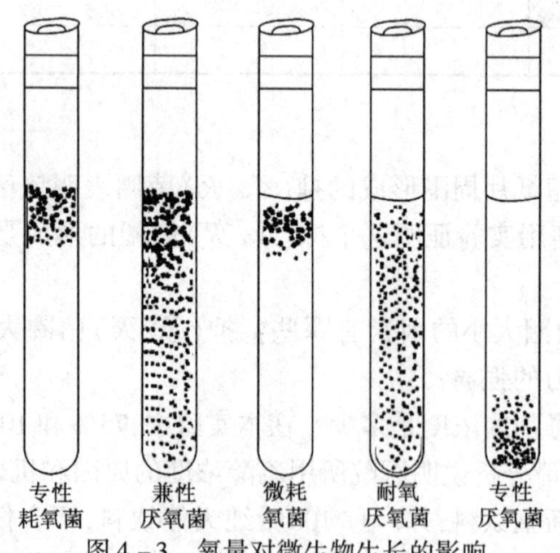

图4-3　氧量对微生物生长的影响

培养基为半固体琼脂培养基

三、实验材料与设备

1. 菌种

金色葡萄果菌(*S. aureus*)、**干燥棒小杆菌**(*Corynebacterium xerosis*)(曾用名,干燥棒杆菌等)、**德尔布吕克氏乳竿菌保加利亚亚种**(*Lactobacillus delbrueckii* subsp. *bulgaricus*)(简称,**德氏乳竿菌保加利亚亚种**;曾用名,保加利亚乳杆菌等)、**丁酸梭菌**(*Clostridium butyricum*)、酿酒

酵母(*S. cerevisiae*)及黑曲霉(*Asperigillus niger*)。

2. 培养基

葡萄糖牛肉膏胨胨(半固体)琼脂培养基、半固体琼脂培养基配制见附录2,也可用硫乙醇酸盐肉汤(Thioglycollate broth)(胰酪胨15g、无水葡萄糖5g、酵母膏5g、氯化钠2.5g、硫乙醇酸钠0.5g、琼脂0.75g、刃天青0.001g、L-胱氨酸0.5g),参见YY/T 0575—2005《硫乙醇酸盐流体培养基》。

3. 溶液或试剂

无菌生理盐水。

4. 仪器或其它用具

无菌吸管、冰块等。

四、操作步骤

1. 配制菌悬液

在各类菌种斜面中加入2mL无菌生理盐水,制成菌悬液。

2. 配制培养基

将装有葡萄糖牛肉膏胨胨琼脂培养基的试管置于100℃水浴中溶化并保温5~10min。

3. 接种

将试管取出置室温静置,冷却至45~50℃时,做好标记,用无菌操作吸取0.1mL各类微生物菌悬液加入相应试管中,双手快速搓动试管(图4-4)或用混匀仪混匀,避免振荡使过多的空气混入培养基。待菌种均匀分布于培养基内后,将试管置于冰浴中,使琼脂迅速凝固。

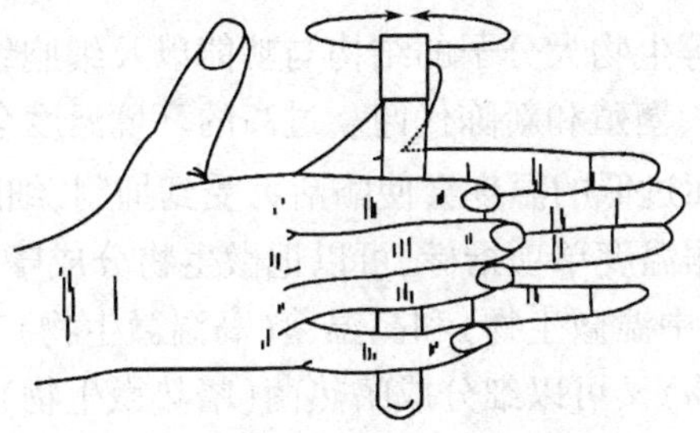

图4-4 手搓法分散菌种示意图

4. 培养

将上述试管置于28℃温室中静置保温48h后开始连续进行观察,直至结果清晰为止。

五、实验报告

1. 实验结果

将实验结果记录于表4-3,用文字描述其生长位置(表面生长、底部生长、接近表面生长、均匀生长、接近表面生长旺盛等),并确定该微生物的类型。

表 4－3　氧对微生物的影响实验结果

菌　　名	生长位置	类型	菌　　名	生长位置	类型
金色葡萄果菌			德尔布吕克氏乳竿菌保加利亚亚种		
丁酸梭菌			黑曲霉		
干燥棒小杆菌			酿酒酵母		

2. 思考题

(1)溶化的培养基中接入菌种后,为何搓动试管而不振荡试管来使菌种均匀分布于培养基中?

(2)不同类型微生物在琼脂深层培养基中生长位置为何不同?

(3)某些细菌细胞内不含过氧化氢酶,但仍能在有氧条件下生长,试解释其原因。

(4)人体肠道内数量最多的是哪种细菌?从人类大便中最常分离到的是什么类型的细菌?为什么?

实验三　温度对微生物的影响

一、实验目的和要求

(1)了解温度对不同类型微生物生长的影响。

(2)区别微生物的最适生长温度与最适代谢温度。

二、基本原理

温度通过影响朊、核酸等生物大分子的结构与功能以及细胞结构(如细胞膜)的流动性及完整性来影响微生物的生长、繁殖和新陈代谢。过高的环境温度会导致朊或核酸的变性失活;而过低的温度会使酶活力受到抑制,细胞的新陈代谢活动减弱。根据温度单项指标,可以把微生物分成嗜冷菌(嗜冷微生物)、中温菌(中温微生物)和高温菌(高温微生物)三类,其中高温菌(高温微生物)又可以细分成嗜热菌(嗜热微生物)、超嗜热菌(超嗜热微生物)(图 4－5)。每种微生物只能在一定的温度范围内生长,低温微生物最高生长温度不超过 20℃,中温微生物的最高生长温度低于 45℃,而高温微生物能在 45℃及以上的温度条件下正常生长(有些文献分类在 40～45℃之间有重叠),嗜热菌能在 80℃以上生长,超嗜热微生物生存在极热环境(60℃以上),最适温度通常在 80℃以上。极端微生物通常也能耐受极酸、极碱、辐射等环境。值得一提的是,超嗜热微生物很多为古菌,需硫生长,以 S 为电子受体,因此也需要适应极酸环境(此时即为嗜酸微生物)。微生物群体生长、繁殖最快的温度为其最适生长温度,但它并不等于其发酵最适温度,也不等于积累某一代谢产物的最适温度。

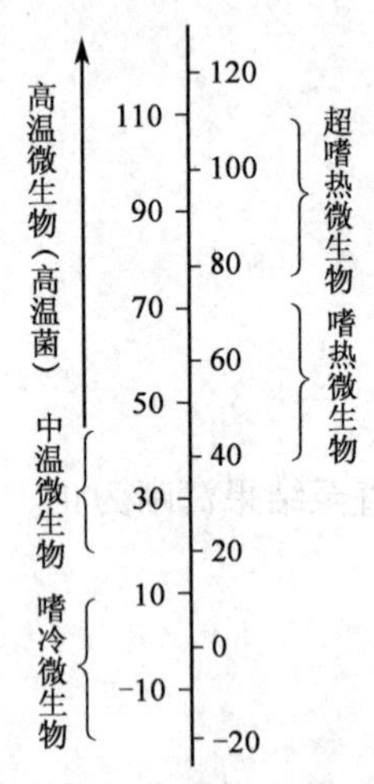

图 4－5　微生物的温度适应类型(单位:℃)

消退沙雷氏菌（*Serratia marcescens*），曾用名黏质沙雷氏菌，能产生红色或紫红色色素，菌落表面颜色随着色素量的增加呈现出由橙黄到深红色逐渐加深的变化趋势，而酿酒酵母可发酵产气。本实验通过在不同温度条件下培养不同类型微生物，了解微生物的最适生长温度、最适代谢温度及最适发酵温度的差别。

三、实验材料与设备

1. 菌种

结肠埃希氏菌（*E. coli*）、**嗜脂热地竿菌**（*Geobacillus stearothermophilus*）［曾用名，嗜热脂肪芽孢杆菌（*Bacillus stearothermophilus*）等］、**萨瓦斯塔诺氏假单胞菌**（*Pseudomonas savastanoi*）（简称，萨氏假单胞菌；曾用名，萨伏斯达诺氏假单胞菌，等）、**消退沙雷氏菌**（*S. marcescens*）、酿酒酵母（*S. cerevisiae*）。

2. 培养基

牛肉膏胨培养基、装有胨葡萄糖发酵培养基的试管（内含倒置的德汉氏管）。

德汉氏管（Durham tube），又译杜氏管，即在一试管内再套一倒置的小管，约（0.6～0.8）cm×3.6cm 大小，又称发酵小管，用来检测气体产生，见图 4－6。德汉氏指的是英国微生物学家赫伯特·德汉（Hurbert Durham），他于 1898 年首次报道了德汉氏管。

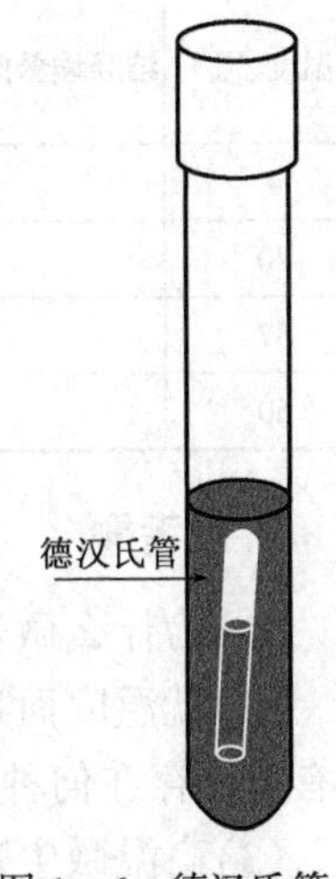

图 4－6　德汉氏管

3. 仪器或其它用具

无菌平皿、接种环等。

四、操作步骤

1. 倒平板

将牛肉膏胨培养基溶化后倒平板。倒平板时培养基量适当增加，使凝固后的培养基厚度为一般培养基厚度的 1.5～2 倍，避免在高温（60℃）条件下培养微生物时培养基干裂。

2. 做标签

取 8 套牛肉膏胨琼脂平板，在皿底用记号笔划分为四区，分别标上**结肠埃希氏菌**、**嗜脂热地竿菌**、**萨瓦斯塔诺氏假单胞菌**及**消退沙雷氏菌**。

3. 平板接种

在上述平板各个区域分别用无菌操作划线接种相应的四种菌，各取两套平板倒置于 4℃、20℃、37℃及 60℃条件下保温 24～48h，观察细菌的生长状况以及**消退沙雷氏菌**产色素量的情况。

4. 酵母菌试管接种

在四支装有胨葡萄糖发酵培养基及倒置德汉氏管的试管中接入酿酒酵母，分别置于 4℃、20℃、37℃及 60℃条件下保温 24～48h，观察酿酒酵母的生长状况以及发酵产气量。

五、实验报告

1. 实验结果

比较上述五种微生物在不同温度条件下的生长状况（“－”表示不生长，“＋”表示生长较差，“＋＋”表示生长一般，“＋＋＋”表示生长良好）以及**消退沙雷氏菌**产色素量和酿酒酵母产气量的多少（“－”“＋”“＋＋”“＋＋＋”表示），结果填入表4－4。

表4－4　温度影响实验结果

温度,℃	结肠埃希氏菌	嗜脂热地芊菌	萨瓦斯塔诺氏假单胞菌	消退沙雷氏菌		酿酒酵母	
				生长状况	产色素量	生长状况	产气量
4							
20							
37							
60							

2. 思考题

（1）为什么微生物最适生长温度并不一定等于其代谢或发酵的最适温度？

（2）就温度而言，在深海海水、海底火山口附近的海水、植物组织、温带土壤表层、温泉中最有可能存在何种类型的微生物？

（3）高温微生物能感染恒温动物吗？为什么？

（4）进行体外 DNA 扩增的聚合酶链式反应（polymerase chain reaction，PCR）技术之所以能够迅速发展和广泛应用，其中最重要的是得益于 *Taq* 酶（即分离自**水生热菌**的高温酶）的发现和生产，这种酶应该从何种菌中分离？该菌属于本实验中涉及的哪种类型微生物？

（5）据报道，有科学工作者采用特殊的钻探工具，从地表以下 3000～5000m 的土壤及岩层中采集样品，并从中分离到细菌。根据所掌握的知识，这些细菌具有哪些典型特征？对这些微生物的研究有何重大意义？

（6）地球外有无生命形式，一直是人们十分感兴趣的问题。随着 1997 年 7 月美国火星探测器在火星登陆，探索星际生命又成为一个热点。美国和俄罗斯事实上早已将高温/低温微生物特别是高温干旱/专性嗜热/冷菌作为其宇宙微生物研究计划的重要内容，并在阿塔卡马沙漠、南极地区模拟宇宙环境研究星际生命，他们这么做的原因和理由是什么？

（7）微生物地质学实验室把深地作为一种新的微生物研究环境的原因和理由是什么？

（8）能否把本实验中的培养温度继续提高到70℃、80℃、90℃和100℃？如果更高温度呢？如何实现超嗜热微生物的筛培和分离纯化？

实验四　渗透压（盐度）对微生物的影响

一、实验目的和要求

（1）了解渗透压对微生物生长的影响。

（2）掌握渗透压影响微生物生长的原理。

二、基本原理

在等渗透压溶液中，微生物正常生长繁殖；在高渗透压溶液（例如高盐、高糖溶液）中，细胞失水收缩，而水分为微生物生理、生物化学反应所必需，失水会抑制其生长繁殖；在低渗透压溶液中，细胞吸水膨胀，细菌、放线菌、霉菌及酵母菌等大多数微生物具有较为坚韧的细胞壁，而且个体较小，因而在低渗溶液中一般不会像无细胞壁的细胞那样容易发生裂解，具有细胞壁的微生物受低渗透压的影响不大。

不同类型微生物对渗透压变化的适应能力不尽相同，大多数微生物在0.5% ~5%的盐浓度范围内可正常生长，10% ~15%的盐浓度能抑制大部分微生物的生长，但嗜盐细菌在低于15%的盐浓度环境中不能生长，而某些极端嗜盐菌可在盐浓度高达30%的条件下生长良好（图4－7），参见附录1 嗜盐菌。

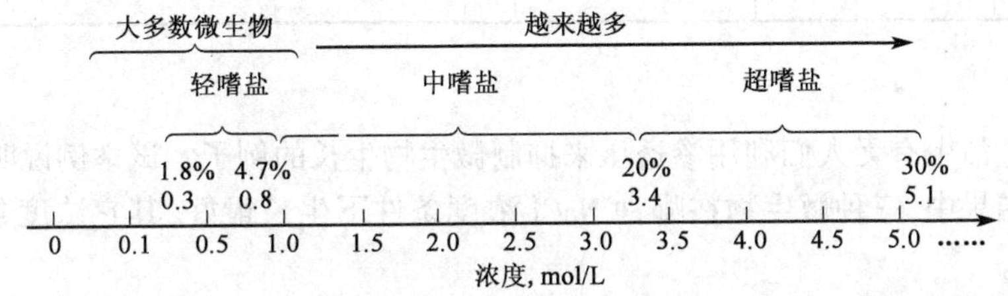

图4－7 盐度和微生物

普通海水的盐度为3.5%，死海的盐度为20% ~30%；以氯化钠计，0.3mol/L＝17.5g/L，1mol/L＝58.4g/L，5.0mol/L＝242.2g/L

三、实验材料与设备

1.菌种

金色葡萄果菌（*S. aureus*）、结肠埃希氏菌（*E. coli*）、盐业卤小杆菌（*Halobacterium salinarum*）。

2.培养基

分别含0.85%、5%、10%、15%及25% NaCl的牛肉膏胨培养基，见附录2。

3.仪器或其它用具

无菌平皿、接种环等。

四、操作步骤

1.配培养基倒平板

将含不同浓度NaCl的牛肉膏胨培养基溶化、倒平板。

2.接种

已凝固的平板皿底，用记号笔画成三部分，分别标记上述三种菌名。以无菌操作在相应区域分别划线接种金色葡萄果菌、结肠埃希氏菌及盐业卤小杆菌，避免污染杂菌或相互污染。

3.培养观察

将上述平板置于28℃温室中，4d后观察并记录含不同浓度NaCl的平板上三种菌的生长状况。

五、实验报告

1. 实验结果

将实验结果填入表4－5（“－”表示不生长，“＋”表示生长，“＋＋”表示生长良好）。

表4－5　盐度影响实验结果

菌名	NaCl 浓度，%				
	0.85	5	10	15	25
金色葡萄果菌					
结肠埃希氏菌					
盐业卤小杆菌					

2. 思考题

（1）日常生活中有无人们利用渗透压来抑制微生物生长的例子？试举例说明。

（2）实验结果中，三种微生物在哪种 NaCl 浓度条件下生长最好，其它浓度条件下是否生长？说明原因。

（3）嗜盐菌能否在低盐或无盐环境生存？为什么？

实验五　pH 对微生物的影响

一、实验目的和要求

（1）了解 pH 对微生物生长的影响。

（2）确定微生物生长所需最适 pH 条件。

二、基本原理

pH 对微生物生命活动的影响是通过以下几方面实现的：一是使朊、核酸等生物大分子所带电荷发生变化，从而影响其生物活性；二是引起细胞膜电荷变化，导致微生物细胞吸收营养物质能力改变；三是改变环境中营养物质的可及度（微生物可以利用环境中营养物质的范围和能力的一种度量）及有害物质的毒性。不同微生物对 pH 条件的要求各不相同，特定微生物只能在一定的 pH 范围内生长，这个 pH 范围有宽有窄，而其生长最适 pH 常限于一个较窄的 pH 范围，对 pH 条件的不同要求在一定程度上反映出微生物对环境的适应能力。根据 pH 的适应性，一般把微生物分成中性/嗜中微生物（neutrophiles）、酸性/嗜酸微生物（acidophiles）和碱性/嗜碱微生物（alkaliphiles），介于之间的，有时候被称为耐碱微生物或耐酸微生物（图4－8）。例如，肠道细菌能在一个较宽的 pH 范围生长，这与其生长的自然环境条件——消化系统是相适应的；而血液寄生微生物仅能在一个较窄的 pH 范围内生长，因为循环系统的 pH 一般恒定在7.3。

一些微生物能在极端 pH 条件下生长，如细菌**硫杆菌属**的一些菌种，和古菌的一些菌属如**硫叶菌属**和**热原体属**是严格嗜酸的，**烫酸硫叶菌**（*Sulfolobus acidocaldarius*）就是酸性热泉很常

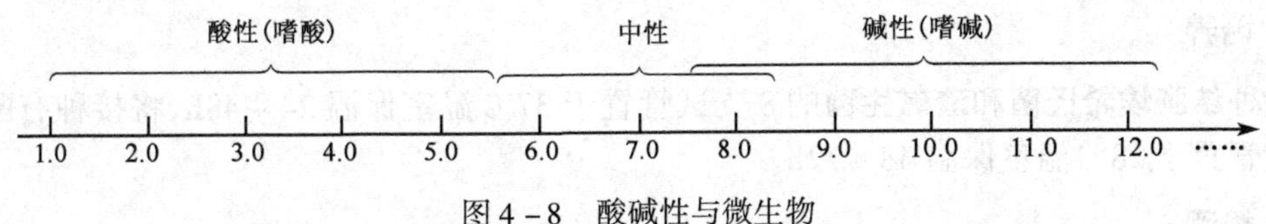

图 4－8　酸碱性与微生物

见的栖息菌，在 pH1～3 和高温环境下生长得很好。火山、热液区、深海热液口、动物胃部等生境，很容易发现这些嗜酸微生物；**霍乱弧菌**（*Vibrio cholerae*）和**渣碱生菌**（*Alcaligenes faecalis*）等碱性微生物，则只能在 pH 为 9 附近最适生长，这些微生物称为嗜碱微生物。

就大多数微生物而言，细菌一般在 pH＝4～9 范围内生长，生长最适 pH 一般为 6.5～7.5；真菌一般在偏酸环境中生长，生长最适 pH 一般为 4～6。这些微生物称为嗜中微生物。实验室条件下，人们常将培养基 pH 调至接近于中性，而微生物在生长过程中常由于糖的降解产酸及朊降解产碱而使环境 pH 发生变化，从而会影响微生物生长，因此，人们常在培养基中加入缓冲系统，如 K_2HPO_4/KH_2PO_4 系统；大多数培养基富含氨基酸、肽及朊，这些物质可作为天然缓冲系统。

实验室条件下，可根据不同类型微生物对 pH 要求的差异来选择性地分离某种微生物。例如，在 pH＝10～12 的高盐培养基上可分离到嗜盐嗜碱细菌，分离真菌则一般用酸性培养基等。

三、实验材料与设备

1. 菌种

渣碱生菌（*Alcaligenes faecalis*）、**结肠埃希氏菌**（*E. coli*）、酿酒酵母（*S. cerevisiae*）。

2. 培养基

牛肉膏朊胨液体培养基，用 1mol/L 氢氧化钠和 1mol/L 盐酸将其 pH 分别调至 3、5、7、9。

3. 溶液或试剂

无菌生理盐水。

4. 仪器或其它用具

无菌吸管、大试管、1cm 比色杯、分光光度计。

四、操作步骤

1. 配制菌悬液

以无菌操作吸取适量无菌生理盐水加入**渣碱生菌**、**结肠埃希氏菌**及酿酒酵母斜面试管中，制成菌悬液，使其光密度（OD_{600nm}）或吸光度（A）值均为 0.05。

2. 接种

以无菌操作分别吸取 0.1mL 上述三种菌悬液，分别接种于装有 5mL 不同 pH 的牛肉膏朊胨液体培养基的大试管中。

注意：吸取菌液时要将菌液吹打均匀，保证各管中接入的菌液浓度一致。

3. 培养

接种**结肠埃希氏菌**和**渣碱生菌**的 8 支试管置于 37℃温室保温 24 ~48h，将接种有酿酒酵母的试管置于 28℃温室保温 48 ~72h。

4. 检测

将上述试管取出，利用分光光度计测定培养物的 OD_{600nm} 值。

五、实验报告

1. 实验结果

将测定结果填入表 4 -6，说明三种微生物各自的生长 pH 范围及最适 pH。

表 4 -6　pH 的影响实验结果

菌　名	OD_{600nm}			
	H3	H5	H7	H9
结肠埃希氏菌				
渣碱生菌				
酿酒酵母				

2. 思考题

(1)氨基酸、朊为何被称为天然缓冲系统？

(2)若**结肠埃希氏菌**在以葡萄糖和 NH_4Cl 作为碳、氮源的合成培养基及牛肉膏朊胨培养基中分别培养生长，两种培养基初始 pH 均为 7，在培养过程中每隔 6h 测定一次 OD_{600nm}，结果记录于表 4 -7。请问，表中结果是否合理？为什么？

表 4 -7　某次实验结果

培养时间，h	OD_{600nm}	
	合成培养基	牛肉膏朊胨培养基
6	0.100	0.100
12	0.300	0.500
18	0.275	0.900
24	0.125	1.50

实验六　生物因素对微生物的影响

一、实验目的和要求

(1)了解某一抗生素的抗菌范围。

(2)学习抗菌谱实验的基本方法。

二、基本原理

生物之间的关系从总体上可分为互生、共生、寄生、拮抗等，微生物之间的拮抗现象在自然界中是普遍存在的，许多微生物（尤其是放线菌）在其生命活动过程中能产生某种特殊代谢产物，如抗生素，具有选择性地抑制或杀死其它微生物的作用。这种现象的本质是微生物产生的不同抗生素对不同微生物具有拮抗作用。自1928年人类发现第一种抗生素——青霉素以来，已经掌握或发现不少种类的抗生素，不同抗生素的抗菌谱（图4-9）是不同的，某些抗生素只对少数细菌有抗菌作用，例如青霉素一般只对革兰氏阳性菌具有抗菌作用，多黏菌素只对革兰氏阴性菌有作用，异烟肼主要针对分枝杆菌、唑类抑制真菌，这类抗生素称为窄谱抗生素；另一些抗生素对多种细菌有作用，例如四环素类抗生素（四环素、土霉素）对许多革兰氏阳性菌和革兰氏阴性菌都有作用，称为广谱抗生素。

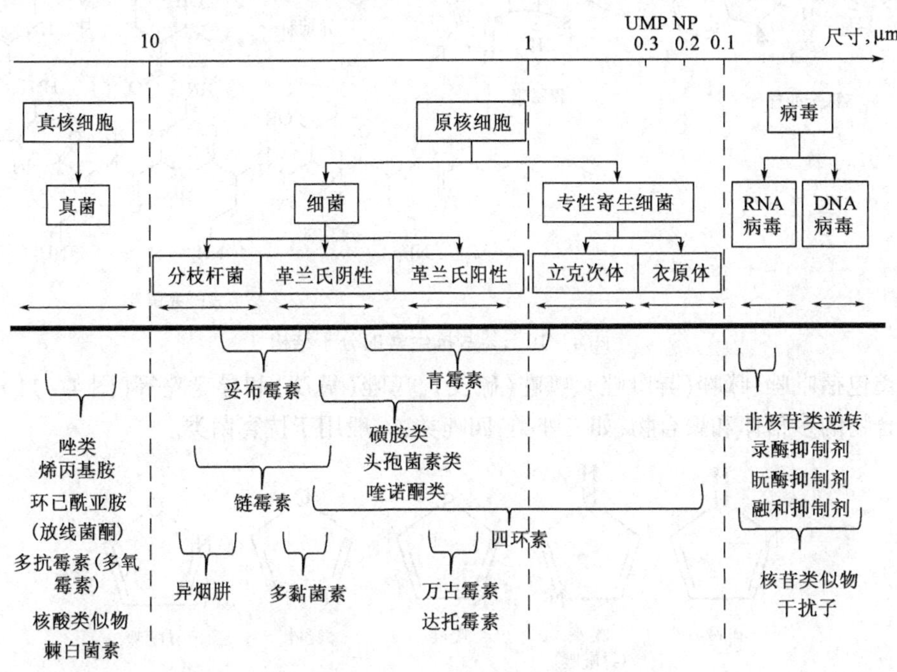

图4-9 抗生素抗微生物作用图谱

四环素、金霉素、土霉素、青霉素、氨苄西林、多黏菌素和异烟肼等的分子结构如图4-10所示。

氯四环素（chlortetracycline，CTC），又称金霉素（aureomycin），发现于1945年，因药物呈金黄色而得名，也是第一个得到鉴定的四环素类抗生素。1948年四环素得到鉴定，土霉素发现于1950年，也都是由放线菌产生的。

青霉素（penicillin，PCN），也常称为青霉素G、盘尼西林（英文音译）等，发现于1928年，对革兰氏阳性菌有效，分子式中R表示各种取代基团，是β-内酰胺类中一大类抗生素的总称。氨苄西林（ampicillin，Amp）1961年才得到开发，是一种广谱青霉素类抗生素，对革兰氏阳性菌有效，对一些革兰氏阴性菌也有效，但易产生耐药性。青霉素类物质能够抑制细菌对于肽聚糖（细胞壁的一种成分）的合成，从而使细菌死亡。

多黏菌素是一类多羟基的亲水抗生素，通过同磷脂脂肪酸的结合，能够扰乱细菌细胞膜代谢，因此对革兰氏阴性菌有选择性毒性，因为革兰氏阴性菌的细胞膜外层有很多磷脂糖分子。多黏菌素B和E已用于革兰氏阴性菌的治疗。由于全球大量抗生素的耐药性，近年来多黏菌素重新得到了重视。

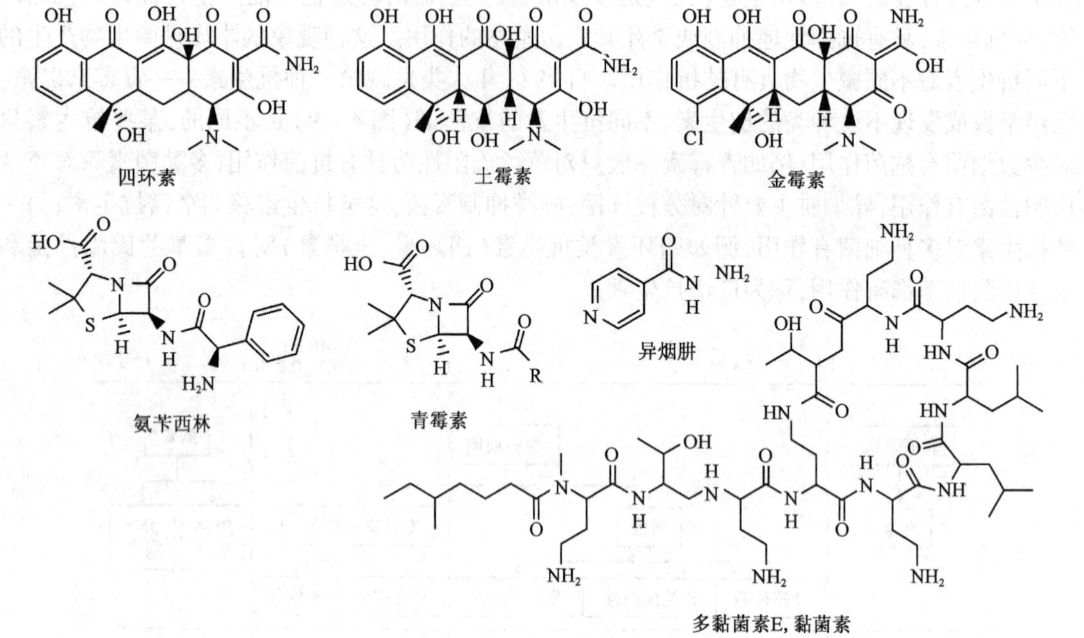

四环素　　土霉素　　金霉素

氨苄西林　　青霉素　　异烟肼　　多黏菌素E，黏菌素

图4－10　某些抗生素的分子结构

唑类包括吡唑、咪唑（异吡唑）、噻唑（硫茂）、噁唑（氧茂）和异噁唑等（图4－11），也包括这些化合物的多倍体和聚合物，如三唑类、四唑类，一般用于抗真菌类。

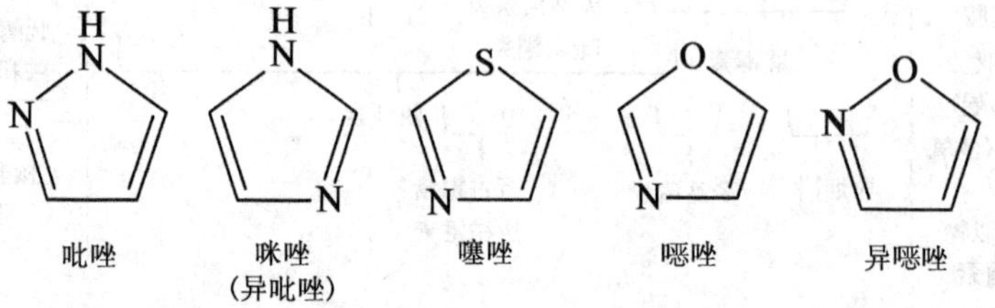

吡唑　　咪唑（异吡唑）　　噻唑　　噁唑　　异噁唑

图4－11　唑类分子结构

本实验利用滤纸条法（参考第三章实验九）测定青霉素的抗菌谱，将浸润有青霉素溶液的滤纸条贴在豆芽汁葡萄糖琼脂培养基平板上，再与此滤纸条垂直划线接种实验菌，经培养后，根据抑菌带的长短即可判断青霉素对不同类型微生物的影响，初步判断其抗菌谱。实验中所用实验菌通常以各种具有代表性的非致病菌来代替人体或动物致病菌，常用的实验菌株参见表4－8，而植物致病菌由于对人畜一般无直接危害，可直接用作实验菌。

表4－8　用于抗生素筛选的几种常用实验菌株

实　验　菌	实验菌拉丁名	所代表微生物类型
金色葡萄球菌	*S. aureus*	G＋，球菌
纤细芽菌	*B. subtilis*	G＋，芽菌
结肠埃希氏菌（大肠杆菌）	*E. coli*	G－，肠道菌
牛草分枝小杆菌	*Mycobacterium phlei*	结核分枝小杆菌
酿酒酵母	*S. cerevisiae*	酵母状真菌
素念珠菌（白假丝酵母）	*Candida albicaus*	酵母状真菌
灰棕黄青霉	*Penicillium griseofulvum*	丝状真菌
黑曲霉	*Asperigillus niger*	丝状真菌

三、实验材料与设备

1. 菌种

结肠埃希氏菌(*E. coli*)、金色葡萄果菌(*S. aureus*)、纤细竿菌(*B. subtilis*)。

2. 培养基

豆芽汁葡萄糖琼脂培养基。

3. 溶液或试剂

青霉素溶液(80 万单位/mL)、氨苄西林溶液(80 万单位/mL)。

4. 仪器或其它用具

无菌平皿、无菌滤纸条、镊子、接种环等。

四、操作步骤

1. 配培养基倒平板

将豆芽汁葡萄糖琼脂培养基熔化后,冷却至45℃左右倒平板。

2. 放入抗生素

以无菌操作用镊子将无菌滤纸条分别浸入过滤除菌的青霉素溶液和氨苄西林溶液中润湿,并在容器内壁沥去多余溶液,再将滤纸条按图 4-12 分别贴在两个已凝固的上述平板上。

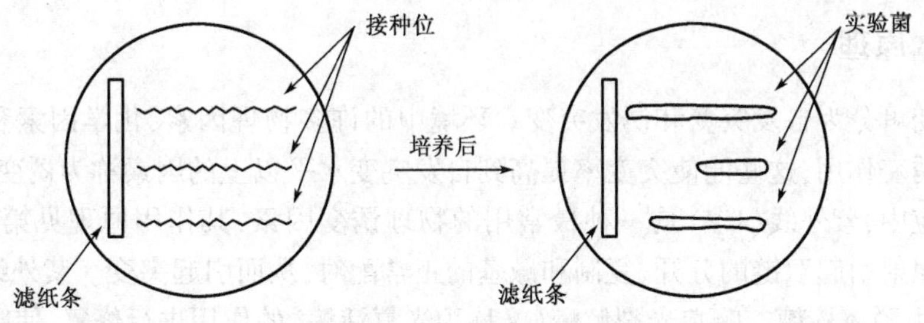

图 4-12　抗生素抗菌谱实验

注意:滤纸条形状要规则一致。滤纸条上含有的溶液量不要太多,且尽量保持各滤纸条吸附的抗生素量相等,而且在贴滤纸条时不要在培养基上拖动滤纸条,避免抗生素溶液在培养基中扩散时分布不均匀。

3. 接种

以无菌操作用接种环从滤纸条边缘分别垂直向外划线(图 4-12)接种**结肠埃希氏菌、金色葡萄果菌及纤细竿菌**。

注意:划线接种时要尽量靠近滤纸条,但不要接触,避免将滤纸条上的抗生素溶液与菌种混合。

4. 培养观察

将接种好的平板倒置于37℃温室保温 24h,取出观察并记录三种细菌的生长状况。

五、实验报告

1. 实验结果

绘图表示并说明青霉素和氨苄西林对**结肠埃希氏菌**的效能，解释其原理。

2. 思考题

(1)如果抑菌带内隔一段时间后又长出少数菌落，如何解释这种现象？

(2)某实验室获得一株产抗生素的菌株，请设计一简单实验测定此菌株所产抗生素的抗菌谱。

(3)滥用抗生素会造成什么样的后果？原因是什么？如何解决这个问题？

(4)根据青霉素的抗菌机制，平板上出现的抑菌带是致死效应还是抑制效应？与抗生素的浓度有无关系？

实验七　紫外线和化学品对微生物的影响

一、实验目的和要求

(1)通过实验观察紫外线和亚硝基胍等物理化学因素对**纤细竿菌**的诱变效应，并掌握基本方法。

(2)学习转座因子所引起的插入突变和体外突变的基本原理。

二、基本原理

基因突变可分为自发突变和诱发突变。环境中的许多物理因素、化学因素和生物因素对微生物都有诱变作用，这些能使突变率提高到自发突变水平以上的因素称为诱变剂。

光照效应中，紫外线(UV)是一种最常用的物理诱变因素，其作用原理见第一章实验四，由于紫外线照射引起双链的分开、复制和碱基的正常配对，从而引起突变。紫外线照射引起的DNA损伤可由脱氧核糖二嘧啶光裂解酶(又称为光复活酶)的作用进行修复，使胸腺嘧啶二聚体解开恢复原状：

$$\text{环丁二嘧啶(DNA 中)} \rightleftharpoons \text{2 嘧啶(DNA 中)}$$

因此，为了避免光复活，用紫外线照射处理时以及处理后的操作应在红光下进行，并且将照射处理后的微生物放在暗处培养。

亚硝基胍(NTG，N－甲基－N′－硝基－N－亚硝基胍)是一种有效的化学诱变剂，在低致死率情况下也有很强的诱变作用，故有超诱变剂之称。它的主要作用是引起DNA链中GC→AT的转换。亚硝基胍也是一种致癌因子，在操作中要特别小心，切勿与皮肤直接接触。凡有亚硝基胍的器皿，都要用1mol/L的NaOH溶液浸泡，使残余的亚硝基胍分解破坏。

转座因子包括插入顺序(IS)、转座子(Tn)以及转座噬菌体(例如Mu等)，是普遍存在于生物体内能自发地转移位置的特定DNA顺序。如果人为地将转座因子导入宿主细胞，转座因子就可能插入某一基因而引起该基因失活。如果转座因子是转座子，还往往伴随着抗性标记的出现。因此转座因子引起的插入突变很容易检测。

体外诱变(invitro mutagenesis)与经典的遗传学分析方法相比较,几乎是一种完全反向的分析方法,因此又称为反求遗传学(reverse genetics)。经典的遗传学方法是使体内整个基因组范围内随机地产生突变,然后分离具有特定遗传表型的突变体,并确定是什么基因发生了突变,这些都是体内的变化,突变体的精确性质、具体的碱基变化则需要在体外进行 DNA 序列分析来确定,因此这是一个从体内到体外的分析过程。而体外诱变是在体外使 DNA 片段的特定位点或区域的碱基按照设计好的方案发生置换、插入、缺失等变化,然后把这些变化了的 DNA 片段引入体内,以分析这些变化对机体的影响。这是一个从体外到体内的反向分析过程。体外诱变可分三类:区域随机诱变、寡核苷酸定位诱变和聚合酶链反应(PCR)定位诱变。

本实验分别以紫外线和亚硝基胍作为单因子诱变剂处理产生淀粉酶的**纤细芊菌**,根据实验菌诱变后在淀粉培养基上透明圈直径的大小来指示诱变效应。一般来说,透明圈越大,淀粉酶活性越强。

三、实验材料与设备

1. 菌株

纤细芊菌(*B. subtilis*)。

2. 培养基

淀粉培养基、溶源性肉汤(LB 液体培养基,或者简称为 LB 培养基)。

淀粉培养基的配制:马铃薯淀粉 10g,营养琼脂 1000mL(配制见附录 2),溶化后 116℃高温高压灭菌 15min。

马铃薯淀粉的品质见国家标准 GB/T 8884—2017《食用马铃薯淀粉》。LB 培养基配制见附录 2。

3. 溶液或试剂

亚硝基胍、碘液、无菌生理盐水、盛有 4.5mL 无菌水的试管。

4. 仪器或其它用具

1mL 无菌吸管、玻璃涂棒、血细胞计数板、显微镜、紫外线灯(15W,254nm 和 365nm 各一支)、磁力搅拌器、台式离心机、振荡混合器等。

四、操作步骤

1. 紫外线对纤细芊菌的诱变效应

1)制备菌悬液

(1)取培养 48h 生长丰满的**纤细芊菌**斜面 4 ~ 5 支,用 10mL 左右的无菌生理盐水将菌苔洗下,倒入一支无菌大试管中。将试管在振荡混合器上振荡 30s,以打散菌块。

(2)将上述菌液离心(3000r/min,10min),弃去上清液。用无菌生理盐水将菌体洗涤 2 ~ 3 次,制成菌悬液。

(3)用显微镜直接计数法计数,调整细胞浓度为 10^8 个/mL,待用。

2)平板制作

将淀粉琼脂培养基熔化,倒平板 29 套,凝固后待用。

注意:每个平板背面要事先标明处理时间和稀释度。

3)紫外线处理

(1)将紫外线开关打开预热约20min。

(2)取直径6cm无菌平皿4套,分别加入上述调整好细胞浓度的菌悬液3mL,并放入一根无菌搅拌棒或大头针。

(3)将上述4套平皿置于磁力搅拌器上,先开磁力搅拌器开关搅拌(使菌悬液中的细胞接受照射均等),再打开板盖,在距离为30cm、分别用功率为15W波长不同的紫外灯下各自搅拌照射1min和3min(照射计时从开盖起,加盖止)。盖上皿盖,关闭紫外灯。

注意:操作者应戴上玻璃眼镜,以防紫外线伤眼睛。

4)稀释

用10倍稀释法把经过照射的菌悬液在无菌水中稀释成10^{-1} ~ 10^{-6}。

5)涂平板

取10^{-4}、10^{-5}和10^{-6}三个稀释度涂平板,每个稀释度涂3套平板,每套平板加稀释菌液0.1mL,用无菌玻璃涂棒均匀地涂满整个平板表面。以同样的操作取未经紫外线处理的菌液稀释涂平板作为对照。

从紫外线照射处理开始,直到涂布完平板的几个操作步骤,都需在红灯下进行。

6)培养

将上述涂匀的平板用黑色的布或纸包好,置37℃培养48h。

7)计数

将培养好的平板取出进行细菌计数。根据对照平板上CFU数,计算出每毫升菌液中的CFU数,同样计算出紫外线处理1min和3mL后的CFU数及致死率:

$$存活率 = \frac{处理后\ CFU\ 数}{对照\ CFU\ 数} \times 100\%$$

$$致死率 = \frac{对照\ CFU\ 数 - 处理后\ CFU\ 数}{对照\ CFU\ 数} \times 100\%$$

8)观察诱变效应

选取CFU数在5~6个/皿左右的处理后涂布的平板观察诱变效应:分别向平板内加碘液数滴,在菌落周围将出现透明圈。分别测量透明圈直径与菌落直径并计算其比值(HC比值)。与对照平板相比较,观察诱变效应,并选取HC比值大的菌落移接到试管斜面上培养。此斜面可作复筛用。

2. 亚硝基胍对纤细芊菌的诱变效应

1)菌悬液制备

(1)将实验菌斜面菌种挑取一环接种到含5mL淀粉培养液的试管中,置37℃振荡培养过夜。

(2)取0.25mL过夜培养液至另一支含5mL淀粉培养液的试管中,置37℃振荡培养6~7h。

2) 平板制作

将淀粉琼脂培养基熔化,倒平板 10 套,凝固后待用。每套于平板背面做好标记,以区别经处理的平板和对照平板。

3) 涂平板

取 0.2mL 上述菌液放到一套淀粉培养基平板上,用无菌玻璃涂棒将菌液均匀地涂满整个平板表面。

4) 诱变

(1) 在上述平板稍靠边的一个点上放少许亚硝基胍结晶,然后将平板倒置于 37℃ 恒温箱中培养 24h。

(2) 放亚硝基胍的位置周围将出现抑菌圈(图 4 - 13)。

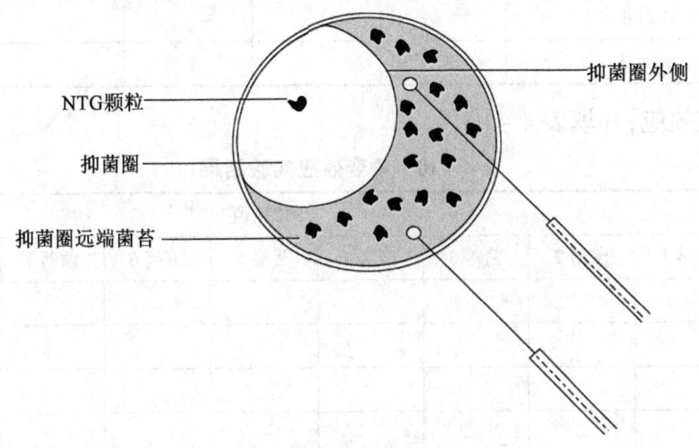

图 4 - 13　亚硝基胍致诱变平板实验

5) 增殖培养

(1) 挑取紧靠抑菌圈外侧的少许菌苔到盛有 20mL 的 LB 液体培养基的三角烧瓶中,摇匀,制成处理后菌悬液,同时挑取远离抑菌圈的少许菌苔到另一盛有 20mL LB 液体培养基的三角烧瓶中,摇匀,制成对照菌悬液。

(2) 将上述 2 只三角烧瓶置于 37℃ 振荡培养过夜。

6) 涂布平板

分别取上述两种培养过夜的菌悬液 0.1mL 涂布淀粉培养基平板。处理后菌悬液涂布 6 套平板,对照菌悬液涂布 3 套平板。涂布后的平板置 37℃ 恒温箱中培养 48h。实际操作中,可根据两种菌液的浓度适当地用无菌生理盐水稀释。

7) 观察诱变效应

分别向 CFU 数在 5 ~ 6 个/皿左右的处理后涂布的平板内加碘液数滴,在菌落周围将出现透明圈。分别测量透明圈直径与菌落直径并计算其比值(HC 比值)。与对照平板相比较,观察诱变效应,并选取 HC 比值大的菌落移接到试管斜面上培养。此斜面可作复筛用。

凡有亚硝基胍的器皿,都要置于通风处用 1mol/L 的 NaOH 溶液浸泡,使残余的亚硝基胍分解破坏,然后清洗。

五、实验报告

1. 实验结果

（1）将紫外诱变结果填入表 4－9。

表 4－9　紫外诱变结果

波长，nm	处理时间，min	平均 CFU 数，个/皿			存活率，%	致死率，%
		10^{-4}	10^{-5}	10^{-6}		
254	0（对照）					
	1					
	3					
365	0（对照）					
	1					
	3					

（2）观察诱变效应，并填表 4－10。

表 4－10　诱变效应实验结果

诱变剂	HC 比值								
	菌落 1	菌落 2	菌落 3	菌落 4	菌落 5	菌落 6	菌落 7	菌落 8	……
对照									
UV_{254}									
UV_{365}									
NTG									

2. 思考题

（1）不同紫外波长灯光照射下的微生物变化情况是否相同？请解释原因。

（2）本实验中用亚硝基胍处理细胞应用了一种简易有效的方法，并减少了操作者与亚硝基胍的接触。能否用本实验结果计算亚硝基胍的致死率？为什么？如果不能，能设计其它方法计算致死率吗？

（3）1997 年 8 月 15 日《中国科学报》报道，我国第 17 颗科学卫星搭载的糖化酶生产菌黑曲霉 T101 菌株经 15d 太空“航行”后产生较大变异。科研人员成功选育出的糖化酶活力比地面对照株高出 20% ~30% 的菌株。可能的诱变因素是什么？

（4）请设计用生长谱法筛选氨基酸缺陷型的简明方案。

实验八　微生物分析测定抗生素的效价

一、实验目的和要求

学习微生物法测定抗生素效价（potency of antibiotics）的基本原理和方法。

二、基本原理

1942 年起，抗生素（antibiotics）一词出现，指某些微生物在生长代谢过程中产生的次级代谢产物能抑制或杀死其它微生物。现在抗生素实际上多是经人工干预半合成的。

抗生素依性质不同，其剂量通常以质量单位或效价单位来计量。化学合成和半合成的抗菌药物都以质量表示；生物合成的抗生素以效价表示，并同时注明与效价相对应的质量。效价是以抗菌效能（活性部分）作为衡量的标准，因此，效价的高低是衡量抗生素质量的相对标准。抗生素的最小生物效能单元即为效价"单位"（U）。理论效价和药典效价是目前常见的两个效价表示方式。理论效价是指抗生素纯品的质量与效价单位的折算比率。一些合成、半合成的抗生素多以其有效部分的一定质量（多为 1μg）作为一个单位，即 1μg = 1U，如链霉素、土霉素、红霉素等均以纯游离碱 1μg 作为一个单位。少数抗生素则以其某一特定的盐的 1μg 或一定质量作为一个单位，例如金霉素和四环素均以其盐酸盐纯品盐酸金霉素和盐酸四环素 1μg 为一个单位，其抗菌活力的衡量，包括无生物活性的盐酸在内。青霉素则以国际标准品青霉素 G 钠盐 0.6μg 为一个单位。抗生素在实际使用中并不要求达到理论值的高纯度。药典效价是指医疗用抗生素的最低含量，是根据医疗上的要求和生产技术水平由相关国家的药典准则规定的，因此，药典含量标准不是纯品标准，两者不能混淆。

抗生素效价的生物测定有稀释法、比浊法、扩散法三大类。管碟法是扩散法中的一种，是将已知浓度的标准抗生素溶液与未知浓度的样品溶液分别加到一种标准的不锈钢小管（即牛津杯）中，在含有敏感实验菌的琼脂表面进行扩散渗透，比较两者对被试菌的抑制作用，测量出抑菌圈的大小，以计算抗生素的浓度。在一定的浓度范围内，抗生素的浓度与抑菌圈直径在双周半对数表上（浓度为对数值，抑菌圈直径为数字值）成直线函数关系，从样品的抑菌圈直径可在标准曲线上求得其效价。由于本法是利用抗生素抑制敏感菌的直接测定方法，所以符合临床使用的实际情况，而且灵敏度很高，不需特殊设备，故多被采用。但此法也有缺点，即操作步骤多，培养时间长，得出结果慢。尽管如此，由于它上述独特的优点仍被世界各国所公认，仍作为国际通用的方法被列入各国药典法规中。

抗生素的种类很多，本实验以产黄青霉产生的青霉素为例来测定其效价。

三、实验材料与设备

1. 菌种

金色葡萄果菌（*S. aureus*）、产黄青霉（*P. chrysogenum*）。

2. 培养基

(1) 培养基Ⅰ：牛肉膏胨胨培养基，培养受试菌。

(2) 培养基Ⅱ：培养基Ⅰ加 0.5% 葡萄糖，测定青霉素效价使用。

3. 溶液或试剂

0.85% 生理盐水（灭菌备用）、50% 葡萄糖（灭菌备用）。

4. 仪器或其它用具

培养板、牛津杯（或标准不锈钢小管，内径 6mm × 外径 8mm × 高 10mm 的圆形小管，两端开口，壁缘光滑，图见附录 6，也可用玻璃管代替）、陶瓦圆盖（见附录 6）、青霉素钠盐标准品等。

四、操作步骤

1. 磷酸缓冲液的配制

配制 0.2mol/L、pH = 6.0 的磷酸缓冲液，准确称取 0.8g 的 KH_2PO_4 和 0.2g 的 K_2HPO_4，用蒸馏水溶解并定容至 100mL，转入试剂瓶中灭菌备用。

2. 标准青霉素溶液的配制

精确称取 15 ~ 20mg 氨苄西林标准品，每毫克含 1667 单位（1667U/mg，1U 即 1 国际单位，等于 0.6μg），溶解在适量的 0.2mol/L、pH = 6.0 的磷酸盐缓冲液中，然后稀释成 10U/mL 的青霉素标准溶液，按表 4 - 11 配制成不同浓度的青霉素溶液，冰箱 4℃保存于备用。

表 4 - 11　不同浓度标准青霉素液的配法

编号	10U/mL 的工作液量，mL	磷酸盐缓冲液，mL	青霉素含量，U/mL
1	0.4	9.6	0.4
2	0.6	9.4	0.6
3	0.8	9.2	0.8
4	1.0	9.0	1.0
5	1.2	8.8	1.2
6	1.4	8.6	1.4

3. 青霉素发酵液样品溶液的制备

用 0.2mol/L、pH = 6.0 的磷酸盐缓冲液将青霉素发酵液适当稀释，备用。

4. 金色葡萄果菌菌液的制备

取用培养基Ⅰ斜面保存的金色葡萄果菌菌种，将其接种于培养基Ⅱ斜面试管上，于 37℃培养 18 ~ 20h，连续传种 3 ~ 4 次，用 0.85% 的生理盐水洗下，离心后，菌体用生理盐水洗涤 1 ~ 2 次，再将其稀释至一定浓度（约 10^9 个/mL，或用光电比色计测定，在波长 650nm 处透光率为 20% 左右即可）。

5. 抗生素扩散平板的制备

取灭菌过的平皿 18 个，分别加入已熔化的培养基 120mL，摇匀，置水平位置使其凝固，作为底层。另取培养基Ⅱ熔化后冷却至 48 ~ 50℃，加入适量上述金色葡萄果菌菌液，迅速摇匀，在每个平板内分别加入此含菌培养基 5mL，使其在底层上均匀分布，置水平位置凝固后，在每个引层平板中以等距离均匀放置牛津杯 6 个，用陶瓦圆盖覆盖备用。

注意控制金色葡萄果菌菌液的浓度，以免其影响抑菌圈的大小。一般情况下，100mL 培养基Ⅱ中加 3 ~ 4mL 菌液（10^9 个/mL）较好。

6. 标准曲线的制备

取上述制备的扩散平板 18 个，在每个平板上的 6 个牛津杯间隔的 3 个中各加入 1U/mL 的标准品溶液，将每 3 个平板组成一组，共分 6 组。在第一组的每个平板的 3 个空牛津杯中均加入 0.4U/mL 的标准液，如此依次将 6 种不同浓度的标准液分别加入 6 组平板中（图 4 - 14）。

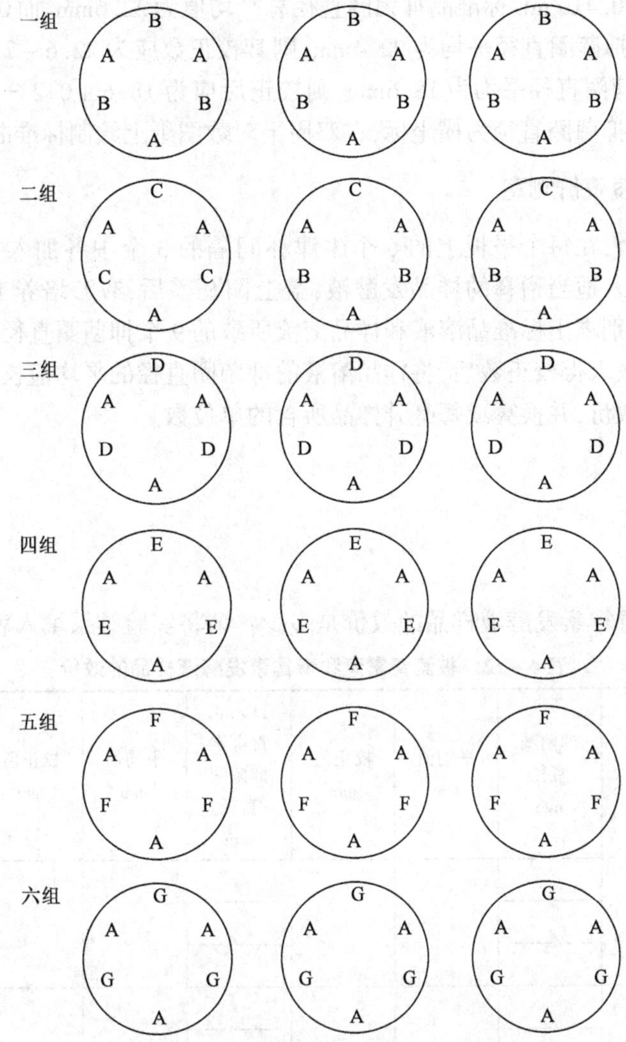

图4-14 抗生素效价测定标准曲线滴定示意图

A—标准曲线的矫正稀释度；B～G—标准曲线上的其它稀释度（0.4～1.4U/mL）

每一稀释度应更换一只吸管，每只牛津杯中的加入量为0.2mL，或用带滴头/吸头的滴管/移液器加样品，加样量与杯口水平为准（图4-15）。全部盖上陶瓦圆盖（此盖吸湿性好，盖内不易形成水滴）后37℃培养16～18h。精确测量各抑菌圈的直径，分别求得每组3个平板中1U/mL标准品抑菌圈直径与其它各浓度标准品抑菌圈直径的平均值，再求出6组中10U/mL标准品抑菌圈直径的总平均值。总平均值与每组10U/mL标准品抑菌圈直径平均值的差，即为各组的校正值。

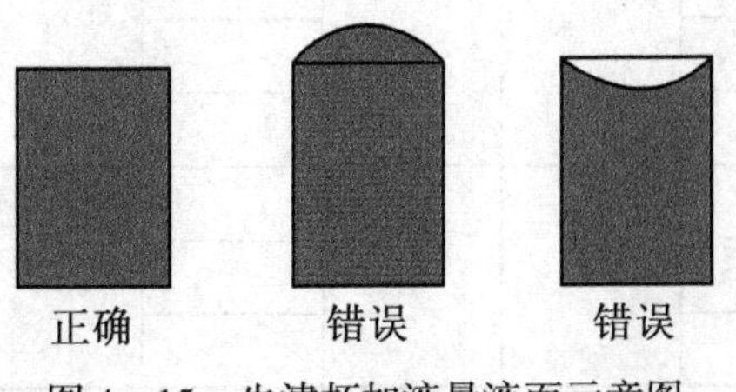

图4-15 牛津杯加液量液面示意图

例如,如果6组0.4U/mL标准品抑菌圈直径总平均值为22.6mm,而0.4U/mL的一组中9个0.4U/mL标准品抑菌圈直径平均为22.4mm,则其校正数应为22.6 - 22.4 = 0.2;如果9个0.4U/mL标准品抑菌圈直径平均为18.6mm,则校正后应为18.6 + 0.2 = 18.8mm。以浓度为纵坐标,以校正后的抑菌圈直径为横坐标,在双周半对数图纸上绘制标准曲线。

7. 青霉素发酵液效价测定

取扩散平板3个,在每个平板上的6个牛津杯间隔的3个中各加入1U/mL的标准品溶液,其它3杯中各加入适当稀释的样品发酵液,盖上陶瓦盖后,37℃培养16~18h。精确测量每个抑菌的直径,分别求出标准品溶液和样品溶液所致的9个抑菌圈直径的平均值,按照上述标准曲线的制备方法求得校正数后,将样品溶液的抑菌圈直径的平均值校正,再从标准曲线中查出标准品溶液的效价,并换算成每毫升样品所含的单位数。

五、实验报告

1. 实验结果

被测青霉素和青霉素发酵液样品的效价是多少?请将实验结果填入表4-12。

表4-12　被测青霉素和青霉素发酵液样品的效价

组　号	青霉素效价 U/mL	抑菌圈直径 mm	平均值 mm	校正值 mm	1U/mL 青霉素抑菌圈直径 mm	平均值 mm	校正值 mm	效价 U/mL	发酵液效价 U/mL
第一组	0.4								
第二组	0.6								
第三组	0.8								
第四组	1.0								
第五组	1.2								
第六组	1.4								

2. 思考题

(1)在哪一生长期微生物对抗生素最敏感?

(2)抗生素效价测定中,为什么常用管碟法测定?管碟法有何优缺点?

(3)抗生素效价测定为什么不用玻璃皿盖而用陶瓦盖?

实验九 用生长谱法测定微生物的营养要求

一、实验目的和要求

(1)了解生长谱法。

(2)学习并掌握生长谱法测定微生物营养需要的基本原理和方法。

二、基本原理

微生物的生长繁殖需要适宜的营养环境。碳源、氮源、无机盐、微量元素、生长因子等都是微生物生长所必需的,缺少其中一种,微生物便不能正常生长、繁殖。在实验室条件下,人们常用人工配制的培养基来培养微生物,这些培养基中含有微生物生长所需的各种营养成分。如果人工配制一种缺乏某种营养物质(例如碳源)的琼脂培养基,接入菌种混合均匀后倒平板,再将所缺乏的营养物质(各种碳源)点植于平板上,在适宜的条件下培养后,如果接种的这种微生物能够利用某种碳源,就会在点植的该种碳源物质周围生长繁殖,呈现出由许多小菌落组成圆形区域(菌落圈);而该微生物不能利用的碳源周围就不会有微生物的生长,最终在平板上呈现一定的生长图形。由于不同类型微生物利用不同营养物质的能力不同,它们在点植不同营养物质的平板上的生长图形就会有差别,具有不同的生长谱形,故称此法为生长谱法。该法可以定性、定量地测定微生物对各种营养物质的需求,在微生物育种、营养缺陷型鉴定以及饮食制品质量检测等诸多方面具有重要用途。

三、实验材料与设备

1. 菌种

结肠埃希氏菌(*E. coli*)。

2. 培养基

合成培养基。

3. 溶液或试剂

木糖、葡萄糖、半乳糖、麦芽糖、蔗糖、乳糖、无菌生理盐水等。

4. 仪器或其它用具

无菌平皿、无菌牙签、吸管。

四、操作步骤

1. 配制菌悬液

将培养 24h 的**结肠埃希氏菌**斜面用无菌生理盐水洗下,制成菌悬液。

2. 配培养基倒平板

将合成培养基溶化并冷却至 50℃左右,加入上述菌悬液并混匀,倒平板。

3. 营养物点植标记

在两个已凝固的平板皿底用记号笔分别划分成三个区域,并标明要点植的各种糖,如图 4-16所示。

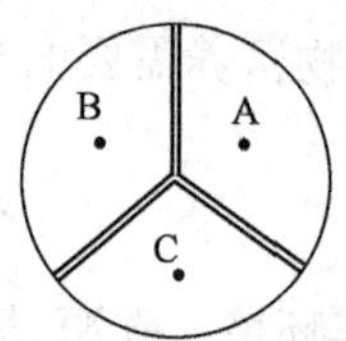

图 4-16　生长谱法测定营养物点植示意图

A、B、C 表示要点植的各种糖(营养物)

4. 营养物点植

用 6 根无菌牙签分别挑取 6 种糖对号点植(图 4-16)。点植时糖要集中,取糖量为小米粒大小即可。糖过多时,溶化后糖溶液扩散区域过大,会导致不同的糖相互混合。

5. 培养观察

待糖粒溶化后再将平板倒置于 37℃温室保温 18~24h,观察各种糖周围有无菌落圈。

注意:糖点植后不要匆忙将平板倒置,否则尚未溶化的糖粒会掉到皿盖上,影响实验。

五、实验报告

1. 实验结果

绘图表示**结肠埃希氏菌**在平板上的生长状况。根据实验结果,**结肠埃希氏菌**能利用的碳源是什么?

2. 思考题

(1)在生长谱法测定微生物碳源要求的实验中,发现某一不能被微生物利用的碳源周围也长出菌落圈,合理吗?可能原因是什么?如不合理,有办法克服吗?

(2)一学生不慎将两种较贵重的氨基酸标样的标签弄混。这两种氨基酸样品均为白色粉末,在外观上很难区分,一时难以找到进行纸层析分析所需的标准氨基酸对照样品,实验室无氨基酸分析仪,但此实验室有许多不同类型的氨基酸营养缺陷型菌株。在这种情况下,能采取什么简单的微生物学实验将此两种氨基酸样品区分开?

第五章　综合实验

实验一　细菌生长曲线的测定

一、实验目的和要求

(1)通过细菌数量的测量了解**结肠埃希氏菌**的生物特征和规律,绘制生长曲线。

(2)复习光电比浊法测量细菌数量的方法。

二、基本原理

大多数细菌的繁殖速率很快。在合适的条件下,一定时期的**结肠埃希氏菌**细胞每12～20min分裂一次。若以每15min分裂一次计算,1个细胞在1h内经过4次传代,达到16(2^4)个;依次经过24h的繁殖,即已繁殖到第96代,数量达到79228 $\times 10^{28}$(2^{96})个(图5－1)。

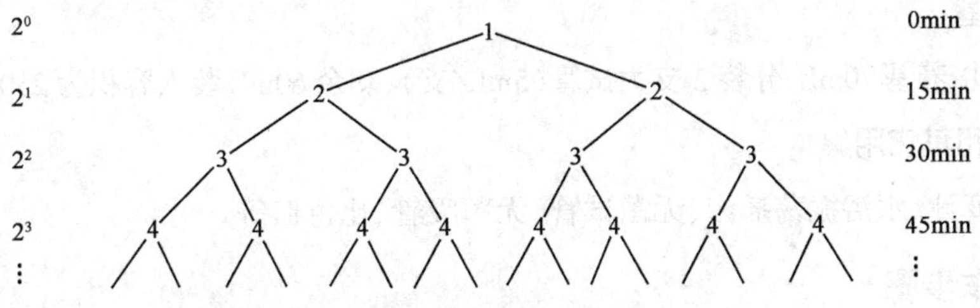

图5－1　微生物细胞分裂增殖示意图

但上述自由无限增殖模式仅仅是最理想的状态,实际上,将一定量的细菌转入新鲜液体培养基中,尽管这些可在适宜的条件下生长,但必定受到“生物空间”的限制,培养细胞要经历迟滞期、适应期、对数期、减速期、稳定期和衰亡期几个阶段。以培养时间为横坐标、以细菌数目的对数或生长速率为纵坐标作图所绘制的曲线称为该细菌的生长曲线。不同细菌在相同的培养条件下生长曲线不同,同样的细菌在不同的培养条件下生长曲线也不相同。测定细菌的生长曲线,了解其生长繁殖规律,进而了解微生物生物量(细菌质量一般以皮克(10^{-12}g)计),对人们根据不同的需要有效地利用和控制细菌的生长具有重要意义。

用于测定细菌细胞数量的方法已在第二章、第三章中作了介绍。本实验用分光光度计进行光电比浊,测定不同培养时间细菌悬浮液的光密度(OD)值(参见第四章实验五),绘制生长曲线。

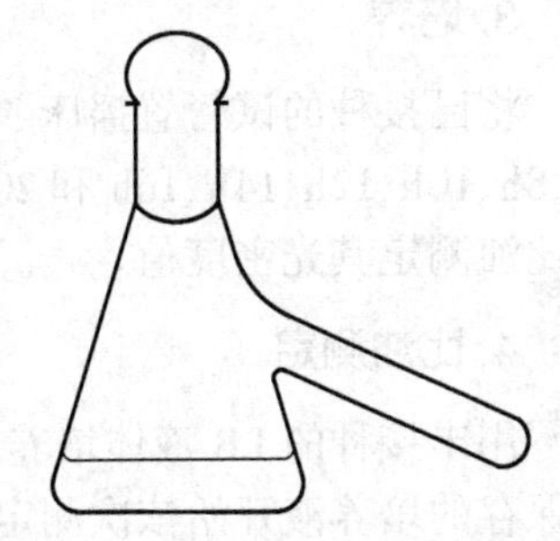

图5－2　带侧臂试管的三角烧瓶

一些旧的文献中直接用试管或带有测定管的三角烧瓶(图5－2)测定克莱特单位“klett units”值的色度计(全名为克莱特—萨默逊 Klett-Summerson 色度计)。如图5－2所示,只要接种1支试管或1个带测定管的三角烧瓶，在不同的培养时间（横坐标）取样测定，以测得的klett unit值为纵坐标，便可很方便地绘制出细菌的生长曲线。大致上，100klett unit约相当于每毫升5×10^8个细胞。但是klett unit是根据**结肠埃希氏菌**为标准测算出来的，有些菌数的测定值会因此出现偏差。这种测量的前提是前次测量对后一次光路通过不产生影响，虽然方便，但实际上是不现实的。

如果一定需要在klett unit和OD值之间转换，可根据经验换算公式：

$$1\text{klett unit}\approx OD_{600nm}\times0.002$$

$$\text{或 } 1\text{klett unit}\approx OD_{550nm}\times0.004$$

$$\text{或 } 1\text{klett unit}\approx OD_{540nm}\times0.005$$

这样，大致换算出所测菌悬液的OD值。但实际上以OD计算不同细胞，情况不一样。对结肠埃希氏菌$1OD_{600nm}\approx(2.2\sim2.4)\times10^9$cell/mL。经验上来说，$1OD_{600nm}\approx8\times10^8$cell/mL，并要保证测量在0.1～1OD之间，过高过低都不合适。以550nm和540nm测量的数据，都需要进一步研究。

三、实验材料与设备

1.菌种

结肠埃希氏菌（*E. coli*）。

2.培养基

LB液体培养基70mL，分装2支大试管（5mL/支），剩余60mL装入容积为250mL的三角瓶。

3.仪器和其它用具

分光光度计、水浴振荡摇床、无菌试管、无菌吸管、比色皿等。

四、操作步骤

1.标记

取11支无菌大试管，用记号笔分别标明培养时间，即0h、1.5h、3h、4h、6h、8h、10h、12h、14h、16h和20h。

2.接种

分别用5mL无菌吸管吸取2.5mL**结肠埃希氏菌**过夜培养液（培养10～12h）转入盛有50mL LB液的三角瓶内，混合均匀后分别取5mL混合液放入上述标记的11支无菌大试管中。

3.培养

将已接种的试管置摇床37℃振荡培养（振荡频率250r/min），分别培养0h、1.5h、3h、4h、6h、8h、10h、12h、14h、16h和20h，将标有相应时间的试管取出，立即放冰箱4℃中储存，最后一同比浊测定其光密度值。

4.比浊测定

用未接种的LB液体培养基作空白对照，选用600nm波长进行光电比浊测定。从先前取出保存的培养液开始依次测定，对细胞密度大的培养液用LB液体培养基适当稀释后测定，使其光密度值在0.1～0.65之内（测定OD值前，将待测定的培养液振荡，使细胞均匀分布）。

本操作步骤也可用简便的方法代替：

(1)用1mL无菌吸管吸取0.25mL**结肠埃希氏菌**过夜培养液转入盛有3~5mL LB液的试管(或玻璃比色皿)中,混匀后将试管直接插入分光光度计的比色槽中。比色槽上方用自制的暗盒将试管及比色暗室全部罩上,形成一个大的暗环境(现在普通分光光度计用比色皿测定无需自制暗箱)。另以1支盛有LB液但没有接种的试管调零点,测定样品中培养0h的OD值(图5-3)。测定完毕后,取出试管置37℃继续振荡培养。或者用(紫外)比色皿测定。

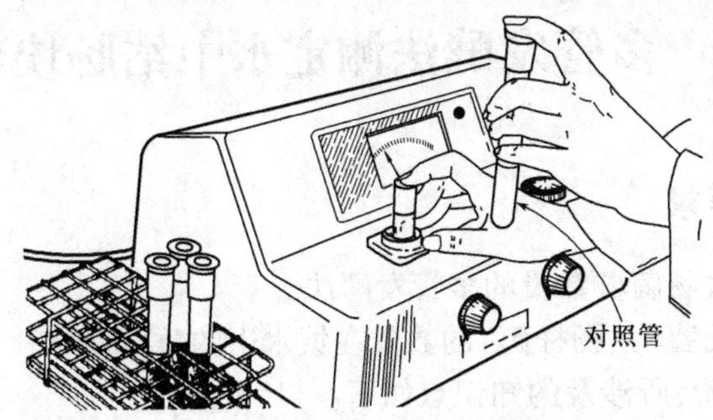

图5-3　比浊法直接测定培养试管OD值

(2)分别培养0h、1.5h、3h、4h、6h、8h、10h、12h、14h、16h和20h,取出培养物试管按上述方法测定OD值。该方法准确度高、操作简便,但须注意的是:使用的2支试管要很干净,其透光程度越接近,测定的准确度越高。

五、实验报告

1.实验结果

(1)将测定的OD_{600nm}值填入表5-1。

表5-1　测定的OD_{600nm}值

光密度值	培养时间,h											
	对照	0	1.5	3	4	6	8	10	12	14	16	20
OD_{600nm}												

(2)绘制**结肠埃希氏菌**的生长曲线(图5-4)。

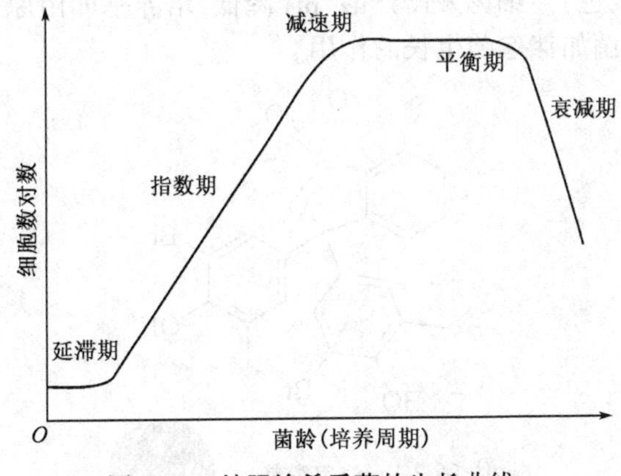

图5-4　**结肠埃希氏菌**的生长曲线

2.思考题

(1)如果用活菌计数法绘制生长曲线,会有什么不同?两者各有什么优缺点?

(2)细菌生长繁殖所经历的几个时期中,哪个时期代时最短?若细胞密度为10^3个/mL,培养4.5h后,其密度高达2×10^8个/mL,请计算出其代时(繁衍一代的时间)。

(3)次生代谢产物大量积累在哪个时期?根据细菌生长繁殖的规律,采用哪些措施可使次生代谢产物积累更多?

(4)为何用600nm处的光密度值测量细菌量?能否推广应用到真菌?为什么?

实验二　多管发酵法测定水中结肠埃希氏菌

一、实验目的和要求

(1)学习测定水中大肠菌群数量的多管发酵法。

(2)了解**结肠埃希氏菌**(大肠杆菌)的数量在饮水中的重要性。

本实验为综合性实验,所涉及的知识点如下:

(1)培养基的配制与灭菌。

(2)微生物的接种技术。

(3)倒平板技术。

(4)微生物的生理及生物化学反应知识。

(5)微生物学分类、鉴定知识。

(6)水中微生物数量的检测知识等。

二、基本原理

多管发酵法包括初(步)发酵实验、平板分离和复发酵实验三部分。

1.初(步)发酵实验

发酵管内装有乳糖胨液体培养基,并倒置一德汉氏管。乳糖能起选择作用,因为很多细菌不能发酵乳糖,而大肠菌群能发酵乳糖而产酸、产气。为便于观察细菌的产酸情况,培养基内加有溴甲酚紫(Bromcresol Purple,简记为BCP)作为pH指示剂(图5-5,在pH低于5.2时呈黄色,高于6.8时呈紫色)。细菌发酵产酸,pH降低,培养基即由原来的紫色变为黄色。溴甲酚紫还有抑制其它细菌如芽孢菌生长的作用。

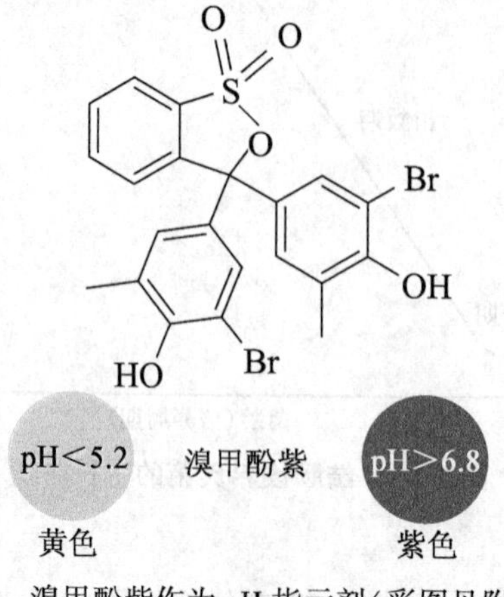

图5-5　溴甲酚紫作为pH指示剂(彩图见附录11)

水样接种于发酵管内,37℃下培养,24h 内小套管中有气体形成,并且培养基混浊,颜色改变,说明水中存在大肠菌群,为阳性结果,但也有个别其它类型的细菌在此条件下也可能产气;此外,产酸不产气的也不能完全说明是阴性结果,在量少的情况下,也可能延迟 48h 后才产气,此时应视为可疑结果。因此,以上两种结果均需继续做下面两部分实验,才能确定是否是大肠菌群,48h 后仍不产气的为阴性结果。

2. 平板分离

平板培养基一般使用复红亚硫酸钠琼脂(远藤氏培养基,Endo's medium)或伊红亚甲蓝琼脂(eosin methylene blue agar,EMB agar)。前者含有碱性复红染料,在此作为指示剂,它可被培养基中的亚硫酸钠脱色,使培养基呈淡粉红色。大肠菌群发酵乳糖后产生的酸和乙醛即和复红反应,形成深红色复合物,使大肠菌群菌落变为带金属光泽的深红色。亚硫酸钠还可抑制其它杂菌的生长。伊红亚甲蓝琼脂平板含有伊红与亚甲蓝染料,在此也作为指示剂,大肠菌群发酵乳糖造成酸性环境时,该两种染料即结合成复合物使大肠菌群产生与远藤氏培养基上相似的、带核心的、有金属光泽的深紫色(甲紫的紫色)菌落。初发酵管 24h 内产酸产气和 48h 产酸产气的均需在以上平板上划线分离菌落。

3. 复发酵实验

以上大肠菌群阳性菌落经涂片染色为革兰氏阴性无竿菌者,通过此实验再进一步证实。原理与初发酵实验相同,经 24h 培养产酸又产气的,最后确定为大肠菌群阳性结果。

三、实验材料与设备

1. 培养基

乳糖胨陈发酵液管(内有德汉氏管)、三倍浓缩乳糖胨陈发酵液管(瓶)(内有德汉氏管)、复红亚硫酸钠琼脂、伊红亚甲蓝琼脂(附录 2)平板、灭菌水。

乳糖胨陈培养液的配制如下:取胨陈 10g、牛肉膏 3g、乳糖 5g、氯化钠 5g、1.6% 溴甲酚紫乙醇溶液 1mL、蒸馏水 1000mL,先将除溴甲酚紫乙醇溶液外的各药品溶于蒸馏水中,调 pH 至 7.2~7.4,然后加入 1mL 溴甲酚紫乙醇溶液,充分混匀,分装于有德汉氏管的发酵管(瓶)中,115℃灭菌 20min,冷却,放 4℃冰箱备用(储存时间不超过 2 周为宜)。

复红亚硫酸钠琼脂的配制:胨陈 10g,乳糖 10g,K_2HPO_4 3.5g,琼脂 20g,蒸馏水 1000mL,无水亚硫酸钠(符合 HG/T 3472《化学试剂　无水亚硫酸钠》)5g 左右,5% 碱性复红乙醇溶液 20mL。先将琼脂加入 800mL 蒸馏水中,加热溶解,再加入磷酸氢二钾及胨陈,使溶解,补足蒸馏水至 1000mL,调 pH 至 7.2~7.4。加入乳糖,混匀溶解后,将密度调至 0.70kg/cm^3,115℃灭菌 20min。称取亚硫酸钠置一无菌空试管中,加入无菌水少许使溶解,再在水浴中煮沸 10min 后,立刻滴加于 20mL 的 5% 碱性复红乙醇溶液中,直至深红色褪成淡粉红色为止。将此亚硫酸钠与碱性复红的混合液全部加至上述已灭菌的并仍保持溶化状态的培养基中,充分混匀,倒平皿,冷却,放 4℃冰箱备用(储存时间不超过 2 周为宜)。

注意:一般来说,所有作为 pH 指示剂的物质,在培养基配制须进行 pH 调节时,必须在培养基 pH 调节好后再加入。

2. 仪器或其它用具

载玻片、灭菌带玻璃塞空瓶、灭菌吸管、灭菌试管等。

四、操作步骤

1. 水样的采集

水样的采集见第三章实验二。

2. 自来水检查

1) 初步发酵实验

2 瓶含有 50mL 三倍浓缩的乳糖胨胨发酵烧瓶中各加入 100mL 的水样。

10 支含有 5mL 三倍浓缩乳糖胨胨发酵管中各加入 10mL 的水样(图 5-6)。

上述样品混匀后，37℃培养 24h，24h 未产气的继续培养至 48h。

2) 平板分离

经 24h 培养后，将产酸产气及 48h 产酸产气的发酵管(瓶)分别划线接种于伊红亚甲蓝琼脂平板上，再于 37℃下培养 18～24h，将符合下列特征的菌落的一小部分进行涂片、革兰氏染色、镜检：

(1) 深紫黑色、有金属光泽。

(2) 紫黑色、不带或略带金属光泽。

(3) 淡紫红色、中心颜色较深。

3) 复发酵实验

经涂片、染色、镜检，如为革兰氏阴性无芽菌，则挑取该菌落的另一部分重新接种于普通浓度的乳糖胨胨发酵管中，每管可接种来自同一初发酵管的同类型菌落 1～3 个，37℃培养 24h，若产酸又产气，即证实有大肠菌群存在。证实有大肠菌群存在后，再根据初步发酵实验的阳性管(瓶)数查表 5-2，即得大肠菌群数。

表 5-2　大肠菌落检数表(每升水样中结肠埃希氏菌数)

10mL 水量的阳性管数 \ 100mL 水量的阳性管数	0	1	2
0	<3	4	11
1	3	8	18
2	7	13	27
3	11	18	38
4	14	24	52
5	18	30	70
6	22	36	92
7	27	43	120
8	31	51	161
9	36	60	230
10	40	69	>230

注：接种水样总量 300mL(100mL 的 2 份，10mL 的 10 份)。

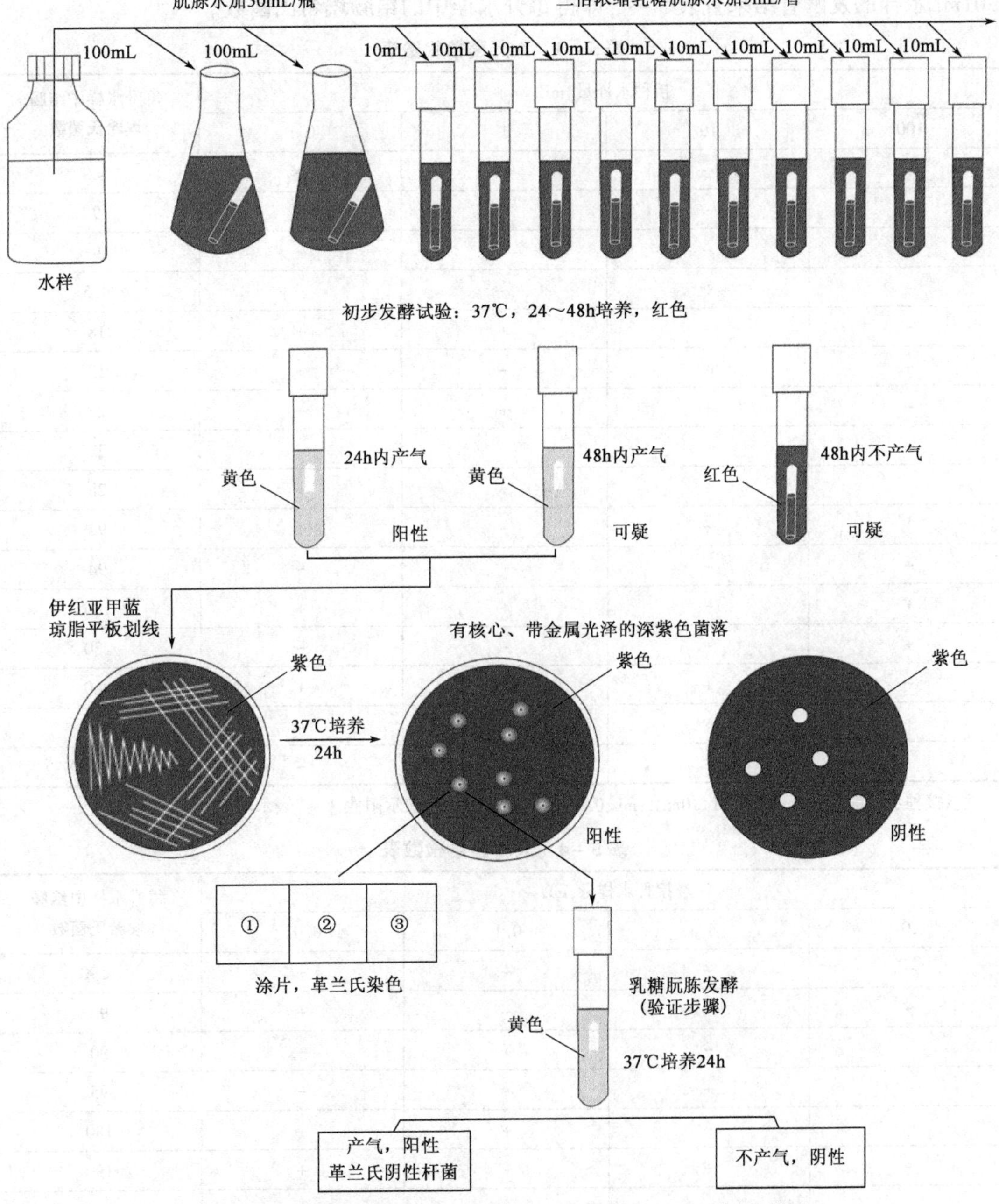

图5-6　多管发酵法测定水中结肠埃希氏菌的实验步骤(彩图见附录11)

3.江、河、湖、海或油水等水质微生物检查

(1)将水样稀释成10^{-1}与10^{-2}。

(2)分别吸取1mL的10^{-1}、10^{-2}稀释水样和1mL原水样,各注入装有10mL普通浓度乳糖胨胨发酵管中。另取10mL和100mL原水样,分别注入装有5mL和50mL三倍浓缩乳糖胨胨发酵液的试管中。

(3)以下步骤与自来水的平板分离和复发酵实验相同。

(4)将100mL、10mL、1mL、0.1mL水样的发酵管结果查表5-3，将10mL、1mL、0.1mL、0.01mL水样的发酵管结果查表5-4，即得每升水样中的**结肠埃希氏菌**数。

表5-3 大肠菌落检数表

接种水样量,mL				每升水样中结肠埃希氏菌数
100	10	1	0.1	
−	−	−	−	<9
−	−	−	+	9
−	−	+	−	9
−	+	−	−	9.5
−	−	+	+	18
−	+	−	+	19
−	+	+	−	22
+	−	−	−	23
−	+	+	+	28
+	−	−	+	92
+	−	+	−	94
+	−	+	+	180
+	+	−	−	230
+	+	−	+	960
+	+	+	−	2380
+	+	+	+	>2380

注：接种水样量111.1mL(100mL、10mL、1mL、0.1mL各一份)；"+"表示阳性，"−"表示阴性。

表5-4 大肠菌落检数表

接种水样量,mL				每升水样中结肠埃希氏菌数
10	1	0.1	0.01	
−	−	−	−	<90
−	−	−	+	90
−	−	+	−	90
−	+	−	−	95
−	−	+	+	180
−	+	−	+	190
−	+	+	−	220
+	−	−	−	230
−	+	+	+	280
+	−	−	+	920
+	−	+	−	940
+	−	+	+	1800
+	+	−	−	2300
+	+	−	+	9600

续表

接种水样量,mL				每升水样中结肠埃希氏菌数
10	1	0.1	0.01	
+	+	+	-	23800
+	+	+	+	>23800

注:接种水样量11.1mL(10mL、1mL、0.1mL、0.01mL各一份)。

五、实验报告

1. 实验结果

(1)自来水100mL水样的阳性管数是多少? 10mL水样的阳性管数是多少? 查表5-2,每升水样中大肠菌群数是多少?

(2)将池水、河水或湖水的发酵结果(阳性结果记"+";阴性结果记"-"),填入表5-5。

表5-5 发酵结果

水样管,mL	发酵结果	水样管,mL	发酵结果
100		0.1	
10		0.01	
1			

查表5-3,每升水样中大肠菌群数是多少?

查表5-4,每升水样中大肠菌群数是多少?

2. 思考题

(1)大肠菌群的定义是什么?

(2)假如水中有大量的致病菌——**霍乱弧菌**,用多管发酵技术检查大肠菌群,能否得到阴性结果? 为什么?

(3)EMB培养基含有哪几种主要成分? 在检查大肠菌群时,各起什么作用?

(4)用于检查的水样是否合乎生活饮用水和/或地表水标准?

实验三 抗药性突变株的分离

一、实验目的和要求

学习用梯度平板法分离抗药性突变菌株。

本实验为综合性实验,所涉及的知识点如下:

(1)培养基的配制与灭菌。

(2)微生物的接种技术。

(3)倒平板技术。

(4)微生物的生理及生物化学反应知识。

(5)微生物学鉴定知识。

(6)微生物的遗传与变异知识等。

二、基本原理

基因中碱基顺序的改变可导致微生物细胞的遗传变异。这种变异有时能使细胞在有害的环境中存活下来,抗药性突变就是一个例子。微生物的抗药性突变是DNA分子的某一特定位置的结构改变所致,与药物的存在无关。某种药物的存在只是作为分离某种抗药性菌株的一种手段,而不是作为引发突变的诱导物。因而在含有一定抑制生长药物浓度的平板上涂布大量的细胞群体,极个别抗性突变的细胞会在平板上长成菌落。将这些菌落挑取纯化,进一步进行抗性实验,就可以得到所需要的抗药性菌株。抗药性突变常用作遗传标记,因而掌握分离抗药性突变株的方法是十分必要的。

为了便于选择适当的药物浓度,分离抗药性突变株常用梯度平板法。

梯度平板如图5-7所示。先倒入不含药物的底层培养基,把培养板斜放[图5-7(a)],凝固后将平板平放,再倒入装有药物上层培养基[图5-7(b)],这样便可得到药物(链霉素)浓度从一边到另一边逐渐降低的梯度平板。本实验拟用梯度平板法分离**结肠埃希氏菌**抗链霉素突变株。在此平板上涂布大量敏感菌(或经诱变处理的菌株),经培养后,在链霉素浓度比较高的部位长出的菌落中可分离到抗链霉素突变株。

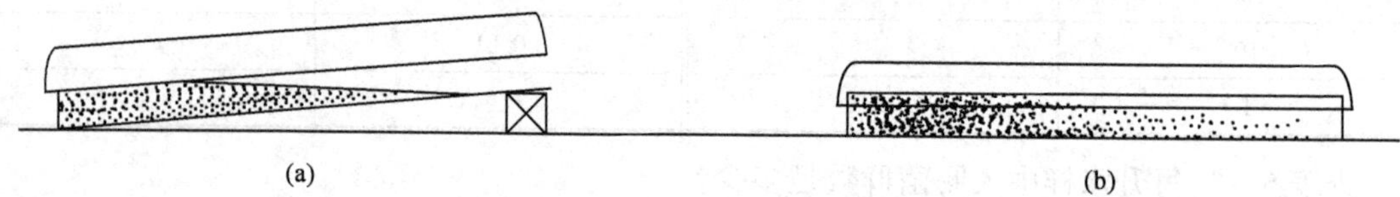

图5-7　药物浓度梯度平板法

(a)底层培养基不含药物;(b)上层培养基含药物

三、实验材料与设备

1.菌株

结肠埃希氏菌(*E. coli*)菌株。

2.培养基

LB液体培养基、装有10mL LB琼脂培养基的试管2支。

3.溶液或试剂

链霉素、四环素。

4.仪器或其它

1mL无菌吸管、盛有70%乙醇的烧杯、玻璃涂棒、水浴锅等。

四、操作步骤

(1)接种培养:接种**结肠埃希氏菌**于盛有5mL LB液的试管中,37℃振荡培养24h。

(2)在热水浴中溶化LB琼脂培养基。

(3)倒10mL已溶化的不含药物的LB琼脂培养基于一套无菌培养皿中,立即将培养皿一端垫起,使琼脂培养基覆盖整个底部并使培养基表面在垫起的一端刚好达到培养皿的底与边的交界处,让培养基在这一倾斜的位置凝固[图5-7(a)]。

(4)在已凝固的平板底部高琼脂这一边标上“低”,并放回水平位置,然后再在底层培养基上加入每毫升含有100μg链霉素的LB琼脂培养基10mL,凝固后,便制得一个链霉素浓度从一端的0μg/mL到另一端的100μg/mL的梯度平板[图5-7(b)]。

(5)用1mL无菌吸管吸取0.2mL **结肠埃希氏菌**培养液加到梯度平板上。用无菌玻璃涂棒将菌液涂布到整个平板表面。如果用蘸有乙醇并经火焰灭菌的玻璃涂棒,可在火焰旁或伸进平板在板盖上稍事冷却,以免烫死细胞。

(6)把平板倒置于37℃培养48h,观察。

(7)选择1~2个生长在梯度平板中部的单个菌落,用无菌接种环接触单个菌落朝高药物浓度的方向划线。

(8)把平板倒置于37℃培养48h。

五、实验报告

1. 实验结果

图示经一次培养和经二次培养的梯度平板上**结肠埃希氏菌**的生长情况。

2. 思考题

(1)梯度平板中部的单个菌落被划线朝高药物浓度方向拉开是为了测试这些菌株的抗性水平,还有其它不同的方法来测试这些菌株的抗性水平吗?

(2)培养基中的链霉素引起了抗性突变吗?请设计一个实验加以说明。

(3)梯度平板法除用于分离抗药性突变株以外,还有什么其它用途?

(4)了解影印培养法吗?能培养突变株吗?

实验四　最低抑制浓度法测定抑菌效力

一、实验目的和要求

学习应用最低抑制浓度法测定抑制剂的抑菌效力。

二、实验原理

最低抑制浓度(MIC)是指抑制剂或某种药物抑制微生物生长的最低浓度,其测定方法可以分为固体培养基法和液体培养基法两种。

固体培养基法是将不同剂量的待测定药物与一定量的固体培养基混合,制备出含有不同浓度药物的平板。判断菌体的生长情况有几种方法,有的以没有菌体生长的平板所含有的药物浓度作为该药物的最低抑制浓度,有的则以平板上长出的菌落数少于5个作为该药物的最低抑制浓度的标准。这种方法的优点是在一个平板上可以同时测试多种菌株;缺点是手续繁琐,药物分散不均匀,测试菌的接种量不容易控制。

液体培养基法是用液体培养基将药物进行一系列梯度稀释,然后分别加入一定量的测试菌液,在合适的条件下培养一定时间后,用肉眼观察培养液的浑浊度或用可见光分光光度计作比浊测定,以没有菌体生长的试管中的药物剂量作为该药物的最低抑制浓度。该方法的优点是药物分散较均匀,测试菌的接种量可以控制在同一水平上;不足之处是测试菌株过多时,工作量较大。

三、实验材料与设备

1.菌种

过夜培养的结肠埃希氏菌(*E. coli*)、金色葡萄果菌(*S. aureus*)。

2.培养基和试剂

牛肉膏朊胨培养基、土霉素(以无菌水配制成浓度为1.0mg/mL的母液)。

3.器材

培养皿、移液管、试管、接种环、恒温培养箱等。

四、操作步骤

1.固体培养法

1)制备土霉素平板固体培养基

分别取不同量的土霉素母液,加入一定量的已经熔化并冷却至50℃左右的牛肉膏朊胨固体培养基中,充分混合均匀后,倒入已灭菌的培养皿中,制成最终浓度为20μg/mL、40μg/mL、60μg/mL、80μg/mL、100μg/mL的含有药物的平板,固定待用。

2)接种

用接种环取过夜培养的测试菌液1环,分别接种到不同浓度的固体平板表面。

3)培养观察

将固体平板倒置在37℃恒温培养箱中,培养16~20h后观察菌体的生长情况,算出药物的最低抑菌浓度。

2.液体培养法

1)制备土霉素平板液体培养基

吸取土霉素母液加入一定量的牛肉膏朊胨液体培养基中,配制成含20μg/mL、40μg/mL、60μg/mL、80μg/mL、100μg/mL等不同浓度土霉素的液体培养基。

2)接种

取过夜培养的测试菌0.2mL,分别加入含有不同浓度药物的液体培养基中充分混匀,另取两管作为对照(其中1支试管加入培养基并接入测试菌,另一支试管含有药物和培养基)。

3)培养观察

将上述试管放在37℃恒温培养箱中培养24h,观察结果。如果某试管的培养物与对照管同样透明,则表明测试菌的生长被抑制,此管药物的剂量就是该药物的最低抑制浓度。

五、实验报告

1. 实验结果

将固体培养法和液体培养法的最小抑菌浓度(MIC)实验结果分别填入表5-6中。

表5-6 最小抑菌浓度

细菌	药物浓度,μg/mL					对照	
	20	40	60	80	100	只含药	只含菌
结肠埃希氏菌							
金色葡萄果菌							

2. 思考题

(1)液体培养法和固体培养法测定药物对微生物的最低抑制浓度各有什么优缺点?

(2)测定药物对微生物的最低抑制浓度有什么意义?

实验五 糖发酵实验

一、实验目的和要求

(1)了解糖发酵的原理和在肠道细菌鉴定中的重要作用。

(2)掌握通过糖发酵鉴别不同微生物的方法。

二、基本原理

糖发酵实验为综合性实验,虽然主要考察微生物对糖的利用,但实际上可用于微生物尤其是细菌的分类和鉴定,是鉴别微生物常用的生物化学反应,在肠道细菌的鉴定上尤为重要。糖发酵实验所用的糖包括单糖(如葡萄糖、果糖、赤鲜糖等)、二糖(如麦芽糖、乳糖、蔗糖等)、多糖(如糖原、淀粉、甲壳素、纤维素、糊精、菊粉等),也包括糖苷(如水杨苷、松苷、杨梅苷等)和醇类(一元醇至六元醇,如丙三醇、赤藓醇、木醇、甘露醇、肌醇等)。

作为厌氧代谢过程,糖类在微生物的发酵过程中代替氧作为最终的电子(氢)受体,同时产生两种终端产物:氧化物和还原物。由于微生物对糖的不同利用和代谢能力,就可以初步/最终鉴定微生物类型,而且这种方法的鉴定可以基于肉眼可见的水平。尤其对于细菌来说,绝大多数细菌都能利用糖类作为碳源和能源,但是它们在分解糖类物质的能力上有很大的差异。某些细菌能氧化糖类,有些能发酵糖类,有些既能氧化也能发酵,而有些则都不能。有些细菌能分解某种糖产生有机酸(如乳酸、醋酸、丙酸等)和气体(如氢气、甲烷、二氧化碳等);有些细菌只产酸不产气。例如,**结肠埃希氏菌**能分解乳糖和葡萄糖产酸并产气;伤寒杆菌分解葡萄糖产酸不产气,不能分解乳糖;**普通变形菌**分解葡萄糖产酸产气,不能分解乳糖。发酵培养基含有胨胨、指示剂(溴甲酚紫)、倒置的德汉氏管和不同的糖类,当发酵产酸时,溴甲酚紫指示剂可由紫色($pH > 6.8$)变为黄色($pH < 5.2$),气体的产生可由倒置的德汉氏管中有无气泡来证明(图5-8)。

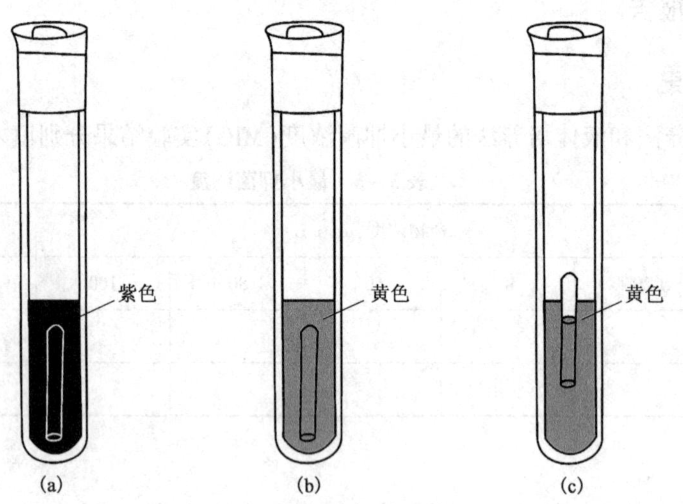

图 5－8　微生物糖发酵实验

(a)培养前后既不产气又不产酸;(b)产酸;(c)产气又产酸

丙酮酸是糖类代谢的关键中间产物,乳酸是发酵的最普遍的终端产物。二糖以上的物质一般需要胞外酶先降解为单糖,然后才能被微生物摄入后进行体内代谢。也就是说,胞外酶浓度和活性是决定多糖代谢的关键因素,这也是多糖难以降解或利用的原因。

三、实验材料与设备

1. 菌种

结肠埃希氏菌(*E. coli*)、普通变形菌斜面各 1 支。

2. 培养基

葡萄糖发酵培养基试管和乳糖发酵培养基试管各 3 支(内装有倒置的德汉氏管)。培养基配制见附录 2。

四、操作步骤

1. 标记试管

用记号笔在各试管外壁上分别标明发酵培养基名称和所接种的细菌菌名。

2. 接种

取葡萄糖发酵培养基试管 3 支,分别接入结肠埃希氏菌、普通变形菌,第三支不接种,作为对照。另取乳糖发酵培养基试管 3 支,同样分别接入结肠埃希氏菌、普通变形菌,第三支不接种,作为对照。在接种后,轻缓摇动试管,使其均匀,防止倒置的德汉氏管进入气泡。

3. 培养观察

将接种过和作为对照的 6 支试管均置 37℃培养 24 ~ 48h。观察各试管颜色变化及德汉氏管中有无气泡。

五、实验报告

1. 实验结果

将实验结果填入表 5－7（“S”表示产酸，“Q”表示产气，“SQ”表示既产酸又产气，“－”表示不产酸或不产气）。

表 5－7　糖发酵实验结果

糖类发酵	结肠埃希氏菌	普通变形菌	对　照
葡萄糖发酵			
乳糖发酵			

将产生颜色情况报告如下：糖发酵斜面/底部高层，产酸为黄色（A），产碱为红色（K）。需氧性生长会有气泡或琼脂破裂，而厌氧性生长无气产生。

2. 思考题

（1）加入某种微生物可以有氧代谢葡萄糖，糖发酵实验应该出现什么结果？

（2）如何测定微生物利用过程中糖含量的变化？

实验六　风味乳酸的制作及乳酸菌的分离、纯化

一、实验目的和要求

（1）学习酸乳的制作方法。

（2）学习并掌握酸乳中乳酸菌的分离方法。

（3）学习并掌握乳品质量鉴定方法。

本实验为综合性实验，所涉及的知识点如下：

（1）培养基的配制与灭菌。

（2）微生物的接种技术。

（3）倒平板技术。

（4）微生物的生理及生物化学反应知识。

（5）微生物学鉴定知识。

（6）微生物的生活条件等。

二、基本原理

酸乳是以牛乳为主要原料，接入一定量乳酸菌，经发酵后制成的一种乳制品饮料。当乳酸菌在牛乳中生长繁殖的产酸至一定程度时，牛乳中的朊就凝结成块状。酸乳具有清新爽口的味觉。酸乳中含有乳酸菌的菌体及代谢产物，对肠道的致病菌有一定抑制作用，故对人体肠胃消化道疾病也有良好的治疗效果；反之，这些代谢产物有时也是有些人一开始不适应酸乳的原因之一。

采用溴甲酚绿（BCG）牛乳营养琼脂平板分离乳酸菌。溴甲酚绿（有时称为溴甲酚蓝）是

一种 pH 指示剂,其在不同 pH 环境中的结构形态变化如图 5－9 所示。

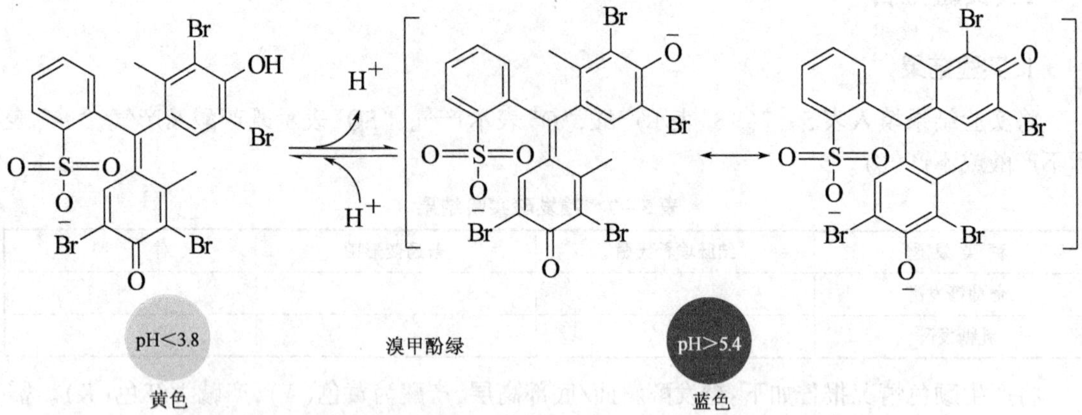

图 5－9　溴甲酚绿在不同 pH 环境中的结构形态变化(彩图见附录 11)

溴甲酚绿指示剂在酸性(pH < 3.8)环境中呈黄色,在 pH > 5.4 以上环境中呈蓝色。分离培养基配制后 pH 为 6.8,加入溴甲酚绿指示剂后呈蓝绿色。乳酸菌在该培养基中分解乳糖产生乳酸,使菌落呈黄色,菌落周围的培养也变为黄色,所以较容易鉴别。乳酸可用纸层析法进行鉴别。溴甲酚绿品质见 HG/T 4017《化学试剂　溴甲酚绿》。

亚甲蓝还原酶(methylene blue reductase)实验法是用于测定牛乳(乳品)质量的一种定性检测法,操作简便,不需特殊设备。该法中用的亚甲蓝(附录 10,另见第一章实验九)是一种氧化还原作用指示剂,在厌氧环境中,它将被还原成无色。如果牛乳中有细菌生长繁殖,必将造成其中溶解氧的减少,牛乳样品中的氧化—还原电势降低。通过加入其中的亚甲蓝颜色变化的速度,可鉴定该牛乳的质量。标准规定为:(1)在 0.5h 内亚甲蓝被还原成无色的样品为“很差”;(2)在 0.5 ~ 2h 之间被还原者,为“差质量”;(3)在 2 ~ 6h 之间被还原者,为“尚好”或“中等”;(4)在 6 ~ 8h 之间被还原者,为“好质量”。

通过本实验学习制作酸乳和成品质量的评定,并应用各种纯种分离方法从酸乳中分离和纯化乳酸菌。

三、实验材料与设备

1. 菌样来源

可自市场销售的各种酸乳或酸乳饮料中分离或购买。选择优良的酸乳(或发酵剂)是获得最佳酸乳的关键。市购酸奶一瓶(注意记录生产日期、保质期、产地和供应商),可参考 SN/T 2552 系列标准。

2. 培养基

本实验采用溴甲酚绿(BCG)牛乳培养基、10% 牛乳培养基。

1)酸乳发酵培养基

市场销售的牛乳(或用奶粉配制)灭菌后使用。

2)分离乳酸菌培养基

参考有关文献资料,确定两种培养基,具体配方如下:

Ⅰ号培养基:200g 马铃薯(去皮)煮出汁,生乳脱脂液 100mL,酵母膏 5g,琼脂 20g,加水至 1000mL,pH 调至 7.0。配平板培养基时,牛乳与其它成分分开灭菌,倒平板前再混合。GB 19301—2010《食品安全国家标准　生乳》定义的鲜乳为:牛(羊)的乳房中挤出的分泌物,无食品添加剂且未从其中提取任何成分,因此有些文献上的“脱脂鲜乳”并不严谨。GB 19301—2010《食品安全国家标准　生乳》定义生乳为:健康奶畜乳房中挤出的无任何成分改变的常乳。因此,鲜乳和生乳实际上是相同意思。“脱脂生乳”也不严谨,应避免。

Ⅱ号培养基:牛肉膏 0.5%,酵母膏 0.5%,朊胨 1%,葡萄糖 1%,乳糖 0.5%,NaCl 0.5%,琼脂 2%,pH 调至 6.8。

番茄汁培养基:番茄汁 400mL,朊胨 10g,胨化牛奶 10g,蒸馏水 1000mL。胨化牛奶就是经过朊酶水解后的产物,是一个并非严谨的术语。

番茄的品质应符合 GH/T 1193《番茄》、NY/T 940《番茄等级规格》、NY/T 1517《加工用番茄》等。

市购优质全脂奶粉见 HJ/T 316《清洁生产标准　乳制品制造业(纯牛乳及全脂乳粉)》、GB/T 20715《犊牛代乳粉》等。请注明成分,如内含脂肪 28%,朊 27%,乳糖 37%,矿物质 6%,水分 2%。

3. 仪器与其它器皿

涂布器、平皿、无菌水、无菌血浆瓶(250mL)、无菌移液管、培养皿、恒温水浴锅、培养箱、冰箱等。

四、操作步骤

1. 制备 BCG 牛乳营养琼脂

A 液:称取脱脂乳粉 10g,溶于 50mL 水中,加入 1.6% 溴甲酚绿酒精溶液 0.07mL,0.075MPa 条件下灭菌 20min。

B 液:另称琼脂 2g,溶于 50mL 水中,加酵母膏 1g,溶解后调 pH 至 6.8,0.1MPa 下灭菌 20min。

趁热将 A、B 以无菌操作混合均匀,倒平板 6 个,待冷凝后置 37℃ 培养 24h,若无杂菌生长,即可使用。

配复原牛奶:按 1:7 的比例加水把奶粉配制成复原牛奶,并加入 5% ~6% 蔗糖。或用市售鲜牛奶加入 5% ~6% 蔗糖调匀亦可,简称牛乳。把牛乳装瓶,在 250mL 的血浆瓶中装入牛乳 200mL,灭菌,并将装有牛乳的血浆瓶置于 80℃ 恒温水浴锅中,用巴斯德消毒法消毒 15min,或者置于 90℃ 水浴中消毒 5min 即可。待冷却,将已消毒过的牛乳冷却至 45℃。

2. 接种培养

(1)将样品稀释至 10^{-7},取其中的 10^{-7}、10^{-6} 两个稀释度的稀释液各 0.1 ~0.2mL,分别置于上述 BCG 牛乳营养琼脂营养平板上,用无菌涂布器依次涂布 2 ~3 个平皿,置 43℃ 培养 48h。如出现圆形稍扁平的黄色菌落,其周围培养基也为黄色,初步定为乳酸菌。

(2)以 5% ~10% 接种量将市售酸乳(必要时稀释)加入冷却至 45℃ 的牛乳中,并充分摇匀。把接种后的血浆瓶置于 40 ~42℃ 温箱中培养 3 ~4h(培养时间视凝乳情况而定),冷藏。同大多数发酵食品一样,酸乳在形成凝块后应在 4 ~7℃ 的低温下保持 24h 以上(称后熟阶段)，以获得酸乳的特有风味和较好的口感、品味。酸乳质量评定以品尝为标准，通常有凝块状态、表层粗糙度、酸度及香味等数项指标。品尝时若有异味，就可判定酸乳有杂菌污染。

3. 检测

1) 倒平板培养基

将乳酸菌分离用的培养基(例如牛肉膏朊胨乳糖培养基或番茄汁培养基等)完全熔化并冷却至45℃左右倒平板，冷凝待用。

2) 稀释

将待分离的酸乳适当稀释，取一定稀释度的菌液进行平板分离。此步骤视具体情况可省略。

3) 分离纯化

乳酸菌的分离可采用新鲜酸乳进行平板涂布分离，或直接用接种环蘸取酸乳作平板划线分离。分离后，放入37℃下培养以获得单菌落。

4) 观察菌落特征

经2～3d培养，待菌落长成后，应仔细观察并区别不同类型的乳酸菌。

酸乳中的各种乳酸菌在马铃薯汁牛乳培养基(Ⅰ号培养基)平板表面常呈现三种形态特征的菌落：

(1) 扁平型菌落：大小为2～3mm，边缘不整齐，很薄，近似透明状，染色镜检为杆状。

(2) 半球状隆起菌落：大小为1～2mm，隆起呈半球状，高约0.5mm，边缘整齐且四周可见酪朊水解透明圈，染色镜检为链球状。

(3) 礼帽形突起菌落：大小为1～2mm，边缘基本整齐，菌落中央呈隆起状，四周较薄，也有酪朊水解透明圈，染色镜检也呈链球状。

将典型菌落转至脱脂乳发酵管，43℃培养8～24h。若牛乳管凝固、无气泡，呈酸性，镜检细胞杆状或链球状，革兰氏染色呈阳性，则将其连续传代若干次，43℃培养，挑选出在3～4h能凝固的乳管保存备用。

4. 乳酸的鉴定及生成量的测定

用刻度吸管取发酵液5mL于150mL三角烧瓶中，加水10mL，加酚酞指示剂2滴，用0.1mol/L氢氧化钠滴定至微红，计算乳酸产量：

$$\text{乳酸产量(单位为 g/100mL)} = \frac{\text{NaOH 物质的量浓度} \times V \times 90.08 \times 10^{-3}}{\text{样品的体积(mL)}} \times 100$$

式中　V——消耗氢氧化钠体积，mL。

5. 单菌株发酵实验

将上述单菌落接入牛乳，经活化增殖后再以10%的接种量接入消毒后的牛乳中，分别于37℃和45℃下培养，各菌株的发酵液均可达到10^8个细胞/mL。若采用两种菌株混合培养，则含菌量可倍增。

6. 品尝(确保实验室微生物环境安全性)

单菌株发酵成的酸乳与混菌发酵成的酸乳相比较，其香味和口感等都比较差。而两菌混合发酵又以球菌和杆菌按等量混菌接种所发酵成的酸乳为佳。在酸乳发酵及传代中,应避免杂菌污染,特别是竿菌的污染,否则可导致酸乳产生异味。

7. 勾兑

将各种食用香精(苹果味、葡萄味、橘子味等)加到制好的酸乳中,可使酸乳的香味和口感更佳,制成各种风味的酸乳。

8. 亚甲蓝还原酶实验法

(1)标记两个无菌试管。

(2)分别向两个试管加入 10mL 生鲜牛乳样品和差质牛乳样品。

(3)分别向两管各加入 1mL 亚甲蓝溶液,盖紧管塞。

(4)轻轻倒转试管约 4 次,置 37℃水浴中,并记录培养时间。

(5)测试管在水浴中稳定 5min 后取出,轻轻倒转一次后再放回水浴中。

(6)每隔 30min 观察记录试管中亚甲蓝颜色的变化,直至 3 ~6h。

五、实验报告

1. 实验结果

(1)记录观察现象,绘制或拍照所分离的乳酸菌形态图。

(2)计算乳酸的生成量。

(3)观察和记录乳品品质,将结果填入表 5 -8。

表 5 -8　牛乳乳品品质

亚甲蓝变色	$t \leq 30$min	30min $< t \leq$ 2h	2h $< t \leq$ 6h	6h $< t \leq$ 8h
牛乳乳品品质				

(4)选取的酸乳是什么产品? 列表详细写出厂家、产地、生产日期、保质期、营养成分表。

(5)培养时间和后熟时间多少? 品尝情况如何?

2. 思考题

(1)有几种情况能引起凝乳?

(2)有无其它方法测定乳酸产量?

(3)还有哪些方法可以直接鉴定乳品质量?

(4)品尝风味如何量化? 如果品尝有异味,是什么原因造成的? 如何避免改进?

(5)能否培养更好的乳酸制品?

实验七　吲甲伏柠(IMViC)—硫化氢实验

一、实验目的和要求

(1)了解 IMViC 实验的意义及用途。

(2)了解 IMViC 与硫化氢反应的原理和方法。

二、基本原理

吲甲伏柠(IMViC)是吲哚(indol)、甲基红(methyl red)、伏—普(Voges—Prokauer)和柠檬酸盐(citrate)四个实验的缩写,i是在英文中为了发音方便而加上去的。这四个实验主要用来快速鉴别**结肠埃希氏菌**和**气生克雷伯姓菌**(2017年之前曾用名,产气肠杆菌),多用于水的细菌学检查。**结肠埃希氏菌**虽非致病菌,但在饮用水中若超过一定数量,则表示受粪便污染。**气生克雷伯姓菌**也广泛存在于自然界中,因此检查水时要将两者分开。硫化氢实验也是检查肠道杆菌和厌氧微生物如硫酸盐还原菌等的生物化学实验。这几个实验均是微生物的生理及生物化学测试方法。

1.吲哚实验

吲哚实验是用来检测吲哚产生的。有些细菌能产生色氨酸酶,分解朊胨中的色氨酸产生吲哚和丙酮酸。吲哚与对二甲基氨基苯甲醛结合,形成红色的玫瑰吲哚,但并非所有微生物都具有分解色氨酸产生吲哚的能力,因此吲哚实验可以作为一个生物化学检测的指标。

色氨酸水解,产生氨气、丙酮酸和吲哚:

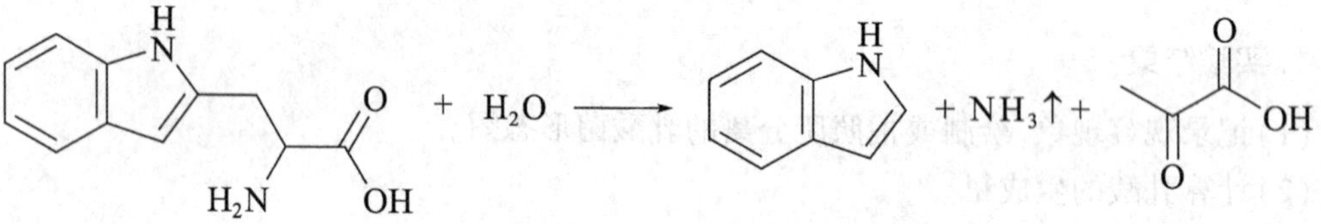

+ H_2O ⟶ + NH_3↑ +

两份吲哚与指示剂二甲基氨基苯甲醛反应,生成水和玫瑰吲哚:

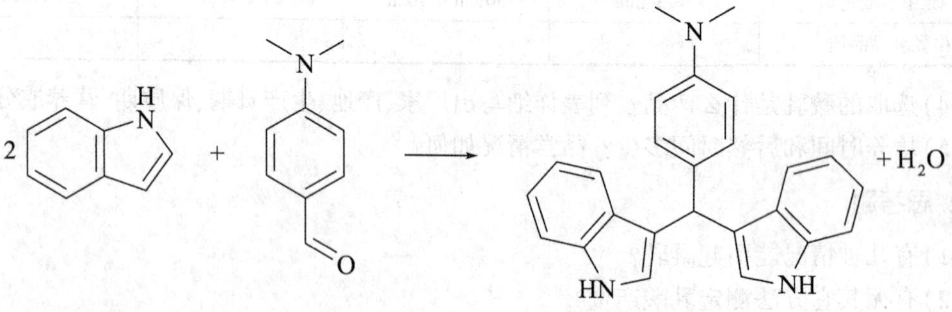

2 + ⟶ + H_2O

在吲哚实验中,**结肠埃希氏菌**吲哚反应阳性,**气生克雷伯姓菌**为阴性。

2.甲基红实验

甲基红实验用来检测由葡萄糖产生的有机酸,如甲酸(GB/T 15896—1995)、乙酸、乳酸等。当细菌代谢糖产酸时,培养基就会变酸,使加入培养基的甲基红指示剂由橘黄色变为红色(图5-10),即甲基红反应(附录10)。尽管所有的肠道微生物都能发酵葡萄糖产生有机酸,但这个实验在区分**结肠埃希氏菌**和**气生克雷伯姓菌**(曾用名:产气肠杆菌)上仍然是有价值的。这两个细菌在培养的早期均产生有机酸,但**结肠埃希氏菌**在培养期仍能维持酸性(pH < 4),而**气生克雷伯姓菌**则转化有机酸为非酸性末端产物,如乙醇、丙酮酸等,使pH升至大约6。因此,在甲基红实验中,**结肠埃希氏菌**为阳性反应,**气生克雷伯姓菌**或**阴沟肠杆菌**为阴性反应。

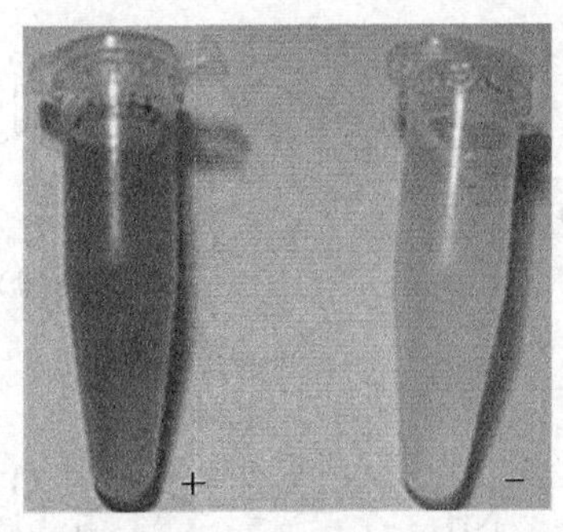

图 5－10　甲基红指示下的肠道微生物鉴别（彩图见附录 11）

结肠埃希氏菌为阳性反应，呈现红色；

气生克雷伯姓菌为阴性反应，呈现黄色

3. 伏—普实验

伏—普实验用来测定某些细菌利用葡萄糖产生非酸性或中性末端产物的能力，如丙酮酸。丙酮酸进一步缩合、脱羧生成乙酰甲基甲醇，此化合物在碱性条件下能被空气中的氧气氧化成二乙酰，二乙酰与胨中精氨酸的胍基作用，生成红色化合物，即伏—普反应阳性；不产生红色化合物者为阴性反应。有时，为了使反应更为明显，可加入少量含胍基的化合物，如肌酸等。化学反应过程如下：

葡萄糖 → 丙酮酸 $\xrightarrow{-COO}$ 乙酰乳酸 $\xrightarrow{-COO(CO_2)}$ 乙酰甲基甲醇 $\xrightarrow{2H}$ 2,3-丁二醇

乙酰甲基甲醇 $\xrightarrow{KOH}$ 二乙酰；二乙酰 + 精氨酸 → H_2O + HN= 红色化合物

在伏—普实验中，**气生克雷伯姓菌**为阳性反应，**结肠埃希氏菌**为阴性反应。

4. 柠檬酸盐实验

柠檬酸盐实验用来检测柠檬酸盐是否被利用。有些细菌能够利用柠檬酸钠作为碳源，如**气生克雷伯姓菌**；而另一些细菌则不能利用柠檬酸盐，如**结肠埃希氏菌**。细菌在分解柠檬酸盐及培养基中的铵盐（如磷酸铵或磷酸二氢铵，作为唯一氮源）后，产生碱性化合物，使培养基的 pH 升高，当加入 1% 溴麝香草酚蓝（pH 指示剂）时，培养基就会由绿色变为深蓝色。化学过程如下：

产物中的碳酸氢钠（$NaHCO_3$）和氨（NH_3）会使得 pH 升高。溴麝香草酚蓝的指示范围为：pH <6.0 时呈黄色，pH 在 6.0 ~7.0 时为绿色，pH >7.6 时呈蓝色，如图 5－11 所示。

目前大致认为溴麝香草酚蓝的这种 pH 特性是由于它在不同 pH 影响下的结构转变：

柠檬酸酶

柠檬酸(盐) → 草酰乙酸(盐) + 乙酸(盐)

草酰乙酸(盐) → 丙酮酸 + O=C=O

NH_4^+ → NH_3

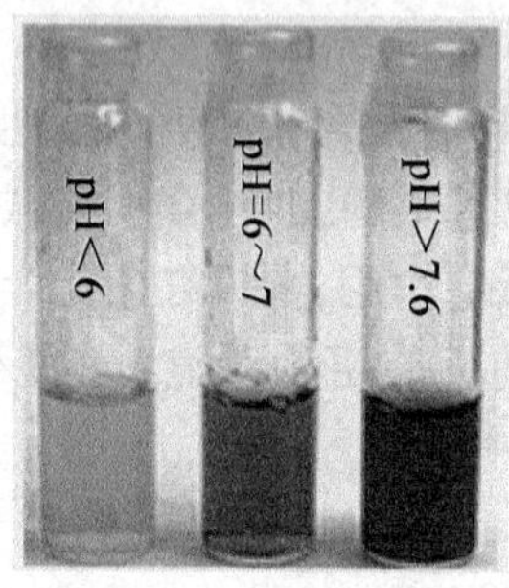

图 5－11　柠檬酸盐实验中 pH 指示剂
溴麝香草酚蓝显色反应(彩图见附录 11)

5. 硫化氢实验

硫化氢实验可以检测硫化氢的产生，也是用于肠道细菌检查的常用生物化学实验。有些细菌能分解含硫的有机物，如胱氨酸、半胱氨酸、甲硫氨酸等产生硫化氢。硫化氢一遇培养基中的铅盐或铁盐等，就形成黑色的硫化铅或硫化铁沉淀物。

以半胱氨酸为例，其化学反应过程如下：

$$CH_2SHCHNH_2COOH + H_2O \longrightarrow CH_3COCOOH + H_2S\uparrow + NH_3\uparrow$$

$$H_2S + Pb(CH_3COO)_2 \longrightarrow PbS\downarrow（黑色）+ 2CH_3COOH$$

在硫化氢实验中，**结肠埃希氏菌**为阴性,**气生克雷伯姓菌**为阳性。

三、实验材料与设备

1.菌种

结肠埃希氏菌(*E. coli*)、**气生克雷伯姓菌**(*Klebsiella aerogenes*)[此菌曾用名,产气肠杆菌(*Enterobacter aerogenes*)]。

2.培养基

胨胨水培养基(附录2)、葡萄糖胨胨水培养基、柠檬酸盐斜面培养基、醋酸铅培养基。

葡萄糖胨胨水培养基和柠檬酸培养基配制见附录2。在配制柠檬酸盐斜面培养基时,其pH不要偏高,以浅绿色为宜。吲哚实验中用的胨胨水培养基宜选用色氨酸含量高的胨胨,如用胰朊水解素得到的胨胨较好。

醋酸铅培养基(Lead Acetate Medium):胨胨10g,牛肉汤1000mL,醋酸铅1g,硫代硫酸钠2.5g,氯化钠5g,pH调至7.2。醋酸铅,也叫乙酸铅,应符合HG/T 2630《化学试剂　三水合乙酸铅(乙酸铅)》要求。

也可选用硫酸亚铁琼脂、硫化氢实验培养基、快速硫化氢实验琼脂、三糖铁琼脂、克氏双糖铁琼脂培养基(附录2)。

醋酸铅培养基配制。按培养基配方,在牛肉汤中加入胨胨、氯化钠和琼脂,加热溶解。然后加入硫代硫酸钠,调整pH至7.2。按实验需要分装试管,以0.04MPa、30min或0.07MPa、20min高压灭菌。灭菌后降温至50℃左右,加入经过灭菌处理的10%醋酸溶液。

注意:醋酸铅和硫代硫酸钠不宜久热。硫代硫酸钠在此起到还原剂的作用,防止醋酸铅被还原而不能与细菌产生硫化氢作用生成黑色硫化铅沉淀。硫代硫酸钠也可被某些细菌还原,产生硫化氢。

3.溶液或试剂

甲基红指示剂(10mg甲基红溶于30mL 95%乙醇中,然后加入20mL蒸馏水)、40%的KOH溶液(如新鲜配制,注意把烧杯/瓶置于冷水浴中,以免高温灼伤)、5%的α-萘酚、乙醚、吲哚试剂、溴麝香草酚蓝溶液、醋酸铅试纸。

醋酸铅纸条可按如下方法制备:剪裁滤纸条5mm×50mm若干,浸吸醋酸铅饱和溶液,放玻璃平皿,于56℃干燥箱内烘烤3~4h,干燥器中冷却备用。

相关试剂应至少符合如下标准:HG/T 3449《化学试剂　甲基红》、GB/T 12591《化学试剂　乙醚》。

四、操作步骤

1.接种与培养

用接种针将**结肠埃希氏菌、气生克雷伯姓菌**分别接种于2支胨胨水培养基(吲哚实验)、2支葡萄糖胨胨水培养基(甲基红实验和伏—普实验)、2支柠檬酸盐斜面培养基、2支醋酸铅培养基(穿刺接入)中,置37℃培养48h。另用接种环将两种菌分别接种于醋酸铅培养基中,同样培养48h。

2. 结果观察

1）吲哚实验

在培养2d后的胨胨水培养基内加3～4滴乙醚，摇动数次，静置1～3min，待乙醚上升后，沿试管壁徐徐加入2滴吲哚试剂，在乙醚和培养物之间产生红色环状物为阳性反应。再次强调，配制胨胨水培养基所用的胨胨最好用含色氨酸高的，花生酱、牛肝、熟鸡肉、鸡蛋和牛肉源的色氨酸含量较高，分别达3.30mg/g、2.90mg/g、2.50mg/g、2.21mg/g和2.03mg/g。

2）甲基红实验

培养2d后，向1支葡萄糖胨胨水培养物内加入甲基红试剂2滴，培养基变为红色者为阳性，变黄色者为阴性。

注意：甲基红试剂不要加得太多，以免出现假阳性反应。

3）伏—普实验

培养2d后，向另1支葡萄糖胨胨水培养物内加入5～10滴40%的KOH溶液，然后加入等量的5% α－萘酚溶液，用力振荡，再加入37℃温箱中保温15～30min，以加快反应。若培养物呈红色，为伏—普反应阳性。

4）柠檬酸盐实验

培养48h后观察柠檬酸盐斜面培养基上有无细菌生长和是否变色。蓝色为阳性，绿色为阴性。

上述实验的实验现象应该比较明显，实验结果可参考图5－12。

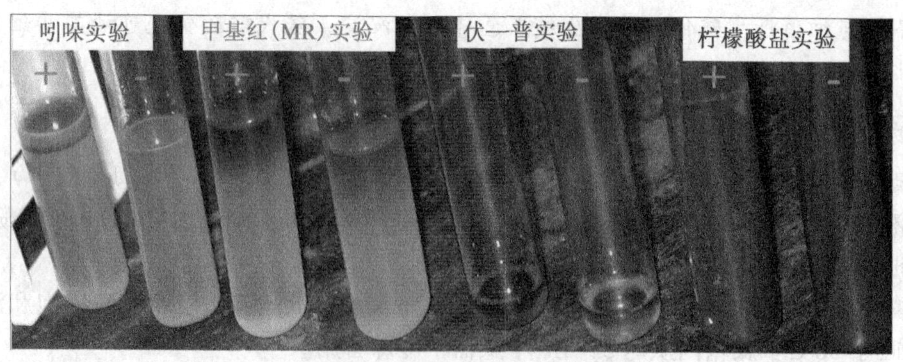

图5－12　参考IMViC实验结果颜色现象（彩图见附录11）

5）硫化氢实验

培养48h后观察有无黑色硫化铅产生。

五、实验报告

1. 实验结果

将实验结果填入表5－9（“＋”表示阳性反应，“－”表示阴性反应）。

表 5－9　IMViC—H_2S 实验结果

菌　种	IMViC 实验				硫化氢实验	
	吲哚实验	甲基红实验	伏—普实验	柠檬酸实验	穿刺接种	涂布接种
结肠埃希氏菌						
气生克雷伯姓菌						
对照						

2. 思考题

(1)讨论 IMViC 实验在医学检验上的意义。该实验除了在医学上的应用外，还有哪些应用？

(2)解释在细菌培养中吲哚检测的化学原理。为什么在这个实验中用吲哚作为色氨酸酶活性的指示剂，而不用丙酮酸？

(3)为什么**结肠埃希氏菌**是甲基红反应阳性，而**气生克雷伯姓菌**为阴性？甲基红实验与伏—普实验最初底物与最终产物有何异同？为什么会出现不同？

(4)说明在硫化氢实验中醋酸铅的作用。可以用哪种化合物代替醋酸铅？穿刺培养和涂布培养对于硫化氢实验有什么区别？为什么？

实验八　发酵罐微生物发酵实验

一、实验目的和要求

(1)了解小型发酵罐的基本结构，熟练掌握小型发酵罐的基本原理和使用方法；

(2)熟悉并掌握发酵过程中各项主要生物化学指标的控制与测定方法。

二、基本原理

实验室使用的小型发酵罐容积大致在 1L 至数百升，少有千升级的。一般来说，5L 以下的发酵罐用耐压玻璃制作罐体，10L 以上的发酵罐用不锈钢或钢板制作罐体。发酵罐配备有控制器和各种电极，可以自动地调控实验所需要的培养条件，是微生物学、环境生物学、遗传工程、酶工程、药物工程等科学研究所必需的设备。

发酵罐的原理是，利用机械搅拌物料，使物料保持悬浮状态，从而使微生物与营养物质充分接触，便于微生物对营养物质的利用；另一方面，搅拌桨在搅拌过程中可以打碎气泡，增加气液接触面积，提高气液间的传质速率，从而提高液体中的气体溶解度以及消除泡沫。通过调节无菌空气量以及氧度，可以满足耗氧微生物、兼性厌氧微生物、厌氧微生物的生长发酵培养条件。

此外，可以通过发酵罐罐体内的温度传感器、液位监测器、pH 计、溶氧仪、泡沫检测仪对发酵过程中各种生物化学指标参数进行实时监测和控制实验室小型发酵罐结构示意图见图 5－13。

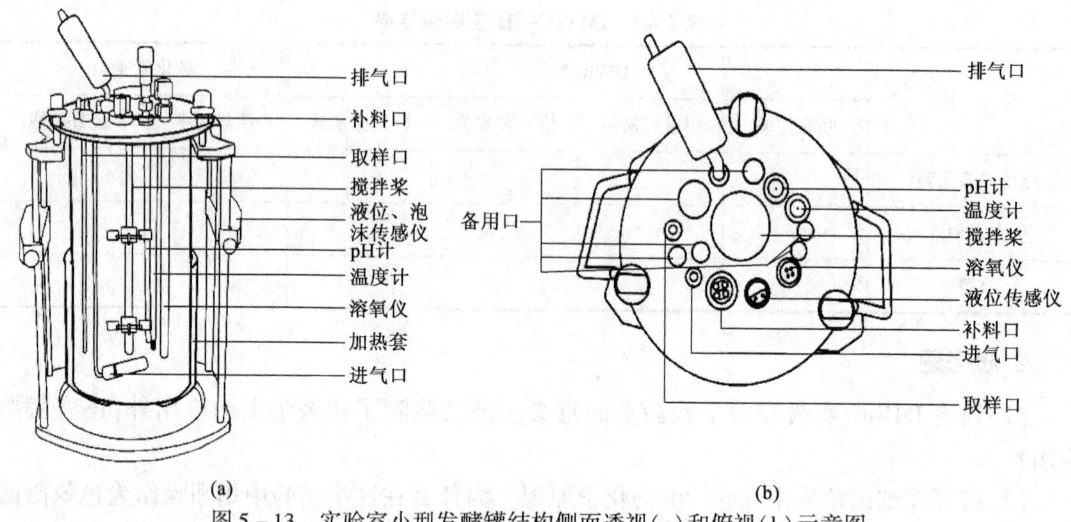

图 5-13　实验室小型发酵罐结构侧面透视(a)和俯视(b)示意图

三、实验材料与设备

1. 实验材料

菌种:纤细竿菌(*Bacillus subtilis*),来自微生物地质学实验室从油藏分离保藏。

试剂:酵母浸粉(BR);胰朊胨(BR);朊胨(BR);葡萄糖;可溶性淀粉;磷酸氢二钾;无水硫酸镁;丙酮酸钠;反渗透水(RO 水);75% 无水乙醇水溶液;84 消毒液、洗涤剂。pH、氧度校正液。若无特别说明,本实验用试剂都直接使用市售分析纯。

耗材:注射器(20mL,50mL,100mL,PET 塑料);0.2μm 微孔滤膜(Pall,美国);止水夹、锡箔纸、0.2μm 微孔滤头(带 0.2μm 孔径混合纤维素酯滤膜的锥形塑料件)等。

2. 实验设备

6.0L 离体灭菌玻璃发酵罐(上海保兴生物设备工程有限公司,BIOTECH-7BG);蠕动泵(Longer Pump,保定兰格恒流泵有限公司,YZ1515x,中国);生物传感分析仪(山东省科学院,SBA-40D,中国);紫外可见分光光度仪(上海美普达仪器有限公司,V-1200,中国);高速恒温离心机(艾本德,CR22N,美国);高压蒸汽灭菌锅(TOMY,SX-700,日本)等。

四、操作步骤

1. 发酵罐清洗

用自来水(若罐体油腻脏,需添加洗涤剂)冲洗三次发酵罐,后用 RO 水冲洗三次,备用。

2. 发酵罐"空消"灭菌

这里定义"空消"为不带任何培养基和菌体的空玻璃发酵罐消毒/灭菌。这是防止发酵罐长时间不用或者发酵结束后微生物在罐体内生长繁殖。将空的发酵罐电子接线口用锡箔纸包裹好,排/进气口、加料口敞开,将罐体放入高压蒸汽灭菌锅中,120℃,灭菌 20min,冷却后取出备用。

3. 配置培养基(4.0L 发酵液)

配置培养基的量一般按照罐体体积的2/3配置。本次实验采用6.0L发酵罐,故培养基的量为4.0L。

称取2.0g酵母浸粉,1.0g胰朊胨,3.0g朊胨,2.0g葡萄糖,2.0g可溶性淀粉,1.2g磷酸氢二钾,0.096g无水硫酸镁,1.2g丙酮酸钠;3.750L RO水。将除葡萄糖以外的固体物料溶于约3.725L RO水中,溶解后倒入灭菌完毕的空玻璃发酵罐中;葡萄糖溶于剩余0.25L RO水中,溶解后倒入洁净的500.0mL锥形瓶中。

4. 校正 pH 计

将pH计放入pH=7.0的校正液中,校正;完毕后,将pH计放入pH=4.0的校正液中,校正;校正完毕后,将pH计回放入pH=7.0的校正液中,若此时视数在pH=7.0±0.2~0.3,则校正完毕。

5. 发酵罐"实消"灭菌

与"空消"相对,这里定义"实消"为带上培养基的玻璃发酵罐的消毒/灭菌。将步骤3装有培养基的发酵罐,电子线路接口处用锡箔纸包裹好,防止水蒸气进入损坏线路;进气口、排气口处连接0.2μm微孔过滤器;除排气口处的软管不需要用止水夹夹住,其它软管处均需要用止水夹夹住,防止灭菌时,培养基热胀冷缩,培养基溢出;与大气直接接触的软管接口处,先用脱脂棉包裹一层,再用锡箔纸包裹一层。检查一遍,没问题时,将罐体放入高压蒸汽灭菌锅中,120℃,灭菌20min。葡萄糖溶液则单独115℃,灭菌15min。

6. 溶氧仪校正

零点校正:将电极浸入零点校正液(约25g的无水Na_2SO_3溶于蒸馏水中,加蒸馏水至500mL),将指示值调整为零点(0%)。

量程校正:培养基,发酵罐灭菌完毕,将灭菌完毕后的葡萄糖溶液通过蠕动泵从补料口处泵入培养基中后,校正溶氧仪,设定此时氧浓度为100%。

7. 接种

根据情况,可以选择其中一种方法操作进行。

1)火焰接种保护环接种法

该接种保护环的主体是一个环形的酒精槽,在该环形的酒精槽外侧连接有一个手柄。该保护环工作原理为:在环形酒精槽内放入浸湿酒精的脱脂棉,接种前点燃酒精,火焰在发酵罐的罐盖接种口周围燃烧,从而形成一个火焰保护圈,此时开始将备用的250mL菌种液(培养基:菌种液=16:1)10s内迅速倒入发酵罐内,接种完毕,盖紧接种口盖,随后熄灭使保护器槽内燃烧的酒精,最后取走保护器,完成接种任务。

2)注射器接种法

接种口附近和接种注射器针头用75%无水乙醇水溶液消毒,迅速用100mL的注射器(根据接种量选择)扎穿接种口处的硅胶垫片,推动注射器,反复几次,将提前准备好的250mL菌种快速(每次操作时长<10s)注入发酵罐中。

3) 长蠕动泵接种法(图 5－14)

无菌操作条件下,将提前准备好的 250mL 菌种提前转移到灭菌的发酵罐补料瓶中,启动蠕动泵将菌种通过补料口泵入发酵罐中。

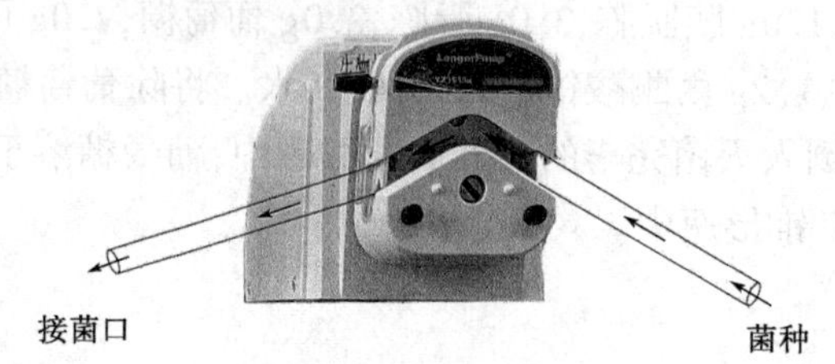

图 5－14　蠕动泵接种法

8. 观察记录各项指标参数

接种后,即开启发酵罐的各项操控。

首先,通过电子面板实时监控发酵过程中的 pH、温度和 DO 值;

其次,间隔相同时间从取样口取样检测菌液 OD_{600} 值,并通过生物传感分析仪检测葡萄糖浓度;

再通过控制补料、空气或其它气体、消泡液、酸碱溶液的泵入速度,使发酵条件始终维持在微生物最适生长条件。

9. 收集菌液和菌体

用蠕动泵从发酵罐取样口将发酵液泵入提前准备好的无菌收集瓶中。若单独需要菌体或菌体代谢产物,在无菌操作室中将发酵液转移到无菌离心管中,4℃ 6000r/min 离心 5min,收集菌体。

10. 清理实验仪器

发酵过程中使用过的仪器设备,也用 84 消毒液进行初步灭菌(84 消毒液润湿实验仪器表面 30min),再用洗涤剂清洗,用清水清洗,晾干水分备用。

五、实验报告

1. 发酵罐检测数据

原始数据记录见表 5－10。

表 5－10　纤细竿菌 LiaoXL 菌株发酵实验各参数记录表

项目					菌种				培养基	
	记录时间	发酵时间	温度 ℃	pH	还原糖	溶解氧,%	通气比	转速 r/min	OD_{600}	记录人
1										
2										
3										
⋮										

通气比：转子流量计读出空气流量，其中的气体体积以标准状态计，是指每分钟通气量与罐体实际料液体积的比值。

2. 思考题

(1)搅拌桨这种分散方式是否适合于所有菌种发酵扩培？有无其它方式？

(2)为何要用0.2μm的微孔滤膜？一定能保证发酵成功吗？

(3)针对厌氧菌的扩培发酵，如何实现？

实验九　微生物多糖的提取及测定

一、实验目的和要求

(1)了解微生物多糖的一些物理、化学、生物特性。

(2)初步学习微生物多糖的提取、纯化及测定方法。

(3)了解微生物多糖在食品、经济、医药和环保方面的价值。

二、基本原理

1. 概述

多糖也称聚糖，除非特别说明，通常所称的某一多糖一般为具有相同糖重复单元但不同聚合度的混合物。不同来源制备的粗多糖(简称粗糖)的提取方法大致相同。

1)溶剂和溶剂提取顺序

从不同材料中提取多糖，究竟以哪种溶剂提取为宜，必须根据具体情况，以少量样品进行初步探索，观察哪种溶剂提取分离效率较高，生物活性较好，并应注意用不同溶剂甚至不同提取顺序所得提取产物可能不同。如先后用水、稀酸或稀碱、稀盐提取，同分别用水、稀酸、稀碱和稀盐提取，所得到的产物常常是不一样的。

2)提取中要防止多糖降解

稀酸提取多糖时间宜短，温度最好不超过5℃；稀碱提取多糖时，常在氮气流下提取，或加入硼氢化钾。稀酸、稀碱提取液均应迅速中和，或迅速透析。稀碱提取液也可用含酸乙醇沉淀。

3)酸性多糖提取

含有糖醛酸或硫酸基团等的多糖，可在盐类或稀酸溶液中直接醇析，而使得多糖以盐的形式或游离形式析出。

4)脱朊(除朊)

采用醇析或其它溶剂沉淀所获得的多糖，常夹杂有较多的朊需要脱除。脱除朊的方法有多种，例如选择能使朊沉淀而不使多糖沉淀的酚、三氯乙酸、鞣酸等试剂来处理，但使用酸性试剂时间要短，温度宜低，以避多糖降解。

脱朊较好的方法是赛维格(Sevag)法，用氯仿+戊醇(或丁醇)按4:1(或5:1、9:1，体积比）比例混合后，加至样品中快速振荡混匀，样品中的朊与混合液形成凝胶，用离心方法去除。利用朊水解酶（如胃朊酶、胰朊酶、木瓜朊酶、链霉朊酶等）使样品中朊部分降解后，再用 Sevag 法则效果更好些。某些多糖因含有酸、碱性基团，易与朊相互作用，虽非糖朊，也较难脱除。对碱稳定的糖朊，在硼氢化钾存在时，用稀碱温和处理，可以把这种结合朊分开。

5）脱色

植物、真菌等来源的多糖可能含有酚类化合物，暴露在空气中提取或干燥时颜色会加深。这类色素可用过氧化氢氧化脱色，但温度不能高于 50℃，否则多糖会部分降解。

6）纯化

一般提取的多糖样品常是多糖的混合物。多糖可进一步提纯，常按分子质量大小、分子性状或化学组成等特点进行分级。分级的方法有多种，如用有机溶剂、十六烷基三甲基氢氧化铵、斐林试剂、DEAE 纤维素柱层析等。

多糖样品经反复溶解与沉淀、脱朊、脱色、分级沉淀等处理后，其纯度可根据其中单糖残基摩尔比恒定、电泳或密度梯度超速离心呈现单一带或峰、凝胶柱层析或高效液相色谱呈现一较窄的峰等来判识。

2. 细菌胞内多糖和真菌多糖的提取

与细菌胞外多糖的提取相比，真菌多糖和细菌胞内多糖的提取多了细胞壁的破碎步骤，在其它方面，真菌多糖甚至植物多糖的分离、提纯和鉴定方法与细菌胞外多糖基本相同：利用多糖溶于水或酸、碱、盐溶液而不溶于醇、醚、丙酮等有机溶剂的特点，从不同材料中进行提取。这里以细菌胞外多糖的提取为例，讲解一般多糖的提取方法和原理。

细菌在合适的条件培养后，通常将所得的培养液进行离心，去掉菌体等不溶物，然后将含有细菌胞外多糖的上清液再进行其它各步骤提纯。

（1）有机溶剂沉淀，多糖在有机溶剂中溶解度极小，有机溶剂沉淀是细菌胞外多糖纯化最常用的方法。一般来说，胞外多糖首先是通过有机溶剂将其沉淀下来，纯化的最后一步也往往用有机溶剂沉淀，然后再冲洗，冷冻干燥。常用有机溶剂有乙醇、丙酮等。

沉淀往往是在 pH = 7.0 左右进行，因为此时多糖比较稳定。此外，还需要考虑溶液的离子强度、所加有机溶剂的用量等。具体情况必须依据所针对的特定细胞进行实验研究确定。

（2）季铵盐沉淀。在酸性、中性或弱碱性条件下，一些季铵盐如溴代十六烷基三甲铵（也称十六烷基三甲基溴化铵，cetyltrimethylammonium bromide，简记为 CTAB）和十六烷基盐酸吡啶（cetylpyridinium chloride，简记为 CPC）能与酸性多糖形成不溶于水的盐，以此可把酸性多糖从中性多糖中分离出来。

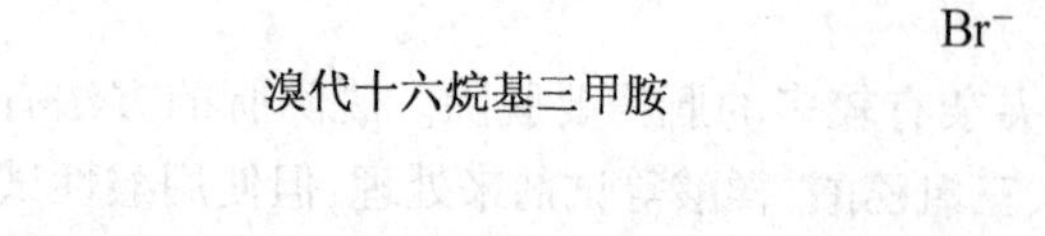

N^+ Br^-

溴代十六烷基三甲胺

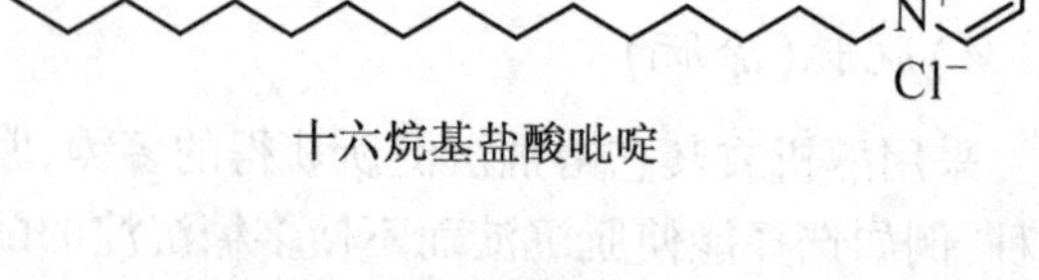

N^+ Cl^-

十六烷基盐酸吡啶

第一步，把 CPC 或 CTAB 等配成 1% ~10% 溶液，将其加入多糖溶液中，产生沉淀，少量的氯化钠（0.02 mol/L 或更少）可增加沉淀聚集速度。多糖合适的浓度在 0.1% ~1% 之间，季铵盐:待分离多糖≤3:1,如每毫克待分离多糖所要加入的季铵盐量不要超过3mg。

第二步,加入季铵盐以后,可稍加温(如37℃)放置几分钟,使沉淀聚集。对于低电荷密度的低分子多糖,加入季铵盐以后,放置时间可长一些甚至放置过夜。

第三步,沉淀通过离心或过滤即可得到CTAB—多糖或CPC—多糖的复合物。这种复合物能溶解于盐溶液和有机溶剂中。

第四步,所得到的CTAB—多糖或CPC—多糖复合物用透析等方法除掉CTAB或CPC。

第五步,冷冻干燥,即可得多糖纯品。

(3)离子交换柱层析,存在离子化基团的多糖也能用离子交换柱层析进行进一步纯化。常用的树脂是DEAE纤维素。

在pH接近6时,酸性多糖很容易吸附在DEAE纤维素柱上,且酸性基团越多,吸附能力越强。根据它们酸性基团的含量和多糖特性,选用如下步骤淋洗:①保持pH,增加缓冲液浓度,这仅适用于弱酸性多糖;②逐渐增加碱性溶液强度;③逐渐增加酸性溶液强度。

对于中性多糖,在pH=5~6时通常不能吸附或很少吸附在离子交换柱上。然而在碱性条件下,它们能吸附在离子交换柱上,再逐渐增加淋洗液的pH,即可把它洗脱下来。此外,还可将离子交换柱转变成硼酸盐形式,能与硼酸盐形成复合物的多糖吸附在离子交换柱上,不与硼酸盐形成复合物的多糖则先洗脱下来,洗脱时,可逐渐增加硼酸盐的浓度。

从离子交换柱上洗下来的多糖可用糖分析中一些敏感的颜色反应方法来测定。

(4)氯仿、酚—水、朊酶、核酸酶除去多糖中含有的朊质、核酸,用超滤法除去一些低分子物质等,也是经常使用且非常有效的纯化方法,具体可参见有关实验指导手册。

(5)其它方法略。

3.多糖测定方法原理

就化学法测定糖含量而言,由于还原糖都含有自由醛基(如葡萄糖)或酮基(如果糖),在碱性溶液中,还原糖能将金属离子(如Cu^{2+}、Hg^{2+}、Ag^{+}等)或某些试剂还原,而糖本身氧化成各种羟酸类化合物;另外,糖或多糖用强酸处理脱水产生糠醛或其衍生物,这些化合物再与酚类或胺类化合物作用,生成有特殊颜色的物质。这两点特性常成为测定糖含量的各种方法的基础。酶法测定糖也是近来发展的一个方向,因为一些酶对特定的糖底物具有高度专一性和灵敏度。在实际工作中,需根据实际条件,综合考虑重复性好、灵敏度高、特异性强、操作简单、快速经济等原则,选择一种或几种方法进行测量。

根据糖的还原性测定多糖的常用方法有水杨酸法(DNS法)和铜—砷钼酸法(Somogyi—Nelson法);将糖转变成糖醛酸衍生物测定多糖的方法有地衣酚—硫酸法、苯酚—硫酸法、蒽酮—硫酸法;酶法有葡萄糖氧化酶法等。

3,5-二硝基水杨酸(DNS)比色法测定还原糖的原理是:在碱性溶液中,3,5-二硝基水杨酸与还原糖共热后被还原成棕红色氨基化合物(3-氨基-5-硝基水杨酸),在一定范围内还原糖的量与反应液的颜色强度呈比例关系,利用比色法可测定样品中的含糖量(图5-15)。

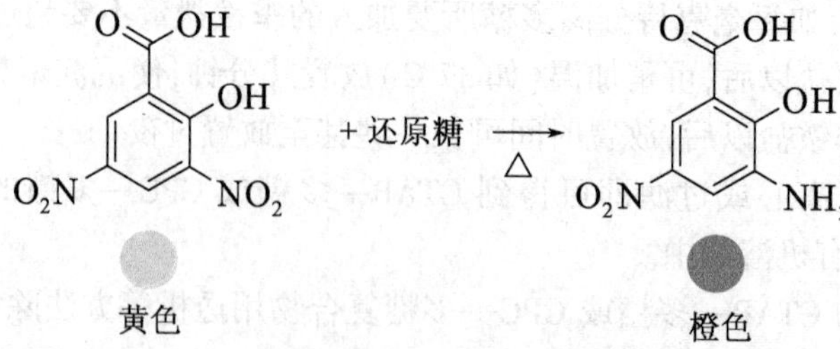

图 5－15　3,5－二硝基水杨酸测还原糖原理(彩图见附录 11)

铜—砷钼酸法(Somogyi—Nelson 法)的原理是:还原糖将铜试剂还原成氧化亚铜,在浓硫酸存在条件下与砷钼酸生成蓝色溶液,在 560nm 下的光密度(OD)值与还原糖浓度呈比例关系。

$$2Cu^{2+} + \text{还原糖} \longrightarrow Cu_2O$$

$$Cu_2O + H_2SO_4 \longrightarrow Cu^{+};2Cu^{2+} + MoO_4^{2-} + SO_4^{2-} \longrightarrow 2Cu^{2+} + \text{蓝色溶液}$$

酚—无机酸法的原理是:糖经浓无机酸处理脱水产生糠醛(戊糖)或糠醛衍生物(如羟甲基糠醛)(己糖),生成物能与酚类化合物缩合生成有色物质(图 5－16)。

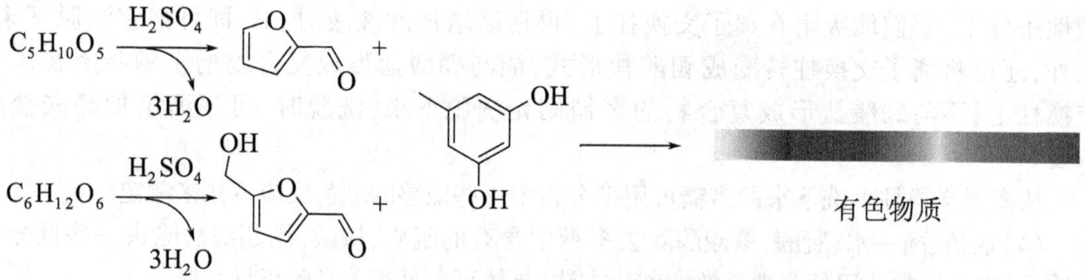

有色物质

图 5－16　酚—无机酸测还原糖原理(彩图见附录 11)

其中,地衣酚—硫酸(Orcinol—sulfuric acid)法适用于糖朊中总糖含量测定。

苯酚—硫酸法同理,己糖在 490 nm 处、戊糖及糖醛酸在 480 nm 处有最大吸收,在一定糖浓度范围内,其吸收值与糖含量呈线性关系。

蒽酮—硫酸法同理,其糖类酸水解脱水生产的糖醛或衍生物与蒽酮试剂缩合产生有色物质,溶液呈蓝绿色,在 620nm 处有最大吸收,吸收值与多糖含量呈线性关系。

葡萄糖氧化酶法测葡萄糖的原理是:葡萄糖氧化酶专一地氧化 β－葡萄糖(在葡萄糖溶液中,α－葡萄糖和 β－葡萄糖存在着动态平衡,随着 β－葡萄糖的氧化,最终所有 α－葡萄糖全部转变成 β－葡萄糖而被氧化酶所氧化),生成葡萄糖酸和过氧化氢;在有过氧化物酶同时存在时,过氧化物酶催化过氧化氢氧化某些物质(如联[邻]甲氧苯胺、联[邻]甲苯胺、酚酞、亚铁氰化钾等),这些物质氧化后从无色转变成有色,通过测定 OD 值即可计算葡萄糖含量。

$$\beta\text{－葡萄糖} + H_2O + O_2 \xrightarrow{\text{葡萄糖氧化酶}} \text{葡萄糖酸} + H_2O_2$$

$$H_2O_2 + \text{还原性染料(无色)} \xrightarrow{\text{过氧化物酶}} \text{氧化性染料(有色或有荧光)}$$

三、实验材料与设备

1. 菌种

渣碱生菌黏生变株(*A. faecalis* var. *myxogenes*)(Harada 等, 1965)、斜盖伞(*Clitopilus prunulus*)(详见附录 1)、香菇(*Lentinus edodes*)。

2. 溶剂或试剂

十六烷基盐酸吡啶(CPC)、溴代十六烷基三甲铵(CTAB)、Amberlite IR－120(碳酸型强酸性阳离子交换树脂)、丙酮、葡萄糖、酵母膏、磷酸一氢铵[$(NH_4)_2HPO_4$]、磷酸二氢钾、七水硫酸镁($MgSO_4 \cdot 7H_2O$)、氢氧化钠、乙醇、三氯乙酸、乙酸、甲醇、乙醚、蒽酮、浓硫酸、显色剂、标准糖溶液、洛瑞(Lowry)法试剂、链霉朊酶(pronase)、氯仿($CHCl_3$)、戊醇或丁醇、过氧化氢(H_2O_2)、氨水、DEAE 纤维素、甲苯。

其中,丙酮应符合 GB/T 686—2008《化学试剂　丙酮》,甲苯应符合 GB/T 684—1999《化学试剂　甲苯》。

(1)标准糖溶液:配制已知浓度的甘露糖或葡萄糖水溶液,若已知糖朊中各单糖比例,最好按其比例配制已知糖的混合物,预先作好吸光度标准曲线,作为下述实验公用。

(2)DNS 比色法试剂:1% 的 3,5－二硝基水杨酸,0.2% 苯酚,0.05% 亚硫酸钠,1% 氢氧化钠,20% 酒石酸钾钠,配制好后存棕色瓶中一周后稳定。

(3)铜—砷钼酸法试剂。铜试剂 A:将 25g 无水碳酸钠、25g 四水酒石酸钾钠、20g 碳酸氢钠和 200 g 无水硫酸钠溶解在 800mL 蒸馏水中,待完全溶解后稀释到 1000mL,在不低于 20℃的室温下放置,如有沉淀可过滤除去。相关化学试剂应满足但不限于如下标准:GB/T 1288—2011《化学试剂　四水合酒石酸钾钠(酒石酸钾钠)》、GB/T 639—2008《化学试剂无水碳酸钠》,HG/T 4196—2011《化学试剂　十水合碳酸钠(碳酸钠)》、GB/T 9853—2008《化学试剂　无水硫酸钠》。铜试剂 B:15% 五水硫酸铜溶液,每 100mL 溶液滴加 1～2 滴浓硫酸。铜试剂:将铜试剂 A 与铜试剂 B 按 25∶1(体积比)混合,现用现配。砷钼酸盐显色剂:25g 钼酸钠溶解于 450mL 蒸馏水中,在搅拌下加入 21mL 浓硫酸,加 25mL 砷酸钠溶液(3g $Na_2HAsO_4 \cdot 7H_2O$ 溶解于 25mL 水中),混合后,37℃保温 24h 或 55℃保温 25min,此试剂存放于棕色玻璃瓶中。

(4)酚—无机酸法试剂。通常使用的无机酸是硫酸,常用的酚为地衣酚(3,5－二羟基甲苯)、α－萘酚、间苯二酚等。试剂品质参照 GB/T 25782—2010《1－萘酚》、HG/T 3989—2014《间苯二酚(1,3－苯二酚)》。

(5)地衣酚—硫酸试剂。1.6% 地衣酚试剂(A 液):1.6% 地衣酚水溶液置 4℃冰箱保存。不纯的地衣酚用前经甲苯重结晶,必要时用活性炭(品质参考 HG/T 3491—1999、LY/T 1581—2000)脱色。注意:甲苯有毒,须小心使用。60% 硫酸试剂(B 液):60% 硫酸(600mL 冷却到 4℃的浓硫酸小心滴加到 400mL 4℃冷水中,4℃冰箱保存)。使用前将 7.5mL B 液加入 1mL A 液中,制得地衣酚—硫酸试剂。

(6)苯酚—硫酸法试剂。分析纯浓硫酸(如 95.5%)、80% 苯酚(80g 分析纯重蒸苯酚加 20g 水溶解)可置冰箱中避光长期存储。6% 苯酚,临用前以 80% 苯酚配制。标准葡聚糖(dextran)或葡萄糖。制作标准曲线宜用相应的标准多糖,如用葡萄糖,应以校正系数 0.9 校正糖的质量数,对其它多糖亦如此。对杂多糖,分析结果可根据各单糖的组成及主要组分单糖的标准曲线的校正系数校正。

(7)蒽酮—硫酸法试剂。2g/L 蒽酮试剂(2g 蒽酮溶于 95.5% 的浓硫酸中,当日配制使用),0.1g 葡聚糖溶液(可加数滴甲苯防腐)。

(8)葡萄糖氧化酶试剂组成如下:①葡萄糖氧化酶液 1100U(如为 110U/mL,则取 10mL);②过氧化物酶 25mg 溶于 14mL 水中;③联[邻]茴香胺,即联甲氧苯胺($C_{14}H_{16}O_2N_2$)30mg 溶于 6mL 95% 乙醇中;④Tris－甘油缓冲液(由 0.5mol/L、pH＝7.0 的 Tris 缓冲液加等体积的甘油混合)70mL。Tris 缓冲液的配制:61g Tris +85mL 5mol/L 的 HCl,用水稀释到 1000mL。混合上述四种成分,总体积 100mL。葡萄糖氧化酶试剂最好现用现配,冰箱暗处保存可放置半个月左右。

3. 仪器或其它用具

5L 发酵罐系统、紫外可见分光光度仪、还原糖测定仪、真空冷冻干燥机、离心机、组织捣碎器、恒温振荡器、恒温培养箱、电炉、层析柱、酒精灯、注射器、接种环、比色皿、恒温水浴槽、万分之一天平、25mL 磨口试管、500mL 容量瓶、可制冰冰箱等。

四、操作步骤

1. 细菌胞外多糖提取

1) 菌种的培养

渣碱生菌的培养见第四章实验五。如果要进行实验室放大,见第五章实验八。

2) 菌液分离

将培养液离心(或过滤),去除细胞及不溶物(可备用进行细胞提取分离实验),上清液分离后进行胞外多糖的纯化。

3) 胞外多糖分离

(1) 粗糖制备:在上清液中加入两倍体积的丙酮,沉淀出多糖。重复三次,把沉淀混合后用丙酮清洗,以脱去纤维多糖中的水分。4 ~ 10℃鼓风干燥器中干燥或在室温下(温度不高于25℃)快速氮气风干备用。

(2) 柱层析初纯化:①将上述粗糖复溶于水,制备高浓度的糖水溶液,并在 AmberliteIR - 120 柱淋洗;②在柱层析流出物初纯品中加入 10% CPC 溶液(或 CTAB 溶液),离心得到 CPC - 多糖复合物沉淀;③将 CPC - 多糖复合物溶解于 10% 氯化钠溶液,离心以除去少量杂质;④在离心上清液中加入乙醇或丙酮,沉淀出多糖,离心;⑤离心所得多糖再次复溶于水,用透析袋透析除去氯化钠和 CPC;⑥透析袋中的透析液用丙酮再次沉淀,离心,所得多糖用丙酮、乙醚或石油醚(GB/T 15894—2008《化学试剂　石油醚》对石油醚的质量作了规定)反复淋洗;⑦沉淀物真空干燥后制得纯多糖。

2. 真菌多糖的提取

一般先将原料物质脱脂与脱游离色素,然后用水(冷水和热水)、稀酸、稀碱、稀盐溶液进行提取,得粗糖提取液。粗糖提取液经浓缩后即加等体积/等重或数倍体积/重量的甲醇、乙醇或丙酮等沉淀析出,得粗糖沉淀物。粗糖沉淀物需经反复溶解与醇析,进行分级提取后才能制备纯多糖样品。

1) 菌种培养

可以直接购买斜盖伞子实体和香菇子实体提取多糖,或者按如下步骤进行菌种的实验室培养后直接提取。

液体培养基的制备:葡萄糖 3g,酵母膏 0.3g,磷酸氢铵 0.15g,磷酸二氢钾 0.1g,七水硫酸镁 0.05g,pH 调至 5.5。将上述培养基分装于 250mL 三角瓶中,每瓶 30mL,0.1MPa 灭菌 20min,备用。

在 PDA 斜面上培养 7d 的斜面菌株中加入无菌水制备菌悬液,然后接入一瓶上述液体培养基中作为种子液,28℃振荡培养 72h。

将培养后的种子液用无菌操作在组织捣碎器以 8000r/min 速度中捣碎 1min,用无菌吸管按 2mL/瓶的量接入上述培养基中 28℃继续振荡培养 96h。

2)多糖提取

(1)子实体水溶性多糖的提取。

①取斜盖伞子实体 1kg,用乙醇脱脂 2~3 次,残渣用五倍质量(5kg)热水(95~100℃)提取 6h,用尼龙布过滤,提取 4~5 次,合并滤液并浓缩(减压蒸馏、真空薄膜过滤、真空纤维过滤、超滤等)至 1.5L 左右。离心弃去滤渣,向上清液中少量多次加三倍体积(4.5L)95%乙醇,低速搅拌,沉淀过夜。

②乙醇沉淀液离心,收集沉淀物,依次用 95%乙醇、无水乙醇或甲醇、乙醚离心洗涤,然后真空干燥(用放有五氧化二磷和氢氧化钠的真空干燥器,配以水泵或空气泵抽真空干燥即可,或用通惰性气体的低温干燥箱干燥),得粗多糖粉末(灰色),得率约在 8%左右。

③脱朊。粗多糖含朊较多,用紫外可见分光光度法或 Lowry 法测定朊含量(约 37.5%)。用酶法与 Sevag 法结合进行脱朊。取粗多糖 2g 溶于 40mL 水中,用碳酸钠调节 pH 至 7.8,加朊酶 0.05~0.1g、甲苯 2mL,39℃保温 72h。

④朊酶水解液用蒸馏水透析 1d(磁力搅拌透析,每小时换水一次),浓缩至 20mL,用 Sevag 法脱朊五次,然后用三倍体积 95%乙醇醇析,再用水溶解再醇析,重复 2~3 次,得总糖混合物(用酚—硫酸法测得脱朊多糖总糖含量约 98.1%,由气相色谱和薄层层析分析主要由葡萄糖、岩藻糖和甘露糖组成,物质的量之比约为 3.6∶0.15∶1.0)。

⑤分级。取 1%多糖溶液,在搅拌下滴加甲醇至 1∶0.5(体积比),过夜,离心,沉淀物以 33%甲醇洗涤沉淀,同②干燥得第一分级馏分 PS1;上清液滴加甲醇至 1∶1(体积比),同上处理得第二分级馏分 PS2;上清液滴加甲醇至 1∶1.5(体积比),同上处理得第三分级馏分 PS3。将 PS1 经 DEAE 纤维素(OH-)型柱层析、水洗后,以 0.1mol/L 氢氧化钠洗脱,中和、透析、浓缩、醇析、干燥后得单一分级的葡聚糖 PS1′。这些组分完全水解后,经气相色谱和薄层层析法等确定其组分结构。

⑥脱色。上述馏分均略呈灰色,将 0.5%多糖溶液(灰褐色)用氨水调节 pH 至 8,在 50℃以下滴加 20% H_2O_2 至溶液为淡黄色,保温 2h,蒸馏水透析,浓缩后用乙醇醇析,按上述方法干燥样品,得白色粉末。

⑦纯度检测。用比旋、玻璃纤维电泳、琼脂糖 4B 柱层析等检测,呈现单峰,相对分子质量 150 万,黏度法测定相对分子质量 132 万。

(2)子实体碱溶性多糖的提取。

①碱提。取香菇子实体 1kg,用 3%三氯乙酸提取一次,用五倍质量热水(95~100℃)提取两次后,残渣搅拌分散在 1mol/L 氢氧化钠溶液中 2h(室温,氮气流保护)。

②中和沉淀。碱提取液过滤后,用醋酸中和,沉淀物用离心法收集,并把沉淀物复溶于 1mol/L NaOH 溶液中,少量不溶物离心去掉。再用醋酸中和,收集沉淀物,并重复操作五次,合并沉淀物。

③洗涤干燥。将所得沉淀物依次用水、甲醇、乙醚洗涤,室温下风干(于通风橱中,自然干燥,有时候称空气干燥。为避免污染,加速干燥,可用氮吹),得约 60g 碱溶性多糖。用酸完全水解后分析,沉淀物主要由葡萄糖、甘露糖和木糖组成。

④分级。多糖 1g 溶解在 100mL、0.5mol/L 的 NaOH 溶液中,搅拌下滴加甲醇 77mL,得沉

淀物 PS1,离心收集,用甲醇、乙醚依次洗涤干燥,可获干沉淀物粉末(约 258mg)。上清液同上操作滴加 23mL 甲醇,得沉淀物 PS2,同样分离干燥得 PS2 沉淀物(约 384mg),再向上述上清液滴加甲醇 30mL,直至沉淀完全,同法洗涤干燥得 PS3 沉淀物(约 228mg)。分别测其比旋,并用酸完全水解,所层析组分见表 5 - 11,仅 PS3 为单一葡聚糖。

表 5 - 11　香菇碱溶多糖的甲醇分级

馏　分	质量,mg	比旋$[\alpha]_0$	组　成		
			葡萄糖	甘露糖	木糖
原样品	1000	197	+ +	+	+
PS1	258	192	+	+	+
PS2	384	196	+ +	+	+
PS3	228	258	+ +	-	-

注: + + 表示大量存在, + 表示存在, - 表示无。

⑤水解和结构测定。热水中提取的多糖很难在常温水中溶解,可用甲酸助溶。取 PS3 样品 1g 碾成细粉末,用 85% 甲酸在 85℃ 中水解 20min,反应物透析至无酸性后,加三倍体积乙醇沉淀,沉淀物干燥后经 IR 分析,在 1720cm^{-1}有吸收,表明有甲酰基存在。将此含有甲酰基的产物分散在水中,水浴加热 3h,去除甲酰基。上述已降解的样品(约 662mg)冷却后用 50mL 水提取,过滤,滤液中加入 150mL 乙醇,离心,得较均一的香菇多糖(回收率约 9%)。平均相对分子质量用葡聚糖凝胶(Sephadex G - 20)柱层析测定或用铜—砷钼酸法(Somogyi—Nelson 法)测定,约 16200。进一步分析得其糖苷键为 β(1→3) - 葡聚糖。

3. 糖的定量测定

1) DNS 比色法

取待测样品(含糖 50 ~ 100μg)1mL,若样品中含酸,可加入 2% 的氢氧化钠中和。取对照(配制溶液所用的蒸馏水)1mL。样品和对照中分别加入 3mL 的 DNS 试剂,沸水浴煮沸 15min 显色,冷却后用蒸馏水稀释至 25mL,用紫外分光光度计测定 550nm 吸光度。用预先作好的葡萄糖标准曲线(葡萄糖溶液的浓度范围以 0.4 ~ 1mg/mL 为宜)即可计算样品中糖含量。

该方法用作半微量定糖,操作简单、快速,杂质干扰少,尤其适合于批量测定,例如用于糖化酶发酵过程中糖的分析。

注意:显色剂不能放置过久,否则可造成标准曲线变动。

2) 铜—砷钼酸法

取 1mL 样品置于 25mL 磨口试管中,加入 1mL 铜试剂,充分混匀后在沸水浴中加热 20min,用冷水冷却至室温,加 1mL 砷钼酸盐试剂,用蒸馏水稀释至 25mL,在 560nm 处测定 OD 值,用水作空白对照。由预先葡萄糖溶液作好的标准曲线即可计算出样品中还原糖的含量。

此法重复性好,产物稳定,测定范围为 10 ~ 180μg/mL(以 25 ~ 50μg/mL 为宜)。

3) 地衣酚—硫酸法

将 8.5mL 冷却到 4℃的地衣酚—硫酸试剂分别加到 1mL 标准糖溶液和含有 50 ~ 500μg 糖的样品中。试管向上三分之二处预先拉一细颈,再将一小试管放在大试管的细颈处。小试管内放少量冷水,成为一个冷却器。所有管(含空白)都同时放入 80℃ 水浴中加热 15min。如样品中含有葡萄糖，则必须继续加热 45min，因为葡萄糖显色比其它糖慢。流动水冷却，在 505nm 处测定，用预先作好的标准曲线计算出样品中糖含量。200μg 甘露糖在 505nm 处的 OD 值为 0.51(1cm 比色皿)。

该法操作简单，已经广泛用于测定葡萄糖氧化酶、淀粉酶、黑曲霉和根霉葡萄糖淀粉酶等酶中的糖含量，同时也用于测定一些卵朊、硫酸软骨素等物质中的糖含量。该法的缺点是氨基糖的存在可使颜色降低，大量的色氨酸存在也可致误差。该法对中性糖的测定结果可靠。

4）苯酚—硫酸法

(1)制作标准曲线：准确称取标准葡聚糖或葡萄糖 20mg，溶于 500mL 容量瓶中，加水至刻度，分别吸取 0.4mL、0.6mL、0.8mL、1.0mL、1.2mL、1.4mL、1.6mL 及 1.8mL，各以水补至 2.0mL，然后加入 6% 苯酚 1mL 和浓硫酸 5mL，静置 10min，摇匀，室温放置 20min，于 490nm 测 OD 值，以 2.0mL 水按同样显色操作作为空白，以多糖质量(单位为 μg)为横坐标，以 OD 值为纵坐标，绘制标准曲线。

(2)样品含量测定：吸取样品液 1.0mL(糖含量约 40μg)，按上述步骤操作测 OD 值，以标准曲线计算多糖含量。

此法简单、快速、灵敏、重复性好，对每种糖仅需制作一条标准曲线，颜色持久。

5）蒽酮—硫酸法

(1)制作标准曲线：取 0.1g/L 的葡聚糖溶液 0.05mL、0.10mL、0.20mL、0.30mL、0.40mL、0.60mL、0.80mL，用蒸馏水补至 1.00mL，分别加入 4.00mL 蒽酮试剂，迅速浸于冰水浴中冷却，各管加完后一起浸于沸水浴中，管口加盖玻璃球以防蒸发。自水浴重新煮沸起，准确煮沸 10min 取出，用自来水冷却，室温放置 10min 左右，于 620nm 处以同样处理的蒸馏水为空白进行比色测定，绘制标准曲线。

(2)样品含量测定：取样品(糖浓度 50μg/mL 左右)溶液 1mL，加入蒽酮试剂，同标准曲线进行比色测定，根据标准曲线计算含量。

本法可用于多糖、单糖含量测定，色氨酸含量较高的朊对显色反应有一定的干扰。

6）葡萄糖氧化酶法

取 2mL 样品液放入试管中，加入 2mL 葡萄糖氧化酶试剂，37℃ 水浴反应 30min，加入 4mL 2.5mol/L 的硫酸终止反应，摇匀。用分光光度计于 525nm 处测定，用预先用葡萄糖作好的标准曲线计算出葡萄糖量。

此法专一性高，灵敏，生成的颜色在 12h 内稳定，适用于测定生成葡萄糖的各种酶反应。如果反应液中有其它还原物质存在，更显示此法的优越性。绘制标准曲线时，葡萄糖浓度在 0～90μg/mL 范围内。标准曲线为通过原点的一直线，若标准曲线不通过原点，适当增加葡萄糖氧化酶试剂中的过氧化物酶浓度即可纠正。如葡萄糖氧化酶液中混有麦芽糖酶和其它葡萄糖苷酶，为了达到专一测定葡萄糖氧化酶活力，最好用 Tris－甘油缓冲液，因为此缓冲液中的两种成分都有抑制麦芽糖酶和其它 α－葡萄糖苷酶的能力。

五、实验报告

1. 实验结果

(1)绘制所测实验样品和标准糖的吸光度曲线。

(2)糖的纯化率和得率分别是多少？有无进一步提高和改善的余地？从哪里入手？

2.思考题

(1)混合糖或者带有肮的混合糖的测定方法中如何避免杂质带来的影响？

(2)有无其它的糖测定方法？请参考 NY/T 1676—2008《食用菌中粗多糖含量的测定》、NY/T 2279—2012《食用菌中岩藻糖、阿糖醇、海藻糖、甘露醇、甘露糖、葡萄糖、半乳糖、核糖的测定　离子色谱法》和 SN/T 3142—2012《出口食品中 D－甘露糖醇、麦芽糖、木糖醇、D－山梨糖醇的检测方法　液相色谱—质谱/质谱法》。

(3)细胞内和植物多糖与上述细胞外和真菌多糖的制备方法有何异同？请自行设计实验完成细胞内多糖的提取。

实验十　土壤微生物产酶制剂的制备和酶促降解

一、实验目的和要求

(1)掌握从土壤中筛选特定微生物的方法。

(2)掌握多糖内切酶的制备。

(3)了解特定环境污染物降解酶的提取及作用原理。

二、基本原理

土壤中筛选特定微生物的原理见第三章实验六、七。污染物(尤其是有机污染物)在环境中的分解和转化主要依靠微生物的作用,而微生物对这些污染物的改造主要依赖其产生的体内外各种酶系的酶促催化作用。以多糖内切酶对有机大分子的酶切为例,其作用机理如图 5－17 所示。

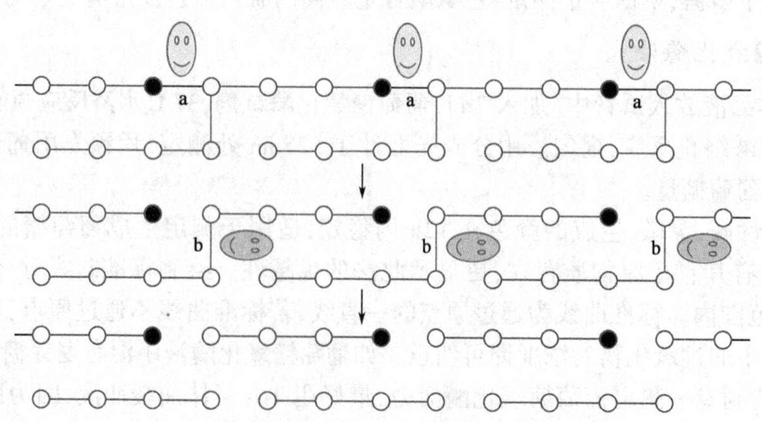

图 5－17　两种内切酶对多糖链糖苷键的作用模型

a—胞外多糖内切酶,作用键 a；b—胞内多糖内切酶,作用键 b；○—葡萄糖；●—半乳糖

琥珀酸型聚糖是一种酸性多糖,已知的几种 β－葡聚糖酶对这种多糖不起作用。从土壤中分离得到的一种**黄小杆菌属**(*Flavobacterium*)能产生一种分解此种多糖的胞外 β－聚糖酶

(β - glycanase)、一种胞内聚糖酶和/或糖苷酶(glycosidase)。胞外 β - 聚糖酶(或称胞外解聚酶)能把琥珀酸型聚糖降解(作用位点 a)为它的八糖重复单元,因此是一种半乳糖苷内切酶;胞内聚糖酶和/或糖苷酶能把多糖的八糖重复单元再进一步降解(作用位点 b)成两个四糖重复单元,因此是一种 β - 葡萄糖糖苷内切酶(图 5 - 13)。

三、实验材料与设备

1. 菌种

从土壤分离得到的**黄小杆菌属种**(*Flavobacterium* sp.)。

2. 溶液或试剂

提取胞外解聚酶的培养基 A:磷酸氢二铵 0.15g,磷酸二氢钾 0.1g,七水硫酸镁 0.05g,六水三氯化铁($FeCl_6 \cdot 6H_2O$)1mg,四水氯化锰($MnCl_2 \cdot 4H_2O$)1mg,氯化钙 1mg,氯化钠 1mg,琥珀酸型聚糖 0.8g,去离子水 1000mL,1mol/L 氢氧化钠,pH 调至 7.2。

提取胞内聚糖酶的培养基 B:培养基 A 中的各项无机盐另加五水硫酸铜($CuSO_4 \cdot 5H_2O$)5μg、七水氯化锌($ZnCl_2 \cdot 7H_2O$)7μg、二水钼酸钠($Na_2MoO_4 \cdot 2H_2O$)2μg、硼酸(H_3BO_4)10μg、琥珀酸型聚糖 0.5g、水 100mL,pH 调至 7.2。相关试剂应满足但不限于 GB/T 628—2011《化学试剂　硼酸》、GB/T 665—2007《化学试剂　五水合硫酸铜(Ⅱ)(硫酸铜)》、HG/T 2760—2011《化学试剂　氯化锌》。

酶分离纯化用药品:硫酸铵、DEAE 纤维素、Sephadex G - 150、G - 200、CM 纤维素。相关化学品应满足但不限于 GB/T 1396—2015《化学试剂　硫酸铵》、HG/T 3466—2012《化学试剂　磷酸二氢铵》、HG/T 3474—2014《化学试剂　三氯化铁》。

3. 仪器或其它用具

低温离心机、细胞破碎仪、电泳仪、电泳槽、打孔器、2mm 直径的圆形薄壁金属管、开琼脂长槽用的手术小刀、毛细滴管或微量加样器、注射针头、各种层析柱等。

四、操作步骤

1. 菌种培养

(1)从土壤样品中分离菌种的基本操作见第三章实验六。

(2)**黄小杆菌属种**在培养基 A 中 30℃ 培养 24h,得到种子培养液,然后以 1:20 转接到同样的培养基中,30℃ 培养 72h。

(3)**黄小杆菌属种**在培养基 B 中 30℃ 培养 24h,得到种子培养液,然后以 1:20 转接到同样的培养基中,30℃ 培养 24h。

2. 提纯酶

(1)胞外解聚酶(酶 1)的提取。上述 A 培养基培养的产物经离心去除细胞及不溶物,上清液通过硫酸铵沉淀、DEAE 纤维素分离、Sephadex G - 200 柱层析提纯,如不纯可再次经 Sephadex 柱层析。

(2)胞内聚糖酶(酶 2)的提取。离心所得细胞沉淀物经超声波破碎,离心除去细胞渣,所得上清液通过硫酸铵沉淀、CM 纤维素及 Sephadex G - 150 柱层析提纯,如不纯可再次经

Sephadex柱层析分离。

层析样品经真空冷冻干燥获得纯品，用安瓿瓶惰性气体封装，-70℃可保存10a以上，-20℃保存5a以上。

3. 酶对多糖的水解（酶促反应）

琥珀酸性多糖与两种酶分别水解的反应最适条件为：pH = 5.8，0.1mol/L乙酸缓冲液30℃，作用1d。琥珀酸性多糖与两种酶的连续水解条件为：与胞外解聚酶在40℃作用5h（缓冲液同上），然后把混合物煮沸1min，再同胞内聚糖酶作用5h，煮沸1min，降解产物通过Amberlite IR-120柱，流出物真空干燥后进行结构表征。

五、实验报告

1. 实验结果

将酶制剂制备过程填入表5-12。未涉及步骤可不填。

2. 思考题

(1)解聚酶产量少的原因是什么？如何提高产生量？

(2)如何获得以多氯联苯、二噁英、多环芳香烃（混合物或单质，如BaP）、有机重金属或其它有机污染物为底物的菌种和酶？请设计一个实验验证。

表5-12 酶制剂制备过程

提纯步骤	朊总量 mg	胞外解聚酶（酶1）				胞内聚糖酶（酶2）				酶1/酶2
		总活力 kat	比活力 kat/mg	回收率 %	提纯倍数	总活力 kat	比活力 kat/mg	回收率 %	提纯倍数	
粗酶提取液										
硫酸铵										
聚乙二醇6000										
DEAE纤维素										
CM纤维素										
Sephadex										
制备电泳										

实验十一 利用佰珞系统进行微生物的分类鉴定

传统的微生物分类鉴定对需鉴定的菌株通过个体及群体形态的观察、染色反应、生理与生物化学特性、血清学反应等进行实验考查，实验结果用《伯杰氏鉴定细菌学手册》（*Bergey's Manual of Determinative Bacteriology*）检索，以确定待测菌株的分类地位和菌株的学名。《伯杰氏鉴定细菌学手册》1923年出版第一版，1984年出版第八版时更名为《伯杰氏系统细菌学手册》（*Bergey's Manual of Systematic Bacteriology*），并在1986年出版卷二、1989年出版卷三和卷四。2001 年开始出版第二版卷一，2005 年卷二（A、B、C 三部分），2009 年卷三，2010 年卷四，2012 年卷五（A 和 B）。之后再无纸质版更新，代之以 2015 年出版在线书《伯杰氏系统古菌和细菌手册》（*Bergey's Manual of Systematics of Archaea and Bacteria*）。该手册运用细菌的每张表征特征，已成为鉴定细菌的主要工具。传统的分类方法操作复杂、费时费力。20 世纪 90 年代，美国佰路（BIOLOG）公司研制开发出佰路系统，用于微生物（细菌、放线菌、霉菌、酵母菌）的快速鉴定，结合 16S rRNA 序列分析和 $G+C$，可以将未知菌鉴定到种的分类水平。目前，在仪器条件具备的实验室，已采用计算机微生物分类鉴定系统，待测菌株能在相对短的时间内得到分类鉴定结果。

一、实验目的和要求

（1）通过实验学习利用计算机微生物分类鉴定系统进行分类鉴定的基本原理和一般操作方法。

（2）了解一般细菌、竿菌、霉菌和酵母菌在分类鉴定时菌种培养和菌悬液制备方法的差异。

（3）学习并掌握人工读取和读数仪读取微孔培养板的结果。

（4）学习使用佰路 MicroLog 软件，掌握数据库使用方法。

二、实验原理

佰路分类鉴定系统的微孔板有 96 孔，横排为 1、2、3、4、5、6、7、8、9、10、11、12，纵排为 A、B、C、D、E、F、G、H。96 孔中都含有四唑类氧化还原染色剂，其中 A1 孔内为水，作为对照；其它 95 孔是 95 种不同的碳源物质。

待测细菌利用碳源进行代谢时会将四唑类氧化还原染色剂从无色还原成紫色，从而在微生物鉴定板上形成该微生物特征性的反应模式或“指纹”。通过人工读取或者纤维光学读取设备——读数仪来读取颜色变化，并将该反应模式或“指纹”与数据库进行比对，就可以在瞬间得到鉴定结果。对于真核微生物——酵母菌和霉菌，还需要通过读数仪读取碳源物质被同化后的变化（即浊度的变化），以进行最终的分类鉴定。

三、实验材料与设备

1. 菌种

经纯化培养后已知学名（属名和种名）的微生物：

（1）非芽孢细菌（如**恶臭假单胞菌**（*Pseudomonas putida*），或其它）1 株。

（2）竿菌（如**纤细竿菌**（*B. subtilis*）或其它）1 株。

（3）酵母菌如啤酒酵母菌（*S. cerevisiae*）或其它 1 株。

（4）霉菌如黑曲霉（*A. niger*）或其它 1 株。

2. 培养基

佰路专用培养基：

（1）BUG 琼脂培养基。BUG 琼脂培养基（佰路公司产品）57g，蒸馏水 100mL。煮沸溶解，冷却后调整 pH 至 7.3 ±0.1，0.1 MPa 灭菌 15min，制平板，备用。

(2)BUG + B 培养基。BUG 琼脂培养基 57g,蒸馏水 950mL。煮沸溶解,冷却后调整 pH 至 7.3 ±0.1, 0.1 MPa 灭菌 15min,冷却至 45 ~50℃,加入 50mL 新鲜的脱血纤维羊血(血细胞浓度至少为 40%),摇匀,制平板,备用。

(3)BUG + M 培养基。BUG 琼脂培养基 57g,纯净水 990mL。煮沸溶解,冷却后调整 pH 至 7.3 ±0.1,0.1 MPa 灭菌 15min,加 10mL 已灭菌的 25% 麦芽糖,制平板,备用。

(4)BUY 培养基。BUA 琼脂培养基 60g,蒸馏水 1000mL。煮沸溶解,冷却后调整 pH 至 5.6 ±0.4,0.1 MPa 灭菌 15min。制平板,备用。

(5)2% 麦芽汁琼脂培养基。Oxoid❶ 麦芽汁提取物 20g,琼脂 18g,蒸馏水 1000mL。煮沸溶解,冷却后调整 pH 至 5.5 ±0.2,0.1 MPa 灭菌 15min。倒平板,备用。

3. 试剂

佰珞专用菌悬液稀释液、脱血纤维羊血、麦芽糖、麦芽汁提取物、琼脂粉、蒸馏水等。

4. 仪器

佰珞微生物分类鉴定系统及数据库、浊度仪、读数仪、恒温培养箱、光学显微镜、pH 计、八道移液器、试管等。

四、操作步骤

1. 待测微生物的纯培养

使用佰珞推荐的培养基和培养条件,对待测微生物进行纯化培养。

1)培养基

耗氧细菌使用 BUG + B 培养基。厌氧细菌使用 BUA + B 培养基。酵母菌使用 BUY 培养基。丝状真菌使用 2% 麦芽汁琼脂培养基。

2)培养温度

选择不同微生物生长最适宜的培养温度。

3)培养时间

细菌培养 24h,酵母培养 72h,丝状真菌培养 10d。

检查并确认培养物为纯培养。

2. 以待测微生物的革兰氏染色反应结果选择实验模式

确认待测微生物的革兰氏染色反应是阴性还是阳性,显微观察待鉴定细菌是球菌还是杆菌,以判断微孔板的使用种类。阳性菌采用 GP,阴性菌采用 GN;若真菌无革兰氏染色反应,则酵母菌采用 YT,霉菌采用 FF。

3. 制备特定浓度的菌悬液

氧浓度决定待测微生物培养后的细胞浓度。佰珞系统中,氧浓度是必须控制的关键参数。因此,接种物的准备必须严格按照佰珞系统的要求进行。如果是 GP 球菌和杆菌,则在菌悬液

❶ 这是一家全球知名的微生物培养基制造商,尚无中文名字,现在是赛默飞世尔(Thermo Fisher Scientific)的下属公司。

中加入3滴巯基乙酸钠和100mmol/L的水杨酸钠1mL,使菌悬液浓度与标准悬液浓度具有同样的浊度。

4. 接种并对点样后的微孔板进行培养

使用八道移液器将菌悬液接种于微孔板的96孔中:一般细菌150μL,芽孢菌150μL,酵母菌100μL,霉菌100μL。接种过程不能超过20min。

5. 读取结果

读取结果之前要对读数仪进行初始化。

可事先输入微孔板的信息,以缩短读取结果时间,这对人工读取和读数仪读取结果都适用。由于工作表中无培养时间,所以人工读取和读数仪读取结果时首先要选择培养时间,然后选择"读取"(Select Read)键,从已打开的工作表读取结果,之后可以选择"读取下个"(Read Next)键,按次序读取结果。

如果认为自动读取的结果与实际不符,可以人工调整域值以得到认为是正确的结果。对霉菌域值的调整会导致颜色和浊度的阴阳性都发生变化,实验时应加以注意。

GN、GP数据库是动态数据库,微生物总是最先利用最适碳源并最先产生颜色变化,颜色变化也最明显;次最适的碳源菌体利用较慢,相应产生的颜色变化也较慢,颜色变化也没有最适碳源明显。动态数据库则充分考虑了微生物这种特性,使结果更准确和一致。

酵母菌和霉菌是重点数据库,软件同时检测颜色和浊度的变化。

6. 结果解释

软件将对96孔板显示出的实验结果按照与数据库的匹配程度列出10个鉴定结果,并在ID框中进行显示,如果第一个结果都不能很好匹配,则在ID框中就会显示"No ID"。

评估鉴定结果的准确性:"% PROB"提供使用者可以与其它鉴定系统比较的参数;"SIM"显示ID与数据库中的种之间的匹配程度;"DIST"显示ID与数据库中的种间的不匹配程度。

种的比较:"+"表示样品和数据库的匹配程度不小于80%;"-"表示样品和数据库的匹配程度不大于20%。

欲查看10个结果之外的结果,按"Other"显示框,双击"Other"显示数据库,在数据库中选中欲比较的种,就可以显示出各种指标;用右键点击显示动态数据库和终点数据库。

五、实验报告

1. 实验结果

(1)报告实验所选用的菌种、佰路实验模式的选择、佰路的鉴定结果。

(2)评估鉴定结果的准确性,若鉴定结果不理想,分析可能原因。

2. 思考题

(1)佰路分类鉴定系统能够100%地鉴定出微生物的属名和种名吗?如果不能,还需要进行什么实验才能鉴定出菌株的种名?

(2)鉴定冻干菌种时需要如何进行前处理?

(3)需要严格控制接种液的浊度吗?

(4)人工读数时,如果有些微孔有些颜色,但不明显,如何判断?

(5)鉴定细菌时,如果4h鉴定的结果与16～24h的结果不同,该如何判断结果?

实验十二 细菌DNA中$G+C$值的紫外测定

一、实验目的和要求

(1)掌握应用氯仿苯酚混合液提取细菌DNA的方法。

(2)采用紫外分光光度计测定细菌DNA的热变性温度(T_m),并计算它们的DNA中$G+C$值。

二、基本原理

DNA在生物中是起主导作用的遗传物质。其中4种碱基——腺嘌呤(摩尔分数记为A)、胸腺嘧啶(摩尔分数记为T)、鸟嘌呤(摩尔分数记为G)和胞嘧啶(摩尔分数记为C)总是分别有规律地按腺嘌呤—胸腺嘧呤和鸟嘌呤—胞嘧啶配对,称为碱基对。通常在不同种的细菌DNA中,碱基对数量或比例可能相等,也可能是不相等的;而碱基对的数量或比例不相等的细菌,一般总不会是相同或相似的种属。由于细菌中DNA的碱基对排列顺序、数量或比例不受菌龄及突变因素之外的生长条件等各种外界因素的影响,同时细菌DNA中$G+C$(即鸟嘌呤—胞嘧啶占4种碱基总量的摩尔分数)变化幅度较大,为27%～75%,因而在目前的细菌分类鉴定中,已将DNA的$G+C$值作为常规的鉴定指标之一。

细菌中$G+C$的分析方法较多,除用化学方法测定外,还有DNA的热变性温度(T_m)、浮力密度梯度离心及高压液相色谱等物理方法。本实验介绍采用紫外分光光度计测定细菌DNA的热变性温度(T_m)及计算它们的$G+C$的方法(此法是目前用得较多且简便、快速和重复性好的一种方法),即将DNA溶于一定的溶液中,经加热变性后使其解链成单链,从而导致它们对紫外线吸光度的逐步增加,如继续升温便达到一定值。这种吸光度增大的性质称为增色性,而T_m值就是其增色效应一半时的温度。由于DNA的鸟嘌呤—胞嘧啶碱基对之间有3个氢键,而腺嘌呤—胸腺嘧啶碱基对之间只有2个氢键,因此具有3个氢键的鸟嘌呤—胞嘧啶碱基对结合得较牢固。在热变性过程中,打开鸟嘌呤—胞嘧啶碱基对之间3个氢键所需的温度也较高,所以DNA中$G+C$高的其T_m值也必然较高。其关系如下:

$$T_m = 69.3 + 0.41(G + C)$$

三、实验材料与设备

1.菌种

卤小杆菌属种(*Halobacterium* sp.)(如盐业卤小杆菌)、纤细竿菌(*B. subtilis*)。

2.培养基

(1)CM培养基:酪素水解物7.5g,酵母浸出液10g,柠檬酸钠3g,$MgSO_4 \cdot 7H_2O$ 20g,KCl 2g,$FeSO_4 \cdot 7H_2O$ 10mg,NaCl 200g,加蒸馏水至1000mL。调节pH至6.5,分装三角瓶(在每个

500mL 三角瓶中加入 60mL 培养液），112℃ 灭菌 30min。

（2）肉汤胨琼脂培养基：见第一章实验五。

3. 试剂

（1）SE 溶液：0.15mol/L NaCl + 0.1mol/L 乙二胺四乙酸二钠（Na_2 - EDTA），pH 调至 8.0。相关化学品应符合但不限于 GB/T 1401《化学试剂 乙二胺四乙酸二钠》。

（2）SDS（十二烷基磺酸钠）或 SLS（十二烷基硫酸钠）。SLS 应符合 GB/T 15963《十二烷基硫酸钠》。

（3）溶菌酶。

（4）2.5mol/L 的 Tris 溶液。

（5）水饱和酚：将装有结晶苯酚的瓶子放在水浴中待苯酚溶解后，一分为二，每瓶加少量蒸馏水，用 2.5mol/L 的 Tris 溶液调 pH 至 8.0 以上，约加 Tris 液 50mL，充分混匀，静放可分层，若不能分层，可适量补加蒸馏水。放冰箱保存，使用时吸取下层水饱和酚。

（6）氯仿—异戊醇：按体积 24:1 混合，存于冰箱中。异戊醇应符合 HG/T 2891—2011《化学试剂 异戊醇(3 - 甲基 - 1 - 丁醇)》。

（7）95% 乙醇。

（8）1 SSC（NaCl—柠檬酸钠溶液）：0.15mol/L NaCl—0.015mol/L 柠檬酸钠，pH = 7.0 ± 0.2。浓缩 10 倍称 10 SSC，稀释 10 倍称 0.1 SSC。

（9）RNA 酶：先将 RNA 酶溶于 0.15mol/L NaCl（pH 调至 5.0）中，浓度调至 2mg/mL，然后将其在沸水中处理 10min，以灭活样品中可能污染的 DNA 酶。

（10）生理盐水。

4. 器皿

可温控紫外可见分光光度计（比色槽装有电加热器）、精密型拨盘设定恒温器、比色杯（带磨口玻璃塞的石英比色杯，一半导体 PN 结温度传感器可通过比色杯上小孔直接插到杯内样品上部，不影响光路即可；在样品加热过程中，随时可读出样品的温度。此杯在使用前可先用乙醇浸泡，然后用蒸馏水清洗，烘干或用待测溶液冲洗）、高速冷冻离心机、恒温水浴槽、克氏瓶、离心管、移液管、试管、滴管、玻璃棒、量筒、接种环、具磨口玻璃塞的三角瓶。

四、操作步骤

1. DNA 的制备

1）细菌的培养及菌体收集

（1）取**卤小杆菌属**种菌悬液 3mL，接种于一装有 60mL CM 培养液的三角瓶中（每个菌种接种 5 ~ 6 瓶），将三角瓶置于 37℃旋转式摇床上振荡培养 5 ~ 6d（180r/min），提供光照条件。后将上述培养液离心 10min（4000r/min），弃去上清液，最后收集湿菌体 2 ~ 3g，并悬浮于装有 40 ~ 50mL 的 SE 溶液的离心管中。

（2）先取**纤细竿菌**菌悬液 2mL，接种于每一克氏瓶中的肉汤琼脂平板（共接种 3 个克氏瓶），置于 30℃恒温箱培养 15h。用生理盐水洗下菌体，离心 10min（4000r/min），后用 50mL SE 溶液洗涤 1 ~ 2 次，最终收集湿菌体 2 ~ 3g，并同样悬浮于装有 40 ~ 50mL SE 溶液的离心管中。

2）细菌 DNA 的提取

提取细菌 DNA 的方法较多，本实验采用目前较为常用、简便、脱朊质效果好及所提取 DNA 纯度高的氯仿—苯酚混合提取法。具体步骤如下：

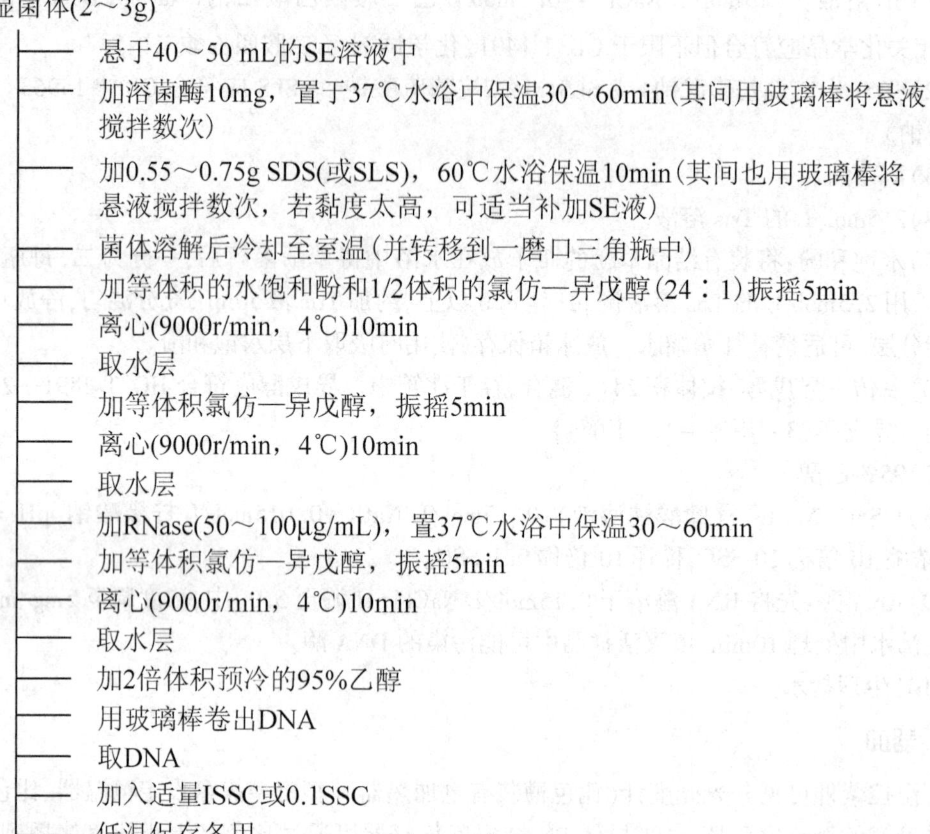

注意：卤小杆菌属种的 DNA 提取过程中可略去加溶菌酶处理这一步骤。

3）细菌 DNA 纯度分析

将各实验菌种的 DNA 样品作适当稀释后，用紫外可见分光光度计分别测试波长为 230nm、260nm、280nm 时的吸光度 A_{230}、A_{260} 和 A_{280}。若比值符合 $A_{230}:A_{260}:A_{280}=1:0.450:0.515$ 的比例关系，则可作为测试 T_m 值的样品。

2. DNA 的 T_m 值测定及 $G+C$ 的计算

1）细菌 DNA 的 T_m 值测定

用 1SSC 或 0.1SSC 溶液适当稀释各实验菌种的 DNA 样品，使溶液的吸光度（A_{260}）为 0.2～0.4，充分混匀，除去絮凝物备用。

将一样品液加入带塞的石英比色杯内，慢慢加热，从 25℃ 开始记录 260mm 处的吸光度 A_{260}，迅速增温到 50℃左右，如杯内有气泡，轻轻敲其壁除去，继续加热至热变性前 3～5℃，停止加热 5min，待杯内温度不再上升后，再慢慢加热，并一度一度地升温（控制每升高 1℃约 1min）直至不再呈现增色性，表明 DNA 的变性已完全。记录每个温度下溶液的吸光度。

2）细菌 DNA 的 T_m 值计算

由于样品液升温后体积膨胀，因此必须将各温度下的溶液吸光度校正为25℃的数值，用校正值除以25℃的吸光度，得出各温度下的相对吸光度。表5－13和表5－14分别是**纤细竿菌** A. S. 1. 88 菌株和**卤小杆菌属种**（*Halobacterium* sp.）DNA 的热变性测定值（**卤小杆菌属种**仅列部分数据，相对膨胀体积可由表5－15查得）。

表5－13　纤细竿菌 DNA 的热变性测定值

温度，℃	吸光度	校正膨胀体积后吸光度	相对吸光度
25	0.287	0.2870	1.0000
81	0.287	0.2946	1.0265
82	0.290	0.2979	1.0380
83	0.294	0.3022	1.0530
84	0.300	0.3086	1.0752
85	0.313	0.3222	1.1226
86	0.331	0.3409	1.1878
87	0.348	0.3587	1.2498
88	0.368	0.3796	1.3226
89	0.379	0.3912	1.3631
90	0.386	0.3987	1.3892
91	0.389	0.4021	1.4010
92	0.392	0.4054	1.4125
93	0.394	0.4078	1.4209
94	0.394	0.4081	1.4220

注：根据文献报道为 A. S. 1. 88 菌株。

表5－14　卤小杆菌属种 DNA 的热变性测定值

温度，℃	吸光度	校正膨胀体积后吸光度	相对吸光度
25	0.270	0.2700	1.0000
86	0.270	0.2781	1.0300
90	0.285	0.2944	1.0904
95	0.331	0.3431	1.2707
98	0.373	0.3875	1.4352
99	0.375	0.3899	1.4441
100	0.375	0.3902	1.4452

注：根据文献报道为东石菌株。

表 5-15　25℃水对不同温度水的相对膨胀体积

温度 T,℃	相对膨胀体积 V_T/V_{25}	温度 T,℃	相对膨胀体积 V_T/V_{25}	温度 T,℃	相对膨胀体积 V_T/V_{25}
25	1.0000	64	1.0162	70	1.0197
50	1.0091	65	1.0168	71	1.0203
60	1.0141	66	1.0174	72	1.0209
61	1.0146	67	1.0180	73	1.0215
62	1.1520	68	1.0185	74	1.0221
63	1.0157	69	1.0191	75	1.0228
76	1.0234	86	1.0300	96	1.0373
77	1.0240	87	1.0308	97	1.0380
78	1.0247	88	1.0314	98	1.0388
79	1.0253	89	1.0321	99	1.0396
80	1.0260	90	1.0329	100	1.0404
81	1.0266	91	1.0336	101	1.0411
82	1.0273	92	1.0343	102	1.0419
83	1.0280	93	1.0351	103	1.0426
84	1.0287	94	1.0358	104	1.0433
85	1.0293	95	1.0365	105	1.0441

最后以温度为横坐标,以相对吸光度为纵坐标,绘成 S 形的热变性曲线,曲线的线性部分的中点相对应的温度即为 T_m 值,如图 5-18 所示。

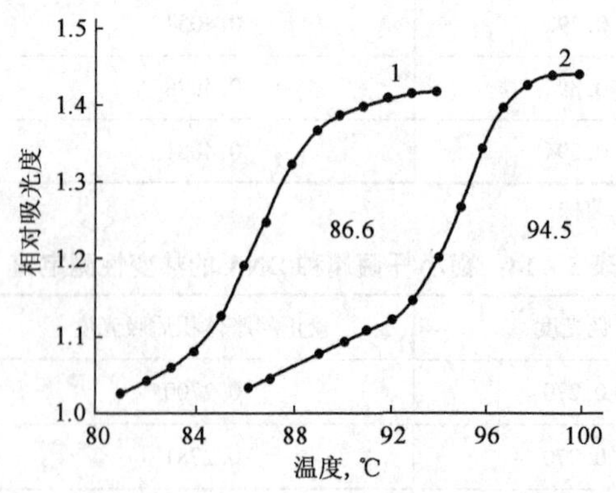

图 5-18　**纤细竿菌** A. S. 1. 88(曲线 1)和**卤小杆菌属种**(曲线 2) DNA 的热变性曲线(数字为 T_m 值)

3)细菌 DNA 的 $G+C$ 计算

由于在一定离子强度的盐类溶液中某种 DNA 的 T_m 值是一恒定值,并与 $G+C$ 成比例,因此可根据经验公式:

$$1\ \text{SSC 条件下}, G+C=2.44(T_m-69.3) \quad (1)$$

$$0.1\ \text{SSC 条件下}, G+C=2.44(T_m-53.9) \quad (2)$$

计算出 DNA 的 $G+C$ 值。然而,由于不同实验室使用的化学试剂、缓冲液、仪器等不同常会引起一定的实验误差。因此,各实验室应建立自己的 T_m 测定标准和参比菌株(通常使用的参比 DNA 是大肠埃希氏菌 K_{12} 菌株,其 $G+C$ 为 51.2%),在测定未知菌 T_m 值时,要同时测定参比菌株的 T_m 值,以便于校正实验误差。本实验采用**纤细竿菌** A. S. 1. 88 菌株为参比菌株(T_m 值为 86.6℃,$G+C$ 为 42.2%)。若测定的**纤细竿菌** A. S. 1. 88 T_m 值在 86.2 ~ 87.0℃时(即标准值的 ±0.4℃),可使用公式(1)、(2)。在其它数值情况下,则可使用以下经验公式:

$$1\ \text{SSC 条件下}, G+C=42.2+2.44(T_{m2}-T_{m1}) \quad (3)$$

$$0.1\ \text{SSC 条件下}, G+C=42.2+2.08(T_{m2}-T_{m1}) \quad (4)$$

式中 T_{m1}, T_{m2}——**纤细竿菌** A. S. 1. 88 和未知菌的 T_m 值。

如**卤小杆菌属**种 DNA 的 T_{m2} 值是 94.5℃,而**纤细竿菌** A. S. 1. 88 菌株 DNA 的 T_{m1} 值是 86.6℃(采用 1SSC),所以可采用公式(1)计算该菌的 $G+C$,即该菌的 DNA 中 $G+C=2.44\times(94.5-69.3)=61.5\%$。

3. 注意事项

(1)提取的 DNA 最好当天使用。如在提取过程中暂时中断,最好在去朊质时将未离心的混悬液置冰箱中。

(2)菌株量增多时,所用试剂量也相应增加。

(3)纯化 DNA 溶液若不澄清,可借助离心澄清。

(4)用带塞比色杯测定,当最终温度达 98℃时,杯内液体损失约 1.5%,由于多数损失出现在 T_m 值得到之后,所以在计算 $G+C$ 时可忽略不计。

(5)对于 $G+C$ 值较高的 DNA(如该值为 75% 时,其 T_m 值为 100℃),这时必须把样品升温至 104℃才能完成 T_m 值的测定。但是,在这样的情况下,比色杯塞子往往会发生位移,为此,可选用能使 T_m 值降低的溶液,如可将 DNA 溶于 0.1 SSC 溶液中进行测定。同样,$G+C$ 也可按上述公式(2)、(4)计算(后者测定的 T_m 值可比前者降低约 16℃)。

(6)由于分析方法的误差,DNA 中 $G+C$ 值小于 2% 的差别是无意义的。而同一种的菌株间 $G+C$ 差值一般不大于 4% ~5%;至于同一属内不同种间的 $G+C$ 值,则差值很少大于 10% ~15%。若差别达 20% ~30%,可认为是不同属甚至不同科的细菌。

(7)酚具腐蚀性,可腐蚀皮肤,并经皮肤吸收后对人体有毒,因而操作时须戴上乳胶手套,以免损伤皮肤。

五、结果记录

1. 实验结果

(1)按照表 5 - 13 的结果记录方式,认真记录和计算实验菌种 DNA 的热变性测定值;另按图 5 - 16 的表示方式,绘制 DNA 的热变性曲线图,并精确求得实验菌种 DNA 的 T_m 值。

(2)应用上述的经验公式,准确地计算实验菌种 DNA 的 $G+C$。

2. 思考题

(1)DNA 热变性温度(T_m)法测定 $G+C$ 的基本原理及优点是什么?

(2)要做好本实验,应注意哪些要点?

实验十三　质粒 DNA 转化实验

一、实验目的和要求

(1)了解和掌握基因工程中常用的质粒转化方法。

(2)检测自制质粒 DNA 的转化活性。

二、基本原理

转化活性是检测质粒生物活性的重要指标。在基因克隆技术中,转化(transformation)是特指以质粒 DNA 或以它为载体构建的重组质粒 DNA(包括人工染色体)导入细胞的过程,是一种常用的基本实验技术。该过程的关键是受体细胞的遗传学特性及其所处的生理状态。用于转化的受体细胞一般是限制—修饰系统缺陷的变异株,以防止对导入的外源 DNA 的切割。此外,为了便于检测,受体菌一般应具有可选择的标记(例如抗生素敏感性、颜色变化等)。但质粒 DNA 能否进入受体细胞则取决于该细胞是否处于感受态(competence)。所谓感受态,是指受体细胞处于容易吸收外来 DNA 的一种生理状态,可通过物理化学的方法诱导形成,也可自然形成(自然感受态)。在基因工程技术中,通常采用诱导的方法。**结肠埃希氏菌**是常用的受体菌,其感受态一般是通过用 $CaCl_2$ 在 0℃条件下处理细胞形成,基本原理是:细菌处于 0℃的 $CaCl_2$ 低渗溶液中会膨胀成球形,细胞膜的通透性发生变化,转化混合物中的质粒 DNA 形成抗 DNase 的羟基—钙磷酸复合物黏附于细胞表面,经 42℃ 短时间热激处理,促进细胞吸收 DNA 复合物,在丰富培养基上生长数小时后,球状细胞复原并分裂增殖,在选择培养基上便可获得所需的转化子。

三、实验材料与设备

1.材料

结肠埃希氏菌、LB 琼脂平板(见附录 2)、10mL 塑料离心管、1.5mL 小塑料离心管、微量进样器、玻璃涂棒、恒温水浴(37 ~42℃)。

2.仪器

分光光度计、(低温)高速离心机等。

四、操作步骤

1.制备感受态细胞

(1)将**结肠埃希氏菌**在 LB 琼脂平板上划线,37℃培养 16 ~20h。

(2)在划线平板上挑一个单菌落于盛有 20mL 的 LB 培养基(附录 2)的 250mL 三角烧瓶中,37℃振荡培养到细胞的 OD 值为 0.3 ~0.5,使细胞处于对数生长期或对数生长前期。

(3)将培养物于水浴中放置 10min,然后转移到 2 个 10mL 预冷的无菌离心管中以 4000r/min、在 0 ~4℃下离心 10min。

(4)弃上清液,倒置离心管1min,流尽剩余液体后,置冰溶10min。

(5)分别向两管加入5mL用冰预冷的0.1mol/L $CaCl_2$溶液悬浮细胞,置冰浴中20min。$CaCl_2$的纯度至关重要,不同厂家甚至同一厂家不同批号的产品均影响感受态的形成。

(6)以4000 r/min、在0~4℃下离心10min回收菌体,弃上清液。分别向两管各加入1mL冰冷0.1mol /L的$CaCl_2$溶液,重新悬浮细胞。

(7)按每份200 μL分装细胞于无菌小塑料离心管中。如果不马上用,可加入浓度为10%的无菌甘油,置-20℃或-70℃储存备用。制得的感受态细胞如果在4℃放置12~24h,其转化率可增高4~6倍,但24h后转化率将下降。

以上操作均为严格的无菌操作。

2. 转化

(1)加10μL含约0.5μg自制的pUC18质粒DNA到上述制备的200μL感受态细胞中,同时设三组对照:①不加质粒;②不加受体;③加已知具有转化活性的质粒DNA。具体操作参照表5-16进行。

表5-16 转化操作

编号	组 别	质粒DNA,μL	TE buf,μL	0.1mol/L的$CaCl_2$,μg	受体菌悬液
1	受体菌对照	—	10	—	200
2	质粒对照	10(0.5 μg)	—	200	—
3	转化实验组Ⅰ*	10(0.5 μg)	—	—	200
4	转化实验组Ⅱ	10(0.5 μg)	—	—	200

*阳性对照,用已知具有活性的pUC18质粒DNA进行转化。

(2)将每组样品轻轻混匀后,置冰浴30~40min,然后置42℃水浴热激3min,迅速放回冰浴1~2min。

(3)向每组样品中加入等体积的2×LB培养基,置37℃保温1~1.5h,让细菌中的质粒表达抗生素抗性朊。

(4)每组各取100μL混合物涂布于含氨苄西林(50 μg/mL)的选择平板上,室温下放置20~30min。

(5)待菌液被琼脂吸收后,倒置平板于37℃培养12~16h,观察结果。

五、实验报告

1. 实验结果

(1)自行设计表格记录实验结果。

(2)按下列公式计算转化效率:

转化效率(转化子数/每微克质粒DNA) = 转化子总数/DNA质粒加入量(单位为μg)

2. 思考题

(1)转化实验中的三组对照各起什么作用?如果阳性对照组(编号3)在选择平板上无菌落生长,而转化实验组(编号4)有菌落生长,说明什么问题?如果是相反的结果,又将说明什么问题?

(2)根据实验结果能否判断转化实验组(编号4)长出的菌落既不是杂菌,也不是自发突变,而是含有 pUC18 质粒的转化子?请予解释。

(3)本实验介绍的转化方法有无可以改进简化的地方?

实验十四 微生物细胞的固定化

一、实验目的和要求

(1)了解细胞固定化的基本原理。

(2)掌握海藻酸钠包埋法进行微生物细胞固定的原理和方法。

二、基本原理

为了避免微生物受到过度冲击和提高微生物的使用次数等,经常需要对微生物进行固定。微生物和细胞的固定方法很多,各种琼脂培养基本质即是固定法之一。包埋法因其简单、方便而经常使用。微生物细胞包埋在原理上同酶的固定是一样的。根据载体和包埋对象的不同,可将包埋法分为很多具体方法。海藻酸钠包埋法固定即是其中之一。

海藻酸钠是一种多糖成分,分子结构见第一章实验六,它溶于水而呈凝胶状。将待固定的细胞培养液与海藻酸钠溶液混合后,用注射器吸取这样的混合液注入氯化钙溶液中,由于两者不相溶,形成不溶的海藻酸钙凝胶小球,同时细胞被包埋于凝胶小球中,即细胞固定化。由于凝胶小球的比表面积比细胞大,从而使得细胞不易受损,增加细胞的寿命和使用次数。

三、实验材料与设备

1. 菌种

酿酒酵母(*S. cerevisiae*)。

2. 溶剂或试剂

3%生理盐水、0.1mol/L 氯化钙溶液、海藻酸钠。

3. 仪器或其它用具

恒温振荡培养箱、离心机、电炉、酒精灯、注射器、接种环等。

四、操作步骤

1. 培养菌体

取活化菌种一环,接种于 40mL 液体麦芽汁培养基中,28℃振荡培养 24h。

2. 收集菌体

(1)取 10mL 培养液于离心管中,3000r/min 离心 10min。

(2)弃去上清液,用 3%生理盐水洗涤菌体沉淀,重复洗涤 2~3 次。

(3)称取 1g 湿菌体,加入 3%生理盐水 10mL,混匀,制成菌悬液备用。

3. 配制海藻酸钠溶液

取 40mL 蒸馏水于搪瓷缸中加热煮沸,加入 1.2g 海藻酸钠于沸水中,不断搅拌,至溶液变为透明糊糊状时停止加热。注意控制温度和搅拌,避免焦煳和溢出。

4. 混合菌液

将备用的菌悬液与海藻酸钠溶液以 2:1 的比例混合均匀,制得海藻酸钠菌悬液。

5. 制备海藻酸钠菌悬液球粒

用注射器吸取海藻酸钠菌悬液,逐滴注入 0.1mol/L 的氯化钙溶液中,形成直径 0.2 ~ 0.3cm 的小球,即制得海藻酸钠固定化细胞。注意注入海藻酸钠菌悬液的速度,太快可能影响球粒的形成或球粒不均匀。把固定化细胞在氯化钙溶液中继续硬化 30 ~ 60min 后取出,用生理盐水洗涤 2 ~ 3 次,冰箱 4℃保存备用。

五、实验报告

1. 实验结果

(1)记录制备小球的粒径和粒径分布。

(2)计算细胞固定化率。

2. 思考题

(1)海藻酸钠菌悬液球粒形成后,为什么要在氯化钙溶液中继续硬化 0.5h 后再使用?

(2)为什么选用海藻酸钠做细胞固定化载体?还有哪些材质可用作固定化载体?

(3)还有哪些细胞固定化方法?各有什么利弊?

实验十五　微生物和酶对环境中各种分子的利用和降解

一、实验目的和要求

(1)认识不同微生物对各种环境物质的分解能力不同。

(2)了解不同微生物具有不同的酶系。

(3)掌握明胶、淀粉、甲壳素、油脂、尿素和过氧化氢微生物降解的原理。

二、基本原理

第五章实验五已经说明,细菌对葡萄糖发酵的实质是微生物和酶对化合物的分解能力。酶是决定细胞生物活性最重要的物质之一,在细胞对基质的利用、细胞物质的合成、能量的释放和获取等所有生物化学过程中起着最重要的作用。酶作为生物催化剂,对催化底物具有鲜明的高度专一性、灵敏性、高效性。同时,微生物的生物多样性,也决定了酶的丰富性。即使是同一种微生物,为了应对不同的自然环境,其所具有的酶系也是复杂多样的。酶的这种特性也经常被微生物学家作为进行微生物分类鉴定的重要依据之一。

微生物对朊、明胶、淀粉、纤维素、果胶、甲壳素、木质素、脂肪等生物大分子物质不能直接利用,首先必须在细胞产生的胞外酶如朊酶、淀粉酶、纤维素酶、甲壳素酶、脂肪酶等作用下将这些物质分解为小分子物质,如肽、氨基酸、寡糖、单糖、甘油、脂肪酸等,然后进一步在各种酶和非酶作用下,分解成的小分子物质才能被微生物吸收和利用。酶和微生物能否水解和利用某种物质（能被作用的可称为该酶和微生物的底物），可从此种物质/底物的变化、产物的特征来简单证明。

明胶是一种动物源的胶原朊，在微生物培养研究的早期阶段曾被用作培养基固化剂，但其功能角色最终被琼脂取代，这是有其分子基础的。因为许多细菌产生的胶原酶具有分解明胶的能力，一旦被分解，明胶在 20 ~ 25℃ 左右开始液化，低于此温度便不再凝固后呈液态（图 5 - 19）。

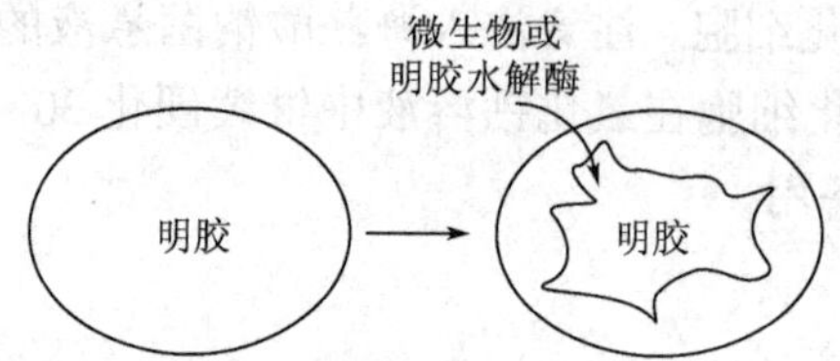

图 5 - 19　微生物和/或明胶酶对明胶液化的示意图

淀粉遇碘变蓝色[图 5 - 20（a）]的现象可以用来检验微生物和酶对淀粉的作用[图 5 - 20（b）]。许多微生物能产生淀粉水解酶，把淀粉分解为无色糊精或进一步降解为葡萄糖、麦芽糖，因此遇碘不再变蓝。如果在培养基中点接[图 5 - 20（c）]各种能水解淀粉的细菌，将在培养基点接点附近形成透明的无色圈[图 5 - 20（d）]，圈的大小代表微生物和酶对淀粉的活力大小，降解能力越大，圈越大，反之则圈越小或无圈。

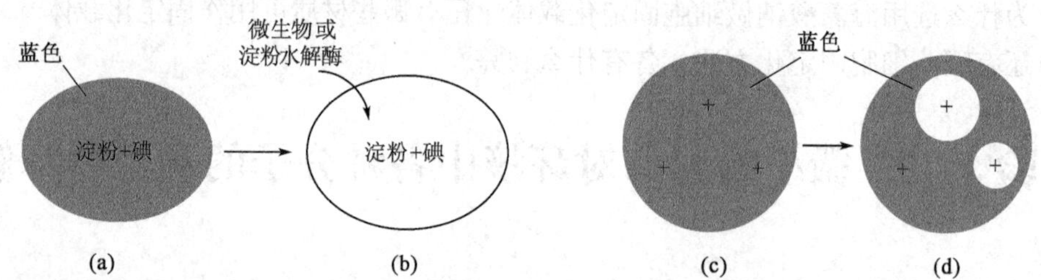

图 5 - 20　微生物和淀粉酶对淀粉的水解示意图（彩图见附录 11）

甲壳素为 N - 乙酰氨基葡萄糖的聚合物，某些菌如**沙雷氏菌属**和弧菌具有产生甲壳素酶的能力，使甲壳素水解，甲壳素琼脂培养基则由浑浊/凝固变为清澄/液化（图 5 - 21）。

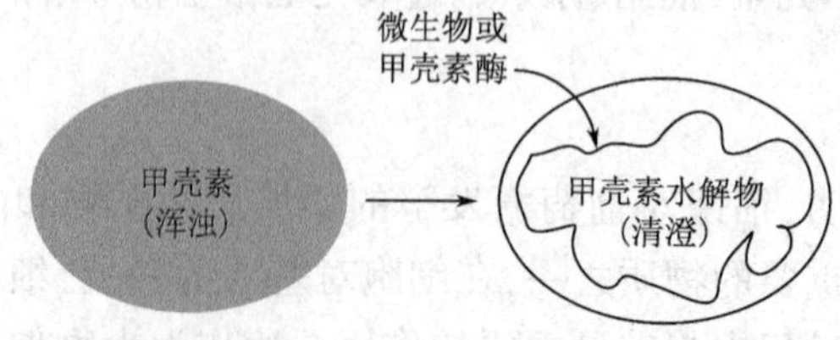

图 5 - 21　微生物和甲壳素酶对甲壳素的水解示意图

脂肪经微生物和酶的作用后，产生的脂肪酸使得培养基的 pH 变低，使指示剂中性红的颜色逐渐由淡黄色变为深红色（图 5 - 22）。

变形菌等具有尿素酶的细菌，能分解培养基中的尿素产生氨，使培养基的 pH 升高，致使培养基中的 pH 指示剂酚红由黄变红。

细菌生长时分解少量葡萄糖产生酸性化合物和分解朊胨产生碱性化合物，可被培养基中的磷酸盐所缓冲，不致影响整个培养基 pH 明显变化。

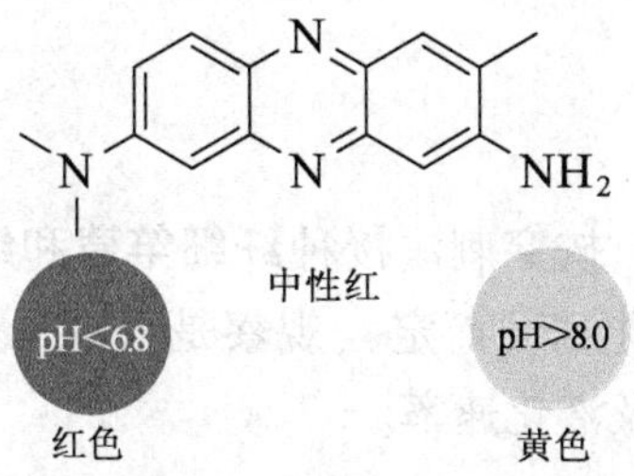

中性红

pH<6.8 红色　　pH>8.0 黄色

图 5－22　微生物和酶作用下指示剂中性红随 pH 颜色转变(彩图见附录 11)

$$H_2N-C(=O)-NH_2 + H_2O \xrightarrow{\text{尿素酶}} 2NH_3\uparrow + CO_2\uparrow$$

许多耗氧细菌在氧化糖的过程中会产生大量过氧化氢,过量的过氧化氢将对细胞产生毒性。因此微生物在产生糖氧化酶的同时产生大量过氧化氢酶,该酶能催化过氧化氢产生水和氧气,因而可以解毒。因此,具有过氧化氢酶的细菌培养物加入过氧化氢溶液会立即产生大量的气泡:

$$H_2O_2 \xrightarrow{\text{过氧化氢酶}} H_2O + O_2\uparrow$$

同化学或物理法降解大分子物质的苛刻条件相比,微生物或酶法处理均在常温处理。

三、实验材料与设备

1. 菌种

结肠埃希氏菌(*E. coli*)、**纤细竿菌**(*B. subtilis*)、**金色葡萄果菌**(*S. aureus*)、**铜绿假单胞菌**(*Pseudomomas aeruginasa*)、**表皮葡萄果菌**(*S. epidermidis*)、**乳乳果菌**(*Lactococcus lactis*)、**普通变形菌**(*Proteus vulgaris*)、**消退沙雷氏菌**(*S. marcescens*)、各种新鲜土壤(粒径 1mm 左右)。

2. 溶液或试剂

3% ~10% 过氧化氢、卢戈氏碘液、淀粉培养基、明胶培养基、油脂培养基、尿素培养基、牛肉膏胨胨培养基、肉汤酵母膏糖类培养基。过氧化氢见 GB/T 6684—2002《化学试剂　30% 过氧化氢》。

油脂培养基的组成如下:牛肉膏 5g,氯化钠 5g,家用食品油(香油或花生油或菜油)10g,1.6% 中性红水溶液 1mL,琼脂 20g,蒸馏水 1000mL,pH 调至 7.2。注意不要使用变质油,调好 pH 后再加入中性红试剂;分装时,需不断搅拌使油均匀分布于培养基中。

纤维素水解培养基:磷酸二氢钾 1.0g,七水硫酸锰 0.3g,三氯化铁 0.01g,氯化钙 0.1g,硝酸钠 2.5g,琼脂 20g,蒸馏水 1000mL,近平皿尺寸滤纸,pH 调至 7.2,0.1MPa 灭菌 20min。

3. 仪器或其它用具

低温离心机、细胞破碎仪、电泳仪、电泳槽、打孔器、2 mm 直径的圆形薄壁金属管、开琼脂长槽用的手术小刀、毛细滴管或微量加样器、注射针头、各种层析柱等。

四、操作步骤

1. 明胶液化

用试管配制明胶固体培养基，按穿刺法接种**纤细笋菌**和**结肠埃希氏菌**，25°C 培养若干天（一般在 7d 内，具体视培养基液化情况而定），观察是否液化及液化形状；或者用平皿法接种培养，观察固体培养基是否液化及液化速率。

2. 淀粉水解

将淀粉固体培养基放于沸水浴中熔化，取出，冷却至 50°C 时，倾倒平皿，待凝固制成固体培养基。取少量**纤细笋菌**和**结肠埃希氏菌**分别在平板上划加号"＋"接种，37°C 恒温培养 16 ~ 24h。打开培养皿盖，均匀滴加少量碘液于整个平皿的培养基上。如果菌体周围出现无色透明圈，则说明淀粉被菌水解。透明圈的大小说明水解淀粉的能力。圈越大，水解淀粉能力越大，产酶量和酶活性更大。

3. 甲壳素水解

将**乳乳果菌**和**消退沙雷氏菌**分别接种到甲壳素培养基（纤维素液体培养基中加入 1% ~ 3% 的甲壳素或胶体甲壳素）上，37°C 恒温培养 48 ~ 72h，随时观察结果，看培养基的软化情况。

4. 油脂水解

取一个新配制的油脂固体培养基，将**金色葡萄果菌**和**纤细笋菌**分别在培养基两边划线接种，37°C 恒温培养 24h，观察结果。平板长菌处如出现红色斑点，即表示油脂被分解，呈阳性反应。教师已预配培养基的，则将油脂固体培养基放置于沸水浴中熔化，取出后充分振荡，使油脂均匀分布，再倾入培养皿中，冷却凝固后接种。

5. 尿素水解

取两支尿素培养基斜面试管，分别接种**普通变形菌**和**金色葡萄果菌**，35°C 恒温培养 24 ~48h，观察培养基颜色变化。有尿素酶产生时培养基为红色反应，无尿素酶则应保持为黄色。

6. 过氧化氢分解

将**纤细笋菌**和**铜绿假单胞菌**分别接种到试管液体培养基上，37°C 恒温培养 16 ~ 24h，滴加过氧化氢，观察气泡产生量和速度。气泡越大、越多，说明过氧化氢酶活性越高，酶量越多。

7. 纤维素水解

配制纤维素培养基，趁热倾倒平皿，冷却后加滤纸一张，用少量无琼脂的培养液润湿。取 1mm 粒径土粒 10 颗，圆形等距离放置于滤纸上，在湿度为 60% ~ 80% 的干燥器中 30°C 恒温培养两周，每隔 1d 观察土壤周围滤纸变色情况。当出现黄色或棕绿色斑时，挑取少许不含土粒的变色纤维制片镜检，观察分解纤维素的细菌、真菌和放线菌等，看各种微生物的组成比率。如果是观察厌氧菌，培养皿最好换成试管，无琼脂培养，滤纸换成滤纸条。

五、实验报告

1. 实验记录

将实验结果填入表 5－17。

表 5－17　微生物对大分子分解利用实验

实验名称	培养基名称	接种菌名称	接种方式	每人接种管数	现象描述：产酸、产气、软化
明胶水解					
淀粉水解					
甲壳素水解					
油脂水解					
尿素分解					
过氧化氢酶实验					
纤维素分解					

2. 思考题

(1)明胶水解的存在与否能否用变温验证？

(2)怎样解释所产淀粉酶是胞外酶而非胞内酶？

(3)甲壳素水解后成为什么物质？

(4)油脂水解指示剂变色实验中有无其它现象？

(5)为什么尿素实验可以用于鉴定变形菌？

(6)过氧化氢酶分解过氧化氢的速率如何？如何设计实验同化学法比较？

(7)纤维素水解酶对于纤维素的循环有何意义？

(8)由于酶促催化是微生物改造分子的基础和核心，本实验能否改写为酶鉴定实验？(附注)？

六、附注：酶鉴定实验

1. 氧化酶活性测试与鉴定

(1)成分。1% 盐酸二甲基对苯二胺溶液(新鲜配制 5 mL，于冰箱内避光保存)、1% α－萘酚－乙醇溶液(冰箱避光保存)。

(2)实验步骤。取白色洁净滤纸轻轻蘸取菌落。加盐酸二甲基对苯二胺溶液 1 滴。阳性者呈现粉红色，并逐渐加深。再加 α－萘酚－乙醇溶液 1 滴，阳性者于 0.5min 内呈现鲜蓝色，阴性于 2min 不变色。

以毛细管吸取试剂，直接滴加于菌落上，其显色反应与上述相同。

2. 细胞色素氧化酶活性测试与鉴定

(1)成分：1% 盐酸二甲基对苯二胺溶液(新鲜配制 5mL，于冰箱内避光保存)、1%　α－萘酚－乙醇溶液(冰箱避光保存)。

(2)实验步骤。取 37℃(或低于此温)培养 20 ~ 24h 的琼脂斜面培养物 1 支，将两种试剂各 2 ~ 3 滴从斜面上端分别滴下，并将斜面略加倾斜，使试剂混合液流经斜面上的培养物。如为平板培养物，则可用试剂混合液滴在菌落上。

2 min 内呈现蓝色者为阳性。阳性培养物大多数在 0.5min 内出现强阳性反应，2 min 以上出现弱或可疑反应均视为阴性。

3. 过氧化氢酶活性测试与鉴定

1）过氧化氢气泡法

（1）成分：3% 过氧化氢溶液（临用时配制，冰箱低温保存 6h 内使用）。

（2）实验步骤。挑取固体培养基菌落 1 环，置于洁净试管内，滴加 3% 过氧化氢溶液 2mL，观察结果。

0.5min 内发生气泡者为阳性，不发生气泡者为阴性。

2）儿茶酚法

（1）成分：2% 儿茶酚溶液（临用时配制，冰箱低温避光保存），3% 过氧化氢溶液（临用时配制，冰箱低温保存 6h 内使用）。

（2）实验步骤。挑取固体培养基菌落 1 环，置于洁净试管内，滴加 2% 儿茶酚溶液 1mL 及 3% 过氧化氢溶液 1mL，静置于室温（20 ~ 25℃）中 30 ~ 60min，观察结果。

细菌变为黑褐色者，为阳性反应；细菌不变色者，为阴性反应。

注意：过氧化氢酶的作用可受到氰化钾的抑制。

实验十六　微生物对原油的生物化学作用

一、实验目的和要求

（1）了解微生物对原油类的降解作用。

（2）试绘制微生物对于原油降解的生长曲线。

二、基本原理

原油是一种以含多种烃类和非烃类为主的混合物，能降解原油的耗氧/厌氧微生物已超过 70 属，在研究原油的微生物降解过程中，一般也选用具有代表性的烃类如正十六烷、萘、䓛（GB 18030 正常显示和收录）、芘等作为模拟碳源。本实验利用原油作为碳源进行实验。作为一项混合物利用实验，为避免可能的各种干扰，如琼脂中杂质的干扰，在液体培养液中进行研究，以培养液混浊度、OD 值、pH 值和 Eh 值作为菌体生长的特征来了解微生物对原油的降解作用。

三、实验材料与设备

无机盐液体培养基 2 份：K_2HPO_4 1.5g，$MgSO_4 \cdot 7H_2O$ 0.75g，$CaCl_2$ 0.003g，NaCl 30g，$NaNO_3$ 2.25g，KCl 0.75g，$FeSO_4 \cdot 7H_2O$ 0.015g，$(NH_4)_2SO_4$ 2.25g，蒸馏水 1500mL，分装于 250mL 玻璃瓶中，每瓶装 50mL，等待统一灭菌。

原油：0.5g/瓶。

含菌样品：采集被原油污染的土壤/水样品（或已经经过筛选的石油降解菌种或菌群）。

此外，还需无菌水、染色液、恒温振荡器、灭菌锅、pH 计、紫外可见分光光度计等。

四、操作步骤

(1)菌种转接:于4°C冰箱中,取出斜面固体保存的菌种,或油污土壤/水样品,或其它含油环境样品,转接到常温下完全液体培养基中,30°C培养24h,备用。

(2)培养液制备:取上述无机盐液体培养基50mL加入250mL小口盐水瓶中,共8瓶(平行样均取50mL),在121°C、0.1MPa条件下灭菌20min,备用。

(3)接种培养:取步骤(1)菌样加入步骤(2)的一瓶培养液中,另一瓶不接种以作空白对比,然后置恒温振荡器中28~30℃振荡培养,转速120r/min。

(4)检查生长情况:采用连续紫外可见分光光度计OD_{600nm}检测和肉眼观察。经7d培养后,用肉眼观察培养瓶中培养液的混浊度(也可以用浊度计定量测定)。在此期间,测定pH、Eh、OD,绘制生长曲线,定量反映生长及代谢情况。

五、实验报告

1.实验结果

(1)自己设计表格,记录实验数据,包括所用菌种、OD测定条件($\lambda=600nm$)等。

(2)绘制生长曲线:以时间为横坐标,以pH、OD、Eh为纵坐标绘制生长曲线。

2.思考题

(1)讨论微生物降解与pH、OD和Eh的变化关系。

(2)把本实验中的原油换成苯并[a]芘或者䓛,如何测定微生物降解率?如何鉴定其中的功能酶?

(3)石油和原油的异同是什么?

(4)原油以及实验室中完成培养任务的长有微生物的培养基应该用什么方法进行灭菌或杀菌?如何能够既不破坏环境介质的成分,又能起到杀菌的作用?

实验十七　微生物群落结构分析

微生物群落在土壤生态系统的物质与能量循环、有机质分解和生物修复等方面起着重要作用。研究了解微生物群落结构及其代谢功能,可以揭示环境中污染物迁移转化、养分循环等的生物学基础,提供评价和预测环境质量和安全性的基本信息,并且可以从群落水平上了解和评价环境质量变化、生物修复等方面的机理与效果,为控制和优化微生物群落结构、强化其代谢功能提供理论指导。

传统的研究方法主要通过分离培养纯的微生物菌种,对分离出来的纯菌种分别研究。这种方法存在着一定局限性,因为可分离培养的微生物种类有限,只占整个微生物群落的1%,分离培养后微生物的生理特性易发生改变等。

近年来,基于生物标志物的测定方法[微生物醌法、磷脂脂肪酸法(PLFAs)等]、佰珞方法(见实验十一和实验十八)、分子生物学方法[原位荧光杂交技术(FISH法)、变性梯度凝胶电泳(DGGE法)和高通量测序(HTS法或NGS法)等]相继得到了广泛应用。这些方法无需分离培养就可反映微生物的群落结构信息。本实验以土壤样品为分析对象,主要介绍微生物群落结构(PLFAs 法和 HTS 法)。

一、PLFAs 法

1. 实验目的和要求

(1)了解磷脂脂肪酸法(简记为 PLFAs)分析微生物群落结构的基本原理。

(2)掌握 PLFAs 方法分析微生物群落结构的操作方法。

2. 基本原理

PLFAs 方法的原理基于磷脂几乎是所有生物细胞膜的重要组成部分,细胞中磷脂的含量在自然条件下(正常的生理条件下)恒定,其长链脂肪酸的形式——磷脂脂肪酸可作为微生物群落的标记物。此外,磷脂不能作为细胞的储存物质,在细胞死亡后会很快降解,可以代表微生物群落中"存活"的那部分群体。

不同菌群的 PLFAs 特征谱图(包括微生物生物量和群落组成)不同,具有专一性和多样性,可以作为微生物群落中不同群体的标记物。支链饱和脂肪酸通常作为革兰氏阳性菌的标志物,而一些含有单个双键或环状的(如 cy17:0、cy19:0)的不饱和脂肪酸及含羟基的饱和脂肪酸常作为革兰氏阴性菌的标志物,一些含有单个双键的不饱和脂肪酸和含有两个双键的不饱和脂肪酸常被用于指示真菌的变化,10Me18:0 的脂肪酸常被用于指示放线菌。因此,磷脂构成的变化能够说明环境样品中微生物群落结构的变化,可以对微生物群落进行识别和定量描述。

3. 实验材料与设备

1)试剂

无水硫酸钠、0.15mol/L 柠檬酸缓冲液、氯仿—甲醇—柠檬酸缓冲液(体积比为 1:2:0.8)、丙酮—氯仿混合液(体积比为 4:1)、甲醇、0.4mol/L 氢氧化钾—甲醇溶液、1mol/L 冰醋酸、正己烷、C_{11}—C_{20} 的细菌脂肪酸甲脂标准溶液或内标 14:0 磷脂脂肪酸。

2)实验器材

带盖试管、50mL 或 100mL 三角瓶、移液管或移液枪、量筒、烧杯、长滴管、洗耳球、牛角勺、试管架、SPE 分离柱、坩埚或者蒸发皿、封口膜等。

3)实验设备

旋转蒸发仪或氮吹仪、旋涡振荡仪、pH 计、气相色谱仪(带 FID 检测器)、烘箱等。

4. 操作步骤

1)样品中磷脂脂肪酸的提取

在提取土壤等固体样品中的磷脂脂肪酸之前,将土壤、污泥等样品进行真空冷冻干燥,然后磨碎过 0.5mm 的筛子。

称取 4g 冷冻干燥样品,放入带盖试管中,加入 15.2mL 氯仿—甲醇—柠檬酸缓冲液提取液进行提取,旋涡振荡 15min,静置过夜。

吸取上清液于干净的试管中,然后在残余土壤等样品中加入 11.4mL 的氯仿—甲醇—柠檬酸缓冲液混合提取液重复提取一次,旋涡振荡 15min,静置 2h。

合并两次上清液，在上清液中加入等体积的氯仿和柠檬酸缓冲液，使氯仿、甲醇、柠檬酸缓冲液的比例为 1∶1∶0.9 体积比，摇匀后静置过夜。

待溶液完全分层后，用吸管将下层液转移到三角瓶或试管中(在吸管从上层液进入下层液的过程中确保没有上层液进入吸管中)。

用旋转蒸发仪将三角瓶中溶液浓缩至 1mL。

2) PLFAs 净化分离

(1)硅胶分离柱的制备。

称取一定量的 100 ~ 200 目硅胶，于 105°C 的烘箱中活化 2h，取出放在干燥器中保存备用。用干法填柱或湿法填柱将活化后的硅胶填充在分离柱(高 10cm，宽 0.8cm)中，制备成分离柱。

①干法填柱：称取一定量的活化硅胶放入分离柱中，然后用试剂润洗。

注意：干法填柱容易产生气泡，在填充硅胶时，要边填充边轻敲柱子，减少气泡的产生。

②湿法填柱：称取一定量的活化硅胶，放入待洗脱试剂中，浸泡过夜后填入分离柱中。

(2)净化。

将浓缩后的提取液倒入硅胶柱中，依次用 5mL 氯仿、15mL 丙酮—氯仿(体积比为 4∶1)混合液进行淋洗，再用 15mL 甲醇淋洗并收集此淋洗液于带有塞子的三角瓶中，用旋转蒸发仪将溶液浓缩至 1mL，再用氮吹仪吹干。

3) 加内标物

如果用内标定量的话，加入 200μL 内标(14∶0 磷脂脂肪酸)，氮气吹干，4℃保存；如果用外标定量的话，可以省略此步骤。

4) 甲酯化

(1)依次加入二氯甲烷 0.5mL，0.4mol/L 氢氧化钾—甲醇溶液 1mL 后盖上瓶塞，于 50℃下水浴加热 10min。二氯甲烷应至少符合 GB/T 16983—2021《化学试剂　二氯甲烷》。

(2)冷却后向瓶中依次加入 6mL 正己烷、2 滴冰醋酸和 2mL 饱和 NaCl 溶液，振荡，取上层液，经无水 Na_2SO_4 过滤，收集于 10mL 比色管中。

(3)加正己烷重复萃取 2 ~ 3 次，合并上层液，用 N_2 吹干。

(4)再用 0.1mL 农残级正己烷溶解，4°C 保存。

5) GC—FID 测定

本书略。

6) 数据处理

(1)用 C_{11}—C_{20} 的细菌脂肪酸甲脂标准溶液配制一系列的标准浓度，作标准曲线。

(2)根据上述的标准曲线及不同脂肪酸指示的不同生物种类，分别计算出细菌、真菌的生物量。

(3)通过主成分分析(PCA)将脂肪酸测定结果形成的描述细菌结构特征的多元向量变换为互不相关的主元向量(PC_1 和 PC_2 是主元向量的分量)，在降维后的主元向量空间中以点的位置直观地反映出不同微生物群落的结构特征。

5. 实验报告

1) 实验结果

列出所实验的土壤中的细菌、真菌和放线菌生物量。

2) 思考题

(1) 不同的脂肪酸可用作不同微生物种类的标志物,说明细菌、真菌、放线菌分别以什么脂肪酸作为标志物?根据这些标志物的实验结果,计算细菌、真菌和放线菌的生物量。

(2) 分析干法填柱和湿法填柱的优缺点,并比较干法填柱和湿法填柱得出的实验结果。

(3) 在提取 PLFAs 前,采集的固体样品应如何进行前处理?试分析原因。

二、高通量测序分析法

1. 实验目的和要求

(1) 了解一种高通量测序技术的样品前处理和数据分析。

(2) 了解高通量测序对认识微生物资源和功能的作用。

2. 基本原理

高通量测序技术(high-throughput sequencing, HTS)又称"下一代"测序技术("next-generation" sequencing technology, NGS),以能一次并行对几十万到几百万条脱氧核糖核酸(DNA)分子进行序列测定和一般读长较短(50 ~ 300 bp)等为标志。本节实验将以 16S rRNA 基因高通量测序分析原核生物群落多样性和构成为例。

16S rRNA 基因是编码原核生物核糖体小亚基的基因,长度约为 1.5 kb,其分子大小适中,突变率小,是原核微生物(细菌和古菌)系统分类学研究中最常用和最有用的标志。16S rRNA 基因序列包括 9 个可变区和 10 个保守区(图 5 - 23),保守区序列反映了物种间的亲缘关系,而可变区序列则能体现物种间的差异。

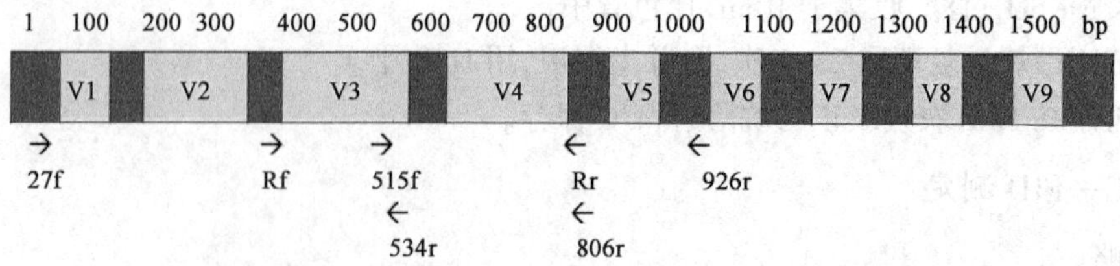

图 5 - 23 16S rRNA 基因序列可变区和保守区示意图(含常见覆盖引物对)

16S rRNA 基因测序目前以细菌 16S rRNA 基因测序为主,但古菌的发展也很快。测序核心是研究样品中的物种分类、物种丰度以及系统进化。由于 16S rRNA 基因较长,一般只能对其中经常变化的区域也就是可变区进行测序。16S rRNA 基因包含有 9 个可变区,分别是 V1 ~ V9。目前研究经常对 V3、V4 双可变区域进行扩增和测序,也有对 V1 ~ V3 区进行扩增测序。目前主要的高通量测序仪包括罗氏的 454、因美纳(Illumina)公司的 MiSeq、Life 的 PGM 或太平洋生物(Pacbio)公司的 RSII 等 2 代测序仪。因美纳采用短读测序技术,作为二代测序(NGS)经典之一;但有偏向性、无法区分单碱基修饰等。牛津纳米孔技术(ONT)作为新兴的单分子实时测序技术(SMRT)之一,具有快速制备文库、超长读取和实时数据采集等优势,有望克服上述困难(图 5 - 24)。不过不同的仪器各有优缺点,目前最主流的是因美纳公司的 MiSeq 系列，因为它在通量、长度和价格三者之间最为平衡。MiSeq 测序仪可以产生 2×300bp 的测序读长（双向测序，正向和反向分别可以测 300 bp 长度），一次可以产生 15Gb 的测序数据远远大于其它测序仪的测序通量。

图 5－24 地质环境样品中微生物高通量测序分析流程

以因美纳的 MiSeq 测 16S rRNA 基因 V3、V4 双可变区序列为例，使用 515f/806r 引物扩增 V3、V4 区域（图 5－23），在 806r 引物上加有编码序列或条形码（barcode），每样品对应一条编码序列或条形码，测序完成后用编码序列或条形码来区分不同样本序列。

为了方便分析微生物群落结构和多样性，一般把测序得到的序列称为操作分类单元（operational taxonomic units，OTUs），即根据序列的相似性进行分类。一般情况下，如果序列之间，比如不同的 16S rRNA 基因序列的相似性高于 97% 就可以把它定义为一个 OTU，每个 OTU 对应于一个不同的 16S rRNA 基因序列，相当于每个 OTU 对应于一个不同的微生物种。通过 OTU 分析，就可以知道样品中的微生物多样性和不同微生物的丰度。

3. 实验材料与设备

1）样品

油气田水样或沉积物环境样品。

2）试剂

原油核酸试剂盒、土壤 DNA 提取试剂盒、PCR 试剂、DNA 胶回收试剂盒、琼脂糖、电泳缓冲液、上样缓冲液等。

3）仪器和其它器具

PCR、凝胶电泳仪、凝胶成像仪、微量移液器、灭菌移液枪吸头（俗称“枪尖”）等。

4. 操作步骤

1）样品准备和 DNA 提取

高通量测序首先需要提取环境样品的 DNA，这些 DNA 可以来自油气田水样、沉积物或水体等任何来源。对于水样，首先将水中微生物收集到 0.22 μm 微孔滤膜上，然后用 DNA 提取试剂盒提取 DNA。对于沉积物样品，直接按照 DNA 提取试剂盒的说明进行 DNA 提取。对于原油等复杂样品，先根据提取试剂盒说明进行前处理后再提取。

提取 DNA 后需要经过质检和纯化，一般 16S rRNA 基因测序扩增对 DNA 的总量要求并不高，总量大于 100ng，浓度大于 10ng/μL 一般都可以满足要求。

2) PCR

微生物菌群多样性测序受 DNA 提取和扩增影响很大，不同的扩增区段和扩增引物甚至 PCR 循环数的差异都会对结果有所影响。因而建议同一项目不同样品都采用相同的条件和测序方法，这样相互之间才存在可比性。具体实验步骤和扩增程序见第六章实验四。

3) PCR 产物纯化、质量检测和混样

完成 PCR 之后的产物一般可以直接上测序仪测序，如混样或多样品测序，则需加标，在上机测序前需要对所有样本进行定量和均一化，通常要进行荧光定量 PCR。完成定量的样品混合后就可以上机测序。

4) 上机测序

按照因美纳测序试剂盒说明进行测序操作。

5) 微生物群落结构和多样性分析

使用 QIIME(最新版本)的 ucluster 方法根据 97% 的序列相似度将所有序列进行同源比对并聚类成 OTUs。然后与数据库进行比对，比对方法 uclust，identity 0.97。然后对每个 OTU 进行读序(reads)数目统计。原始测序数据需要去除接头序列，并将双端测序序列进行拼接成单条序列。根据测序条形码序列区分不同的样本序列。过滤低质量序列和无法比对到 16S rDNA 数据库的序列。

(1) 覆盖度(coverage)计算。

覆盖度是指各样品文库的覆盖率，本质上与测序深度(depth)是一致的，都是指重构序列中包含特定核苷酸的专一读序的数量(number of unique reads)。其数值越高，则样本中读序没有被测出的概率越低。该指数实际反映了本次测序结果是否代表样本的真实情况。计算公式为

$$C = 1 - n_1/N$$

式中 n_1——只含有一条读序的 OTU 的数目；

N——抽样中出现的总的读序数目。

覆盖度有时又分测序覆盖度和物理覆盖度。测序覆盖度指某个碱基被读取的平均次数，物理覆盖度指某个碱基被读取或被匹配双端读序跨越的平均次数。超深测序(UDS)指覆盖率大于 100 倍的测序，用于检测复合菌群中的序列突变。也有文献报道了最大深度测序(MDS)，覆盖率大于 108，用于检测细菌突变速率和机制。

(2) 稀释曲线(rarefaction curve)绘制。

微生物多样性分析中需要验证测序数据量是否足以反映样品中的物种多样性，稀释曲线(丰富度曲线)可以用来检验这一指标。稀释曲线是用来评价测序量是否足以覆盖所有类群，并间接反映样品中物种的丰富程度。稀释曲线是利用已测得 16S rDNA 序列中已知的各种 OTU 的相对比例，来计算抽取 n 个(n 小于测得读序总数)读序时出现 OTU 数量的期望值，然后根据一组 n 值(一般为一组小于总读序数的等差数列)与其相对应的 OTU 数量的期望值做出曲线来。当曲线趋于平缓或者达到平台期时也就可以认为测序深度已经基本覆盖到样品中所有的物种；反之，则表示样品中物种多样性较高，还存在较多未被测序检测到的物种。

(3) 阿尔法(Alpha)多样性(样本内多样性)计算。

阿尔法多样性或 α 多样性是指一个特定区域或者生态系统内的多样性，常用的度量指标

有趙1(Chao1) 丰富度估计量、香农指数、辛普森指数等。

计算菌群丰度有趙1(Chao1)、Ace;计算菌群多样性有香农指数、辛普森指数。

趙1(Chao1):用Chao1 算法估计群落中含OTU 数目的指数,Chao1 在生态学中常用来估计物种总数,由趙(Chao,1984)最早提出。Chao1 值越大代表物种总数越多。

$$\mathrm{Schao1} = \mathrm{Sobs} + n_1(n_1 - 1)/2(n_2 + 1)$$

式中,Schao1 为估计的OTU 数,Sobs 为观测到的OTU 数,n_1 为只有一条读序的OTU 数目,n_2 为只有两条读序的OTU 数目。

Ace:用来估计群落中含有OTU 数目的指数,由趙(Chao)提出,是生态学中估计物种总数的常用指数之一,与趙1(Chao1)的算法不同。一般将读序量10 以下的OTU 都计算在内,从而估计群落中实际存在的物种数。

香农(Shannon)指数:用来估算样品中微生物的多样性指数之一。由香农1948 年提出,它与辛普森多样性指数均为常用的反映 α 多样性的指数。香农指数值越大,说明群落多样性越高。

辛普森(Simpson)指数:用来估算样品中微生物的多样性指数之一,由辛普森1949 年提出,在生态学中常用来定量描述一个区域的生物多样性。辛普森指数值越大,说明群落多样性越低。

辛普森多样性指数 = 随机取样的两个个体属于不同种的概率 = 1 - 随机取样的两个个体属于同种的概率

(4)贝塔(Beta)多样性分析(样品间差异分析)。

贝塔(Beta)多样性或 β 多样性是度量时空尺度上物种组成的变化, 是生物多样性的重要组成部分, 与许多生态学和进化生物学问题密切相关, 因此在最近10 年间成为生物多样性研究的热点问题之一。

主坐标分析(principal co-ordinates analysis,PCoA)是一种研究数据相似性或差异性的可视化方法,通过一系列的特征值和特征向量进行排序后,选择主要排在前几位的特征值,PCoA 可以找到距离矩阵中最主要的坐标,结果是数据矩阵的一个旋转,它没有改变样品点之间的相互位置关系,只是改变了坐标系统。通过PCoA 可以观察个体或群体间的差异。

非度量多维尺度(nonmetric multidimensional scaling,NMDS)分析常用于比对样本组之间的差异,可以基于进化关系或数量距离矩阵。横轴和纵轴表示基于进化或者数量距离矩阵的数值在二维表中成图。与主成分分析(PCA)的主要差异在于考量了进化上的信息。每一个点代表一个样本,相同颜色的点来自同一个分组,两点之间距离越近表明两者的群落构成差异越小。生态学中,非度量多维尺度分析都基于布雷—柯蒂斯(Bray - Curtis)相异度计算距离矩阵或相异矩阵,因为它不随单位的变化而变化、不受添加/删除两个群落中不存在的物种影响、不受新增群落的影响,可以识别总丰度的差异。

主成分分析(principal component analysis,PCA)是一种研究数据相似性或差异性的可视化方法,通过一系列的特征值和特征向量进行排序后,选择主要的前几位特征值,采取降维的思想,PCA 可以找到距离矩阵中最主要的坐标,结果是数据矩阵的一个旋转,它没有改变样品点之间的相互位置关系,只是改变了坐标系统。通过PCA 可以观察个体或群体间的差异。每一个点代表一个样本,相同颜色的点来自同一个分组,两点之间距离越近表明两者的群落构成差异越小。

详细关于主坐标分析、非度量多维尺度分析、主成分分析的解释可进一步阅读有关网络或

专业论文 。

5. 实验报告

1) 实验结果

(1)用柱状图画出对各个样本的微生物群落组成,并比较样本间微生物群落组成的差异。

(2)计算各个样本的微生物 α 多样性。

(3)PCoA、NMDS、PCA 显示样本之间微生物群落组成的差异,并解释得到的结果。

2) 思考题

(1)为什么要选择 V3、V4 区的测序长度?为什么有些文献是 V6 区,有什么区别?请参考专业文献解答。

(2)解释 α 多样性指数和 β 多样性代表的意义。

实验十八 微生物功能代谢活性分析

一、实验目的和要求

(1)了解佰络(BIOLOG)法分析微生物群落代谢活性的基本原理。

(2)掌握佰络(BIOLOG)法分析微生物群落代谢活性的方法。

二、基本原理

微生物在利用碳源进行新陈代谢时会发生一系列的氧化—还原反应,产生自由电子。显色物质四唑盐染料在吸收电子后,会由无色的氧化型转变为紫色或红色的还原型,颜色的深浅可以反映微生物对碳源的利用程度。由于微生物对不同碳源的利用能力很大程度上取决于微生物的种类和固有性质,因此通过测定微生物对微平板上不同单一碳源的利用能力,就可以比较分析不同的微生物群落。

三、实验材料与设备

1. 样品

土壤、沉积物、水体等各类样品。

2. 试剂

生理盐水(NaCl 的质量分数为 0.85%)。

3. 实验耗材

生态(ECO)微平板、革兰氏阴性鉴定(GN)微平板、革兰氏阳性鉴定(GP)微平板、加样槽、排枪枪头。

ECO 微平板上有 96 个微孔,31 种碳源,适用于细菌群落代谢活性分析;GN 微平板和 GP 微平板上有 96 个微孔,其中 1 个微孔未加碳源,为对照,其它 95 个微孔都添加了不同碳源,共有 95 种碳源,分别适用于革兰氏阴性菌群和革兰氏阳性菌群的代谢活性分析。

4. 仪器设备

8 道移液器(佰路)微生物鉴定系统(含读数器和电脑系统)、培养箱、紫外分光光度计(可选用)、高速离心机(可选用)、振荡器。

BIOLOG 微生物鉴定系统的操作使用详见第五章实验十一。

四、操作步骤

1. 平板选择

针对革兰氏阳性细菌、革兰氏阴性细菌分别选择不同平板(GP 和 GN 微平板),也可以选择 ECO 微平板。

2. 菌悬液制备

将微生物从环境介质中提取出来,控制到适宜浓度(浊度表示)。

1)土壤、沉积物等固体样品菌悬液的提取

(1)称取相当于 10g 烘干土样的新鲜土壤等固体样品,放入含有 100mL 生理盐水的灭菌三角瓶中,振荡器上振荡 30min,静置 2 ~ 5min。

(2)取上清液 1mL 于含有 9mL 生理盐水的灭菌三角瓶中,振荡器上振动 5min 使之混匀,静置 2 ~ 5min。

(3)重复步骤(2),制得 1∶1000 的提取液,直至稀释至每毫升提取液中大约$(3\sim4)\times10^4$个微生物,或使提取液的 OD_{590nm} 维持在 0.13 ±0.02。

2)水体样品菌悬液的制备

(1)取 1mL 水样,用稀释平板法测定水样中的微生物个数。若每毫升水样的微生物个数约为$(3\sim4)\times10^4$个,或用紫外分光度测定水样在波长为 590nm 下的吸光度。若水样的 OD_{590nm} 在 0.13 左右,水样不用进行稀释预处理。

(2)若每毫升水样的微生物个数远高于$(3\sim4)\times10^4$个,或水样的 OD_{590nm} 远高于 0.13,则水样需要进行 10 倍系列梯度稀释,直至稀释至每毫升提取液中大约$(3\sim4)\times10^4$个微生物,或使提取液的 OD_{590nm} 维持在 0.13 ±0.02。

3. 加样

将上述菌液加入 BIOLOG ECO 微平板或 GP 微平板或 GN 微平板中(150μL/孔),然后在 25°C 下培养。

4. 培育与读数

每隔 24h 用 BIOLOG 细菌自动读数仪读取数据,连续测定 10d。

5. 数据分析

(1)微生物群落代谢活性:一般采用每孔颜色平均变化率(AWCD)来描述。计算公式为

$$\text{ECO 微平板的 AWCD} = [\sum(C_i - R)]/31$$

$$\text{GN 和 GP 微平板的 AWCD} = [\sum(C_i - R)]/95$$

式中 C_i——除对照孔外各孔吸光度值;

R——对照孔吸光度值。

(2)群落代谢功能的多样性:根据细菌的 AWCD 随时间变化曲线图,选择 AWCD 最大值所对应的时间下的数据进行统计分析,采用香农丰富度指数、香农均匀度指数来反映细菌群落代谢功能的多样性(表 5-18),以用于判断群落或生态系统的稳定性。

表 5-18　多样性指数

多样性指数	用　途	公　式	备　注
香农丰富度指数	一定区域内物种的数目	$H = -(\sum_{n=1}^{i} P_i \times \ln P_i)$	$P_i = A_i / \sum_{n=1}^{i} A_i$,其中 A_i 为第 i 孔相对吸光值。A_i 为负数时,归一为 0
香农均匀度指数	反映一个群落中物种分配的均匀程度	$H' = H/\ln S$	S 为 $A_i > 0$ 的孔的数目

(3)通过主成分分析(PCA)将 BIOLOG 生态板(ECO)的 31 种碳源或 GN 及 GP 微平板的 95 种测定结果形成的描述细菌群落代谢特征的多元向量变换为互不相关的主元向量(PC1 和 PC2 是主元向量的分量),在降维后的主元向量空间中以点的位置直观地反映出不同微生物群落的代谢特征。

五、实验报告

1. 实验结果

(1)作图分析所实验样品中的微生物群落代谢活性(AWCD)及代谢特征。

(2)比较土壤、水等不同样品的微生物群落代谢特征,并分析实验结果。

2. 思考题

(1)佰珞方法中所使用的微平板具有一定的选择性,对于不同的细菌,应选用什么样的平板?举例说明。

(2)在接种菌液于微平板上时,菌液要如何处理?试简述。

(3)影响平板微孔显色的因素有哪些?如何减少这些因素的干扰?

(4)在分析微生物群落代谢活性的多样性及代谢特征时,如何选择适宜培养时间下的微生物群落代谢活性数据进行分析?如何分析?

(5)比较实验十一,就佰珞技术进行全面分析。

第六章　选 做 实 验

实验一　噬菌体的效价测定

一、实验目的和要求

学习噬菌体效价测定的基本方法。

二、基本原理

噬菌体(bacteriophage,也写作 phage)的效价就是单位体积(如 1mL)培养液中所含活噬菌体的数量。效价一般应用双层琼脂平板法测定。在含有特异宿主细菌的琼脂平板上,噬菌体产生肉眼可见的噬菌斑,能进行噬菌体的计数。但因噬菌斑计数方法实际效率难以接近 100%(一般偏低,因为有少数活噬菌体可能未引起感染),所以为了准确地表达病毒悬液的浓度(效价或滴度),一般不用病毒粒子的绝对数量,而是用噬菌斑形成单位(plaque-forming units,简写成 PFU)表示。PFU 虽然通常用于形容单位体积病毒粒子形成菌斑的颗粒数量,但也可以用于其它粒子菌斑形成单位。PFU 测量的特点非常明确,那些有缺陷的或不能感染宿主细胞的病毒粒子不能产生菌斑,也因此不被计算在内。举例说明,浓度为 1000PFU/μL 的蜱传脑炎病毒(Tick-borne encephalitis virus,TBEV)溶液,表明它有 1000 个感染性的病毒粒子去感染一个单细胞。一般而言,以细菌为宿主的噬菌体,1 个噬菌斑形成单位大体相当于 1 个病毒粒子;动物病毒则通常由 10^2 ~ 10^3 个病毒粒子形成一个菌斑。

三、实验材料与设备

1. 菌种

结肠埃希氏菌(*E. coli*)、结肠埃希氏菌噬菌体(10^{-2}稀释液)。

2. 培养基

0.9mL 液体培养基的小试管 12 支、肉膏胨琼脂平板(10mL 培养基,2% 琼脂,作底层平板用)15 个、含 4mL 琼脂培养基的试管(0.7% 琼脂,作上层培养基用)15 支。

3. 仪器或其它用具

灭菌小试管 45 支、灭菌 1mL 吸管或移液头、可控温水浴箱等。

四、操作步骤

1. 稀释噬菌体

(1)将 4 管含 0.9mL 液体培养基的试管分别标记为 10^{-3}、10^{-4}、10^{-5}和 10^{-6}。

(2)用1mL无菌吸管吸0.1mL 10^{-2}**结肠埃希氏菌**噬菌体,注入标记为10^{-3}的试管中,旋摇试管,使混匀。

(3)用另一支无菌吸管从标记为10^{-3}的试管中吸0.1mL加入标记为10^{-4}的试管中,混匀,余类推,稀释至10^{-6},如图6-1所示。

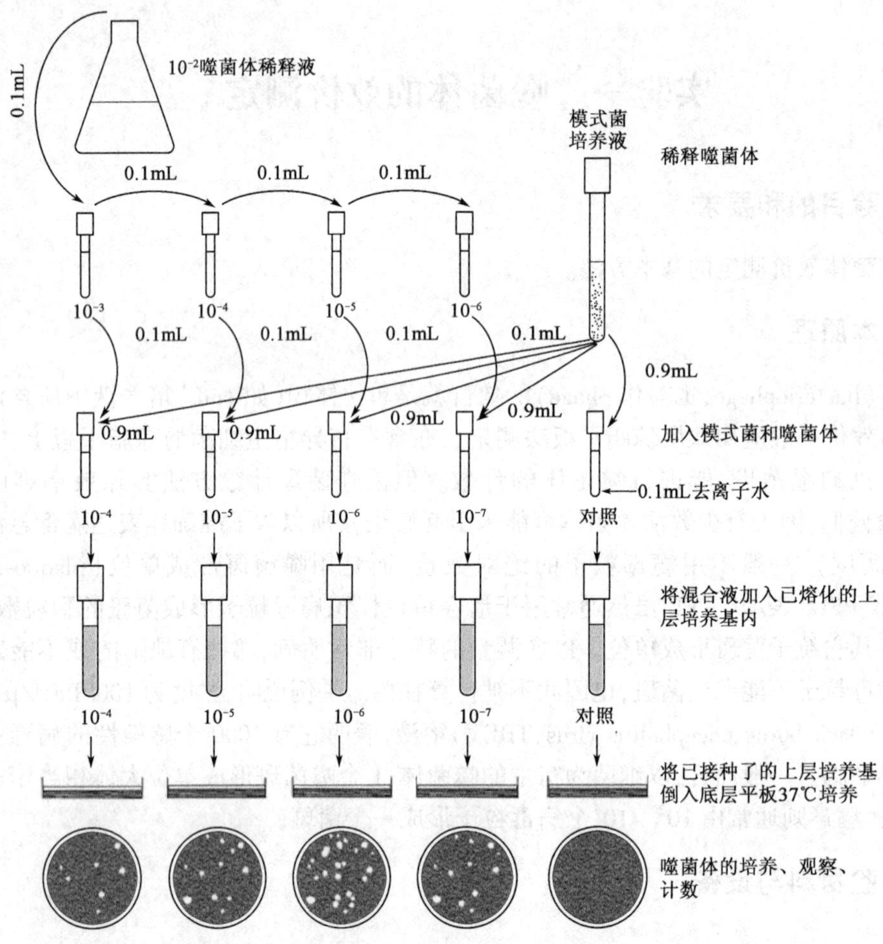

图6-1　噬菌体效价测定示意图(图中均以1管表示3管平行实验)

2.噬菌体与菌液混合

(1)将13支灭菌空试管分别标记为10^{-4}、10^{-5}、10^{-6}、10^{-7}(各3管)和1管对照。

(2)用吸管从10^{-3}噬菌体稀释管各吸0.1mL加入3管标记为10^{-4}的空试管内,用另一支吸管从标记为10^{-4}的稀释管内各吸0.1mL加入3管标记为10^{-5}的空试管内,直至10^{-7}(图6-1)。如果价效更高,可继续稀释。对照管中只加入无菌水。

(3)将**结肠埃希氏菌**培养液摇匀,用吸管取菌液0.9mL加入标记为对照的试管内,再吸0.9mL加入标记为10^{-7}的试管(平行3管),如此从最后一管加起,直至10^{-4}管,平行各管均加0.9mL**结肠埃希氏菌**培养液。

(4)将以上试管充分混匀。

3. 混合液加入上层培养基内

(1)将 13 管上层培养基溶化,标记为 10^{-4}、10^{-5}、10^{-6}、10^{-7}(各 3 管)和 1 管对照,冷却至 50℃,并放入 50 ℃水浴箱内。

(2)分别将 12 管混合液和 1 管对照对号加入上层培养基试管内。每一管加入混合液后,立即充分混匀。

4. 接种了的上层培养基倒入底层平板上

将旋摇均匀的上层培养基迅速对号倒入底层平板上,用混匀仪混匀,使上层培养基铺满平板。凝固后,置 37℃培养。

5. 记录

观察平板中的噬菌斑,将每一稀释度的噬菌斑形成单位(PFU)记录于实验报告表格内,并选取 30 ~ 300 个 PFU 数的平板计算每毫升未稀释的原液的噬菌体效价:

$$噬菌体效价 = PFU数 \times 稀释倍数 \times 10$$

五、实验报告

1. 实验结果

(1)记录平板中每稀释度的 PFU 数于表 6 - 1 中。

表 6 - 1　平板中稀释度的 PFU 数

噬菌体稀释度	10^{-4}	10^{-5}	10^{-6}	10^{-7}	对照
PFU 数					

(2)测得的噬菌体效价是多少?

2. 思考题

(1)什么因素决定噬菌体的大小?

(2)测噬菌体的效价时要注意些什么才能测定准确?

(3)计算噬菌体效价时选择 30 ~ 300 个平板计数较好,为什么?

(4)如果在测定平板上偶尔出现其它细菌的菌落,是否影响噬菌体效价测定?

实验二　从自然环境中分离和纯化噬菌体

一、实验目的和要求

(1)学习从自然环境中分离、纯化噬菌体的基本原理和方法。

(2)观察噬菌斑。

二、基本原理

因为噬菌体(phage)是专性寄生物,所以自然界中凡有细菌分布的地方,均可发现其特异的噬菌体的存在，即噬菌体一般是伴随着宿主细菌的分布而分布的。例如，粪便与阴沟污水中含有大量**结肠埃希氏菌**，故也能很容易地分离到**结肠埃希氏菌**噬菌体；乳牛场有较多的乳酸菌，也容易分离到乳酸菌噬菌体等。虽然近年的研究表明，自由噬菌体颗粒可以独立存活（当然不能生长），对自然条件有一定的耐受能力，又受到自然流动的散布，不一定总是和其宿主细菌同时存在，但没有宿主细菌的地方，其特异噬菌体的数量毕竟比较少。因此，噬菌体具有病毒的特征，是病毒的一种。

由于噬菌体 DNA（或 RNA）侵入细菌细胞后进行复制、转录和一系列基因的表达并装配成噬菌体颗粒后，通过裂解宿主细胞或通过“挤出（exclude）”宿主细胞（宿主细胞不被杀死，如 ML3 噬菌体）而释放出来，所以，在液体培养基内可使混浊的菌悬液变为澄清或比较清，此现象可指示有噬菌体存在；也可利用这一特性，在样品中加入敏感菌株与液体培养基进行培养，使噬菌体增殖、释放，从而可分离到特异的噬菌体。在有宿主细菌生长的固体琼脂平板上，噬菌体可裂解细菌或限制被感染细菌的生长从而形成透明的或混浊的空斑，称噬菌斑（图 6－2）。一个噬菌体产生一个噬菌斑，利用这一现象可将分离到的噬菌体进行纯化与测定噬菌体效价。

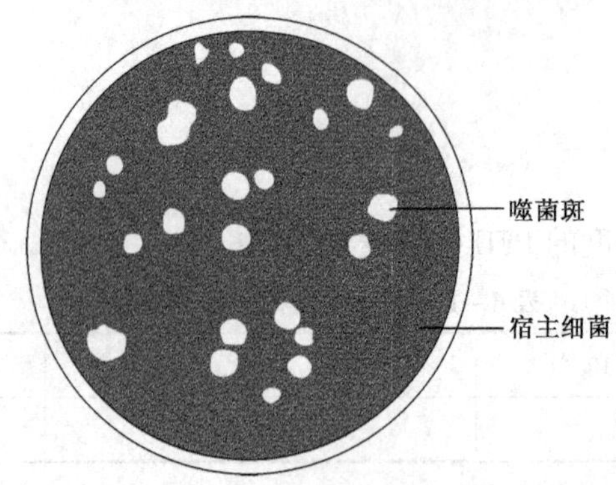

图 6－2　固体琼脂平板培养上噬菌体形成嗜菌斑现象

本实验是从阴沟污水中分离**结肠埃希氏菌**噬菌体，刚分离出的噬菌体常不纯，如表现在噬菌斑的形态、大小不一致等，然后再作进一步纯化，参见第六章实验一。

三、实验材料与设备

1. 菌种

结肠埃希氏菌（*E. coli*）。

2. 培养基

500mL 三角烧瓶（内装三倍浓缩的普通肉膏胨液体培养基 100mL）、试管液体培养基、底层琼脂平板（含培养基 10mL，琼脂 2%）、上层琼脂培养基（含琼脂 0.7%，试管分装，每管 4mL）。

3. 仪器或其它用具

灭菌玻璃涂棒、灭菌吸管、无菌滤器（孔径 0.22μm）、恒温水浴箱、真空泵等。

四、操作步骤

1. 噬菌体的分离

1) 制备菌悬液

37℃培养 18h 的**结肠埃希氏菌**斜面一支,加 4mL 无菌水洗下菌苔,制成菌悬液。

2) 增殖培养

在 100mL 三倍浓缩的肉膏胨液体培养基的三角烧瓶中,加入污水样品 200mL 与**结肠埃希氏菌**悬液 2mL,37℃振荡培养 12 ~ 24h,参见第六章实验一。

3) 制备裂解液

将以上混合培养液以 2500r/min 离心 15min。将无菌滤器用无菌操作安装于灭菌抽滤瓶上,常规操作连接真空抽滤装置(图 6 – 3)。把离心上清液倒入滤器,开动真空泵,过滤除菌。所得滤液经 37℃培养过夜,以作无菌检查。

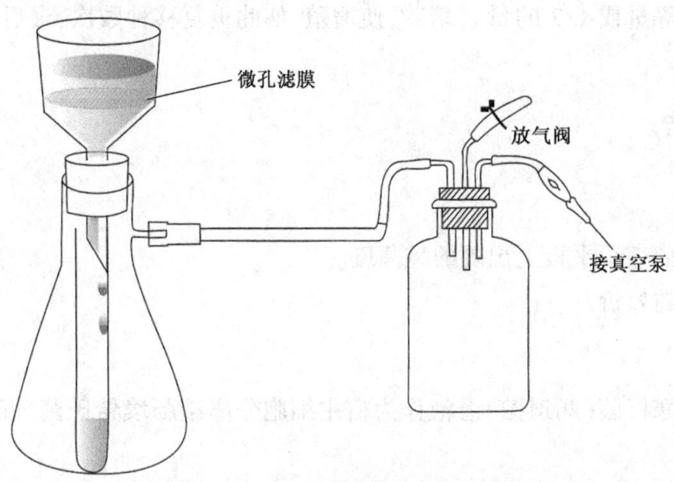

图 6 – 3　真空抽滤滤菌装置示意图

液体抽滤完毕,应打开安全瓶的放气阀减压后再停真空泵,否则将产生滤液回流,污染真空泵。

4) 确证实验

经无菌检查没有细菌生长的滤液,进一步证实噬菌体的存在:

(1) 在肉膏胨琼脂平板上加一滴**结肠埃希氏菌**悬液,再用灭菌玻璃涂棒将菌液涂布成均一薄层。

(2) 待平板菌液干后,分散滴加数小滴滤液于平板菌层上面,置 37℃培养过夜。如果在滴加滤液处形成无菌生长的透明噬菌斑,便证明滤液中有**结肠埃希氏菌**噬菌体。

2. 噬菌体的纯化

(1) 如已证明确有噬菌体存在,则用接种环取滤液一环接种于液体培养基内,再加入 0.1mL **结肠埃希氏菌**悬液,使混合。

(2) 取上层琼脂培养基,溶化并冷却至 48℃(可预先溶化、冷却,放 48℃水浴箱内备用),

加入以上噬菌体与细菌的混合液 0.2mL,立即混匀。

(3)混合液混匀后立即倒入底层琼脂平板上,铺匀,置 37℃培养 24h。

(4)此法分离的单个噬菌斑,其形态、大小常不一致,需要进一步纯化。噬菌体纯化的操作比较简单,通常采用接种针(或无菌牙签)在单个噬菌斑中刺一下,小心采集噬菌体,接入含有**结肠埃希氏菌**的液体培养基内,37℃培养。

(5)待管内菌液完全溶解后,过滤除菌,即得到纯化的噬菌体。

以上(1)(2)(3)三个步骤目的是在平板上得到单个噬菌斑。能否达到目的,决定于所分离得到的噬菌体滤液的浓度和所加滤液的量。最好在做无菌实验的同时,由教师先做预备实验。若平板上的噬菌斑连成一片,则需减少接种量(少于一环)或增加液体培养基的量;若噬菌斑太少,则增加接种量。

3. 高效价噬菌体的制备

刚分离纯化所得到的噬菌体往往效价不高,需要进行增殖。

将纯化了的噬菌体滤液与液体培养基按 1∶10 的比例混合,再加入**结肠埃希氏菌**悬液适量(可与噬菌体滤液等量或 1/2 的量),培养,使增殖,如此重复移种数次,最后过滤,可得到高效价的噬菌体制品。

五、实验报告

1. 实验结果

(1)绘图和拍照表示平板上出现的噬菌斑。

(2)计算噬菌体效价。

2. 思考题

(1)能否用伤寒杆菌(肠道菌)悬液作为宿主细胞分离**结肠埃希氏菌**(肠道菌)的噬菌体?为什么?

(2)若要分离化脓性细菌的噬菌体,取什么样品材料最容易得到?

(3)试比较分离纯化噬菌体与分离纯化细菌、放线菌等在基本原理和具体方法上的异同。

(4)新分离到的噬菌体滤液要证实确有噬菌体存在,除本实验用的平板法观察噬菌斑的存在以外,还可用什么方法?如何证明?

(5)加**结肠埃希氏菌**增殖的污水裂解液为什么要过滤除菌?不过滤的污水将会出现什么实验结果?为什么?

(6)某生产抗生素的工厂在发酵生产卡那霉素时发现生产不正常,主要表现为发酵液变稀、菌丝自溶、氨态氮上升,可能原因是什么?如何证实?

实验三　免疫电泳

一、实验目的和要求

学习免疫电泳的一般原理与方法。

二、基本原理

免疫电泳的基本原理是将电泳和琼脂免疫扩散结合起来应用，即先将朊抗原在琼脂内进行电泳，使其分离成不同的电泳区带，然后在一定距离的抗体槽内加入抗血清，进行免疫扩散沉淀反应。这样，每一电泳区带又可能产生一个以上的沉淀线条。此法克服了单纯琼脂扩散方法沉淀线重叠成束、不易鉴别的缺点，大大提高了琼脂扩散实验的分析能力。

三、实验材料与设备

1.血清

某种可溶性抗原和相应抗体，例如鸡血清、鹅血清和抗鸡血清的免疫血清。

2.溶液或试剂

1%离子琼脂，pH＝8.6、离子强度为0.075mol/L巴比妥缓冲液（巴比妥1.66g，巴比妥钠12.76g，蒸馏水1000mL）。

3.仪器或其它用具

电泳仪、电泳槽、打孔器、2mm直径的圆形薄壁金属管、开琼脂长槽用的手术小刀、毛细滴管或微量加样器、注射针头等。

四、操作步骤

1.制备琼脂板

取清洁无划痕的普通载玻片，放在水平位置。用刻度吸管吸取熔化并已冷却至50～60℃的1%离子琼脂3.5～4mL，加在上述载玻片上，使其均匀布满玻片，待凝固。

2.制备免疫电泳模板

用金属圆形管按图6－4打孔（$\phi=2$mm），用注射针头挑去琼脂。

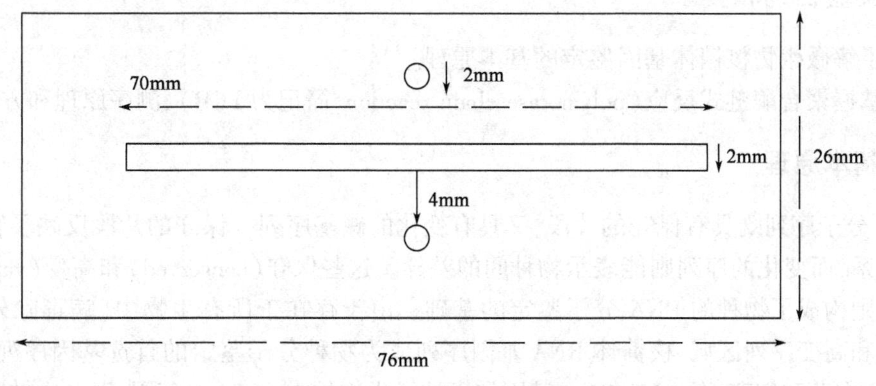

图6－4 免疫电泳琼脂制作模板

3.加样

用毛细滴管或微量加样器在上孔加鸡血清，下孔加鹅血清。

4. 电泳

将琼脂板移至电泳槽上，电泳槽中放 pH = 8.6 离子强度为 0.075mol/L 的巴比妥缓冲液，琼脂板的两端各用四层纱布与缓冲液搭桥。接通电源，电流为 4 ~ 6mA/cm，电压为 10 ~ 12V/cm。电泳时间为 45min 至 1.5h，也可在抗原中加些溴酚蓝作为标志。当溴酚蓝泳动到距琼脂板末端 1cm 处，即关闭电源。

5. 割胶

取出琼脂板，用手术小刀按图 6 - 4 在中央挖一长槽（2mm × 70mm），用注射针头挑去琼脂。

6. 加抗鸡血清

在长槽中加入抗鸡血清的免疫血清，然后将琼脂放入内有几层湿纱布的带盖搪瓷盘中，在 37℃下扩散 24h。

五、实验报告

1. 实验结果

绘图或拍片表示琼脂玻片上出现的沉淀线。

2. 思考题

（1）如果所用抗原抗体是鸡血清、鹅血清和抗鸡血清的免疫血清，从所得结果看，鸡血清与鹅血清有无共同抗原？

（2）免疫电泳与双向免疫扩散比较，哪个方法敏感？为什么？

实验四　细菌和真菌的分子鉴定

一、实验目的和要求

（1）了解微生物核糖体基因鉴定的基本原理。

（2）掌握聚合酶链式反应（polymerase chain reaction，简记为 PCR）、测序原理和方法。

二、基本原理

DNA 分子序列既具有保守的片段，又具有变化的碱基序列。保守的片段反映了物种之间的亲缘关系，而变化的序列则能表示物种间的差异。这些保守（conserved）和高变（variable）的序列特征则构成了物种的 DNA 分子鉴定的基础。由于存在于所有生物中（病毒除外），并且兼具保守和高变序列区域，核糖体 RNA 基因序列成为物种分子鉴定的首选基因序列，包括原核微生物（古菌和细菌）的 16S rRNA 基因和真核微生物的 18S rRNA 基因，以及内转录间隔区（ITS）序列。

DNA 测序首先通过 PCR 体外扩增或者细胞内扩增得到足够量的纯的目标 DNA，然后在测序仪上进行测序。PCR 反应原理是双链模板 DNA 在高温的作用下变性解旋成单链，降温使引物与单链 DNA 相结合，在 DNA 聚合酶的作用下，根据碱基互补配对原则复制成同样的两分子拷贝。因此,PCR 通过温度变化控制 DNA 的变性和复性,加入设计引物、DNA 聚合酶、脱氧核糖核苷三磷酸(简称 dNTP,N 表示含氮碱基,包括 dATP、dGTP、dCTP 和 dTTP 等混合物)就可以完成特定 DNA 片段的体外复制(图 6 - 5)。

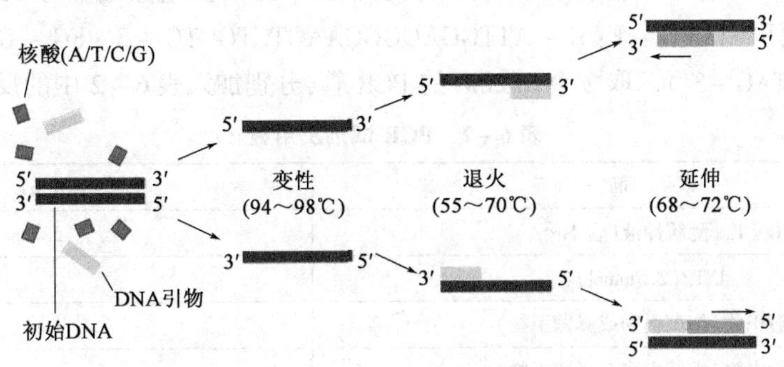

图 6 - 5　初始 DNA 聚合酶链式反应扩增示意图

DNA 扩增完之后进行琼脂糖凝胶电泳,并回收纯化目标 DNA 片段。经过 Taq 酶扩增 DNA 片段 3 端都带有一个 A 碱基的黏末端,通过 T—A 配对可以把 DNA 片段连接到一个带有 T 碱基的线性质粒载体(T 载体)上,并形成环形质粒。

三、实验材料与设备

1. 菌种

结肠埃希氏菌(*E. coli*)、酿酒酵母(*S. cerevisiae*)。

2. 溶剂或试剂

细菌 DNA 提取试剂盒和真菌 DNA 提取试剂盒、PCR 试剂、DNA Taq 酶(5 U/μL)、dNTP (2.5 mmol)、10 × Taq 酶缓冲液(含 Mg^{2+})、T 载体及连接试剂盒、感受态结肠埃希氏菌细胞(制备方法见第五章实验十三)、DNA 胶回收试剂盒、上样缓冲液、曲乙缓冲液(即 TE 缓冲液,pH = 8.0,配制方法见第三章实验九核酸的保存,参见附录 1 名词解释)、溴化乙锭(EB)染液(由于 EB 致癌,现在已不常见,可用胶红(GelRed)和胶绿(GelGreen)替换,分子式见附录 10)、灭菌枪尖。

3. 仪器或其它用具

恒温振荡培养箱、离心机、PCR 仪、凝胶成像系统、微量移液器。

四、操作步骤

1. 菌体收集

取对数生长期的结肠埃希氏菌和酿酒酵母菌 1mL 放入 1.5mL 艾本德管中,3000r/min 离心 2min 收集菌体,用 1mL 灭菌去离子水重悬菌体,再次离心,倒去上清液。

2. DNA 提取

分别按照细菌 DNA 提取试剂盒和真菌 DNA 提取试剂盒说明书提取结肠埃希氏菌和酿酒酵母 DNA。

3. PCR

扩增结肠埃希氏菌 16S rRNA 基因使用细菌通用引物(27F:5′－AGAGTTTGATCCTG－GCTCAG－3′; 1492R:5′－GGYTACCTTGTTACGACTT－3′),扩增酿酒酵母 18S rRNA 基因使用真核生物通用引物(FG－F:5′－ATTGGAGGGCAAGTCTGGTG－3′;FG－R:5′－CCGATC-CCTAGTCGGCATAG－3′)。取 2 个 0.2mL 的 PCR 管,分别加入表 6－2 中的反应体系。

表 6－2　PCR 试剂及用量

试　剂	体积,μL
10×Taq 酶缓冲液(含 Mg^{2+})	5
dNTP(2.5mmol)	4
上游引物(细菌引物或真菌引物)	1
下游引物(细菌引物或真菌引物)	1
模板(提取的细菌或真菌 DNA)	1
Taq 酶(5U/μL)	0.5
ddH_2O	补齐至 50μL

4. PCR 反应程序

表 6－3 是细菌和真菌的一般反应程序(另见图 6－5),特别注意,真菌的是 18S rRNA,重复步骤 2～4 要比细菌多几次,因为真菌 DNA 比细菌 DNA 复杂些。

表 6－3　细菌和真菌的反应程序

步　骤		细菌 16S rRNA 基因	真菌 18S rRNA 基因
1	预变性	95℃,40s	95℃,40s
2	变性	95℃,30s	95℃,30s
3	复性/退火	52℃,1min	62℃,1min
4	延伸	72℃,1min	72℃,40s
5	重复	步骤 2～4 重复 29 次	步骤 2～4 重复 34 次
6	延伸	72℃,5min	72℃,5min
7	保温	10℃保温	10℃保温

5. PCR 产物电泳及切胶回收

称取 0.5g 琼脂糖放到 50mL TE 缓冲液中,加热熔化,冷却至 50～60℃加入 1‰ EB 染液(现在一般用 GelRed 和 GelGreen 替换)1.5 μL,混匀后倒入用制胶器,放上制孔的梳子。凝胶冷凝后,拔出梳子,将凝胶转移至盛有 TE 缓冲液(pH＝8.0)的电泳槽中(注意凝胶放置的方向,带孔一边置于负极)。

取 10 μLPCR 产物按 5:1 的体积比与上样缓冲液混匀,按顺序加入凝胶的孔中,最后加入 DNA Marker 5μL。开电源 90 V 电泳 40 min。取出凝胶并在凝胶成像系统中拍照,观察电泳结果。在紫外灯下快速切下目标 DNA 片度,用胶回收试剂盒回收 DNA 片度。

6. DNA 重组、转化及涂板

DNA 重组、转化及涂板见第六章实验五。

7. 测序

将长有阳性克隆的平板送给测序公司进行测序。

8. Blast 比对

将测序结果与 NCBI 核酸数据库(http://blast. ncbi. nlm. nih. gov/Blast. cgi)比对,分析结果。

五、实验报告

1. 实验结果

(1)由电泳实验结果估计 PCR 扩增片段长度。

(2)经过 Blast 比对,确认扩增得到细菌和酵母的基因片段和什么生物的亲缘关系最近?

2. 思考题

(1)与传统的检验方法相比,分子鉴定有何优劣?

(2)细菌和酵母菌 DNA 提取方法有何异同?

(3)PCR 程序中不同温度的作用是什么?分析真菌和细菌基因扩增程序的异同。

(4)PCR 反应为什么要设阴性对照和阳性对照?

(5)上网进一步查阅 DNA 测序的原理。

实验五　脱氧核糖核酸重组

一、实验目的和要求

(1)了解脱氧核糖核酸(DNA)重组的基本原理。

(2)掌握 DNA 重组方法。

(3)了解聚合酶链式反应原理。

二、基本原理

脱氧核糖核酸(DNA)重组技术是 20 世纪 70 年代分子生物学发展的重大成果。这项成果的主要目的是获得某一基因或 DNA 片段的大量拷贝,有了这些与亲本分子完全相同的分子克隆,就可以深入研究分子基因的结构与功能,并可达到人为改造细胞及物种个体遗传性状的目的。DNA 克隆的一项关键技术就是 DNA 重组技术。所谓 DNA 重组技术,就是指把外源目的基因"装进"载体这一过程,即 DNA 的重新组合。这样重新组合的 DNA 称为重组体,因为是由两种不同来源的 DNA 组合而成的,所以又称为异源嵌合 DNA。

载体在 DNA 克隆中是不可缺少的,目的 DNA 片段只有与载体片段共价连接形成重组体后,才能进入合适的宿主细胞内进行复制和扩增。作为载体 DNA 分子,它应具备一些基本性质:

(1)它必须具有能够在某些宿主细胞中独立的自我复制和表达能力。只有这样,外源目的基因装入该载体后,才能在载体的带动下一起复制,达到无性繁殖的目的。

(2)载体分子不宜过大,以便于 DNA 体外操作;同时,载体 DNA 与宿主核酸应容易分离而便于提纯。

(3)载体上应具有两个以上易于检测的遗传标记,以区分阳性重组子和阴性重组子。选择性标记包括抗药性基因、酶基因、营养缺陷性及形成噬菌斑的能力。

(4)载体应该具有多个限制性内切酶的单一位点,这样容易从中选出一种酶,使它在目的基因上没有切点,保持目的基因的完整性。载体上的酶切位点最好是位于检测表型的遗传标记基因之内,这样目的基因是否连进载体就可以通过这一表型的改变与否而得知,便于筛选重组体。

DNA 重组本质上是一个酶促生物化学过程,显而易见,DNA 连接酶是其中的重要角色。DNA 连接酶主要有:T4 噬菌体 DNA 连接酶和**结肠埃希氏菌** DNA 连接酶两种。T4 噬菌体 DNA 连接酶催化 DNA 连接反应分为三步:首先,腺嘌呤核苷三磷酸(ATP)与 T4 噬菌体 DNA 连接酶通过 ATP 的磷酸与连接酶中的赖氨酸的氨基形成磷酸—氨基键而连接产生酶—ATP 复合物;然后酶—ATP 复合物活化 DNA 链 5′端的磷酸基团,形成磷酸—磷酸键;最后,DNA 链 3′端的羟基活化并取代 ATP,与 5′端的磷酸根形成磷酸二酯键,并释放出腺嘌呤核苷—磷酸(Amp),完成 DNA 之间的连接。**结肠埃希氏菌**(*E. coli*)DNA 连接酶催化 DNA 分子连接的机理与 T4 噬菌体 DNA 连接酶基本相同,只是辅助因子不是 ATP,而是烟酰胺腺嘌呤二核苷酸(NAD +,又称辅酶Ⅰ)。

质粒具有稳定可靠和操作简便的优点。如果要克隆较小的 DNA 片段(<10kb)且结构简单,质粒要比其它任何载体都要好。在质粒载体上进行克隆,从原理上说是很简单的(图 6 - 6),先用限制性内切酶切割质粒 DNA 和目的 DNA 片段,然后在体外使两者相连接,再用所得到的重

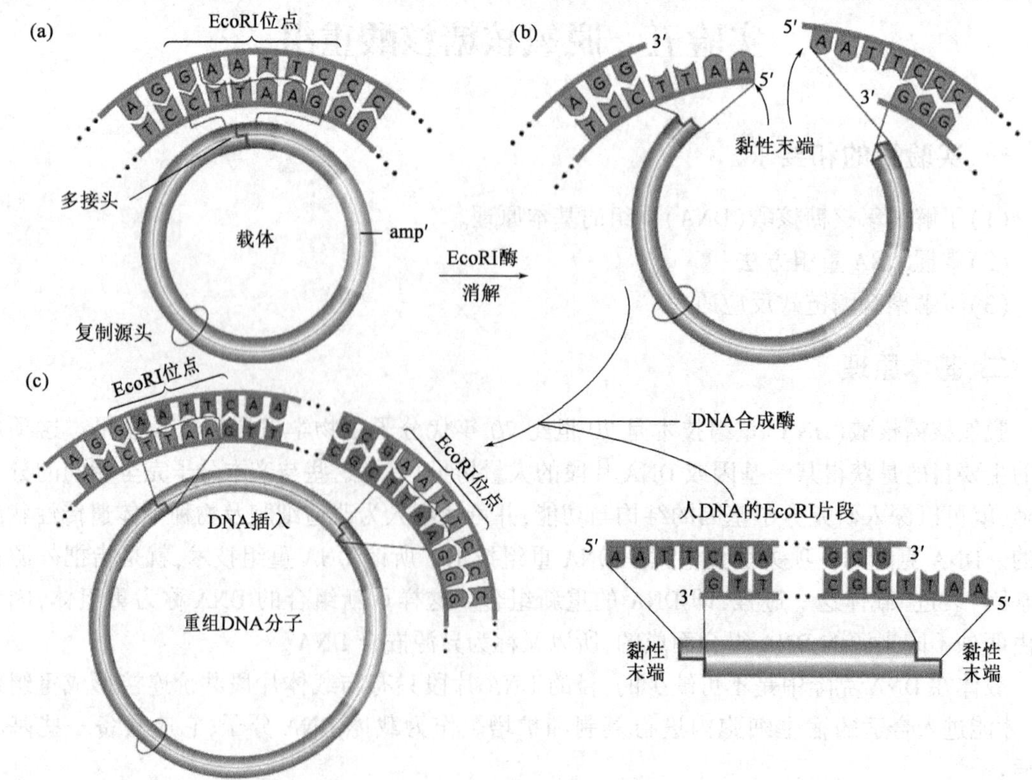

图 6 - 6　质粒载体 DNA 分子重组技术示意图(彩图见附录 11)

组质粒转化细菌,即可完成。但在实际工作中,如何区分插入有外源 DNA 的重组质粒和无插入而自身环化的载体分子是较为困难的。通过调整连接反应中外源 DNA 片段和载体 DNA 的浓度比例,可以将载体的自身环化限制在一定程度之下,也可以进一步采取一些特殊的克隆策略如载体去磷酸化等来最大限度地降低载体的自身环化,还可以利用遗传学手段如 α 互补现象等来鉴别重组子和非重组子。

外源 DNA 片段和质粒载体的连接反应策略有以下几种:

(1)带有非互补突出端的片段用两种不同的限制性内切酶进行消化,可以产生带有非互补的黏性末端,这也是最容易克隆的 DNA 片段。一般情况下,常用质粒载体均带有多个不同限制酶的识别序列组成的多克隆位点,因而几乎总能找到与外源 DNA 片段末端匹配的限制酶切位点的载体,从而将外源片段定向地克隆到载体上。也可在 PCR 扩增时,在 DNA 片段两端人为加上不同酶切位点以便与载体相连。

(2)带有相同的黏性末端,用相同的酶或同尾酶[即识别序列不同,但产生相同的末端,比如**牛莫拉姓菌**(*Moraxella bovis*)Ⅰ酶(*Mbo* Ⅰ)和**淀粉液化竿菌**Ⅰ酶(*Bam*H Ⅰ)就是同尾酶]处理可得到这样的末端。

Mbo I

N * GATC N

N CTAG * N

*Bam*H I

G * GATC C

C CTAG * G

其中 N 代表四种碱基的任一种。

由于质粒载体也必须用同一种酶消化,也可得到同样的两个相同黏性末端,因此在连接反应中外源片段和质粒载体 DNA 均可能发生自身环化或几个分子串连形成寡聚物,而且正反两种连接方向都可能有。所以,必须仔细调整连接反应中两种 DNA 的浓度,以便使正确的连接产物的数量达到最高水平。还可将载体 DNA 的 5′磷酸基团用碱性磷酸酯酶去掉,最大限度地抑制质粒 DNA 的自身环化。带 5′端磷酸的外源 DNA 片段可以有效地与去磷酸化的载体相连,产生一个带有两个缺口的开环分子。在转入**结肠埃希氏菌**受体菌后的扩增过程中,缺口可自动修复。

(3)带有平末端是由产生平末端的限制酶或核酸外切酶消化产生的,或由 DNA 聚合酶补平所致。由于平端的连接效率比黏性末端要低得多,故在其连接反应中,T4 DNA 连接酶的浓度和外源 DNA 及载体 DNA 浓度均要高得多。通常还需加入低浓度的聚乙二醇(PEG 8000)以促进 DNA 分子凝聚成聚集体以提高转化效率。特殊情况下,外源 DNA 分子的末端与所用的载体末端无法相互匹配,则可以在线状质粒载体末端或外源 DNA 片段末端接上合适的接头(linker)或衔接头(adapter)使其匹配,也可以有控制地使用**结肠埃希氏菌**。

本实验所使用的 DNA 片段为 PCR 扩增产生(PCR 扩增获得的 DNA 片段 3′端带有 A 碱基的黏性末端),载体为 T 载体(线性载体的 5′端带有 T 载体的黏性末端,可与 PCR 产物片段末端 A 碱基互补,在 T4 连接酶的作用下形成重组的环形质粒),转化受体菌为**结肠埃希氏菌** DH5α 菌株。由于 T 载体上带有 Amp 和 β - 半乳糖苷酶(LacZ)基因,故重组子的筛选采用 Amp 抗性筛选与 α 互补现象筛选相结合的方法。因 T 载体带有 Amp 基因而外源片段上不带该基因,故转化受体菌后只有带有 T - DNA 的转化子才能在含有 Amp 的 LB 平板上存活下来;

而只带有自身环化的外源片段的转化子则不能存活。此为初步的抗性筛选。T 载体上带有 β－半乳糖苷酶基因(LacZ)的调控序列和 β－半乳糖苷酶 N 端 146 个氨基酸的编码序列。这个编码区中插入了一个多克隆位点,但并没有破坏 LacZ 的阅读框架,不影响其正常功能。**结肠埃希氏菌** DH5α 菌株带有 β－半乳糖苷酶 C 端部分序列的编码信息。在各自独立的情况下,T 载体和 DH5α 编码的 β－半乳糖苷酶的片段都没有酶活性。但在 T 载体和 DH5α 融为一体时,可形成具有酶活性的朊。这种 LacZ 基因上缺失近操纵基因区段的突变体与带有完整的近操纵基因区段的 β－半乳糖苷酸阴性突变体之间实现互补的现象叫 α 互补。由 α 互补产生的 Lac + 细菌较易识别,它在生色底物 5－溴－4 氯－3－吲哚－β－D－半乳糖苷(X－gal)的存在下被异丙基硫代－β－D－半乳糖苷(IPTG)诱导形成蓝色菌落。当外源片段插入到 T 载体的多克隆位点上后会导致读码框架改变,表达朊失活,产生的氨基酸片段失去 α 互补能力,因此在同样条件下含重组质粒的转化子在生色诱导培养基上只能形成白色菌落。

三、实验材料与设备

1. 材料

DNA 片段、T 载体、T4 DNA 连接酶、**结肠埃希氏菌** DH5α 感受态细胞(制备方法见第五章实验十三)、双蒸水、LB/Amp/X－Gal/IPTG 固体培养基(配制方法见附录 2)、2 × LB 液体培养基(配制方法与 LB 液体培养基方法相同,营养成分加倍)。

2. 设备

恒温水浴锅(可稳定在 45℃)、摇床(可调温 37℃)。

四、操作步骤

1. DNA 连接

(1)取新的经灭菌处理的 0.5mL 艾本德(Eppendorf)管,编号。

(2)将 0.3μL T 载体转移到无菌离心管中,加 5μL 的 PCR 扩增产物。

(3)加入 10 × T4 DNA 连接酶缓冲液 1μL、T4 DNA 连接酶 0.5μL,加蒸馏水至体积为 10μL,混匀后用微量离心机将液体全部甩到管底,于 16℃保温 8～12h。

同时做两组对照反应,其中对照组一只有质粒载体无外源 DNA;对照组二只有外源 DNA 片段没有质粒载体。

2. 质粒转化和涂板

步骤见第五章实验十三。

五、实验报告

1. 实验结果

(1)16～20h 后观察**结肠埃希氏菌**生长情况和颜色变化情况。分别记录阳性克隆和阴性克隆的数量。

(2)计算转化效率:

转化效率(转化子数/每微克质粒 DNA) = 转化子总数/DNA 质粒加入量(单位为 μg)

2. 思考题

(1) 在用质粒载体进行外源 DNA 片段克隆时主要应考虑哪些因素?

(2) 利用 α 互补现象筛选带有插入片段的重组克隆的原理是什么?

实验六　凝 集 反 应

一、实验目的和要求

(1) 了解血清反应的基本原则。

(2) 学习玻片凝集与微量滴定凝集反应的操作方法。

(3) 观察凝集现象。

二、基本原理

细菌细胞或红细胞等颗粒性抗原与特异性抗体结合后,在有电解质的情况下出现可见的凝集块,称为凝集反应,也叫直接凝集反应。凝集反应可以说是经典的血清学反应,使用历史长,并一直沿用至今,但技术方法有很大的发展与改进。例如,除直接凝集反应外,抗原吸附到颗粒性载体(如红细胞、白陶土、离子交换树脂和火棉胶颗粒等)表面,再与相应抗体结合发生间接凝集反应。用红细胞作为载体的间接凝集反应叫间接血凝实验,还有血凝抑制实验、反向间接血凝实验等。

直接凝集反应又分为玻片凝集法和试管凝集法。前者可利用已知抗血清鉴定未知细菌,优点是极端快速,为诊断肠道传染病时鉴定病人标本中肠道细菌的重要手段;后者是一种定量法,现已发展成微量滴定凝集法(microtiter),它可利用已知抗原测定人体内抗体的水平(效价),也是诊断肠道传染病的重要方法,例如诊断伤寒、副伤寒的 Widal 氏反应即为一种定量凝集反应。假如在一个病人的病程中做几次实验,其效价是逐步上升的,则表示病人患的是实验中所用微生物所引起的传染病。

血清学反应的基本组成成分除抗原与相对应的抗体外,尚需加入电解质(一般用生理盐水)。电解质的作用主要是消除抗原抗体结合物表面上的电荷,使其失去同电相斥的作用而转变为互相吸引;否则,即使抗原与抗体发生结合,也不能聚合成明显的肉眼可见的反应物。

在一系列稀释的血清中(例如 1∶5,1∶10,1∶20,1∶40,…),能与抗原发生明显凝集反应的最高稀释度的倒数,即为该免疫血清的效价。假如从 1∶5 至 1∶20 三个稀释度有凝集反应,1∶40 的无凝集反应,则血清效价为 20。

三、实验材料与设备

1. 菌种和血清

结肠埃希氏菌(*E. coli*)琼脂斜面培养物、**结肠埃希氏菌**悬液(含**结肠埃希氏菌** 9×10^8 个/mL 的生理盐水悬液,并经 60℃加温 0.5h)、**结肠埃希氏菌**免疫血清、生理盐水稀释的 1∶10 **结肠埃希氏菌**免疫血清装于小滴瓶中。

2. 溶液或试剂

生理盐水。

3. 仪器或其它用具

玻片、微量滴定板、微量吸管(20 ~ 80 μL)、微量吸管的吸嘴、移液器、接种环等。

四、实验步骤与内容

1. 玻片凝集法

(1)在玻片的一端用滴瓶中的小滴管加一滴 1:10 **结肠埃希氏菌**免疫血清,另一端加一滴生理盐水。

(2)用接种环自**结肠埃希氏菌**琼脂斜面上挑取少许细菌混入生理盐水内,并搅匀;同法挑取少许细菌混入血清内,搅匀。

(3)将玻片略摆动后静置室温中,1 ~ 3min 后即可观察到一端有凝集反应出现(图 6 - 7);另一端为生理盐水对照,仍为均匀混浊。

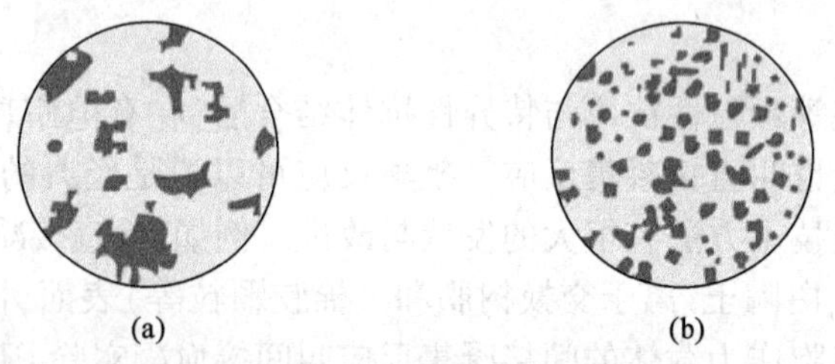

图 6 - 7　玻片凝集实验示意图

(a)稀释抗血清 + **结肠埃希氏菌**,阳性;(b)生理盐水 + **结肠埃希氏菌**,阴性

2. 微量滴定凝集法

1)稀释血清(两倍稀释)

(1)在微量滴定板上标记 10 个孔,从 1 至 10(图 6 - 8)。

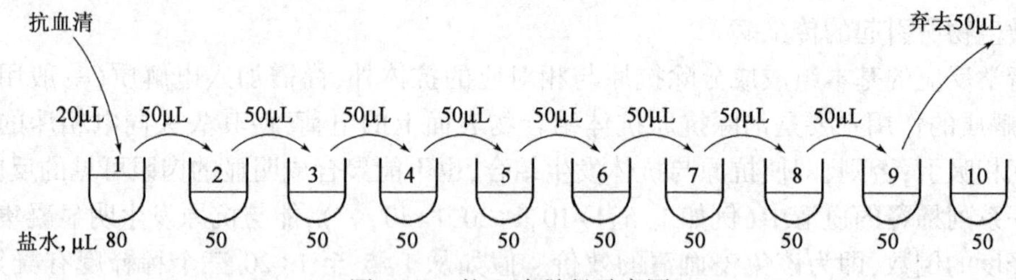

图 6 - 8　抗血清稀释示意图

(2)用微量吸管(套上吸嘴)于第 1 孔中加 80μL 生理盐水,其余各孔加 50μL。

(3)加 20μL **结肠埃希氏菌**抗血清于第1孔中。

(4)换一新的吸嘴,在第 1 孔中吸上、放下来回三次以充分混匀,再吸 50μL 至第 2 孔;换新吸嘴,同样在第 2 孔吸上、放下来回三次后吸 50μL 至第 3 孔。依次类推,一直稀释至第九孔,混匀后弃去 50μL。稀释后的血清稀释度见表 6 - 4。

表 6 - 4　抗血清稀释表

孔　　号	1	2	3	4	5	6	7	8	9	10
生理盐水	80	50	50	50	50	50	50	50	50	50
抗血清,μL		20	50	50	50	50	50	50	50	

续表

孔　　号	1	2	3	4	5	6	7	8	9	10
稀释度	1/5	1/10	1/20	1/40	1/80	1/160	1/320	1/640	1/1280	对照
抗原量,μL	50	50	50	50	50	50	50	50	50	50
最后稀释度	1/10	1/20	1/40	1/80	1/160	1/320	1/640	1/1280	1/2560	对照

2)加菌液

每孔加结肠埃希氏菌悬液50μL,从第10孔(对照孔)加起,逐个向前加至第1孔。

3)混合放置

将滴定板按水平方向摇动,以混合孔中物质。然后将滴定板放35℃下60min,再放冰箱过夜。

4)观察结果

观察孔底有无凝集现象,阴性孔和对照孔的细菌沉于孔底,形成边缘整齐、光滑的小圆块,而阳性孔的孔底为边缘不整齐的凝集块。也可借助解剖镜进行观察。当轻轻摇动滴定板后,阴性孔的圆块分散成均匀混浊的悬液,阳性孔则是细小凝集块悬浮在不混浊的液体中。

五、实验报告

1.实验结果

(1)将玻片凝集结果记录于表6-5。

表6-5　玻片凝集结果

	结肠埃希氏菌抗血清+结肠埃希氏菌	生理盐水+结肠埃希氏菌
画图表示		
阴性或阳性		

(2)将微量滴定凝结结果记录于表6-6。免疫血清效价是多少?

表6-6　微量滴定凝结结果

管号	1	2	3	4	5	6	7	8	9	10
血清稀释度										
结果										

2.思考题

(1)血清学反应为什么要有电解质存在?所作的玻片凝集的阳性反应端有无电解质?

(2)稀释血清时要注意些什么?

(3)加抗原时,为什么从后一管加起?

(4)表6-7是三位肠道病人三次实验的血清抗体效价,从此表能推出病人的健康状况和病因吗?

表6-7　三位肠道病人三次实验的血清抗体效价

病　　人	抗体效价		
	第一天	第五天	第十二天
甲	128	128	128
乙	128	256	512
丙	0	0	0

参考文献

陈天寿,1995. 微生物培养基的制造与应用. 北京:中国农业出版社.

国家药典委员会,2010. 中华人民共和国药典(2010年版). 北京:中国医药科技出版社.

黄福堂,蒋宗乐,张宏志,等,1998. 油田水的分析与应用. 北京:石油工业出版社.

黄元桐,崔杰,1996. 革兰氏染色三步法与质量控制. 微生物学报,36(1):76-78.

林万明,郭兆彪,高树德,等,1981. 用热变性温度法测定细菌DNA中GC含量. 微生物学通报,8(5): 245-247.

林万明,1990. 细菌分子遗传学分类鉴定法. 上海:上海科学技术出版社.

刘国生,2007. 微生物学实验技术. 北京:科学出版社.

沈萍,范秀容,李广武,1999. 微生物学实验. 3版. 北京:高等教育出版社.

田燕,万云洋,孙午阳,等. 2018. 高效石油降解菌的筛选及稳定性. 中国石油大学学报(自然科学版),42(5):126-134.

万云洋,董海良,2014. 环境地质微生物学实验指导. 北京:石油工业出版社.

万云洋, 赵国屏, 2016. 原核微生物之杆菌和小杆菌. 微生物学通报, 43(6): 1315-1332.

万云洋,2017. 原核微生物资源和分类学词典. 北京:石油工业出版社.

万云洋,杜卫东,2017. 土壤和沉积物石油类污染防治方法与技术. 北京:石油工业出版社.

万云洋,赵国屏, 2017. 球类原核微生物. 微生物学杂志,37(4): 82-92.

王嫩芝,陈丽,1989. L-干燥法和冷冻真空干燥法保藏放线菌效果的比较. 微生物学通报,16(4):220-224.

杨文博,2004. 微生物学实验. 北京:化学工业出版社.

张惟杰,1987. 复合多糖生化研究技术. 上海:上海科学技术出版社.

周德庆,2006. 微生物学实验教程. 2版. 北京:高等教育出版社.

周慧玲,1978. 北京棒状杆菌等五种细菌的DNA中G-C含量的测定. 微生物学报, 18(2): 134-139.

Bertani G, 2004. Lysogeny at mid-twentieth century: P1, P2, and other experimental systems. Journal of Bacteriology, 186 (3): 595-600.

Fang C S, Parker C A, 1981. An L-drying method for preservation of *Gaeumannomyces graminis* var *tritici*. Transactions of the British Mycological Society, 77(1):103-106.

Hungate R E, 1969. Methods in microbiology. New York: Academic Press Inc.

Pearce L E, Smythe B W, Crawford R A, et al, 2012. Pasteurization of milk: The heat inactivation kinetics of milk-borne dairy pathogens under commercial-type conditions of turbulent flow. Journal of Dairy Science, 95(1):20-35.

Tommerup I C, Kidby D K, 1979. Preservation of spores of vesicular-arbuscular endophytes by L-drying. Applied Environmental Microbiology, 37(5): 831-835.

附　　录

附录1　本书相关名词解释

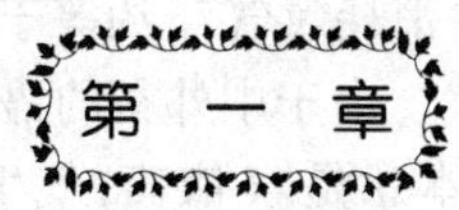

实验一

洛夫叻氏培养基(Loeffler's medium):或洛夫叻培养基、洛夫叻氏血清培养基,中文常称"吕氏血清培养基""吕氏血清斜面培养基"等,但"吕氏"是对外国人名 Loeffler 的过度汉译,常用于培养**白喉棒小杆菌**(*Corynebacterium diphtheriae*)。

实验三

孢子:一种脱离亲本后能发育成新个体的单细胞或少数细胞的非性繁殖体,可分为无性孢子和有性孢子。同种子(或配子)相比,孢子本身只有很少的营养储存。细菌孢子,指的是由细菌产生的孢子或孢子状结构,包括内生孢子(endospore)、静息孢子(akinete)和由放线菌门和固氮菌属产生的孢子。

芽孢:或芽胞,又叫内生孢子(endospore),是某些细菌在一定的环境下,生长到一定阶段在菌体内形成的含水量低、壁厚、抗逆性强的休眠体,通常呈圆形或椭圆形。一个细胞对应一个芽孢,一个芽孢对应一个营养体,因此芽孢并非繁殖体。

酪朊(casein):相关磷朊(αS1、αS2、β、κ)的复合物。

营养体:微生物芽孢/孢子出芽以后、发育成熟之前的过渡状态。

实验六

牛肉膏朊胨培养基:有时又称为牛肉膏朊胨琼脂培养基、肉膏朊胨培养基、普通培养基、基础培养基、基本培养基,是一种天然培养基,也是一种应用最广泛和最普通的微生物基础培养基。

牛肉膏:又称为牛肉浸膏、牛肉抽提物、牛肉膏粉等,大体是同一种物质,但不同来源成分差异会很大,需要特别标注。

际(proteose):一类介于朊和胨之间的水溶性有机物(通过胃液、胰液等作用)。

胨(peptone):一般指朊胨或蛋白胨,一类朊部分水解水溶性产物。

朊胨:酪朊、大豆朊、鱼粉等经朊酶水解后的中间产物,有时候是对包括际、胨、肽、氨基酸等的统称,主要提供氮源和生长因子(如维生素)。

琼脂:由于其特殊的结构和物理化学性能(85～98℃溶解,32～40℃以下凝固,凝固的琼脂硬而透明),相比于明胶的多肽和朊质混合物特性或者其它天然多糖(卡拉胶、海藻酸钠、淀粉、壳聚糖等)而言,结构迥异,主要作为支撑固化材料,并不为微生物提供任何能源或营养源。

明胶:经煮沸牛猪等动物骨骼和组织,提取胶原水解后得到的多肽和朊混合物产品,是一种无脂肪的高朊,一般不含胆固醇,是一种天然营养型的食品增稠剂,常温下不溶解,煮沸后可溶,28℃凝固,37℃液化。

明胶酶:一类朊水解酶,活体生物用此把明胶水解成多肽、肽和氨基酸单元,供生物生长利用。

流体硫乙醇酸盐培养基:也叫硫乙醇酸盐肉汤,是一种多目标培养基,可作为富集培养基,也可作为鉴别培养基。硫乙醇酸钠消耗氧,严格厌氧菌就能够生长。

刃天青:一种对氧敏感的指示剂,在有氧存在时变为粉红色。

耗氧:区别于“好氧”。耗氧意为“消耗氧气”,约等于英文 aerobic;好氧意为“喜好氧气”,约等于英文 oxic;消耗氧气≠喜好氧气。由于中外文的语境差异,中文之前翻译 aerobic 时,误以为仅仅是“喜好氧气”。实际上,其本意是“(依赖)气生的”,此“气”一般情况下,主要指代氧气,但也可以包括二氧化碳、氮气等,比如 aerobic anoxygenic photoheterotroph bacteria(AAPB,气生无氧生光营细菌,或气生不产氧光营细菌)就是利用光能,消耗(同化)二氧化碳固碳,同时又消耗氧气的自营微生物,如果译为“好氧”显然有失偏颇。再比如著名的 A^2O(Anaerobic - Anoxic - Oxic)技术,中文中比较好地把 oxic 译为“好氧”。

耗氧菌:或耗氧微生物,英文 aerobes,(依赖)消耗氧气传递电子的菌。

实验七

放线菌:原核生物的一个类群,因在固体培养基上呈辐射状生长而得名,是革兰氏阳性菌。放线菌在陆地和水体中大量存在,以前一般认为放线菌的鸟嘌呤和胞嘧啶含量在 DNA 中很高(一说不低于 55%),但是最近发现对于淡水中的一些放线菌,它们的 $G+C$ 很低(低至 42%)。

实验九

脱纤维血液:这里的脱纤维实质上是脱容易凝结成块的纤维朊, 剩下的主要是血红细胞等成分。

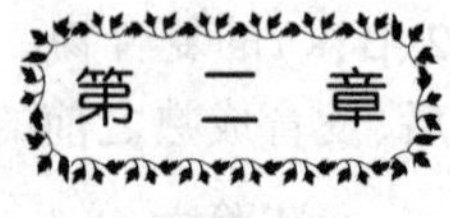

第二章

实验一

分辨率或分辨力:指显微镜能辨别两点之间的最小距离的能力。从物理学角度看,光学显微镜的分辨率受光的干涉现象及所用物镜性能的限制,可表示为

$$分辨率(最大分辨距离) = \frac{\lambda}{2}NA$$

式中 λ——光波波长;

NA——物镜的数值孔径值。

香柏油:来自香柏树(又称雪松)的油,香柏树油(cedar tree oil),香柏树又称雪松,因此又称雪松油。虽然香柏油能提高显微镜对观察物品的分辨率,但也有明显的不足:吸收蓝光和紫外光,酸度高,对观察物品和镜头都有害。实际上自 20 世纪 40 年代以后,人们已经能够合成类似的纯度更高的香柏油,因此,现在的香柏油(cedar oil)大部分已经是合成的。尽管合成香柏油已经在最大程度上消除了这些不足,也有厂商宣称合成香柏油可以几个月不固化,但实验观察完毕,应立即把香柏油从观察物品和镜头去除,以防固化损伤镜头,以及避免进入物镜影响物镜的使用。

浸镜油:理论上,浸镜油的理化成分和性质应该等同于常见的香柏油,但由于合成技术的进步,浸镜油的类型已经多样化。国外生产的 A ~ N 型的浸镜油,A 和 B 型是最常见的不同黏度的浸镜油,F 型最适于室温(23°C)下荧光观察,N 型最适于用于体温(37°C)下活细胞观察。

实验三

显微镜直接计数法:将少量待测样品的悬浮液置于一种特别的具有确定面积和容积的载玻片上(又称计菌器、细胞计 cytometer、计数室 counting chamber),在显微镜下直接计数的一种简便、快速、直观的方法。

实验四

平板菌落计数法:将待测样品经适当稀释之后,其中的微生物充分分散成单个细胞,取一定量的稀释样液接种到平板上,经过培养,由每个单细胞生长繁殖而形成肉眼可见的菌落,即一个单菌落应代表原样品中的一个单细胞。

真菌:具有真核的有机体,包括微生物(如酵母菌和霉菌),也包括大型真菌(如蘑菇)。真菌界与植物、动物、细菌、原生生物不同,其一大特征是真菌含有甲壳素细胞壁,而植物和原生生物是纤维素,细菌则是肽聚糖。

丝状真菌:即霉菌,是多细胞丝状物,以多细胞丝状生长,形成菌丝(hyphae)。

丝状蓝细菌:蓝细菌中的一大类,由多细胞排列而成的群体。

菌悬液:挑取一定量的微生物搅拌于溶液当中,配制成一定菌量悬浮的液体。

实验五

胨电荷:胨氨基酸在一定条件下解离所带的电荷。

等电点:在一定 pH 的溶液中,氨基酸或胨解离成阳离子和阴离子的趋势或程度相等,成为兼性离子,呈电中性,此时溶液的 pH 成为该氨基酸或胨的等电点。

浓菌液:含高浓度菌量的液体,一般指富集培养阶段,菌浓度超过普通密度。

胞垒酸:常见名胞壁酸,希腊文中 *teikhos* 表示强化的壁,比壁更坚固之意,*toikhos* 为普通的壁。

磷垒酸:常见名磷壁酸,同上解释。

菌膜:区别于细胞膜,此处是广义的细菌/真菌/古菌等微生物形成的连续性或碎片性的(生物)膜,或是依附于微生物表面,由微生物分泌的多糖、胨和脂类等膜状物质并掺杂大量活菌,具有自生长特性。实验七也提到菌膜,同义。菌膜的英文有 scum 或 pellicle,后者可能更多地指向真菌酵母表面形成的白霉,也称(菌)醭。

菌龄:在一定培养条件下,菌体培养/生长的时间。

实验六

硝酸银鞭毛染色液:一种鞭毛染色液。

莱弗氏(Leifson)鞭毛染色液:或称莱弗逊氏鞭毛染色液,一种鞭毛的染色液。

亚甲蓝水溶液:把亚甲蓝溶于水,配成一定浓度的指示溶液。

凹载玻片:带有凹面的载玻片。

营养琼脂:在固定剂琼脂基础上,添加一些营养成分(如牛肉膏等)的基础培养基(附录 2)。

实验八

甲基紫水溶液:一定量甲基紫溶于水制的液体。

结晶紫水溶液:一定量结晶紫溶于水制的液体。

实验九

酵母菌:不运动的单细胞真核微生物,长 5~30μm,宽 1~5μm,通常比常见细菌大几倍甚至十几倍。

无性繁殖:子代直接从一个生物体继承基因繁殖的一种模式,即直接从一个父本里面产生新个体的生殖方法。

分裂繁殖:也称为克隆分裂,是无性繁殖的一种模式,一个生物体分裂成碎片,每个碎片成长为一个同原生物体一样的个体。

有性繁殖:真核生物的生命繁育模式,即一个新个体的生长集合了两个生物体的基因物质的过程。

子囊孢子(ascospore):包含在子囊内的孢子,是真菌的子囊菌属所特有的。

水—碘液水浸片:3∶1(体积比)水和卢戈氏碘液混合于载玻片上,用于检测酵母等真核细胞。

风干:一般指样品在阴凉处,湿度较低(如5%)条件下,由自然风(空气)吹干。风干也可以是在特定的条件下,由特定气体,如氮气,以一定的流速把样品干燥(第三章实验五、第五章实验九)。

实验十

腐生菌:是一个不严谨的称谓,不是生物学分类名词。腐养(saprotrophic nutrition)是指死亡或腐败有机质胞外消解的化学异养过程。腐生菌(saprobes)很多时候是指腐养真菌,而腐生生物(saprophytes)实际上是指腐生植物(saprotrophic plants)和腐生细菌菌群(bacterial flora)。在我国,腐生菌一般指腐生细菌菌群,基本等同于异营微生物。

营养菌丝:等同于基内菌丝,吸收营养的菌丝,相当于根部。

孢子丝:气生菌丝发育成熟后,在其顶端形成的可分化成孢子的菌丝。

菌苔(bacterial lawn):细菌垫,在固体培养基接种线上由母细胞繁殖长成的一片密集的、具有一定形态结构特征的细菌群落。

苯酚复红染液:由苯酚溶液和复红溶液混合而成的染色液体。

实验十一

基内菌丝:生长到培养基内的菌丝。

气生菌丝:生长到培养基外,在空气中生长的菌丝。

繁殖菌丝:即生殖菌丝,指能生长出孢子的菌丝。

乳酸苯酚棉蓝染色液:一种对真菌进行固定和染色的液体。

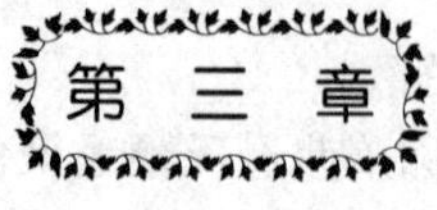

第 三 章

实验一

立克次体(Rickettsia):介于最小细菌和病毒之间的一类独特的微生物,特点之一是多形性,球杆状或杆状,还有时出现长丝状体。立克次体是必须依赖于宿主细胞、在专性细胞内寄生的小型革兰氏阴性原核单细胞微生物。

气溶胶:以气体为分散剂悬浮在大气中的固态粒子或液态小滴物质的统称,烟、雾、霾、霭、微尘等都属于大气气溶胶,尺寸在微米至毫米($10^{-4}\sim1mm$)级,半径一般在$10^{-3}\sim10^{-2}\mu m$。

实验二

上层滞水:埋藏在地表浅处,其水质与地表水的水质基本相同。它是存在于包气带中局部隔水层或弱透水层之上的重力水。一般来说,在大面积透水的水平或缓倾斜岩层中有相对隔水层,在降水或其它方式补给的地下水向下部渗透过程中,因受隔水层的阻隔而滞留、聚集于隔水层之上,形成上层滞水。它的分布面积有限。

潜水:埋藏在地表以下第一个稳定隔水层以上的具有自由水面的地下水。潜水含水层通过包气带直接与大气圈、水圈相通,因此具有季节性变化的特点。

承压水:地质条件不同于潜水,指充满于两个稳定隔水层之间的含水层中的地下水。其受水文、气象因素直接影响小,含水层的厚度不受季节变化的支配,水质不易受人为活动污染。

COD:化学需氧量,以化学方法(一般是重铬酸钾和高锰酸钾滴定)测量水样中需要被氧化的还原性物质的量,特别是有机物的量。

BOD_5:五日生物化学需氧量,指在一定期间内,微生物分解一定体积的水中有机物质所消耗的溶解氧的数量。以毫克/升或百分数等为单位。

DO:溶解氧 。空气中的分子态氧溶解在水中称为溶解氧,它是衡量水体自净能力的一个指标。在自然情况下,空气中的含氧量变动不大,水温是主要的因素,水温越低,水中溶解氧的含量越高。溶解氧以毫克/升为单位。

卢戈氏溶液:也称为卢戈氏碘液,是法国生理学家卢戈(Lugol)大约在1829年配制的。

实验三

岩心:用特殊钻机从地下取出供测试用的呈圆柱形的地下物质试块。

多重蒸馏法:为了达到溶剂的纯化,购买溶剂还要进行加热蒸馏进一步纯化。

盐析作用:一般是指溶液中加入无机盐类而使某种物质溶解度降低而析出的过程。

乳化:不相容的两相物质在第三相的作用下混合的现象,一般指在亲水亲油两性物质的作用下混合。

实验五

幽门螺杆菌(幽门螺旋杆菌):一种单极、多鞭毛、末端钝圆、螺旋形弯曲的细菌,生长在胃的幽门部分而得名,长2.5~4.0μm,宽0.5~1.0μm;鞭毛长约为菌体1~1.5倍,粗约为30nm;革兰氏染色阴性;有动力。幽门螺杆菌是微需氧菌,环境氧要求5%~8%,在大气或绝对厌氧环境下不能生长。1994年,WHO/IARC将幽门螺杆菌定为Ⅰ类致癌原——第一种可致癌的原核生物。

菌落(colony):在微生物学中,通过自然或人工接种的方式,把微生物接种到适合它们生长的培养基(固体、半固体或液体)中,在适宜的温度下培养一定的时间后,少量分散的菌体或孢子即可生长繁殖成肉眼可见的细胞群体。在生物学中,有时候因为细菌菌落(bacterial colony)培养更多,也简化为菌落。

纯菌落:由单个细菌(或其它微生物)细胞或同种细胞(或孢子)在适宜固体培养基表面或内部生长繁殖到一定程度,形成肉眼可见的子细胞群落。一般来说,菌落就指纯菌落。

煌绿水溶液:一种选择性增菌剂,由煌绿配制而成。

胆盐:由胆酸与阳离子(一般为钠离子)形成的盐。胆酸是哺乳动物和其它脊椎动物在胆汁中形成的类固醇酸。

实验六

孢子悬液:概念类似于菌悬液,孢子的基本意思是“种子”,微生物学中定义是,一种原始的单细胞,对环境具有抗逆性的休眠体或生殖体,植物、真菌和一些微生物都能产生,能够直接或者与另一孢子融合发育。

实验七

氧化还原电势(redox potential):一种衡量化合物种得到电子、即被还原的趋势的参数。

焦性没食子酸(pyrogallol 或 pyrogallic acid):现在一般称为连苯三酚,白色固体,吸氧能力极好,吸氧后成棕色。

庖肉培养基:庖肉培养基是罗伯逊(Robertson)1915—1916 年间配制的适合厌氧生物(产孢或非孢)生长的培养基,基本成分是瘦肉,经剁切、煮干、密储后使用。

谷胱甘肽(glutathione):一种三肽,由谷氨酸、半胱氨酸和甘氨酸这三个氨基酸经酰胺键结合而成(第一个肽键是由谷氨酸的 γ-羧基与半胱氨酸的氨基组成的)。

实验九

休眠体:在一定条件下(环境条件不利时)营养生长停止,形成具有再生能力的休眠结构。

安瓿管瓶(ampoule):用于密封保存固体或液体样品的玻璃小瓶,通常一旦装料/样即密封,不可重复使用。

曲乙缓冲液,即 TE 缓冲液:曲斯—乙二胺四乙酸盐缓冲液,即三羟甲基氨基甲烷—乙二胺四乙酸缓冲液,英文简称 Tris-EDTA buffer,中文简称曲乙缓冲液,三乙缓冲液,更常见的为 TE 缓冲液,核酸保藏分离常用,pH 为 8.0。

有时候还会用到 EB 缓冲液,EB 缓冲液一般是指 elution buffer,即淋洗缓冲液,10 mM Tris-HCl,pH 为 8.5。

保护剂:一种使被保护的物件不受或少受或减缓伤害的试剂,一般是液体。

歧管(manifold):带有分歧的管路。

氧钒核糖核苷复合物(Vanadyl Ribonucleoside Complex, VRC)或核糖核苷—氧钒复合物(Ribonucleoside-Vanadyl Complex,RVC):由氧化钒离子和核苷形成的复合物,它和 RNA 酶结合形成过渡态类物质,能几乎完全抑制 RNA 酶的活性。

沉淀剂:在液相和气相中加入的使得目标物质沉淀的物质。

艾本德(Eppendorf)管:德国艾本德公司发明的一种带盖的离心小管,市面常用多为塑料材质。

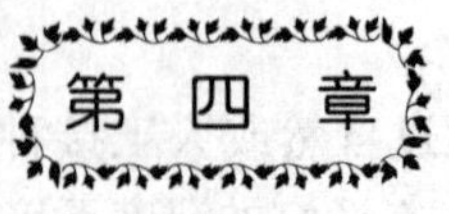

第 四 章

实验一

苯酚系数:将某一消毒剂作不同程度稀释,在一定时间内及一定条件下,该消毒剂杀死全部供试微生物的最高稀释倍数与达到同样效果的苯酚的最高稀释倍数的比值,即为该消毒剂对该种微生物的苯酚系数。苯酚系数越大,说明该消毒剂杀菌能力越强。

甲紫:一种混合物,同甲基紫类似,甲紫是四、五、六甲基取代基的混合物。

实验三

嗜热菌(thermophile):一类嗜好高温(45 ~ 122℃)的微生物。嗜热菌不宜写成嗜热细菌

(thermophilic bacteria),因为目前发现的大部分嗜热菌是古生菌。

实验四

嗜盐菌:一类嗜好高盐浓度(0.3~5.1mol/L NaCl)的微生物,大部分是古生菌,也有嗜盐细菌发现。根据嗜盐情况可将其分成轻度嗜盐(0.3~0.8mol/L 或 1.8%~4.7%,也有人认为是海水含盐量即 0.6mol/L 或 3.5%)、中度嗜盐(0.8~3.4mol/L 或 4.7%~20%)和高度嗜盐(3.4~5.1mol/L 或 20%~30%,即死海的含盐量)。

实验五

细胞膜电荷:细胞所带的表面电荷。

OD_{600nm}值:化合物在 600nm 处的吸光度值或光密度值。

实验六

抗生素(antibiotics):一种能杀灭或者抑制微生物的试剂。从 1942 年开始使用,它就是一个比较模糊的概念,最初仅指由微生物产生的阻抗其它微生物生长的物质,现在的抗生素基本是人工干预或者改性的半合成物质。

青霉素(penicillin):一类由青霉真菌产生的抗生素,包括 G(青霉素Ⅳ)、青霉素Ⅴ(口服)、普鲁卡因(procaine)青霉素和苄星(benzathine)青霉素(肌内注射)。青霉素是近现代第一类有效治疗多种严重疾病(如梅毒)的药物。

多黏菌素:一类由多黏杆菌素产生的抗生素,其一般结构是一个环肽头带一个长亲水链尾。

异烟肼(Isoniazid):防治肺结核(**结核分枝小杆菌**引起的病变)的一线抗生素。它最初合成于 20 世纪初,应用于 20 世纪中后期。

唑类:以五元环有机杂环类为主的抗菌化合物。

光复活酶:又称为脱氧核糖二嘧啶裂解酶,能够修复由于紫外照射而在 DNA 中形成的嘧啶聚合体,从而保护 DNA 免受光损伤。

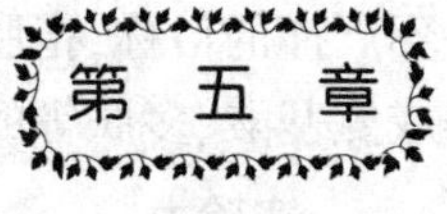

第五章

实验一

光密度(OD)值:表示物质遮光能力,在分析化学中是指光线通过溶液或某一物质前的入射光强度与该光线通过溶液或物质后的透射光强度比值的对数,即吸光度(A)。影响它的因素有溶剂、浓度、温度等吸光系数与入射光的波长以及被光通过的物质。

实验二

溴甲酚紫:一种 pH 指示剂。

复红亚硫酸钠琼脂(远藤氏培养基,Endo's medium):一种碱性指示培养基。

实验三

链霉素(streptomycin):又称链霉菌素,来自**灰色链霉菌**(*S. griseus*),是人类有记录发现的第一个氨基糖苷类药物,也是第一种治愈肺结核(**结核分枝小杆菌**引起的病变)的药物,是第二个临床抗生素(第一个是青霉素),结构式见附录 10。

溶源性肉汤(lysogeny broth):即 LB 液体培养基、LB 培养基,是一种富集培养基,主要用于细菌生长。

四环素：分子式 $C_{22}H_{24}N_2O_8$，分子量 444.435 g/mol，发现于 1945 年，一种广谱抗生素。它衍生出一大类四环类化合物，氯四环素（金霉素）和氧四环素（土霉素）都是四环类抗生素。

实验四

分光光度计：将复杂的光分解为可控光谱线的仪器。

比浊法：浊度测定的方法之一。

土霉素：一种四环素类的抗生素。

母液：一种通俗的说法，是相对于该液体后续一切调配液来说的，也可以称为原液。

实验五

噬菌斑：噬菌体在固体培养基上产生的噬菌体群落（菌斑）。

实验六

乳酸菌（lactic acid bacteria，LAB）：即乳酸细菌，一些文献也写作乳酸杆菌等，本书统一为乳酸菌。乳酸菌是能发酵糖类且主要或惟一产物为乳酸的一类非呼吸无芽孢生成的、革兰氏染色阳性细菌的总称，多为球形（果形）或棒形，通常是非运动性的。乳酸菌为氧耐受性厌氧菌（能在有氧条件下生存，因为具有过氧化物酶），缺少合成细胞色素和卟啉（呼吸链的两组件）的能力，因此不能通过生成质子梯度来产生 ATP，只有靠糖的厌氧发酵产生 ATP 生长。根据葡萄糖发酵产物把乳酸菌分为两类，即同型（homofermentative）发酵乳酸菌和异型（heterofermentative）发酵乳酸菌。前者把 1mol 葡萄糖代谢为 2mol 乳酸，产生 2mol ATP，后者则仅产生 1mol 乳酸、1mol 乙醇和 1mol CO_2，以及 1mol ATP。除了糖，乳酸菌的生长需要氨基酸、维生素 B、嘌呤和嘧啶，5 ~ 45°C 生长，喜酸，pH 低至 4 能生长。典型的乳酸菌有乳竿菌属（Lactobacillus）、亮念珠藻属（Leuconostoc）、平面果菌属（Pediococcus）、链果菌属（Streptococcus）、肠果菌属（Enterococcus）、乳果菌属（Lactococcus）等，都为乳竿菌目的菌属。

实验七

脱脂鲜乳：与脱脂生乳等同，是并不严谨的俗称，指脱除脂类后的乳品。

胨化牛奶：一种经过酶解，朊分解成氨基酸、多肽等的牛奶。

实验九

香菇（*Lentinula edodes*）：又称作冬菇、北菇、香蕈、厚菇、薄菇、花菇、椎茸等，为小皮伞科（Omphalotaceae）香菇属的物种，是一种食用菇类。

斜盖伞（或又称斜顶菌）：拉丁文 *Clitopilus caespitosus*，在中国知网（CNKI）主题检索获得 9 条记录 9 篇文献，时间从 1979 年到 1996 年。生态环保部和中科院 2018 年出版的《中国生物多样性红色名录——大型真菌卷》中无此中文名，但有此拉丁文 *Clitopilus caespitosus*（密簇斜盖伞）。但在斜盖伞 40 余种已经定名的斜盖伞属中也无此种。查遍外文文献，也不存在此"*Clitopilus caespitosus*"拉丁文，最接近的是丛生根霉，*Rhizopus caespitosus*。因此密簇斜盖伞的拉丁文至少是错误的。斜盖伞（*Clitopilus prunulus*），俗称米勒菇、斜盖菇或甜面包菇，是一种（欧洲和北美草原上发现的）可食用、粉红色孢子，担子蕈门（Basidiomycota）。

色氨酸酶：催化色氨酸厌氧分解，产生吲哚、丙酮酸、氨的酶。

实验十一

醇析：利用物质在醇相中与水相中溶解度的差异而使物质从中沉淀出来。

DEAE 纤维素柱层析:由二乙氨基乙醇与纤维素共价耦合的阴离子活性柱,用于选择性层析大分子带电物质,如朊、酶、糖等。

实验十二

Sephadex G-150: 交联葡聚糖凝胶,150 表示凝胶吸水率的 10 倍。

CM 纤维素:羧甲基纤维素。

实验十三

16SrRNA:原核核糖体 30S 小亚基的组成部分。

G+C:DNA 分子中鸟嘌呤和胞嘧啶的摩尔分数。

八道移液器:一把带八个吸液口的移液器。

GP:革兰氏阳性鉴定微平板。

GN:革兰氏阴性鉴定微平板。

YT:酵母菌鉴定微平板。

FF:丝状真菌鉴定微平板。

实验十四

热变性温度(T_m):加热 DNA,当 50% 的 DNA 发生变性,吸光度突越,达到其最大吸光度一半时的加热温度。

浮力密度梯度离心:利用 CsCl 超速离心时形成密度梯度区带,DNA 在其中的浮力密度与其 $G+C$ 呈正比,从而测定出其含量。此法较为昂贵。

溶菌酶:又称胞壁质酶、N-乙酰胞壁质聚糖水解酶、糖苷水解酶,通过催化水解细胞壁的壳糊精结构,破坏细胞壁。壳糊精由肽聚糖和 N-乙酰-D-葡糖胺残基组成,此残基由 N-乙酰胞壁酸和 N-乙酰-D-葡糖胺通过 1,4-β 键链接,溶菌酶的作用部位正在此键上。

实验十七

微生物细胞包埋:一种微生物固定化方法,将微生物细胞截留在固定载体的网络空间,从而增强微生物群落活动能力。

实验十八

甲壳素:也叫几丁质,是 N-乙酰氨基葡萄糖的聚合物。某些菌如**沙雷氏菌属**菌和弧菌具有产生甲壳素酶的能力,使甲壳素水解,甲壳素琼脂培养基则由浑浊/凝固变为清澄/液化。

第六章

实验一

专性寄生物:一旦离开宿主就不能生存,生活史的各个阶段都完全依赖于宿主营寄生生活的寄生物,如病毒、细菌类(如衣原体、立克次氏体)、原生动物(如疟原虫)等。

实验三

离子琼脂:由离子液体和琼脂复合而成的琼脂液体。

巴比妥:一类中枢神经镇静剂。

溴酚蓝:酚酞型酸碱指示剂,见附录 10。

附录2　部分培养基配制

一、葡萄糖氧化/发酵培养基

葡萄糖氧化/发酵培养基又称哈弗—莱弗氏(Hugh—Leifson)培养基、氧化/发酵培养基,O/F 实验用。

1. 成分表

葡萄糖氧化/发酵培养基的成分见附表1。

附表1　葡萄糖氧化/发酵培养基成分

试剂/项目	量	试剂/项目	量
胨胨	2g	葡萄糖	10g
氯化钠	5g	0.2%溴麝香草酚蓝溶液	12mL
磷酸氢二钾	0.3g	蒸馏水	1000mL
琼脂	4g	pH	7.2

2. 配制

将胨胨、氯化钠和磷酸二氢钾加水溶解后,校正 pH 至 7.2。加入葡萄糖和琼脂,煮沸溶化琼脂,然后加入 0.2% 溴麝香草酚蓝指示剂。混匀后,分装试管,121℃高压灭菌 15min,直立凝固备用。

从斜面上用接种针挑取 2 ~ 3 针培养物作穿刺接种,同时接种两支培养基,其中一支接种后滴加溶化的 1% 琼脂液于表面,高度约 1cm,于 36℃ ±1℃培养。

3. 结果分析

将培养结果同附表 2 对照。

附表2　细菌氧化发酵对比

细 菌 类 型	封口的培养基	开口的培养基
发酵型(F)	产酸	产酸
氧化性(O)	不变	产酸
产碱性(A)	不变	不变

注:发酵型细菌,不论有氧无氧都能分解(葡萄)糖类,如**结肠埃希氏菌**(附图 1 第 3 组);氧化型细菌,必须有氧才能分解(葡萄)糖类,无氧则不能,如**铜绿假单胞菌**(附图 1 第 2 组);产碱型细菌,因不能分解(葡萄)糖类,只利用胨胨,产碱而不产酸,如产碱杆菌(附图 1 第 4 组)。

附图 1 中,第 1 组表示完全没有反应(空白对照);第 2 组表示菌种是氧化型细菌;第 3 组表示菌种是发酵型细菌;第 4 组表示菌种既非发酵型细菌又非氧化型细菌,而是胨胨分解释放氨基导致指示剂变蓝。

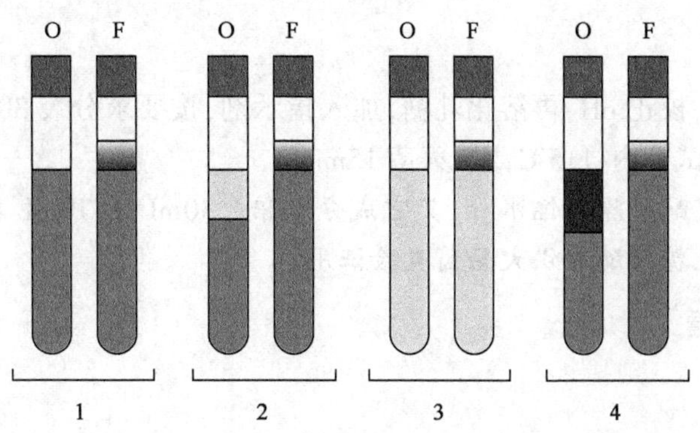

附图 1　氧化发酵实验

二、糖发酵管培养基

糖发酵管培养基的成分见附表 3。

附表 3　糖发酵管培养基成分

试剂/项目	量	试剂/项目	量
牛肉膏	5g	0.2%溴麝香草酚蓝溶液	12mL
胨胨	10g	蒸馏水	1000mL
氯化钠	3g	pH	7.4
十二水磷酸氢二钠($Na_2HPO_4 \cdot 12H_2O$)	2g		

注:十二水磷酸氢二钠品质应满足 GB/T 1263—2006《化学试剂　十二水合磷酸氢二钠(磷酸氢二钠)》。

发酵管按成分表配制后,按 0.5% 加入葡萄糖,分装于有一个倒置小管的试管内,121℃高压灭菌 15min。

也可按附表 3 配制其它各种糖类发酵管培养基,每瓶 100mL。另按 10% 溶液配制各种糖类溶液,同时 121℃高压灭菌 15min(不耐热的糖以 115℃ ±2℃高压灭菌 10min 为宜)。取 5mL 糖溶液加入 100mL 培养基内,以无菌操作分装到 10mL 小试管。

从琼脂斜面挑取 1 ~ 2 环培养物接种到小试管,于 36℃ ±1℃培养。一般观察 2 ~ 3d,延迟反应需观察半个月至一个月。

1. 乳糖发酵管培养基

1) 成分表

乳糖发酵管培养基的成分见附表 4。

附表 4　乳糖发酵管培养基成分

试剂/项目	量	试剂/项目	量
乳糖	10g	蒸馏水	1000mL
胨胨	20g	pH	7.4
0.04%溴甲酚紫水溶液	25mL		

2)配制

将胨胨溶于水中,校正 pH,再溶化乳糖,加入指示剂,按要求分装 30mL、10mL 或 3mL,放在有一个倒置小管的试管内,115℃高压灭菌 15min。

注意:双料乳糖发酵管除蒸馏水外,其它成分加倍。30mL 和 10mL 乳糖发酵管专供酱油及酱类检验用,3mL 乳糖发酵管供大肠菌类验证用。

2.5%乳糖发酵管

1)成分表

5%乳糖发酵管的成分见附表 5。

附表 5　5%乳糖发酵管成分

试剂/项目	量	试剂/项目	量
乳糖	5g	2%溴麝香草酚蓝水溶液	1.2mL
胨胨	0.2g	蒸馏水	100mL
氯化钠	0.5g	pH	7.4

2)配制

除乳糖和指示剂以外的各成分溶解于 50mL 蒸馏水中,校正 pH,再加入指示剂。再将乳糖溶解于另 50mL 蒸馏水内,121℃高压灭菌 15min。将两种液体混合,以无菌操作分装于灭菌小试管备用。

在此培养基内,大部分乳糖发酵管延迟发酵的细菌可于 1d 内发酵。

3.胆盐乳糖发酵管

1)成分表

胆盐乳糖发酵管的成分见附表 6。

附表 6　胆盐乳糖发酵管成分

试剂/项目	量	试剂/项目	量
乳糖	10g	0.04%溴甲酚紫水溶液	25mL
猪胆盐(或牛胆盐、羊胆盐)	5g	蒸馏水	100mL
胨胨	20g	pH	7.4

2)配制

将胨胨、胆盐及乳糖溶于水中,校正 pH 至 7.4,加入指示剂,分装每管 10mL,放在有一个倒置小管的试管内,116℃高压灭菌 10min(也有文献报道 115℃高压灭菌 15min)。用于测定大肠菌群的乳糖发酵实验。

注意:双料乳糖胆盐发酵管除蒸馏水外,其它成分加倍。

三、葡萄糖胨胨水培养基

此培养基可供甲基红(MR)实验和伏—普(V—P)实验用,有时称为伏—普培养基Ⅰ号。

1. 成分表

此培养基的成分见附表 7。

2. 配制

按成分表溶解各成分，分装试管，每管 1mL，121℃高压灭菌 15min，取出冰箱冷藏备用。

葡萄糖朊胨水培养基用于鉴定产丙酮酸的能力。葡萄糖氧化/发酵培养基、糖发酵管培养基、葡萄糖朊胨水培养基中，朊胨可以用胰酪胨或际胨。胨的用量宜少，以免细菌利用朊胨产生过多的碱，中和分解葡萄糖产生的酸，造成假阴性。

附表 7　葡萄糖朊胨水培养基成分

试剂/项目	量	试剂/项目	量
葡萄糖	5g	蒸馏水	1000mL
朊胨	7g	pH	7.0
磷酸氢二钾	5g		

注意：际(proteose)，读音为 shì，原意为肉生，概念上相对模糊，现在表示一切由朊水解成短链氨基酸过程中产生的各种水溶性化合物，相当于各种多肽。有人认为际是介于朊和胨之间的物质。

四、西蒙氏柠檬酸盐培养基

西蒙氏(Simmons)柠檬酸盐培养基与葡萄糖铵培养基有所区别。

1. 成分表

西蒙氏柠檬酸盐培养基的成分见附表 8。

附表 8　西蒙氏柠檬酸盐培养基成分

试剂/项目	量	试剂/项目	量
氯化钠	5g	0.2%溴麝香草酚蓝溶液	40mL
七水硫酸镁($MgSO_4 \cdot 7H_2O$)	0.2g	琼脂	20g
磷酸二氢铵	1g	蒸馏水	1000mL
磷酸氢二钾	1g	pH	6.8
柠檬酸钠	5g		

2. 配制

先将盐类溶解于水中，校正 pH，再加琼脂，加热溶化。然后加入指示剂，混合均匀后分装试管，121℃高压灭菌 15min，取出后放成斜面待用。

挑取 1 ~ 2 环琼脂培养物接种到斜面，于 36℃ ±1℃培养 4d，每天观察结果，阳性者斜面上有菌落生长，培养基从绿色转为蓝色。

与柠檬酸钠相关的标准有 GB/T 16493—1996《化学试剂　二水合柠檬酸三钠(柠檬酸三钠)》、HG/T 3497—2000《化学试剂　柠檬酸氢二铵》、GB/T 9855—2008《化学试剂　一水合柠檬酸(柠檬酸)》、YS/T 940—2013《柠檬酸金钾》。国家质量监督检验检疫总局发布的 GB/T 8269—2006《柠檬酸》适用于由淀粉质或糖质原料发酵制得的柠檬酸产品。

五、克氏柠檬酸盐培养基

1.成分表

克氏柠檬酸盐培养基的成分见附表9。

2.配制

按附表9把各成分混合，加热溶解，分装试管，121℃高压灭菌15min，取出后放成斜面待用。

附表9　克氏柠檬酸盐培养基成分

试剂/项目	量	试剂/项目	量
氯化钠	5g	柠檬酸钠	3g
葡萄糖	0.2g	0.2%酚红溶液	6mL
酵母浸膏	0.5g	琼脂	15g
磷酸氢二钾	1g	蒸馏水	1000mL

用琼脂培养物接种整个斜面，在36℃±1℃培养7d，每天观察结果，阳性者培养基变为红色。

六、邻硝基β-D-半乳糖苷培养基

1.成分表

邻硝基β-D-半乳糖苷培养基的成分见附表10。

附表10　邻硝基β-D-半乳糖苷培养基成分

试剂/项目	量	试剂/项目	量
邻硝基β-D-半乳糖苷(ONPG)	60mg	1%胨胨水	30mL
0.01mol/L磷酸钠缓冲液(pH=7.5)	10mL	pH	7.5

2.配制

将邻硝基β-D-半乳糖苷(ONPG)溶于缓冲液内，加入胨胨水，以过滤法除菌，分装于10mm×75mm试管，每管0.5mL，用橡皮塞塞紧备用。

取1~2环琼脂培养物，接种于试管中，在36℃±1℃培养24h(一般不超过48h)，密切观察结果。如有β-半乳糖苷酶产生，则1~3h变黄色(附图2)；如无此酶，则24h不变色。

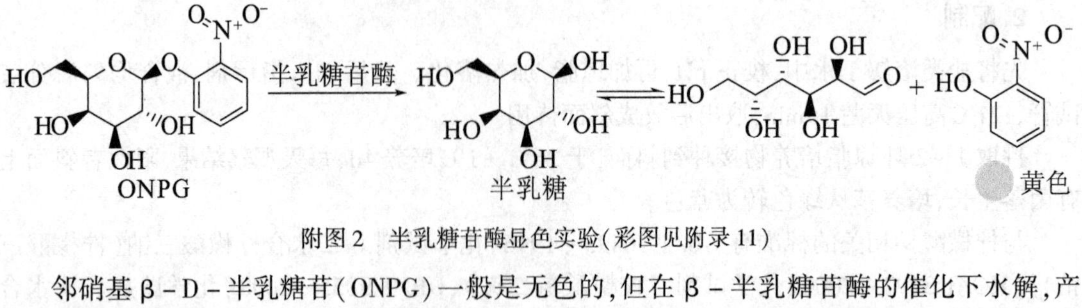

附图2　半乳糖苷酶显色实验(彩图见附录11)

邻硝基β-D-半乳糖苷(ONPG)一般是无色的，但在β-半乳糖苷酶的催化下水解，产生半乳糖和邻硝基苯酚，由于邻硝基苯酚溶液中呈现黄色的，可用于鉴别酶的产生与否和比色分析(420nm)。

七、营养琼脂

营养琼脂(Nutrient Agar)也称三号营养琼脂(Nutrient Agar No. 3)或1%(指胨胨含量)营养琼脂。此培养基可供一般细菌培养之用,可倒平板或制成斜面。如用于菌落计数,琼脂量为1.5%;如制备平板或斜面,琼脂量为2%。营养琼脂(Nutrient Agar)主要用于食品卫生检验菌落总数测定,参见 YY/T 0577—2005《营养琼脂培养基》。

营养琼脂的成分见附表 11。

附表 11　营养琼脂成分

试剂/项目	量	试剂/项目	量
牛肉膏	3g	琼脂	15~20g
胨胨	10g	蒸馏水	1000mL
氯化钠	5g	pH	7.2~7.4
琼脂	15~25g		

将除琼脂以外的各成分溶解于蒸馏水中,加入 15% 氢氧化钠溶液约 2mL,校正 pH 至 7.2~7.4,加入琼脂,加热煮沸,使琼脂溶化,分装于烧瓶中,121℃高压灭菌 15min。

一号营养琼脂(附表 12)可用于大多数不需要特殊营养要求的细菌,是一般常用的培养基,是细菌培养基中最经济、最简单的培养基。

二号营养琼脂(附表 12)可用于一般细菌培养、细菌传代培养、菌种保存,也用于配制血液琼脂培养基。

四号营养琼脂(附表 12)可用于一般细菌培养。因为四号营养琼脂含有 0.8% 的氯化钠,红细胞不被损坏,因此可作为血液琼脂平板的基础培养基。

五号营养琼脂(附表 12)可用于一般细菌培养,主要用于纯菌的分离培养和纯菌的传代培养,也称 2%(指胨胨含量)营养琼脂。

附表 12　一号至五号营养琼脂

试剂/项目	一号	二号	三号	四号	五号
	量				
牛肉膏	3g	1g	3g	3g	5g
胨胨	5g	5g	10g	5g	20g
酵母膏	—	2g	—	—	—
氯化钠	—	5g	5g	8g	5g
琼脂	13g	15g	15~20g	13g	13g
蒸馏水	1000mL	1000mL	1000mL	1000mL	1000mL
pH	6.6~7.0	7.2~7.6	7.3±0.1	7.2~7.4	7.3~7.5

注意:有时其它具有特定营养物的培养基也会在文献中简称营养琼脂,比如牛肉、马铃薯等物质配制的培养基,注意区别。卵磷脂吐温 80 营养琼脂即是在此营养琼脂基础上加 0.1% 卵磷脂、0.7% 吐温 80 配制而成,用于含油脂类供试品细菌总数测定。

1. 牛肉膏胨胨培养基

牛肉膏胨胨培养基又称牛肉膏胨胨琼脂培养基、基础(或基本)培养基或普通培养基等,即三号营养琼脂。一般认为它对细菌分离纯化较好。

1)成分表

牛肉膏胨胨培养基的成分见附表13。

附表13　牛肉膏胨胨培养基成分

试剂/项目	量	试剂/项目	量
牛肉膏	3g	琼脂①	0～20g
胨胨	10g	蒸馏水	1000mL
氯化钠	5g	pH②	7.0～7.2

①固体培养基15～20g,半固体培养基3～5g,液体培养基0g。

②依据原药的不同来源和批次不同,文献报道的pH大致在7.0～7.6之间变动。牛肉膏胨胨半固体培养基可供动力观察、菌种保存、H抗原位相变异实验等用。

2)配制

牛肉膏胨胨培养基的配制方法详见第一章实验六。

鉴于市面上牛肉膏的制售乱象,应作进一步规范。牛肉的品质,应根据相关国家标准如GB 2707—2016《食品安全国家标准　鲜(冻)畜、禽产品》、NY/T 676—2010《牛肉等级规格》、GB/T 9960—2008《鲜、冻四分体牛肉》、GB/T 17238—2022《鲜、冻分割牛肉》、GB/T 19694—2008《地理标志产品　平遥牛肉》、NY/T 3356—2018《牦牛肉》等来明确规范。

2.营养明胶培养基

营养明胶培养基简称明胶培养基。不同来源的物质可能使营养明胶培养基pH在6.8～7.4变动,但同一批次实验的pH变动不宜过大。明胶品质应遵守国家标准GB 6783—2013《食品安全国家标准　食品添加剂　明胶》。QB/T 1995—2005《工业明胶》、QB 2354—2005《药用明胶》和QB/T 4087—2010《食用明胶》等可以作为参考。

1)成分表

营养明胶培养基的成分见附表14。

附表14　营养明胶培养基成分

试剂/项目	量	试剂/项目	量
牛肉膏	3g	蒸馏水	1000mL
胨胨	5g	pH	6.8～7.0
明胶	120g		

2)配制

加热溶解,校正pH至7.4～7.6,分装试管,121℃高压灭菌10min,取出后迅速冷却,凝固,复查最终pH应为6.8～7.0。

用琼脂培养物穿刺接种,放在22～25℃培养,每天观察结果,记录液化时间;或放在36℃±1℃培养,每天取出,放冰箱内30min后观察结果。

3.马铃薯葡萄糖琼脂培养基

马铃薯葡萄糖琼脂培养基(Potato Dextrose Agar)简称PDA培养基,用于分离、培养霉菌。

1)成分表

马铃薯葡萄糖琼脂培养基的成分见附表15。

附表15　马铃薯葡萄糖琼脂培养基成分

试剂/项目	量	试剂/项目	量
马铃薯(去皮切块)	300g	蒸馏水	1000mL
葡萄糖	20g	pH	6.8~7.0
琼脂	20g		

2)配制

将马铃薯去皮切块,加1000mL蒸馏水,煮沸10~20min,用纱布过滤,补加蒸馏水至1000mL。加入葡萄糖和琼脂,加热溶化,分装,121℃高压灭菌20min。

4. 马铃薯琼脂培养基

马铃薯琼脂培养基简称马铃薯培养基,用途与PDA培养基相同。

1)成分表

马铃薯琼脂培养基的成分见附表16。

附表16　马铃薯琼脂培养基成分

试剂/项目	量	试剂/项目	量
马铃薯(去皮切块)	200g	蒸馏水	1000mL
琼脂	20g	pH	6.8~7.0

2)配制

将马铃薯去皮切块,加1000mL蒸馏水,煮沸10~20min,用纱布过滤,补加蒸馏水至1000mL。加入琼脂,加热溶化,分装,121℃高压灭菌20min。

5. 察氏培养基

察氏(Czapek)培养基也称为察氏琼脂培养基、察贝克氏培养基,用于培养霉菌,尤其用于青霉、曲霉鉴定及保存菌种。

1)成分表

察氏培养基的成分见附表17。

附表17　察氏培养基成分

试剂/项目	量	试剂/项目	量
硝酸钠	3g	蔗糖	30g
磷酸氢二钾	1g	琼脂	20g
七水硫酸镁($MgSO_4\cdot 7H_2O$)	0.5g	蒸馏水	1000mL
氯化钾	0.5g	pH	自然
硫酸亚铁	0.01g		

注:相关试剂应至少满足GB/T 636—2011《化学试剂　硝酸钠》、GB/T 646—2011《化学试剂　氯化钾》、GB/T 664—2011《化学试剂　七水合硫酸亚铁(硫酸亚铁)》。

2)配制

加热溶解,分装后121℃高压灭菌20min。

6. 察氏肮胨琼脂培养基

察氏肮胨琼脂培养基也称为察氏肮胨培养基,用于培养酵母菌。

配制:把附表17中的硝酸钠换成0.5%肮胨即可。

7. 孟加拉红培养基

孟加拉红培养基又称马丁氏(琼脂)培养基,用于分离霉菌和酵母菌。

1)成分表

孟加拉红培养基的成分见附表18。

2)配制

除琼脂、孟加拉红溶液和氯霉素外,按附表18中的用量溶解,加入琼脂加热溶解,再加入孟加拉红溶液。另用少量乙醇溶解氯霉素后加入培养基中,分装后121℃高压灭菌20min。

附表18　孟加拉红培养基成分

试剂/项目	量	试剂/项目	量
肮胨	5g	琼脂	20g
磷酸二氢钾	1g	蒸馏水	1000mL
七水硫酸镁($MgSO_4 \cdot 7H_2O$)	0.5g	氯霉素	0.1g
1/3000孟加拉红溶液	100mL	pH	自然
葡萄糖	10g		

8. 玉米粉琼脂

玉米粉琼脂(Corn Meat Agar)用于鉴定假丝酵母和霉菌。

1)成分表

玉米粉琼脂的成分见附表19。

附表19　玉米粉琼脂成分

试剂/项目	量
玉米粉	60g
琼脂	15~18g
蒸馏水	1000mL

2)配制

将玉米粉加入蒸馏水中,搅匀,文火煮沸1h,纱布过滤,加琼脂加热溶化,补足水量至1000mL,分装,121℃高压灭菌20min。

注意:玉米粉品质可参考国家推荐标准GB/T 10463—2008《玉米粉》。玉米粉的来源应注意玉米的不同品质。玉米的品质参见GB 1353—2018《玉米》、GB/T 25882—2010《青贮玉米品质分级》、NY/T 418—2014《绿色食品　玉米及玉米粉》、GB/T 22503—2008《高油玉米》、NY/T 523—2020《专用籽粒玉米和鲜食玉米》、GB/T 22326—2008《糯玉米》、NY/T 519—2002《食用玉米》、GB/T 22496—2008《玉米糁》以及 GB/T 17890—2008《饲料用玉米》。

9. 大米粉培养基

大米粉培养基用于霉菌产毒。

配制：将市售食品级籼米或粳米或大米，磨成粗粉，分装，121℃高压灭菌 20min。

注意：灿米和粳米品质分别参照农业部推荐标准 NY/T 595—2013《食用籼米》和 NY/T 594—2013《食用粳米》。大米的品质可参考有关国家标准和农业部标准 GB/T 1354—2018《大米》、NY/T 419—2021《绿色食品　稻米》、GB/T 20040—2005《地理标志产品　方正大米》、GB/T 19266—2008《地理标志产品　五常大米》、GB/T 22438—2008《地理标志产品　原阳大米》、GB/T 18824—2008《地理标志产品　盘锦大米》。

10. 豆粉琼脂培养基

1）成分表

豆粉琼脂培养基的成分见附表 20。

附表 20　豆粉琼脂培养基成分

试剂/项目	量
牛心消化汤（pH＝7.4～7.6）	1000mL
琼脂	20g
豌豆粉浸液	50mL

2）配制

将琼脂加在牛心消化汤内，加热溶解，过滤，加入豌豆粉浸液，分装每瓶 100mL，121℃高压灭菌 20min。

豌豆粉浸液制法：取豌豆粉 5g、氯化钠 10g，加入 100mL 蒸馏水，置于 100℃水浴加热 1h，放于冰箱中过夜，吸取上清液即为豌豆浸液。

豌豆品质参照国家推荐标准 GB/T 10460—2008《豌豆》、农业部推荐标准 NY/T 136—1989《饲料用豌豆》。

11. 牛肉/牛心消化汤

此培养基可作为琼脂培养基的基础，不需加朊胨。

1）成分表

牛肉/牛心消化汤的成分见附表 21。

附表 21　牛肉/牛心消化汤成分

试剂/项目	量	试剂/项目	量
绞碎牛肉或牛心	1000g	氯化钠	10g
15%氢氧化钠溶液	27mL	蒸馏水	2000mL
胰朊酶	40mL	pH	
三氯甲烷	1mL		

2）配制

称取碎牛肉或牛心，加蒸馏水，80℃水浴加热 15min。

加氢氧化钠溶液至 pH 试纸呈弱碱性,冷却至40℃。

加胰朊酶(可以购置或现配)和三氯甲烷,在 36℃ ±1℃放置 4 ~5h,每小时摇动 1 ~2 次。放置 4h 后,吸取上层液 5mL 于试管中,加 5% 硫酸铜溶液 0.1mL、4% 氢氧化钠溶液 5mL,混合。若呈现红色,则不需再消化,由恒温箱取出。

加入 15% 乙酸溶液 45mL,至 pH 试纸呈酸性。

煮沸 15min,使胰朊酶破坏,冷却至室温,放冰箱内过夜。吸取上清液,加氯化钠 10g,并补加水至原量,煮沸。校正 pH 至 7.4 ~7.6(约加 15% 氢氧化钠溶液 10mL),加热。用滤纸过滤,分装烧瓶,121℃高压灭菌 20min。

胰朊酶配制:称取去脂绞碎的猪胰 500g,加入乙醇 500mL 和蒸馏水 1500mL,混合,装入带塞玻璃瓶保存 3d。每日摇匀三次。用绒布过滤挤出汁液,加盐酸至 0.05%,放冰箱内保存备用。

试剂应至少满足但不限于 GB/T 682—2002《化学试剂　三氯甲烷》。

12. 马丁氏肉汤

1)成分表

马丁氏肉汤(Martin Broth)的成分见附表 22。

附表 22　马丁氏肉汤成分

试剂/项目	量	试剂/项目	量
胨胨液	500mL	葡萄糖	10g
肉浸液	500mL	pH	7.2
冰醋酸	6g		

2)配制

胨胨液的制备:取新鲜猪胃,去脂绞碎,称取 350g 加蒸馏水 1000mL,50℃左右充分摇匀。再加盐酸(相对密度为 1.19)10mL,经充分混合后,置 56℃温箱中消化 24h,每隔 1h 继续搅拌 1 ~2 次。消化完毕后,加热 10min,冷却至室温,用滤纸过滤,备用。

肉浸液的配制:牛肉 1000g,去除脂肪、筋腱,经绞碎(剁碎)后加水 1500mL,2 ~8℃浸泡约 24h,搅拌煮沸 1h(补足蒸发水分),过滤,清液即为肉浸液,分装玻璃瓶内,121℃高温高压灭菌 30min,冷却后置冰箱备用。肉浸液中含氮物质和非氮物质两类,含氮物质包括肌酸、黄嘌呤、次黄嘌呤、次黄嘌呤核苷酸、脲、尿酸、腺苷酸、谷氨酰胺、肌肽、卡尼汀、B 族维生素(硫胺素、核黄素、烟酸、生物素、对氨基苯甲酸)等;非氮物质包括糖原、磷酸己糖、乳酸、琥珀酸、肌醇、无机盐等。

将胨胨液 500mL 与肉浸液 500mL 混合,加热至 80℃,加冰醋酸 1mL,摇匀,再煮沸 5min。

加 15% 氢氧化钠溶液约 20mL,校正 pH 至 7.2。

加乙酸钠 6g,再校正 pH 至 7.2。乙酸钠标准可参照 GB/T 693—1996《化学试剂　三水合乙酸钠(乙酸钠)》、GB/T 694—2015《化学试剂　无水乙酸钠》。

继续煮沸 10min,用滤纸过滤。在每 1000mL 肉汤内再加葡萄糖 10g,然后装瓶,每瓶 500mL,121℃高压灭菌 15min,备用。

13. 血液琼脂

血液琼脂也称血琼脂。

1）成分表

血液琼脂的成分见附表23。

附表23　血液琼脂成分

试剂/项目	量
豆粉琼脂（pH＝7.4～7.6）	100mL
脱纤维兔血（羊血）	5～10mL
pH	自然

2）配制

加热熔化琼脂，冷却至50℃，以灭菌操作加入脱纤维兔血，摇匀，倒平板；也可分装灭菌试管，制成斜面。

也可用其它营养丰富的基础培养基如牛肉膏朊胨琼脂培养基配制血液琼脂。

14. 平板计数琼脂

平板计数琼脂用于我国现行的SN/T 0168—2015《进出口食品中菌落总数计数方法》，也可以用于其它原料的平板菌落计数。

1）成分表

平板计数琼脂的成分见附表24。

附表24　平板计数琼脂成分

试剂/项目	量	试剂/项目	量
胰朊胨	5.0g	琼脂	15.0g
酵母浸膏	2.5g	蒸馏水	1000mL
葡萄糖	1.0g	pH	7.0±0.1

2）配制

将各成分加入蒸馏水中，煮沸溶解。分装试管或烧瓶，121℃高压灭菌15min，冷却后备用。

15. 朊胨水

朊胨水用于吲哚实验。

1）成分表

朊胨水的成分见附表25。

附表25　朊胨水成分

试剂/项目	量	试剂/项目	量
朊胨（或胰朊胨）	20g	蒸馏水	1000mL
氯化钠	5g	pH	7.4

2）配制

按附表25配制成溶液，分装小试管，121℃高压灭菌15min，待用。

将5g对二甲氨基甲醛溶解于75mL戊醇中，然后缓慢加入浓盐酸25mL，配成柯凡克试剂(附表26)。

附表26　柯凡克试剂成分

试剂/项目	量
对二甲氨基甲醛	5g
戊醇	75mL
浓盐酸	25mL

将1g对二甲氨基苯甲醛溶解于95mL 95%乙醇，然后缓慢加入浓盐酸20mL，配成欧—波试剂(附表27)。

附表27　欧—波试剂成分

试剂/项目	量
对二甲氨基苯甲醛	1g
95%乙醇	95mL
浓盐酸	20mL

挑取琼脂培养物接种到胨胨水培养基中，在36℃ ±1℃培养1～2d，必要时可培养4～5d。加入柯凡克试剂约0.5mL，轻摇试管，阳性者试剂层呈深红色；或加入欧—波试剂约0.5mL，沿管壁流下，覆盖于培养基表面，阳性者在液面接触处呈玫瑰红色。

注意：胨胨中含有丰富的色氨酸，每批胨胨买来后，应先用已知菌种鉴定后方可使用。有的文献用胨胨10g配制胨胨水(peptone water)。胨胨水可用于一般细菌培养和菌种传代，供作靛基质、硫化氢、霍乱红等生物化学实验共同的基础培养基，作糖发酵、双糖铁等培养基的基础液，有关内容详见本书相关部分。碱性胨胨水(pH =9)的配制见YY/T 1170—2009《碱性蛋白胨水培养基》，主要用于选择性抑制杂菌如**结肠埃希氏菌**等的生长。

16. 胰胨胨水

1)成分表

胰胨胨水的成分见附表28。

附表28　胰胨胨水成分

试剂/项目	量
胰胨胨	10g
蒸馏水	1000mL
pH	7.0

2)配制

将附表28中的成分溶解，校正pH，分装试管，121℃高压灭菌15min，待用。

17. 胨胨水稀释液

胨胨水稀释液也称为1‰胨胨水稀释液。

1)成分表

胨胨水稀释液的成分见附表29。

附表 29　胨胨水稀释液成分

试剂/项目	量
胨胨	1g
蒸馏水	1000mL
pH	7.0

2）配制

溶解胨胨于蒸馏水中，校正 pH，121℃高压灭菌 15min，待用。

18. 尿素琼脂

尿素琼脂用于验证微生物产尿素酶实验用。

1）成分表

尿素琼脂的成分见附表 30。

2）配制

除尿素和琼脂以外，将附表 30 中的其它成分配制成溶液，并校正 pH，然后加入琼脂，加热溶化并分装烧瓶。121℃高压灭菌 15min，冷却至 50～55℃，加入经除菌过滤的尿素溶液。尿素的最终浓度为 2%，最终 pH 应为 7.2±0.1。分装于灭菌试管内，放成斜面备用。

附表 30　尿素琼脂成分

试剂/项目	量	试剂/项目	量
胨胨（或胰胨胨）	1g	琼脂	20g
氯化钠	5g	20% 尿素溶液	100mL
葡萄糖	1g	蒸馏水	1000mL
磷酸二氢钾	2g	pH	7.2±0.1
0.4% 酚红溶液	3mL		

挑取琼脂培养物接种，在 36℃±1℃培养 1d，观察结果。尿素酶阳性者由于产碱而使培养基变为红色。

相关试剂应符合 GB/T 696—2008《化学试剂　脲（尿素）》。

八、伊红亚甲蓝琼脂

1. 成分表

伊红亚甲蓝琼脂（EMB）的成分见附表 31。

附表 31　伊红亚甲蓝琼脂成分

试剂/项目	量	试剂/项目	量
胨胨	10g	2% 伊红－Y 溶液	20mL
乳糖	10g	0.65% 亚甲蓝溶液	10mL
磷酸氢二钾	2g	蒸馏水	1000mL
琼脂	17g	pH	7.1

2. 配制

将朊胨和磷酸氢二钾溶解于蒸馏水中，校正 pH，分装于烧瓶内，121℃高压灭菌 15min 备用。临用前加入乳糖并加热熔化琼脂，冷却至 50～55℃，加入伊红和亚甲蓝溶液，摇匀，倒平板备用。

此培养基呈紫色，可有细微沉淀。此培养基为弱选择性，配方中 10g 乳糖可改为 5g 乳糖和 5g 蔗糖。

伊红－Y 又称曙红或四溴荧光素，分子式 $C_{19}H_{6}O_{5}Br_{4}$，结构式见附录 10，为酸性染料。亚甲蓝分子式 $[(CH_3)_2N]_2C_{12}H_6NS(OH)$，为碱性染料。当**结肠埃希氏菌**分解乳糖产酸时，细菌带正电荷，染上红色，再与亚甲蓝结合形成紫黑色菌落，并有绿色金属光泽。伊红－Y 和亚甲蓝除了作为指示剂外，还有抑制革兰氏阳性菌的功能。在碱性环境中，不分解乳糖产酸的细菌不着色，伊红、亚甲蓝不能结合，故沙门氏菌和志贺氏菌等为无色或琥珀色半透明菌落。

九、硫酸亚铁琼脂

肠杆菌科细菌测定硫化氢的产生，应采用本培养基或三糖铁培养基。

硫酸亚铁琼脂的成分见附表 32。

附表 32　硫酸亚铁琼脂成分

试剂/项目	量	试剂/项目	量
牛肉膏	3g	硫代硫酸钠	0.3g
酵母浸膏	3g	琼脂	12g
朊胨	10g	蒸馏水	1000mL
氯化钠	5g	pH	7.4
硫酸亚铁	0.2g		

配制：加热溶解，校正 pH，分装于试管，115℃高压灭菌 15min，取出直立待其凝固备用。

挑取琼脂培养物，沿管壁穿刺，于 36℃ ±1℃培养 1～2d，观察结果。产硫化氢者使得培养基变黑。

硫代硫酸钠为还原剂，能保持还原环境，使产生的硫化氢不至于被氧化而无法同亚铁盐反应生成黑色硫化亚铁。

1. 硫化氢实验培养基

1）成分表

硫化氢实验培养基的成分见附表 33。

附表 33　硫化氢实验培养基成分

试剂/项目	量	试剂/项目	量
牛肉浸粉	3g	硫酸亚铁	0.2g
酵母浸粉	3g	硫代硫酸钠	0.3g
朊胨	15g	琼脂	4g
脲胨	5g	蒸馏水	1000mL
氯化钠	5g	pH	7.4 ±0.1

2)配制

按附表33将各成分加水加热溶解。冷却后用1mol/L的氢氧化钠调节pH至7.4±0.1。分装小试管,3mL/管。116℃高压灭菌15min。取出后直立放置冷却,备用。

穿刺接种时应至培养基2/3深度,但切勿刺穿。鼠伤寒沙门氏菌和**结肠埃希氏菌**置36℃±1℃培养24h。硫化氢实验沿穿刺线应分别呈阳性和阴性。

2. 快速硫化氢实验琼脂

1)成分表

快速硫化氢实验琼脂的成分见附表34。

附表34 快速硫化氢实验琼脂成分

试剂/项目	量	试剂/项目	量
A液		10%硫酸亚铁($FeSO_4 \cdot 7H_2O$)	
布氏杆菌肉汤	970mL	C液	
无水磷酸氢二钠	1.18g	10%偏亚硫酸氢钠	
无水磷酸二氢钾	0.23g	D液	
琼脂	2g	10%丙酮酸钠	
B液			

2)配制

A液加热溶解,121℃高压灭菌15min。B、C、D液均新鲜配制,用滤膜除菌过滤。B、C、D液各1mL混合后再加入A液中,无菌调节pH到7.3,无菌分装,每管3mL,塞紧备用。

3. 三糖铁琼脂

1)成分表

三糖铁琼脂(TSI)的成分见附表35。

附表35 三糖铁琼脂成分

试剂/项目	量	试剂/项目	量
牛肉膏	5g	硫酸亚铁铵$[Fe(NH_4)_2(SO_4)_2 \cdot 6H_2O]$	0.2g
朊胨	20g	硫代硫酸钠	0.2g
氯化钠	5g	琼脂	12g
乳糖	10g	酚红	0.025g
蔗糖	10g	蒸馏水	1000mL
葡萄糖	1g	pH	7.4

2)配制

除琼脂和酚红外,将附表35中的其它成分溶解于蒸馏水中,校正pH后,加入琼脂加热溶化,然后加入0.2%酚红水溶液12.5mL,摇匀。分装试管(装量宜多些,以便得到较高的底层),121℃高压灭菌15min,放置高层斜面备用。

4. 三糖铁琼脂(换用方法)

1)成分表

三糖铁琼脂(换用方法)的成分见附表36。

附表36 三糖铁琼脂(换用方法)成分

试剂/项目	量	试剂/项目	量
牛肉膏	3g	葡萄糖	1g
朊胨	15g	硫酸亚铁	0.2g
胨	5g	硫代硫酸钠	0.3g
酵母膏	3g	琼脂	12g
氯化钠	5g	酚红	0.025g
乳糖	10g	蒸馏水	1000mL
蔗糖	10g	pH	7.4

2)配制

除琼脂和酚红以外,将附表36中的其它成分溶解,校正pH后,加入琼脂,加热煮沸溶化琼脂,然后加入0.2%酚红水溶液12.5mL,摇匀。分装试管(装量宜多些,以便得到较高的底层,即高层斜面),121℃高压灭菌15min,放置高层斜面备用。

5. 克氏双糖铁琼脂(Kligler iron agar, KIA)

在培养18~24h内,用$Fe(NH_4)_2(SO_4)_2$来检查细菌等能否分解含硫氨基酸而产生H_2S,如能分解,则与铁作用生成黑色硫化亚铁沉淀;如发酵乳糖产酸,会使上层斜面变黄色;如运动至下层发酵葡萄糖产酸,则下层亦变黄,并可能有气泡产生(厌氧性生长无气泡)。

1)成分表

上层培养基成分见附表37。

附表37 上层培养基成分

试剂/项目	量	试剂/项目	量
血消化汤(pH=7.6)	500mL	硫酸亚铁铵	0.1g
琼脂	6.5g	乳糖	5g
硫代硫酸钠	0.1g	0.2%酚红溶液	5mL

下层培养基成分见附表38。

附表38 下层培养基成分

试剂/项目	量	试剂/项目	量
血消化汤(pH=7.6)	500mL	葡萄糖	1g
琼脂	2g	0.2%酚红溶液	5mL

2)配制

取血消化汤按上、下层培养基琼脂用量分别加入琼脂,加热熔化。

分别加入其它各种成分,将上层培养基分装于烧瓶内;将下层培养基分装于灭菌的12mm×

100mm 试管内，每管约 2mL，115℃高压灭菌 10min。

取出后将上层培养基放置 56℃水浴箱内保温，将下层培养基室温放置凝固。下层培养基凝固后，以无菌操作将上层培养基分装于下层培养基的上面，每管约 1.5mL，室温放置成斜面，备用。

6. 克氏双糖铁琼脂（换用方法）

1）成分表

克氏双糖铁琼脂（换用方法）的成分见附表 39。

附表 39　克氏双糖铁琼脂（换用方法）成分

试剂/项目	量	试剂/项目	量
牛肉膏	3g	柠檬酸铁铵	0.5g
胨胨	20g	硫代硫酸钠	0.5g
酵母膏	3g	琼脂	12g
氯化钠	5g	酚红	0.025g
乳糖	10g	蒸馏水	1000mL
葡萄糖	1g	pH	7.4

2）配制

除琼脂和酚红以外，将附表 39 中的其它成分溶解，校正 pH 后，加入琼脂，加热煮沸溶化琼脂，然后加入 0.2% 酚红水溶液 12.5mL，摇匀。分装试管（装量宜多些，以便得到较高的底层），121℃高压灭菌 15min，放置高层斜面备用。

十、改良克氏双糖

1. 成分表

改良克氏双糖的成分见附表 40。

附表 40　改良克氏双糖成分

试剂/项目	量	试剂/项目	量
牛肉膏	3g	柠檬酸铁铵	0.5g
胨胨	20g	硫代硫酸钠	0.5g
酵母膏	3g	琼脂	12g
氯化钠	5g	酚红	0.025g
山梨醇	20g	蒸馏水	1000mL
葡萄糖	1g	pH	7.4

2. 配制

除琼脂和酚红外，将附表 40 中的其它成分溶解，校正 pH 后，加入琼脂，加热煮沸溶化琼脂，然后加入 0.2% 酚红水溶液 12.5mL，摇匀。分装试管（装量宜多些，以便得到较高的底层），121℃高压灭菌 15min，放置高层斜面备用。

十一、丙二酸钠培养基

1. 成分表

丙二酸钠培养基的成分见附表 41。

附表 41　丙二酸钠培养基成分

试剂/项目	量	试剂/项目	量
酵母浸膏	1g	0.2%溴麝香草酚蓝溶液	40mL
硫酸铵	2g	丙二酸钠	3g
磷酸二氢钾	0.4g	蒸馏水	1000mL
磷酸氢二钾	0.6g	pH	6.8
氯化钠	2g		

2. 配制

先将酵母浸膏和盐类溶解于水，校正 pH，再加入溴麝香草酚蓝指示剂，分装试管，121℃高压灭菌 15min 后冷却备用。

挑取新鲜的琼脂培养物，接种于试管，于 36℃ ±1℃培养 2d，观察结果，阳性者由绿色变为蓝色。

十二、葡萄糖铵培养基

葡萄糖铵培养基与西蒙氏柠檬酸盐培养基有所区别。

1. 成分表

葡萄糖铵培养基的成分见附表 42。

附表 42　葡萄糖铵培养基成分

试剂/项目	量	试剂/项目	量
氯化钠	5g	0.2%溴麝香草酚蓝溶液	40mL
七水硫酸镁（$MgSO_4 \cdot 7H_2O$）	0.2g	琼脂	20g
磷酸二氢铵	1g	蒸馏水	1000mL
磷酸氢二钾	1g	pH	6.8
葡萄糖	2g		

2. 配制

先将盐类和糖类溶解于水内，校正 pH，再加入琼脂，加热熔化，然后加入指示剂，混合均匀后分装试管，121℃高压灭菌 15min 后，放置斜面冷却备用。

用接种针轻轻触及培养物表面，在盐水管内做成极稀的悬液，肉眼观察不见混浊。以每一接种环内含菌数在 20 ~ 100 之间为宜。将接种环灭菌后挑取菌液接种，同时在以同法接种普通斜面一支作为对照。于 36℃ ±1℃培养 1d。

阳性者葡萄糖铵斜面上有正常大小的菌落生长，阴性者不生长，但在对照培养基上生长良好。如在葡萄糖铵斜面生长极微小的菌落,可视为阴性。

注意:容器使用前应清洁干净,并用新棉花做成棉塞,干热灭菌后使用。操作时若有杂质污染,易造成假阳性。

十三、马尿酸钠培养基

1.成分表

马尿酸钠培养基的成分见附表43。

附表43 马尿酸钠培养基成分

试剂/项目	量	试剂/项目	量
马尿酸钠	1g	六水三氯化铁($FeCl_3 \cdot 6H_2O$)	12g
肉浸液	100mL	2%盐酸溶液	100mL

2.配制

将马尿酸钠溶解于肉浸液内,分装于小试管内,并在管壁画一条线,以标记管内液面高度。121℃高压灭菌20min后,放置斜面冷却备用。

三氯化铁溶于盐酸溶液。

用纯培养物接种,于42℃ ±1℃培养2d。观察培养液是否到达试管壁上记号处,如不足,用蒸馏水补足。经离心沉淀,吸取上清液0.8mL,加入三氯化铁试剂0.2mL,立即混合均匀,经10~15min观察结果,出现恒久沉淀物为阳性。

十四、苯丙氨酸培养基

1.成分表

苯丙氨酸培养基的成分见附表44。

附表44 苯丙氨酸培养基成分

试剂/项目	量	试剂/项目	量
酵母浸膏	3g	氯化钠	5g
DI-苯丙氨酸(或L-苯丙氨酸)1g	2g	琼脂	12g
磷酸氢二钠	5g	蒸馏水	1000mL

2.配制

按附表44加热溶解后分装试管,121℃高压灭菌15min后,放置斜面冷却备用。

挑取琼脂斜面培养物,接种于苯丙氨酸琼脂试管,在36℃ ±1℃培养4h或18~24h。滴加10%三氯化铁溶液2~3滴,自斜面培养物上流下,苯丙氨酸脱氨酶阳性者呈深绿色。

十五、氨基酸脱羧酶培养基

1.成分表

氨基酸脱羧酶培养基的成分见附表45。

附表 45　氨基酸脱羧酶培养基成分

试剂/项目	量	试剂/项目	量
胨胨	5g	L－氨基酸或 DL－氨基酸	0.5g/100mL 或 1g/100mL
酵母浸膏	3g	蒸馏水	1000mL
葡萄糖	1g	pH	6.8
1.6%溴甲酚紫—乙醇溶液	1mL		

2.配制

除氨基酸以外，将附表 45 中的其它加热溶解后，分装每瓶 100mL，分别加入各种氨基酸——赖氨酸、精氨酸、鸟氨酸等。L－氨基酸按 0.5%加入，DL－氨基酸按 1%加入。对照培养基不加氨基酸。然后校正 pH 至 6.8。分装于灭菌的小试管内，每管 0.5mL，上面滴加一层液状石蜡，115℃高压灭菌 10min 后，冷却待用。

挑取琼脂斜面培养物，接种于氨基酸脱羧酶培养基试管，在 36℃ ±1℃培养 18～24h，观察结果。氨基酸脱羧酶阳性者产碱，培养基呈紫色；阴性者无碱产物，但因葡萄糖产酸而使培养基变为黄色。对照管应为黄色。

十六、氰化钾培养基

1.成分表

氰化钾培养基的成分见附表 46。

附表 46　氰化钾培养基成分

试剂/项目	量	试剂/项目	量
胨胨	10g	0.5%氰化钾溶液	20mL
氯化钠	5g	蒸馏水	1000mL
磷酸氢二钠	5.64g	pH	7.6
磷酸二氢钾	0.225g		

2.配制

除氰化钾以外，按附表 46 配制好溶液后分装烧瓶，121℃高压灭菌 15min，放在冰箱内使其充分冷却。每 100mL 培养基加入 0.5%氰化钾溶液 2.0mL（最后浓度为 1∶ 10000），分装于 12mm×100mm 灭菌试管，每管约 4mL，立即用灭菌橡皮塞塞紧，放在 4℃冰箱内，至少可保持两个月。同时，将不加氰化钾的培养基作为对照培养基，分装试管备用。

将琼脂培养物接种于胨胨水中，成为稀释菌液，挑取一环接种于氰化钾培养基，并另挑取一环接种于对照培养基。在 36℃ ±1℃培养 1～2d，观察结果。如有细菌生长即为阳性，经 2d 细菌不生长为阴性（抑制）。

注意：氰化钾是剧毒物，使用时必须小心，切勿沾染。夏天分装培养基应在冰箱内进行。实验失败的主要原因可能是封口不严，氰化钾逐渐分解，产生氰化氢气体逸出，以致药物浓度降低，细菌生长，因而造成假阳性反应。实验时对每一环节都要特别注意。

如果要培养特殊的氰化物降解菌，氰化物的浓度可以适当提高，pH 可以增加到 9～11。

十七、葡萄糖半固体发酵管

1. 成分表

葡萄糖半固体发酵管的成分见附表47。

附表 47　葡萄糖半固体发酵管成分

试剂/项目	量	试剂/项目	量
胨胨	1g	蒸馏水	100mL
牛肉膏	0.3g	pH	7.4
氯化钠	0.5g	1.6%溴甲酚紫乙醇溶液	0.1mL
琼脂	0.35~0.40g	葡萄糖	1g

2. 配制

除琼脂外，按附表47配制好溶解，并校正pH后，加入琼脂加热溶化，再加入溴甲酚紫乙醇溶液和葡萄糖，分装小试管，121℃高压灭菌15min后，取出直立凝固待用。

十八、嗜盐菌培养基

1. 成分表

嗜盐菌培养基的成分见附表48。

附表 48　嗜盐菌培养基成分

试剂/项目	量	试剂/项目	量
胨胨	2g	蒸馏水	100mL
氯化钠	按需要加入	pH	7.7

2. 配制

制备2%胨胨水，校正pH，共配制五瓶，每瓶100mL。每瓶分别加入不同量的氯化钠：0g、3g、5g、7g、9g、10g、11g、15g、20g、25g、30g、35g。待氯化钠溶解后分装试管，121℃高压灭菌15min后，冷却待用。

十九、嗜盐菌选择性琼脂培养基

1. 成分表

嗜盐菌选择性琼脂培养基的成分见附表49。

附表 49　嗜盐菌选择性琼脂培养基成分

试剂/项目	量	试剂/项目	量
胨胨	20g	蒸馏水	1000mL
氯化钠	40g	pH	8.7
琼脂	17g	0.01%结晶紫溶液	5mL

2. 配制

除结晶紫和琼脂外，按附表49配好，校正pH，加入琼脂加热溶化，再加入结晶紫溶液，分装烧瓶，每瓶 100mL。

二十、3.5%氯化钠三糖铁琼脂

1. 成分表

3.5% 氯化钠三糖铁琼脂的成分见附表 50。

附表 50　3.5%氯化钠三糖铁琼脂成分

试剂/项目	量
三糖铁琼脂	1000mL
氯化钠	30g

2. 配制

三糖铁琼脂配制好溶液，再加入氯化钠 30g，分装试管，121℃高压灭菌 15min 后，取出放置斜面凝固待用。

二十一、硫氧化硫杆菌培养基

硫氧化硫杆菌（*Acidithiobacillus thiooxidans*），自营菌的一种。

硫氧化硫杆菌培养基的成分见附表 51。

附表 51　硫氧化硫杆菌培养基成分

试剂/项目	量	试剂/项目	量
硫黄粉	10g	七水硫酸镁（$MgSO_4 \cdot 7H_2O$）	0.5g
氯化钙	3g	硫酸铵	0.2g
硫酸亚铁	0.01g	水	1000mL

二十二、厌氧菌分离培养基

1. 硝酸盐培养基

1）成分表

硝酸盐培养基的成分见附表 52。

附表 52　硝酸盐培养基成分

试剂/项目	量	试剂/项目	量
朊胨	5g	蒸馏水	1000mL
硝酸钾	0.2g	pH	7.4

2）配制

硝酸盐还原试剂（附表 53）的配制：

甲液：将对氨基苯磺酸 0.8g 溶解于 2.5mol/L 乙酸溶液 100mL 中。

乙液：将甲萘胺 0.5g 溶解于 2.5mol/L 乙酸溶液 100mL 中。

附表 53　硝酸盐还原试剂

试剂	量
对氨基苯磺酸	0.8g
甲萘胺	0.5g
2.5mol/L 乙酸	200mL

培养基按附表 52 溶解，校正 pH，分装试管，每管约 5mL，121℃高压灭菌 15min，冷却待用。

挑取琼脂培养物接种分装试管，36℃ ±1℃ 培养 1 ~ 4d，加入甲液和乙液各一滴，观察结果。硝酸盐还原为亚硝酸时，应立即或数分钟内显红色。

本实验阴性的原因可能有三：

(1) 细菌不能还原硝酸盐。

(2) 亚硝酸盐继续分解，生产氨和氮。

(3) 培养基不适于细菌的生长，无细菌繁殖。

欲查明硝酸盐是否被分解，可再加入锌粉少许，使硝酸盐还原为亚硝酸盐而呈现红色。

2. 硝化杆菌属培养基

硝化杆菌属（*Nitrobacter*），自营菌（自养菌）的一属，不能在有机培养基上生存；极少部分为兼性自营菌（自养菌），可在有机培养基上生存。

硝化杆菌属培养基的成分见附表 54。

附表 54　硝化杆菌属培养基成分

试剂/项目	量	试剂/项目	量
硫酸铵	2g	七水硫酸镁（$MgSO_4 \cdot 7H_2O$）	0.03g
硫酸锰	0.01g	氯化钙	0.02g
磷酸氢二钾	0.7g	硫酸亚铁	0.01g
磷酸二氢钾	0.25g	水	1000mL

硫酸锰试剂见 GB/T 15899—2021《化学试剂　一水合硫酸锰（硫酸锰）》。

二十三、细胞分子生物学培养基

1. 氨苄西林（Ampicillin）培养基

氨苄西林（Ampicillin）培养基见第四章实验六，有时简写为 Amp 培养基。

100mg/mL Amp 培养基的配制方法：称取 5g 氨苄西林置于 50mL 离心管中。加入 40mL 灭菌水，充分混合溶解后，定容至 50mL。用 0.22μm 微孔滤膜过滤除菌后，小份分装（1mL/份），于 -20℃冰箱保存。

2. IPTG 培养基

IPTG，本书称为半乳糖，即异丙基 - β - D - 1 - 硫代半乳糖吡喃糖苷（Isopropyl β - D - 1 - thiogalactopyranoside），分子结构见附图3。

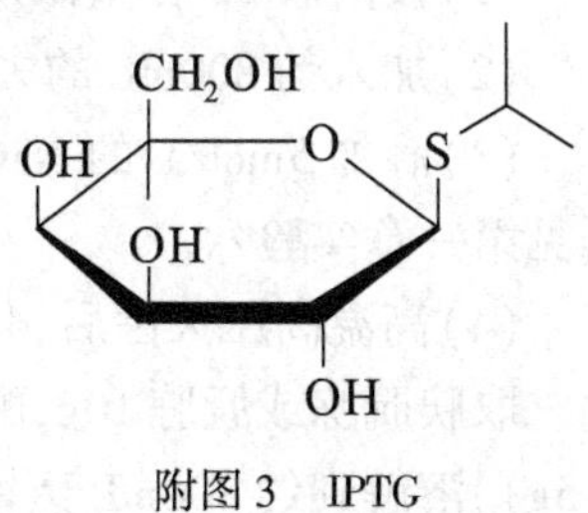

附图 3　IPTG

24mg/mL IPTG 溶液的配制方法：称量 1.2 g IPTG 置于 50mL 离心管中。加入 40mL 灭菌水，充分混合溶解后，定容至

50mL。用 0.22μm 滤膜过滤除菌后,小份分装(1mL/份),于 -20℃冰箱保存。

3. X-gal 培养基

X-gal,或 X-α-gal,或简称为 BCIG,本书称为半乳糖苷,即 3-吲哚-4-氯-5-溴-β-D-半乳吡喃糖苷(5-bromo-4-chloro-3-indolyl-β-D-galactopyranoside),在分子生物学中广泛应用。X-α-半乳糖苷酶的作用底物用于筛选含 X-α-半乳糖苷酶基因的阳性酵母或细菌菌株,在组织化学中用于酶活性的检测,通常需要 IPTG 作为诱导物。如果微生物能够作用 X-gal,会在培养基中显示蓝色,即生成蓝色的 4,4′-二氯-5,5′-二溴靛蓝(蓝色水不溶物):

β-半乳糖苷酶+H_2O

4,4′-二氯-5,5′-二溴靛蓝

20mg/mL X-Gal 培养基的配制方法:称取 1g X-Gal 置于 50mL 离心管中,加入 40mL 二甲基甲酰胺(DMF)(见 GB/T 17521—1998),充分混合溶解后,定容至 50mL,小份分装(1mL/份)后,直接添加到已经冷却的培养基中,混匀后快速倒平板,或者 -20℃保存。

如果是涂布于预制平板,则添加 4mg/mL 的 X-Gal 溶液(24mg X-gal/6mL DMF)涂布 200μL(15cm 平板)或者 100μL(10cm 平板)于预制平板上,放于 37℃培养箱至液体被吸收(约 4h)。将转化细菌或酵母涂于平板上,并于合适温度培养至培养基显现蓝色。

4. LB 培养基

LB 培养基即 Luria-Bertani 培养基,可能来源于英语的 lysogeny broth,即溶源性肉汤。

1)成分表

LB 培养基的成分见附表 55。

附表 55　LB 培养基成分

试剂/项目	量	试剂/项目	量
胨胨	10g	去离子水	1000mL
酵母膏	5g	pH	7.0
氯化钠	10g		

2)配制

(1)按附表 55 称量试剂,置于 1L 烧杯中。

(2)加入约 800mL 的去离子水,充分搅拌溶解。

(3)滴加 5mol/L 的 NaOH 溶液(约 0.2mL),调节 pH 值至 7.0。此步骤实际上可以取消,详见第一章实验六。

(4)高温高压灭菌后,4℃保存。

取胰胨胨或胨胨 10g,酵母膏 5g,氯化钠 10g(根据微生物的盐敏感度差异,也可以取 5g 或 0.5g),溶解到约 800mL 蒸馏水或去离子水中,用量筒精确添加到 1L,121℃高压灭菌 20min。

稍冷却后旋转(涡旋)烧瓶使混合均匀,完全冷却备用。

如需要制成固态培养基,加入 1.5%(质量体积比,即每升培养基中加入 15g)的琼脂再灭菌即可。

5. LB/Amp 培养基

1)成分表

LB/Amp 培养基的成分见附表 56。

附表 56　LB/Amp 培养基成分

试剂/项目	量	试剂/项目	量
胨胨	10g	氨苄西林	0.1mg/mL
酵母膏	5g	去离子水	1000mL
氯化钠	10g		

2)配制

(1)按附表 56 称量除氨苄西林试剂,置于 1L 烧杯中。

(2)加入约 800mL 的去离子水,充分搅拌溶解。

(3)滴加 5mol/L NaOH(约 0.2mL),调节 pH 至 7.0。

(4)加去离子水将培养基定容至 1L。

(5)高温高压灭菌后,冷却至室温。

(6)加入 1mL 氨苄西林(100mg/mL)后均匀混合。

(7)4℃保存。

6. TB 培养基

1)成分表

TB 培养基的成分见附表 57。

附表 57　TB 培养基成分

试剂/项目	量	试剂/项目	量
胨胨	12g	磷酸二氢钾	17mmol
酵母膏	24g	磷酸氢二钾	72mmol
甘油	4mL	去离子水	1000mL

2)配制

(1)配制磷酸盐缓冲液(17mmol KH_2PO_4,72mmol K_2HPO_4)100mL。

(2)按附表 57 称量除磷酸二氢钾。将除磷酸氢二钾外的试剂置于 1L 烧杯中。

(3)加入约 800mL 的去离子水,充分搅拌溶解。

(4)加去离子水将培养基定容至 1L 后,高温高压灭菌。

(5)待溶液冷却至 60℃以下时,加入 100mL 的灭菌磷酸盐缓冲液。

(6) 4℃保存。

7. TB/Apm 培养基

1）成分表

TB/Apm 培养基的成分见附表 58。

附表 58　TB/Apm 培养基成分

试剂/项目	量	试剂/项目	量
胨胨	12g	磷酸氢二钾	72mmol
酵母膏	24g	氨苄西林	0.1mg/mL
甘油	4mL	去离子水	1000mL
磷酸二氢钾	17mmol		

2）配制

（1）配制磷酸盐缓冲液（17mmol KH_2PO_4，0.72mmol K_2HPO_4）100mL。溶解 2.31g KH_2PO_4 和 2.54g K_2HPO_4 于 90mL 的去离子水中，搅拌溶解后，加去离子水定容至 100mL，高温高压灭菌。

（2）按附表 58 称取胨胨、酵母膏、甘油试剂，置于 1L 烧杯中。

（3）加入约 800mL 的去离子水，充分搅拌溶解。

（4）加去离子水将培养基定容至 1L 后，高温高压灭菌。

（5）待溶液冷却至 60℃ 以下时，加入 100mL 的灭菌磷酸盐缓冲液和 1mL 氨苄西林（100mg/mL）。

（6）均匀混合后 4℃ 保存。

8. SOB 培养基

1）成分表

SOB 培养基即超优肉汤的成分见附表 59。

附表 59　SOB 培养基成分

试剂/项目	量	试剂/项目	量
胨胨	20g	氯化钾	2.5mmol
酵母膏	5g	氯化镁	10mmol
氯化钠	0.5g	去离子水	1L

2）配制

（1）配制 25mmol KCl 溶液。在 90mL 的去离子水中溶解 1.86g KCl 后，定容至 100mL。

（2）配制 100mol $MgCl_2$溶液。在 90mL 的去离子水中溶解 9.52g $MgCl_2$后，定容至 100mL，高温高压灭菌。

（3）按附表 59 称取胨胨、酵母膏、氯化钠试剂，置于 1L 烧杯中。

（4）加入约 800mL 的去离子水，充分搅拌溶解。

（5）量取 10mL 25mmol KCl 溶液，加入烧杯中。

（6）滴加 5mol/L NaOH 溶液（约 0.2mL），调节 pH 至 7.0。

(7)加入去离子水将培养基定容至1L。

(8)高温高压灭菌后,4℃保存。

(9)使用前加入5mL灭菌的2mol $MgCl_2$溶液。

9. SOC培养基

1)成分表

SOC培养基即代谢物抑制超优肉汤的成分见附表60。

附表60 SOC培养基成分

试剂/项目	量	试剂/项目	量
胨胨	2g	氯化钾	2.5mmol
酵母膏	0.5g	氯化镁	10mmol
氯化钠	0.05g	葡萄糖	20mmol

2)配制

(1)配制0.2mol/L葡萄糖溶液。将36.06g葡萄糖溶于90mL去离子水中,充分溶解后定容至100mL,用0.22μm滤膜过滤除菌。

(2)向100mL SOB培养基中加入除菌的0.2mol/L葡萄糖溶液2mL,均匀混合。

(3)4℃保存。

10. 二倍酵母膏胨胨培养基(2×YT培养基)

1)成分表

二倍酵母膏胨胨培养基(2×YT培养基)的成分见附表61。

附表61 二倍酵母膏胨胨培养基(2×YT培养基)成分

试剂/项目	量
胨胨	16g
酵母膏	10g
氯化钠	5g

2)配制

(1)按附表61称取试剂,置于1L烧杯中。

(2)加入约800mL的去离子水,充分搅拌溶解。

(3)滴加1mol/L KOH,调节pH至7.0。

(4)加去离子水将培养基定容至1L。

(5)高温高压后,4℃保存。

11. NZCYM汤剂

1)成分表

NZCYM汤剂的成分见附表62。

附表 62　NZCYM 汤剂成分

试剂/项目	量	试剂/项目	量
酵母膏	5g	氯化钠	5g
酪朊氨基酸	1g	七水硫酸镁($MgSO_4 \cdot 7H_2O$)	2g
NZ 胺	10g	去离子水	1000mL

2)配制

(1)按附表 62 称取试剂,置于 1L 烧杯中。

(2)加入约 800mL 的去离子水,充分搅拌溶解。

(3)滴加 5mol/L NaOH 溶液(约 0.2mL),调节 pH 至 7.0(±0.2)。

(4)加去离子水将培养基定容至 1L。

(5)高温高压后,4℃保存。

NZ 胺(NZ amine)是一种酪朊的酶促水解产物,主要是氨基酸和肽,主要用于实验室或发酵规模生产抗生素、毒素和酶。

NZCYM 汤剂为非选择性培养基,适合兰姆达噬菌体培育、结肠埃希氏菌克隆、DNA 质粒和重组朊生产,添加抗生素等后也可以作为选择性培养基。

12. NZYM 汤剂

1)成分表

NZYM 汤剂的成分见附表 63。

附表 63　NZYM 汤剂成分

试剂/项目	量	试剂/项目	量
酵母膏	5g	氯化钠	5g
NZ 胺	10g	七水硫酸镁($MgSO_4 \cdot 7H_2O$)	2g

2)配制

NZYM 汤剂除不含酪朊氨基酸外,其它成分与 NZCYM 汤剂相同。

13. NZM 汤剂

1)成分表

NZM 汤剂的成分见附表 64。

附表 64　NZM 汤剂成分

试剂/项目	量
NZ 胺	10g
氯化钠	5g
七水硫酸镁($MgSO_4 \cdot 7H_2O$)	2g

2)配制

NZM 汤剂除不含酵母膏外,其它成分与 NZYM 汤剂相同。

14. LB/Amp/X－Gal/IPTG

1）成分表

LB/Amp/X－Gal/IPTG 的成分见附表 65，用于蓝白选择性实验。

附表 65　LB/Amp/X－Gal/IPTG 成分

试剂/项目	量	试剂/项目	量
朊胨	10g	半乳糖	0.024mg/mL
酵母膏	5g	半乳糖苷	0.04mg/mL
氯化钠	10g	琼脂	15g
氨苄西林	0.1mg/mL	去离子水	1000mL

2）配制

（1）按附表 65 称取朊胨、酵母膏、氯化钠，置于 1L 烧杯中。

（2）加入约 800mL 的去离子水，充分搅拌溶解。

（3）滴加 5mol/L NaOH 溶液（约 0.2mL），调节 pH 至 7.0。

（4）加去离子水将培养基定容后，加入 15g 琼脂。

（5）高温高压灭菌后，冷却至 60℃左右。

（6）加入 1mL 氨苄西林（100mg/mL）、1mL 半乳糖（24mg/mL）、2mL 半乳糖苷（20mg/mL）后均匀混合。

（7）铺制平板（30～35mL 培养基/90mm 培养基）。

（8）4℃保存平板。

15. TB/Amp/X－Gal/IPTG

1）成分表

TB/Amp/X－Gal/IPTG 的成分见附表 66。

附表 66　TB/Amp/X－Gal/IPTG 成分

试剂/项目	量	试剂/项目	量
朊胨	12g	氨苄西林	0.1mg/mL
酵母膏	24g	半乳糖	0.024mg/mL
甘油	4mL	半乳糖苷	0.04mg/mL
磷酸二氢钾	17mmol	琼脂	15g
磷酸氢二钾	72mmol		

2）配制

（1）配制磷酸盐缓冲液（0.17mol KH_2PO_4，0.72mol K_2HPO_4）100mL。

（2）按附表 66 称取朊胨、酵母膏、甘油，置于 1L 烧杯中。

（3）加入约 800mL 的去离子水，充分搅拌溶解。

（4）加去离子水将培养基定容至 1L 后，加入 15g 琼脂。

（5）高温高压灭菌后，冷却至 60℃左右。

(6)加入100mL的灭菌磷酸盐缓冲液、1mL氨苄西林(100mg/mL)、1mL半乳糖(24mg/mL)、2mL半乳糖苷(20mg/mL)后均匀混合。

(7)铺制平板(30~35mL培养基/90mm培养基)。

(8)4℃保存平板。

二十四、缓冲胨胨水

本培养基供沙门氏菌前增菌用。

1.成分表

缓冲胨胨水(BP)的成分见附表67。

附表67 缓冲胨胨水成分

试剂/项目	量	试剂/项目	量
胨胨	10g	磷酸二氢钾	1.5g
氯化钠	5g	蒸馏水	1000mL
十二水磷酸氢二钠($Na_2HPO_4 \cdot 12H_2O$)	9g	pH	7.2

2.配制

按附表67配好后装入大烧瓶,121℃高压灭菌15min,临用时无菌分装,每瓶225mL。

附录3 环境地质微生物学实验相关标准

一、实验室玻璃器皿相关标准

GB 21549《实验室玻璃仪器 玻璃烧器的安全要求》

GB/T 11414《实验室玻璃仪器 瓶》

GB/T 12803《实验室玻璃仪器 量杯》

GB/T 12804《实验室玻璃仪器 量筒》

GB/T 12805《实验室玻璃仪器 滴定管》

GB/T 12806《实验室玻璃仪器 单标线容量瓶》

GB/T 12807《实验室玻璃仪器 分度吸量管》

GB/T 12808《实验室玻璃仪器 单标线吸量管》

GB/T 15723《实验室玻璃仪器 干燥器》

JB/T 20047《药用真空干燥器》

GB/T 15724《实验室玻璃仪器 烧杯》

GB/T 15725.4《实验室玻璃仪器 双口、三口球形圆底烧瓶》

GB/T 15725.6《实验室玻璃仪器 磨口烧瓶》

GB/T 21297《实验室玻璃仪器 互换锥形磨砂接头》

GB/T 21298《实验室玻璃仪器 试管》

QB/T 2561《实验室玻璃仪器 试管和培养管》

GB/T 28213《实验室玻璃仪器 培养皿》

GB/T 21785《实验室玻璃器皿　密度计》
GB/T 22067《实验室玻璃仪器　广口烧瓶》
GB/T 22362《实验室玻璃仪器　烧瓶》
GB/T 28211《实验室玻璃仪器　过滤漏斗》
QB/T 2110《实验室玻璃仪器　分液漏斗和滴液漏斗》
GB/T 28212《实验室玻璃仪器　冷凝管》
GB 11415《实验室烧结(多孔)过滤器　孔径、分级和牌号》
YY 1001.1《玻璃注射器　第 1 部分:全玻璃注射器》
YY 1001.2《玻璃注射器　第 2 部分:蓝芯全玻璃注射器》

二、水质相关标准

GB/T 6682《分析实验室用水规格和试验方法》
GB 5749《生活饮用水卫生标准》
GB 3838《地表水环境质量标准》
HJ/T 91《地表水和污水监测技术规范》
DZ/T 0064.1《地下水质分析方法　第 1 部分:一般要求》
DZ/T 0064.2《地下水质分析方法　第 2 部分:水样的采集和保存》
GB/T 14848《地下水质量标准》
GB 15218《地下水资源储量分类分级》
HJ 164《地下水环境监测技术规范》
GB 15346《化学试剂　包装及标志》

三、有机试剂相关标准

GB/T 683《化学试剂　甲醇》
HG/T 4581《化学试剂　高效液相色谱淋洗液　甲醇》
GB/T 678《化学试剂　乙醇(无水乙醇)》
GB/T 679《化学试剂　乙醇(95%)》
GB/T 394.1《工业酒精》
GB 26373《醇类消毒剂卫生要求》
GB/T 13206《甘油》
QB/T 2348《甘油(发酵法)》
GB/T 687《化学试剂　丙三醇》
HG/T 2891《化学试剂　异戊醇(3－甲基－1－丁醇)》
GB/T 15896《化学试剂　甲酸》
GB/T 676《化学试剂　乙酸(冰醋酸)》
HG/T 3476《化学试剂　36%乙酸》
HG/T 2630《化学试剂　三水合乙酸铅(乙酸铅)》
HG/T 3453《化学试剂　一水合草酸胺(草酸铵)》
GB 1886.173《食品安全国家标准　食品添加剂　乳酸》
GB/T 1202《粗石蜡》

GB/T 254《半精炼石蜡》
GB/T 446《全精炼石蜡》
HG/T 2091《氯化石蜡－42》
HG/T 2092《氯化石蜡－52》
HG/T 3643《氯化石蜡－70》
GB/T 8269《柠檬酸》
GB/T 12591《化学试剂　乙醚》
GB/T 15894《化学试剂　石油醚》
GB/T 686《化学试剂　丙酮》
GB/T 685《化学试剂　甲醛溶液》
HG/T 4367《化学试剂　苯酚》
GB/T 339《工业用合成苯酚》
HG/T 3989《间苯二酚(1,3－苯二酚)》
GB/T 25782《1－萘酚》
HG/T 3457《化学试剂　乙二胺四乙酸》
GB/T 1401《化学试剂　乙二胺四乙酸二钠》
GB/T 684《化学试剂　甲苯》
GB/T 16494《化学试剂　二甲苯》
GB/T 16983《化学试剂　二氯甲烷》
GB/T 682《化学试剂　三氯甲烷》
GB/T 689《化学试剂　吡啶》
GB/T 8967《谷氨酸钠(味精)》
HG/T 4017《化学试剂　溴甲酚绿》
HG/T 3449《化学试剂　甲基红》
HG 3—19959《化学试剂　苯酚红》
HG/T 4100《化学试剂　苯酚红》
HG/T 4101《化学试剂　酚酞》
HG/T 4099《化学试剂　溴酚蓝》
HG/T 3494《化学试剂　荧光素》
HG/T 3495《化学试剂　曙红》
GB/T 696《化学试剂　脲(尿素)》
HG/T 3461《化学试剂　一水合α－乳糖(α－乳糖)》
GB 25595《食品安全国家标准　乳糖》
HG/T 3462《化学试剂　蔗糖》
HG/T 3475《化学试剂　葡萄糖》
GB/T 23532《木糖》
GB/T 20883《麦芽糖》
GB/T 20881《低聚异麦芽糖》
QB/T 2491《低聚异麦芽糖》
QB/T 2984《低聚木糖》

HG/T 2759《化学试剂　可溶性淀粉》

四、食品相关标准

GB/T 8884《食用马铃薯淀粉》
GB 1886.239《食品安全国家标准　食品添加剂　琼脂(琼胶)》
SN/T 0786《出口琼脂检验规程》
GB 6783《食品安全国家标准　食品添加剂　明胶》
GB 1886.6《食品安全国家标准　食品添加剂　硫酸钙》
QB/T 1995《工业明胶》
QB 2354《药用明胶》
QB/T 4087《食用明胶》
LY/T 1300《单宁酸》
LY/T 1642《单宁酸分析试验方法》
GB 19301《食品安全国家标准　生乳》
HJ/T 316《清洁生产标准　乳制品制造业(纯牛乳及全脂乳粉)》
GB/T 20715《犊牛代乳粉》
GB 2707《食品安全国家标准　鲜(冻)畜、禽产品》
NY/T 676《牛肉等级规格》
GB/T 9960《鲜、冻四分体牛肉》
GB/T 17238《鲜、冻分割牛肉》
GB/T 19694《地理标志产品　平遥牛肉》
NY/T 3356《牦牛肉》
GH/T 1193《番茄》
NY/T 940《番茄等级规格》
NY/T 1517《加工用番茄》
LS/T 3106《马铃薯》
NY/T 1066《马铃薯等级规格》
NY/T 1963《马铃薯品种鉴定》
GB 1351《小麦》
GB/T 1355《小麦粉》
GB/T 17320《小麦品种品质分类》
GB/T 10463《玉米粉》
GB 1353《玉米》
GB/T 25882《青贮玉米品质分级》
NY/T 418《绿色食品　玉米及玉米粉》
GB/T 22503《高油玉米》
GB/T 22326《糯玉米》
NY/T 519《食用玉米》
NY/T 523《专用籽粒玉米和鲜食玉米》
GB/T 17890《饲料用玉米》

NY/T 595《食用籼米》

NY/T 594《食用粳米》

GB/T 1354《大米》

NY/T 419《绿色食品　稻米》

GB/T 20040《地理标志产品　方正大米》

GB/T 19266《地理标志产品　五常大米》

GB/T 22438《地理标志产品　原阳大米》

GB/T 18824《地理标志产品　盘锦大米》

GB/T 10460《豌豆》

NY/T 136《饲料用豌豆》

NY/T 285《绿色食品 豆类》

NY/T 1933《大豆等级规格》

GB 1352《大豆》

GB/T 17318《大豆原种生产技术操作规程》

NY/T 850《大豆产地环境技术条件》

GB 22556《豆芽卫生标准》

GB/T 10462《绿豆》

NY/T 598《食用绿豆》

NY/T 5204《无公害食品绿豆生产技术规程》

NY/T 1676《食用菌中粗多糖含量的测定》

NY/T 2279《食用菌中岩藻糖、阿糖醇、海藻糖、甘露醇、甘露糖、葡萄糖、半乳糖、核糖的测定　离子色谱法》

SN/T 3142《出口食品中 D – 甘露糖醇、麦芽糖、木糖醇、D – 山梨糖醇的检测方法　液相色谱—质谱/质谱法》

五、无机试剂相关标准

GB/T 15963《十二烷基硫酸钠》

HG/T 3497《化学试剂　柠檬酸氢二铵》

YS/T 940《柠檬酸金钾》

GB/T 16493《化学试剂　二水合柠檬酸三钠(柠檬酸三钠)》

GB/T 9855《化学试剂　一水合柠檬酸(柠檬酸)》

GB/T 693《化学试剂　三水合乙酸钠(乙酸钠)》

GB/T 694《化学试剂　无水乙酸钠》

HG/T 3472《化学试剂　无水亚硫酸钠》

GB/T 2305《化学试剂　五氧化二磷》

HG/T 2354《层析硅胶》

HG/T 2765.1《A 型硅胶》

HG/T 2765.2《C 型硅胶(粗孔硅胶)》

HG/T 2765.3《微球硅胶》

HG/T 2765.4《蓝胶指示剂、变色硅胶和无钴变色硅胶》

HG/T 2765.6《B 型硅胶》
GB/T 22379《工业金属钠》
GB/T 26520《工业氯化钙》
GB/T 647《化学试剂　硝酸钾》
GB/T 636《化学试剂　硝酸钠》
GB/T 670《化学试剂　硝酸银》
HG/T 3487《化学试剂　磷酸氢二钾》
GB/T 1274《化学试剂　磷酸二氢钾》
GB/T 1267《化学试剂　二水合磷酸二氢钠(磷酸二氢钠)》
GB/T 1263《化学试剂　十二水合磷酸氢二钠(磷酸氢二钠)》
HG/T 3466《化学试剂　磷酸二氢铵》
GB/T 1396《化学试剂　硫酸铵》
GB/T 16496《化学试剂　硫酸钾》
GB/T 671《化学试剂　硫酸镁》
GB/T 15899《化学试剂　一水合硫酸锰(硫酸锰)》
GB/T 9853《化学试剂　无水硫酸钠》
GB/T 664《化学试剂　七水合硫酸亚铁(硫酸亚铁)》
GB/T 665《化学试剂　五水合硫酸铜(Ⅱ)(硫酸铜)》
GB/T 1272《化学试剂　碘化钾》
GB/T 2306《化学试剂　氢氧化钾》
GB/T 1919《工业氢氧化钾》
GB/T 629《化学试剂　氢氧化钠》
GB/T 625《化学试剂　硫酸》
GB/T 632《化学试剂　十水合四硼酸钠(四硼酸钠)》
GB/T 1397《化学试剂　无水碳酸钾》
GB/T 15897《化学试剂　碳酸钙》
HG/T 4196《化学试剂　十水合碳酸钠(碳酸钠)》
GB/T 639《化学试剂　无水碳酸钠》
GB/T 640《化学试剂　碳酸氢钠》
GB/T 637《化学试剂　五水合硫代硫酸钠(硫代硫酸钠)》
GB/T 672《化学试剂　六水合氯化镁(氯化镁)》
GB/T 633《化学试剂　亚硝酸钠》
GB/T 2305《化学试剂　五氧化二磷》
GB/T 631《化学试剂　氨水》
GB/T 1288《化学试剂　四水合酒石酸钾钠(酒石酸钾钠)》
HG/T 3491《化学试剂　活性炭》
LY/T 1581《化学试剂用活性炭》
GB/T 628《化学试剂　硼酸》
GB/T 622《化学试剂　盐酸》
GB/T 620《化学试剂　氢氟酸》

HG/T 3468《化学试剂　氯化汞》

GB/T 1270《化学试剂　六水合氯化钴(氯化钴)》

GB/T 646《化学试剂　氯化钾》

HG/T 3482《化学试剂　氯化锂》

GB/T 1266《化学试剂　氯化钠》

HG/T 2760《化学试剂　氯化锌》

HG/T 3474《化学试剂　六水合三氯化铁(三氯化铁)》

GB/T 6684《化学试剂　30%过氧化氢》

GB/T 643《化学试剂　高锰酸钾》

GB/T 642《化学试剂　重铬酸钾》

六、微生物相关标准

GB 4789.1《食品安全国家标准　食品微生物学检验　总则》

GB 4789.2《食品安全国家标准　食品微生物学检验　菌落总数测定》(实际上是耗氧菌菌落总数测定)

GB 4789.3《食品安全国家标准　食品微生物学检验　大肠菌群计数》

GB 4789.4《食品安全国家标准　食品微生物学检验　沙门氏菌检验》

GB 4789.5《食品安全国家标准　食品微生物学检验　志贺氏菌检验》

GB 4789.6《食品安全国家标准 食品微生物学检验　致泻大肠埃希氏菌检验》,即**结肠埃希氏菌**(*Escherichia coli*)。

GB 4789.7《食品安全国家标准 食品微生物学检验　副溶血性弧菌检验》,即**副解血弧菌**(*Vibrio parahaemolyticus*)。

GB 4789.8《食品安全国家标准 食品微生物学检验　小肠结肠炎耶尔森氏菌检验》,即**肠结肠耶尔森氏菌**(*Yersinia enterocolitica*)。

GB 4789.9《食品安全国家标准 食品微生物学检验　空肠弯曲菌检验》,即**空肠弯曲杆菌**(*Campylobacter jejuni*)。

GB 4789.10《食品安全国家标准　食品微生物学检验　金黄色葡萄球菌检验》,即**金色葡萄果菌**(*Staphylococcus aureus*)。

GB 4789.11《食品安全国家标准　食品微生物学检验 β 型溶血性链球菌检验》,中文(医学中)中普遍存在的所谓的"溶血性链球菌""溶血链球菌"等,并标注所谓的拉丁文"*Streptococcus hemolyticus*""*Streptococcus haemolyticus*",恐怕都是以讹传讹,比较接近的可能是**脓生链果菌**(*Streptococcus pyogenes*)。

GB 4789.12《食品安全国家标准 食品微生物学检验 肉毒梭菌及肉毒毒素检验》,即**肠梭菌**(*Clostridium botulinum*),产生肠毒素(botulinum toxin)。

GB 4789.14《食品安全国家标准 食品微生物学检验 蜡样芽孢杆菌检验》,即**蜡色竿菌**(*Bacillus cereus*)。

GB 4789.15《食品安全国家标准　食品微生物学检验　霉菌和酵母计数》

GB 4789.16《食品安全国家标准　食品微生物学检验　常见产毒霉菌的形态学鉴定》

GB 4789.18《食品安全国家标准　食品微生物学检验　乳与乳制品检验》

GB 4789.28《食品安全国家标准　食品微生物学检验　培养基和试剂的质量要求》

GB 4789.29《食品安全国家标准　食品微生物学检验　唐菖蒲伯克霍尔德氏菌(椰毒假单胞菌酵米面亚种)检验》,即**唐菖蒲伯克氏菌**(*Burkholderia gladioli*),椰毒假单胞菌(*Pseudomonas cocovenenans*)被认为是其同物异名而合并。

GB 4789.30《食品安全国家标准　食品微生物学检验　单核细胞增生李斯特氏菌检验》,即**单核胞生里斯特氏菌**(*Listeria monocytogenes*)。

GB 4789.35《食品安全国家标准　食品微生物学检验　乳酸菌检验》

GB 4789.38《食品安全国家标准　食品微生物学检验　大肠埃希氏菌计数》

GB 4789.40《食品安全国家标准　食品微生物学检验　阪崎肠杆菌检验》,即**坂崎氏肠杆菌**(*Enterobacter sakazakii*)。

GB/T 5750.2《生活饮用水标准检验方法　水样的采集与保存》

GB/T 5750.12《生活饮用水标准检验方法　微生物指标》

SN/T 0168《进出口食品中菌落总数计数方法》

SN/T 2552.1《出口乳及乳制品卫生微生物学检验方法　第1部分:取样指南》

SN/T 2552.2《乳及乳制品卫生微生物学检验方法　第2部分:检验样品的制备与稀释》

SN/T 2552.4《乳及乳制品卫生微生物学检验方法　第4部分:嗜冷微生物菌落计数》

SN/T 2552.6《乳及乳制品卫生微生物学检验方法　第6部分:柠檬酸杆菌检验》,即**柠檬杆菌属**(*Citrobacter*)的微生物。

SN/T 2552.7《乳及乳制品卫生微生物学检验方法　第7部分:阴沟肠杆菌检验》

SN/T 2552.8《乳及乳制品卫生微生物学检验方法　第8部分:普通变形杆菌和奇异变形杆菌检验》,即**普通变形菌**(*Proteus vulgaris*)和**奇异变形菌**(*Proteus mirabilis*)。

SN/T 2552.9《乳及乳制品卫生微生物学检验方法　第9部分:克雷伯氏菌检验》

SN/T 2552.10《乳及乳制品卫生微生物学检验方法　第10部分:阪岐肠杆菌检验　免疫荧光方法》

SN/T 2552.11《乳及乳制品卫生微生物学检验方法　第11部分:蜡样芽胞杆菌的分离与计数》

SN/T 2552.12《乳及乳制品卫生微生物学检验方法　第12部分:单核细胞增生李斯特氏菌检测与计数》

SN/T 2552.13《乳及乳制品卫生微生物学检验方法　第13部分:假单孢菌属的分离与计数》

GB/T 17093《室内空气中细菌总数卫生标准》

GB/T 18204.1《公共场所卫生检验方法　第1部分:物理因素》

GB/T 18204.9《游泳池水微生物检验方法　细菌总数测定》

GB/T 18204.10《游泳池水微生物检验方法　大肠菌群测定》

WS 233《病原微生物实验室生物安全通用准则》

GB 19489《实验室　生物安全通用要求》

HJ/T 415《环保用微生物菌剂环境安全评价导则》

GB/Z 21235《微生物危险性评估的原则和指南》

GB 18597《危险废物贮存污染控制标准》

YY/T 1187《营养肉汤培养基》

YY/T 0575《硫乙醇酸盐流体培养基》

YY/T 1170《碱性蛋白胨水培养基》

YY/T 0577《营养琼脂培养基》
YY/T 1190《乳糖胆盐发酵培养基》
GB/T 13093《饲料中细菌总数的测定》
GB/T 13091《饲料中沙门氏菌的测定》
GB 7918.1《化妆品微生物标准检验方法　总则》
GB 7918.2《化妆品微生物标准检验方法　细菌总数测定》
GB 7918.3《化妆品微生物标准检验方法　粪大肠菌群》
GB 7918.4《化妆品微生物标准检验方法　绿脓杆菌》
GB 7918.5《化妆品微生物标准检验方法　金黄色葡萄球菌》
SN/T 2206.2《化妆品微生物检验方法　第2部分:需氧芽孢杆菌和蜡样芽胞杆菌》
SN/T 2206.3《化妆品微生物检验方法　第3部分:肺炎克雷伯氏菌》
SN/T 2206.4《化妆品微生物检验方法　第4部分:链球菌》
注:所有标准不注明年限,均以最新现行标准为参照。

附录4　染色液配制及染色法

一、洛夫叻氏碱性亚甲蓝染色液(吕氏碱性亚甲蓝染色液)

1.成分表

洛夫叻氏碱性亚甲蓝染色液的成分见附表68,另见第二章实验九。

附表68　洛夫叻氏碱性亚甲蓝染色液成分

试剂/项目	量
亚甲蓝	0.3 g
95%乙醇	30 mL
0.01%氢氧化钾溶液	100 mL

2.实验步骤

将亚甲蓝溶解于乙醇中,然后与氢氧化钾溶液混合。
将菌液涂片在火焰上固定,待冷,滴加染液,1～3min后水洗,待干,镜检。菌体呈蓝色。

二、耐酸性染色法(萋—尼法)

1.成分表

苯酚品红染色液的成分见附表69。

附表69　苯酚品红染色液成分

试剂/项目	量
碱性品红	0.3g
95%乙醇	10mL
5%苯酚水溶液	90mL

3% 盐酸—乙醇溶液脱色液:浓盐酸 3mL,95% 乙醇 97mL。

洛夫叻氏碱性亚甲蓝染色液:见上。

2. 实验步骤

将碱性品红溶于乙醇中,然后与苯酚水溶液混合制成苯酚品红染色液。另分别配制成盐酸—乙醇混合液和洛夫叻氏碱性亚甲蓝染色液。

将菌液涂片在火焰上加热固定,滴加苯酚品红染色液,徐徐加热至有蒸汽出现(切勿沸腾!)。染液如因蒸发减少时应随时添加。染色 5min,倾掉染液,水洗。

滴加盐酸—乙醇溶液脱色,直至无红色脱落为止。所需时间视涂片厚薄而定,一般为 1 ~ 3min。水洗。

滴加洛夫叻氏碱性亚甲蓝染色液,复染 1 ~ 30s,水洗,待干,镜检。耐酸性细菌呈红色,其它细菌细胞等物质呈蓝色。

三、柯氏染色法

1. 成分

0.5% 沙黄溶液、0.5% 孔雀绿溶液。

2. 实验步骤

将菌种涂片在火焰上固定,滴加 0.5% 沙黄溶液,并加热至出现气泡,2 ~ 3min 后水洗。滴加 0.5% 孔雀绿溶液复染 40 ~50s,水洗,待干,镜检。布氏杆菌呈红色,其它细菌及细胞呈绿色。

四、瑞氏染色法

瑞氏染色液:用乳钵研磨瑞氏色素 0.1g,滴加甲醇 60mL 溶解。

涂片自然干燥后,滴加瑞氏染色液,固定 1min。加入 pH = 6.5 的等量蒸馏水,染色 3 ~ 5min。用蒸馏水冲洗,待干,镜检。

五、碱性复红染色法

本染色液用于**图林根芽菌**(*B. thuringiensis*)内朊质毒素结晶的染色,借以同**蜡色芽菌**(*B. cereus*)相区别。

将 0.5g 碱性复红染料溶解于 20mL 95% 的乙醇中,然后用蒸馏水稀释至 100mL。有不溶物时,可用滤纸过滤,或静置后取上清液备用。

六、乳酸—苯酚溶液

1. 成分表

乳酸—苯酚溶液的成分见附表 70。

附表 70　乳酸—苯酚溶液成分

试剂/项目	量
苯酚	10g
乳酸(密度为 1.21kg/m^3)	10g
甘油	20g
蒸馏水	10mL

2. 配制

将苯酚在蒸馏水中加热溶解，然后加入乳酸及甘油。

本溶液用于检验真菌形态。

附录5 生长因子

除了自营菌和一些异营菌（俗称腐生菌），有些异营微生物不能在只含有机碳、无机氮源或其它无机矿物元素的简单培养基中生长，它们已经失去了（或者从来没有过）合成一种或多种组成细胞所必需的有机化合物的能力，因此，必须由外界提供这些有机化合物来满足它们生长的需要，这些有机化合物即被称为生长因子。生长因子主要包括氨基酸、维生素、嘌呤、嘧啶、脂肪酸等成分。配制各种组织细胞培养液或其它合成培养基时，应采用纯度较高的生长因子；在配制一般天然培养基时，常以肉浸液、酵母浸液、肝浸液、血液、血清等天然材料代替各种纯化的生长因子。B族维生素对微生物生长至关重要（附表71），如**金色葡萄果菌**生长需要硫胺素（维生素 B_1，简记为 VB_1，见附图4），**植物乳竿菌**（曾用名，阿拉伯糖乳杆菌）需要硫胺素、核黄素（维生素 B_2，简记为 VB_2）、烟酸（VB_3，见附图5）、泛酸（VB_5，见附图6）、吡哆素（VB_6，见附图7）、生物素（VB_7，见附图8）和对氨基苯甲酸（PABA）等。B族维生素是组成多种酶活性剂的必需成分，没有它们，酶失去活性，代谢无法进行，生命自然停止。

附表71 微生物与生长因子

微生物	必需的生长因子	生长因子特点
醋杆菌属、竿菌属、布鲁斯姓菌属、梭菌属、解血葡萄果菌、乳竿菌属、脓生链果菌、麻风分枝小杆菌（麻风菌）、**瘟疫耶尔森氏菌**（鼠疫菌）、**丙酸小杆菌属**（丙酸菌）、**根瘤菌属**（*Rhizobium*）、**乳乳果菌、涎链果菌**	硫胺素 thiamin，又称维生素 B_1	水溶，在酸性环境中能耐高温，在碱性环境中加热易分解，在细胞内与焦磷酸结合合成焦磷酸硫胺素（thiamine pyrophosphate，TPP）
破碎梭菌、破伤风梭菌（破伤风菌）、**肺炎链果菌、丹毒发菌属**（丹毒菌）、**解血葡萄果菌、乳竿菌属、单核胞生里斯特氏菌**（单核李氏菌）、**丙酸小杆菌属、渣链果菌**（*S. faecalis*）	核黄素 riboflavin，又称维生素 B_2，由异咯嗪和核醇组成	水溶，易见光分解，是黄素酶辅基的组成部分，可催化氧化还原反应
微生物普遍需要，特别是细菌和真菌，如子囊菌门的苹果黑星菌（*Venturia inaequalis*）和围小丛壳菌（*Glomerella cingulata*）	烟酸，又称维生素 B_3	水溶（溶解度18mg/mL），烟酸经氨化生成烟酰胺，它们对热和压力稳定。烟酰胺是烟酰胺腺嘌呤二核苷酸（NAD，即辅酶I）和烟酰胺腺嘌呤二核苷酸磷酸（NADP，即辅酶II）的组成成分
多种细菌和酵母菌	泛酸（VB_5）：由泛解酸和β-丙氨酸组成	水溶，易酸、碱水解。泛酸是辅酶A的组成部分，在糖和脂肪代谢中起重要作用
解血葡萄果菌、乳竿菌属、渣链果菌、脓生链果菌、酵母菌	吡哆素（VB_6）：包括吡哆醇（PN）、吡哆醛（PL）、吡哆胺（PM）三种化合物	水溶，耐高温，但见光易分解，与合成氨基酸有关。吡哆醇只有转化为吡哆醛后才有生理活性，吡哆醛和吡哆胺可分别与磷酸结合生成磷酸吡哆醛（氨基酸的外消旋酶、转氨酶和脱羧酶的辅酶）和磷酸吡哆胺（催化转氨作用）。当培养基中缺少下列任何一种氨基酸时，就需要外界补充吡哆素：半胱氨酸、组氨酸、苯丙氨酸、酪氨酸和精氨酸

续表

微生物	必需的生长因子	生长因子特点
竿菌属、布鲁斯姓菌属、梭菌属、乳竿菌属、根瘤菌属、丙酸小杆菌属、志贺姓菌属(痢疾菌)、白喉菌、**肺炎链果菌、解血葡萄果菌、单核胞生里斯特氏菌、脓生链果菌**。黑曲霉菌(*Aspergillus niger*)能利用庚二酸合成生物素。酵母菌、链孢霉属(*Neurospora*)和**肠系膜状亮念珠藻**能利用脱硫生物素合成生物素	生物素 biotin,又称维生素 B_7 或 H 或 VH(VB_7)	水溶,较稳定,煮沸也不改变其生理活性,同各种羧化酶的辅基与二氧化碳的结合有关,在糖代谢和脂肪酸的合成过程中起催化作用。当培养基中含有油酸时,可部分代替生物素的作用。生物素可与白朊结合成无活性物质,加热时又可释放出生物素。因此可利用白朊检验微生物是否需要外源生物素
破伤风梭菌、乳竿菌属、丙酸小杆菌属、渣链果菌。植物乳竿菌只需供给对氨基苯甲酸	叶酸(VB_9,见附图 9)和对氨基苯甲酸(PABA):叶酸由蝶啶、PABA 和谷氨酸组成	在蝶啶的 5,6,7,8 位的氢可还原成为四氢叶酸(即辅酶 F,在合成核酸中起重要作用)。磺胺药与 PABA 结构相似,可阻止叶酸分子合成,并替代 PABA 合成无活性假叶酸,从而抑制微生物生长,但只对那些自己利用 PABA 合成叶酸的微生物有用,对需外界供给叶酸的无效
大多数细菌需要。大多数放线菌能自己合成 VB_{12},**根瘤菌属**也可自己合成。一般认为,真菌也不能合成 VB_{12},动植物不合成 VB_{12}	维生素 B_{12}(VB_{12},见附图 10),又称钴素或钴胺素	水溶,是钴卟啉衍生物,是钴酰胺辅酶(VB_{12} 辅酶)的组成部分。VB_{12} 辅酶参与甲硫氨酸和胸腺嘧啶核苷酸的甲基合成。商品 VB_{12} 是链霉素发酵的副产物
乳乳果菌生长需要	硫辛酸 thioctic acid,又称维生素 B_{14}	是 α-铜酸氧化酶的活性剂
白喉棒小杆菌(白喉菌)	庚二酸 pimelic acid	参与赖氨酸的生物合成
鸟分枝小杆菌副结核亚种(副结核分枝杆菌)。**结肠埃希氏菌和牛草分枝小杆菌**(草分枝杆菌)可自身合成 VK。其它许多微生物可用泛醌替代 VK 作电子传体	维生素 K(VK,见附图 11)	VK 是一类脂溶性的维生素,是萘醌的衍生物,是电子传体,在细菌的氧化磷酸化和光合磷酸化过程中起作用
肺炎链果菌、奈瑟氏菌属(淋球菌)	胆碱 choline	
破伤风梭菌、乳竿菌属、乳乳果菌	腺嘌呤 adenine	
乳竿菌属、乳乳果菌	鸟嘌呤 guanine	
乳竿菌属、乳乳果菌	胸腺嘧啶 thymine	
破碎梭菌、破伤风梭菌、解血葡萄果菌、乳竿菌属、脓生链果菌、志贺姓菌属	尿嘧啶 uracil	
炭疽竿菌、肺炎链果菌、解血葡萄果菌、乳竿菌属、乳乳果菌	谷酰胺 glutamine	
乳乳果菌	天门冬酰胺 asparagine	

注:1. 菌名、属名粗体表示已经合格发表、现行有效和标准化。

2. 中文(医学)中普遍存在的所谓的“溶血性链球菌”“溶血链球菌”等,并标注所谓的拉丁文“*Streptococcus hemolyticus*”“*Streptococcus haemolyticus*”,恐怕都是以讹传讹。合格发表的**链果菌属**(曾用名链球菌属)迄今 106 种,包括不合格或废止的共计 153 种(截至 2020 年 6 月),都未发现这样命名的菌种;比较符合的是**解血葡萄果菌**(*Staphylococcus haemolyticus*)。

3. 中文(医学)中普遍存在的所谓的“化脓性葡萄球菌”“化脓葡萄球菌”,概为**脓生链果菌**的错讹。

4. 中文(医学)中普遍存在的所谓的“丹毒菌”或“丹毒杆菌”等,都不太严谨,能够产生丹毒症状的,至少有**丹毒发菌属**(迄今 5 种)和**链果菌属**(100 余种中,并非所有都引发丹毒)两属。

5. 非平黑星菌(*Venturia inaequalis*)和围小从壳菌(*Glomerella cingulata*)都是真菌子囊菌门(Ascomycota)的菌属,为了表示对苹果的伤害,菌名有时候直接加“病”分别称苹果黑星病菌、苹果枯腐病菌;链孢霉属(*Neurospora*)是真菌子囊菌门的一属,又称链孢菌属、脉孢菌属等,其拉丁文原意是神经孢子,因为其孢子具有类似神经轴突的条纹特征。

6. 由于以往中文没有微生物命名标准,习惯名或俗名(如麻风菌、破伤风菌、鼠疫菌、白喉菌)、菌名、属名、种名、泛称等不分,导致具体所指往往不清,以及由于微生物分类的复杂性和不确定性,有些命名已经废止或调整。

7. 本版修订根据《原核微生物资源和分类学词典》校订。

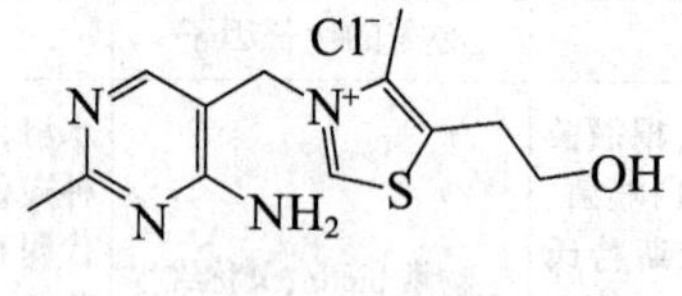

Cl^- N^+ N N NH_2 S OH

附图 4　VB_1

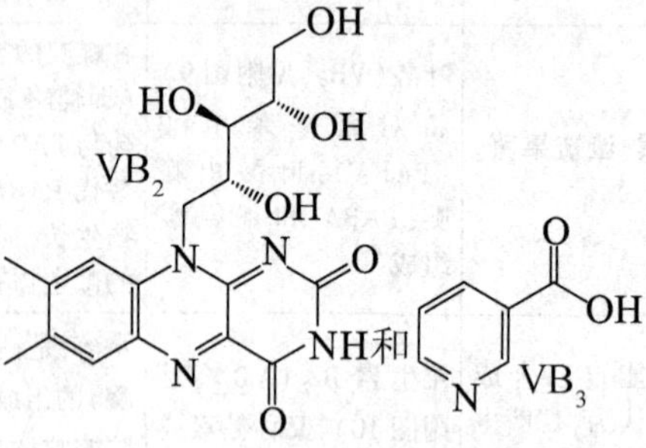

OH HO OH VB_2 OH N N O NH和 OH O O N N O VB_3

附图 5　VB_2（核黄素）和 VB_3（烟酸）

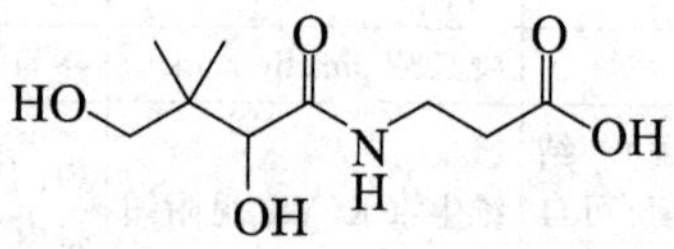

O O HO OH N H OH

附图 6　VB_5

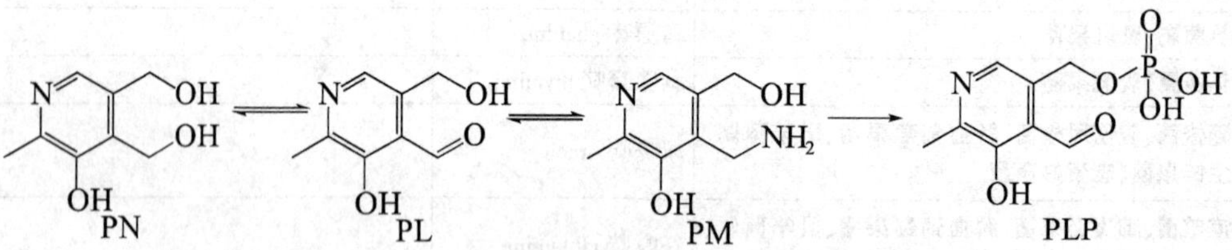

N OH OH OH PN ⇌ N OH O OH PL ⇌ N OH NH_2 OH PM → N O P OH OH O OH PLP

附图 7　VB_6

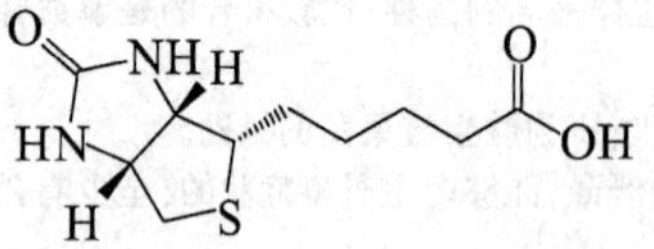

O NH H HN H S O OH

附图 8　VB_7

O OH O N HN H_2N N N N H O N H OH O

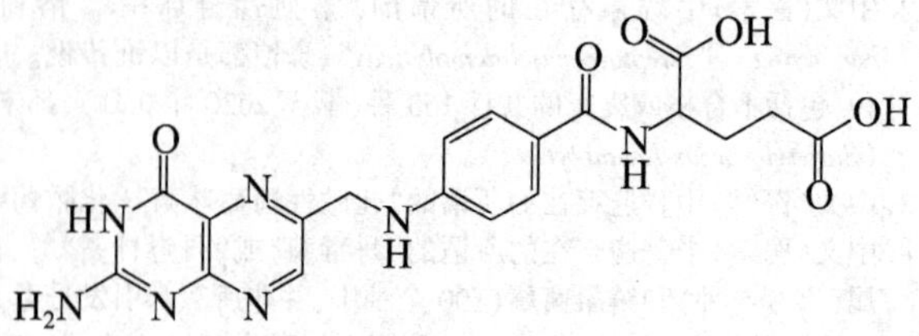

附图 9　VB_9

需要注意的是，一种微生物对外源生长因子的需要不是固定不变的，有可能随着环境条件如 pH、温度、氧等的变化而改变。如鲁西氏毛霉菌(*Mucor rouxii*)在厌氧条件下生长需要外源硫胺素(VB_1)和生物素(VB_7)，而在耗氧条件下则能自身合成这两种维生素，无需外源添加即可生长。

维生素 B_{12}，简记为 VB_{12}，是八个 B 族维生素之一，也称为钴胺素(cobalamin)，生物化学中的稀有元素钴位于平面四吡咯环(也称为钴啉环)中心。如附图 10 所示，更广义地说，VB_{12}是一群含钴的类维生素，随着 R 基的变化，分别可称为甲基钴胺素(MeB_{12})、羟钴胺素、氰钴胺素、5′-腺苷钴胺素($AdoB_{12}$)。VB_{12}是一种水溶性维生素，是分子最大、结构最复杂的维生素，在大脑和神经功能、血的形成中起着关键作用。一般情况下，它参与人体每个细胞的代谢，特别是对于 DNA 合成和调节有重要影响，对脂肪酸尤其是奇数链的脂肪酸的合成和产能产生影响。然而，无论是真菌、植物或动物均无法合成维生素 B_{12}，唯有细菌和古生菌具有合成此物的酶。当然，很多食物因为细菌的合成含有 VB_{12}。工业 VB_{12}只能通过细菌发酵合成。VB_{12}缺乏会导致恶性贫血，这是一种自体免疫疾病，因为胃泌酸细胞(负责分泌酸)分泌胃内因子(胃抗恶性贫血因子)遭到破坏。胃内因子对于正常吸收 VB_{12}是至关重要的，所以 VB_{12}缺乏就导致恶性贫血。其实 VB_{12}只要稍低于正常值，就可能引起疲劳、压抑、失忆(或健忘)，继而引起狂躁和精神疾病。

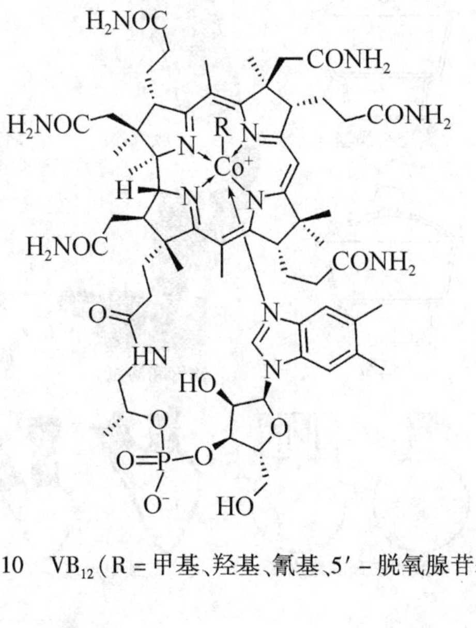

附图 10　VB_{12}(R = 甲基、羟基、氰基、5′-脱氧腺苷基)

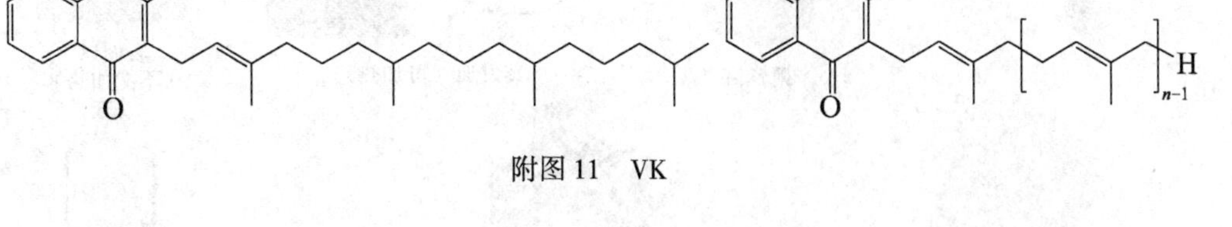

附图 11　VK

附录6　环境地质微生物实验室常用器具

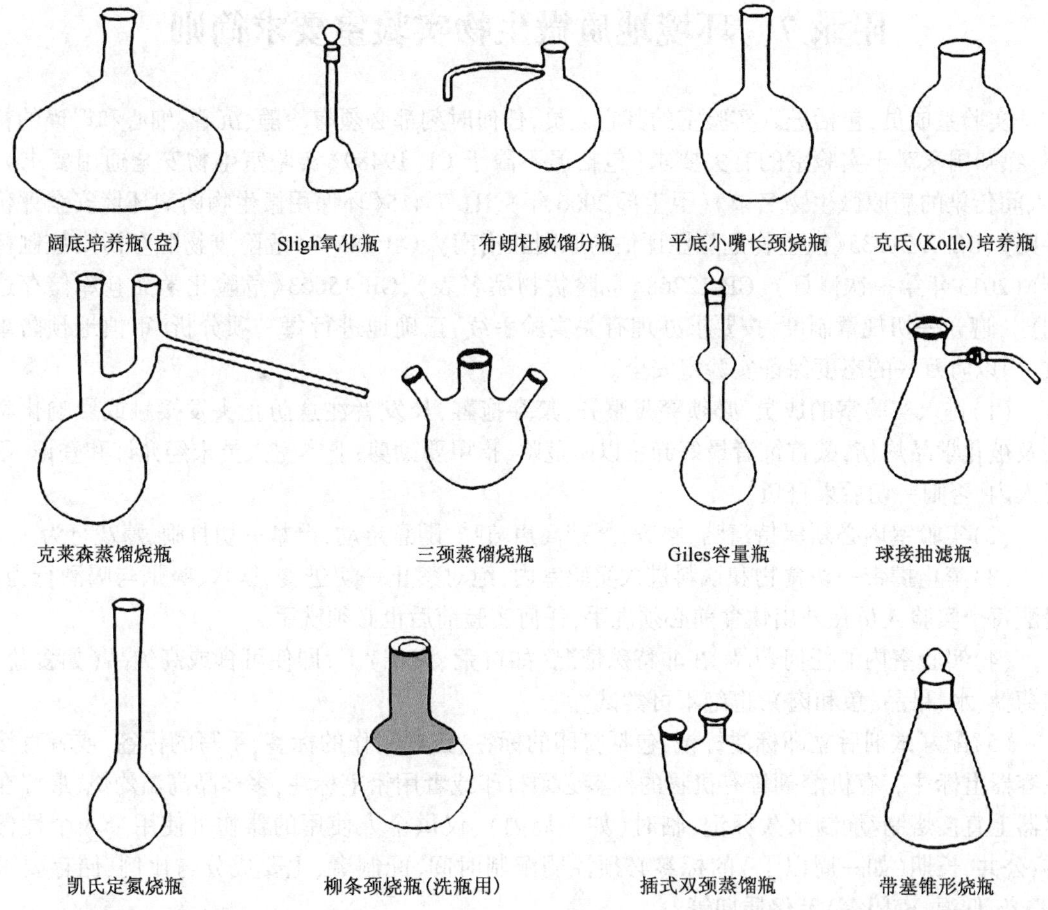

茄形瓶、克氏瓶、双层瓶(double bottle)、搪瓷缸和陶瓦圆盖(现已不常用)、表面皿、牛津杯、干燥器(是器皿,学生总误以为是仪器)、梨形瓶、各种烧瓶、蒸馏瓶等常用器皿是一切实验的基础,在现代科学史上起到了十分关键的作用。实验室常用器具相关标准有:石英玻璃器皿执行 JC/T 651—2011《石英玻璃器皿　坩埚》、JC/T 652—2011《石英玻璃器皿　烧瓶》、JC/T 653—2011《石英玻璃器皿　烧杯》、JC/T 654—2011《石英玻璃器皿　蒸发皿》,干燥器执行 GB/T 15723—1995《实验室玻璃仪器　干燥器》,烧瓶执行 GB/T 15725.4—1995《实验室玻璃仪器　双口、三口球形圆底烧瓶》、GB/T 15725.6—1995《实验室玻璃仪器　磨口烧瓶》,吸量管执行 GB/T 12807—2021《实验室玻璃仪器　分度吸量管》、GB/T 12808—2015《实验室玻璃仪器　单标线吸量管》,试管执行 GB/T 21298—2007《实验室玻璃仪器　试管》。

中性硬质玻璃器皿能耐高温、高压,同时其中的游离碱含量少,不至于影响培养基的酸碱度,对微生物和细胞基本无毒性。

用完后的玻璃器皿如经碳酸氢钠溶液(5%～10%)煮沸、肥皂水冲洗、水洗(自来水→蒸馏水→去离子水)后仍未洗净,宜用高锰酸钾(GB/T 643—2008《化学试剂　高锰酸钾》)或重铬酸钾(GB/T 642—1999《化学试剂　重铬酸钾》)洗液清洗,最后根据器皿清洗器的操作流程对器皿进行内外面的整体清洗,干燥,备用。

注意:用完后的高锰酸钾和重铬酸钾溶液不能倾倒到下水道,必须回收处理。

附录 7　环境地质微生物实验室要求简则

实验室成员，包括进入实验室的其它人员，任何时刻都必须有冷静、沉着、细心和严谨的精神，熟知国家对于实验室的有关要求[包括但不限于 GB 19489《实验室生物安全通用要求》、《人间传染的病原微生物名录》（卫生部 2006 年）、HJ/T 415《环保用微生物菌剂环境安全评价导则》、GB/Z 21235《微生物危险性评估的原则和指南》、GB 18597《危险废物贮存污染控制标准》（2013 年第一次修订）、GB 12268《危险货物品名表》、GB 15603《危险化学品仓库储存通则》]，遵守一切规章制度，按要求办理有关实验手续，正确地进行每一项分析，审慎地预防事故，用以防万一的态度保证实验室安全。

（1）进入实验室的成员，必须穿戴整齐，禁穿拖鞋，长发者注意防止头发接触或影响化学品及被化学品灼伤，戴首饰者最好卸妆以防危险，指甲要勤剪；非本室人员未经允许和登记，不得入内，否则一切后果自负。

（2）实验室内必须保持清洁、整齐，严禁高声喧哗、随意走动，严禁一切打闹、嬉戏行为。

（3）禁止携带一切食物和饮料进入实验室内，绝对禁止一切进食、饮水、吸烟与喝酒行为；提醒每个实验人员在外出饮食前必须洗手；任何实验前后也必须洗手。

（4）实验室内的任何药品，在非特殊情况（如饥荒、灾难）下，即使可食或高纯品（如食盐、葡萄糖、水、果品、鱼和肉），也绝不可尝试。

（5）配好试剂后立即标注标记，包括打印的标签、正规制作的标签、手写的标签，或者直接在容器上标注。有机溶剂等有机物的标签必须打印或者用铅笔标注；多样品高温灼烧，最好在容器上直接烙制/烧制永久标记；临时（如一周内）、仅供个人使用的器物可使用个人个性标签；公共、长期（如一周以上）的标签必须注明配制时间、配制者、主要成分与比例、储存要求（避光、低温、密闭等）及保质期等。

（6）易燃、易爆品（如酒精、乙醚等）应与其它药品分开储存，必须远离火源或高温；浓酸与浓碱不能直接中和；浓硫酸稀释时，应将浓硫酸用玻璃棒等引流徐徐倒入冷水（冰浴）中，并不停地搅拌使混合均匀和热量散发，绝对不能将水倒入浓硫酸。

（7）挥发性、有毒药品最好放于通气型或净气型储药柜，打开瓶塞时务必将瓶口对向无人处；有条件的先行冷却瓶口，以免液体或高压气体喷溅伤人，不得接近瓶口嗅闻。

（8）剧毒药品或致癌品[如氰化钾、硫化氢、汞、氯化汞（升汞）、氧化砷（砒霜）、士的宁、苯并[a]芘（BaP）、二噁英等]应由专人负责保管，使用时不得与身体任何部位直接接触，用完后的器皿必须立即冲洗或高温焚烧。

（9）使用前后的接种工具，要在酒精灯火焰上充分灼烧；带菌用具（如移液管、涂布棒、载玻片等）先放于 3% 来苏水溶液或 5% 苯酚溶液中浸泡，然后清洗；带有培养物的器皿（如试管、烧瓶、烧杯、培养皿等）要先高压灭菌或煮沸 15min 后清洗。

（10）出现任何意外，如打破盛菌器皿、破伤皮肤、菌液吸入口鼻等，要立即用大量水冲洗、引呕吐等，并立即报告指导教师进行相应处理，切勿隐瞒。

（11）不浪费药品，使用之前须精确计算，但若有剩余，一般不能倒回原瓶，以防污染整瓶药品。所有废液须减压蒸馏脱水浓缩，残液或残渣再进行专业处置，不得随意倒入下水道。

（12）爱护仪器。精密仪器、贵重仪器应专人看管，专人培训，所有使用者均应先培训上岗方式后才能直接操作。

(13)注意用电安全。所有仪器的插座、电压和电流必须同仪器要求匹配,用电不得超负荷运行,严禁使用不符规格的熔断丝;遇到突然停电,所有仪器与插座电源必须断开,以免重新来电后冲击烧灼仪器。

(14)注意用水安全。遇到突然停水,要关闭水源开关;通宵无人看守时要注意夜间水流压力会增大;蒸馏水器在遇到突然停电时不能立即关进水或冷却水,在突然遇到停水时要立即切断电源。

(15)个人独立实验结束后,个人独立清理所用物品且摆放整齐。如有损坏或丢失,填写登记表并及时报告指导教师。实验后应立即将实验台擦拭干净;废纸、废物及时投入垃圾篓;废液根据成分和组成填写清单,分类存放处置;一切固体废物分类处置,填写清单,及时清运出实验室,不宜过夜。

(16)实验室值日人员主要负责做好地面清洁,实验室台面的清理必须与实验者共同处理;有义务告知实验者离开实验室前关好水、电、火、窗、门。有条件需做好实验室气体检测。

(17)每次实验都要按要求及时、准确、实事求是地做好记录或绘制草图,认真、独立(团队协作的除外)地完成实验,有所创新地进行相关思考和分析,有问题及时讨论汇报。

附录8　实验室临时急救指南

一、烧伤

一度烫伤(皮肤发红):把棉花用酒精(无水或90% ~96%)浸湿盖于伤处或用麻油浸过的纱布敷盖。

二度烫伤(皮肤起泡):与上述处理方法相同,或用3% ~5%高锰酸钾或5%现配丹宁溶液按上述处理方式处理。

三度烫伤(皮肤破溃):用消毒棉包扎,立即送医院诊治。

注意,土壤等灼烧物体的温度,可根据灼烧物体的颜色来估计:525℃,开始变为暗红色;700℃,暗红色;800℃,开始变为樱桃红;900℃,浅樱桃红;1000℃,暗橙黄色;1100℃,浅橙黄色;1200℃,白色;1300℃,亮白色;1400℃,炽白色。

二、酸灼

强酸溅撒在皮肤或衣服上时,立即用大量水冲洗,然后用5%碳酸氢钠或用10%氢氧化铵洗伤处。

氢氟酸(GB/T 620—2011)灼伤时,用大量水洗伤口至苍白,再用新鲜配制的2%氧化镁甘油悬液涂之。

眼睛酸伤时,立即用大量水冲洗,然后用3%碳酸氢钠洗眼。

严重者经上述简单处理后立即送医院诊治。

三、碱灼

强碱溅撒在皮肤或衣服上时,立即用大量水冲洗,然后用2%硼酸或2%醋酸洗涤。

眼睛碱伤时,立即用大量水冲洗,并用2%硼酸洗之。

严重者经上述简单处理后立即送医院诊治。

四、中毒

一氧化碳、乙炔、稀氨水、煤气、硫化氢、氰化氢中毒:应将中毒者立即转移到新鲜空气流通处(窗口、通风过道或其它空旷处,并注意勿使伤者身体着凉),进行人工呼吸,输氧,或输入氧和二氧化碳混合气体。硫化氢密度较大、污染环境,切勿蹲地休息。

汞化物误入口中毒:应吃多个生鸡蛋或饮用牛奶,引起呕吐(可反复两次)。

苯中毒:误入口者,应服用腹泻剂或催吐剂;吸入者进行人工呼吸,输氧。

苯酚中毒:大量饮水、石灰水或石灰粉水,引起呕吐。

氨误入口中毒:应饮用醋水或柠檬水、植物油、牛奶、朊质等,引起呕吐。

酸中毒:饮用碳酸氢钠(苏打)水和大量的水,吃少量氧化镁,引起呕吐。

氰化物和/或高锰酸盐中毒:饮用糨糊、朊、牛奶等,引起呕吐。

氟化物中毒:饮用2%氯化钙,引起呕吐。

五、触电

触电时首要原则是关闭电源。如遇工作人员触电,不能直接用手拖拉,离电源近者应先切断电源,离电源远者用长干木棒切断电源,不能切断电源的把触电者剥离电源,然后转移至阴凉处,进行人工呼吸,输氧。

六、失火

失火时首要原则是扑灭火源。电起火,应先切断电源,用二氧化碳等灭火;油或其它可燃气体或液体起火,用二氧化碳、砂或浸湿的衣服等扑灭。

附录9 本书相关微生物拉丁文名称新旧对比表①

序号	现行名②	旧称(曾用名)	拉丁文③	书中出现位置和备注④
1	**放线菌属**	放线菌	*Actinomyces*	**放线菌属**是放线菌门的一属,放线菌是对放线菌门所有菌的一个简称或代称
2	**金色葡萄果菌**	金黄色葡萄球菌	*Staphylococcus aureus*	第二章实验一,第四章实验二、四、六、八,第五章实验四、十六
3	**纤细竿菌**	枯草芽孢杆菌,枯草芽胞杆菌,枯草杆菌,芽胞/芽孢杆菌等	*Bacillus subtilis*	第二章实验一、二、五、六;第四章实验七;第五章实验八、十一、十二、十六;附录9
4	**链霉菌属种**	链霉菌	*Streptomyces* sp.	链霉菌是对放线菌门链霉菌纲的泛称;第五章实验一
5		酿酒酵母	*Saccharomyces cerevisiae*	第二章实验二、九;第三章实验八;第四章实验二、三、五、六;第五章实验十五;第六章实验六
6	**结肠埃希氏菌**	大肠杆菌	*Escherichia coli*	第二章实验四、五;第三章实验八;第四章实验一,实验三~实验六,实验九;第五章实验一,实验三~实验五,实验七,实验十三,实验十五,实验十六;第六章实验一,实验二,实验四~实验六

续表

序号	现行名②	旧称(曾用名)	拉丁文③	书中出现位置和备注④
7	**图林根芽菌**	苏云金芽孢杆菌,苏云金芽胞杆菌,苏云金杆菌	*Bacillus thuringiensis*	第二章实验五、六,附录4
8	**假单胞菌属种**	假单胞菌	*Pseudomonas* sp.	假单胞菌是对伽马变形菌纲假单胞菌目的一类泛称,**假单胞菌属**则是特指。第二章实验六
9	青霉属种	青霉	*Penicillium* sp.	第二章实验一、十一
10	**蜡色芉菌**	蜡样芽孢杆菌	*Bacillus cereus*	第二章实验五、七,附录4
11	**球赖氨酸芉菌**	球形芽孢杆菌	*Bacillus sphaericus* Meyer and Neide→*Lysinibacillus sphaericus*,2007年	第二章实验七
12	**渣链果菌**	粪链球菌	*Streptococcus faecalis*	第三章实验二,附录5
13	**色果氮杆菌**	褐球固氮菌	*Azotobacter chroococcus* → *Azotobacter chroococcum*	第二章实验八
14	**黏滑似芉菌**	胶质芽孢杆菌	*Bacillus mucilaginosus* → *Paenibacillus mucilaginosus*,2010年	第二章实验八
15	**炭疽芉菌**	炭疽芽孢杆菌		第二章实验八,附录5
16	**微黄链霉菌**	细黄链霉菌	*Streptomyces microflavus*	第二章实验十
17	**蓝灰链霉菌**	青色链霉菌	*Streptomyces glaucus*	第二章实验十
18	**弗拉迪氏链霉菌**	弗氏链霉菌	*Streptomyces fradiae*	第二章实验十
19	**诺卡氏菌属种**	诺卡氏菌	*Nocardia* sp.	第二章实验十
20	曲霉属种	曲霉	*Aspergillus* sp.	第二章实验十一
21	根霉属种	根霉	*Rhizopus* sp.	第二章实验十一
22	毛霉属种	毛霉	*Mucor* sp.	第二章实验十一
23	米曲霉	米曲霉	*Aspergillus oryzae*	第三章实验六
24	**巴斯德氏梭菌**	巴氏芽孢梭菌,巴氏固氮梭状芽孢杆菌	*Clostridum pasteurianum* → *Clostridium pasteurianum*	第三章实验七
25	**荧光假单胞菌**	荧光假单胞菌	*Pseudomonas fluorescens*	第三章实验七
26	**灰色链霉菌**	灰色链霉菌	*Streptomyces grtseus* → *Streptomyces griseus*	第三章实验八
27	产黄青霉	产黄霉菌,产黄青霉菌	*Penicillium chrysogenum*	第三章实验八,第四章实验八
28	**表皮葡萄果菌**	白色葡萄球菌	*Staphylococcus albus* → *Staphylococcus epidermidis*	第四章实验一
29	**干燥棒小杆菌**	干燥棒杆菌	*Corynebacterium xerosis*	第四章实验二
30	**德尔布吕克氏乳芉菌保加利亚亚种**	保加利亚乳杆菌	*Lactobacillus bulgaricus* → *Lactobacillus delbrueckii* subsp. *bulgaricus*,1984年	第四章实验二
31	**丁酸梭菌**	丁酸梭菌	*Clostridium butyicum* → *Clostridium butyricum*	第四章实验二
32	黑曲霉	黑曲霉	*Asperigillus niger*	第四章实验二、六、七;第五章实验十一;附录5

序号	现行名[②]	旧称(曾用名)	拉丁文[③]	书中出现位置和备注[④]
33	**嗜脂热地芽菌**	嗜热脂肪芽孢杆菌	*Bacillus stearothermophilus* → *Geobacillus stearothermophilus*	第四章实验三
34	**萨瓦斯塔诺氏假单胞菌**	萨伏斯达诺氏假单胞菌	*Pseudomonas savastanoi*	第四章实验三
35	**消退沙雷氏菌**	黏质沙雷氏菌,黏质沙雷氏菌	*Serratia marcescens*	第四章实验三
36	**盐业卤小杆菌**	盐沼盐杆菌	*Halobacterium salinarium* → *Halobacterium salinarum*, 2004 年	第四章实验四
37	**渣碱生菌**	粪产碱杆菌	*Alcaligenes faecalis*	第四章实验五
38	素念珠菌	白假丝酵母	*Candida albicaus*	第四章实验六
39	斜盖伞	斜顶菌	*Clitoplus caespitosus* → *Clitopilus prunulus*	第四章实验九
40	香菇	香菇	*Lentinus edodes*	第四章实验九
41	**普通变形菌**	变形杆菌	*proteusbacillus vulgaris* → *Proteus vulgaris*	第五章实验五、十五
42	**气生克雷伯姓菌**	产气肠杆菌	*Enterobacter aerogenes* → *Klebsiella aerogenes*	第五章实验七
43	**黄小杆菌属种**	黄杆菌	*Flavobacterium* → *Flavobacterium* sp.	第五章实验十
44	**恶臭假单胞菌**	恶臭假单胞菌	*Pseudomonas putida*	第五章实验十一
45		啤酒酵母菌	*Saccharomyces cerevisiae*	第五章实验十一
46	**卤小杆菌属种**	盐杆菌	*Halobacterium* sp.	第五章实验十二
47	**铜绿假单胞菌**	铜绿假单胞菌,绿脓假单胞菌,绿脓杆菌、绿脓菌等	*Pseudomomas aeruginasa*	第五章实验十五
48	**表皮葡萄果菌**	表皮葡萄球菌,白色葡萄球菌	*Staphylococcus epidermidis*	第四章实验一 第五章实验十五
49	**乳乳果菌**	乳链球菌	*Streptococcus lactis* → *Lactococcus lactis*,1986 年	第五章实验十五
50	**淀粉液化芽菌**	淀粉液化芽孢杆菌	*Bacillus amyloliquefaciens*	第六章实验四
51	**牛莫拉姓菌**	牛莫拉氏菌	*Moraxella bovis*	第六章实验四
52	**硼氧化酸硼芽菌**	氧化硫杆菌	*Thiobacillus thiooxidans* → *Acidithiobacillus thiooxidans*	附录 2

①据万云洋,2017;由于中文和拉丁文菌名的变化,本书对之前的命名做了较大改动,并列出此表作为新旧检索之用。

②加粗表示合格发表且现行有效。

③"→"表示菌名历史变化,箭头后面是现行正确的。

④修改更加精确的描述微生物菌种,比如变形菌/变形杆菌、放线菌、链霉菌、芽孢杆菌和假单胞菌等的说法过于大而模糊,而**变形菌属**、**放线菌属**、**链霉菌属**、**芽菌属**和**假单胞菌属**则指向明确无误。

附录10 生物学指示剂和染色常用化合物分子结构及其特点简介

一、复红

复红(fuchsine,分子结构见附图12)是蔷薇苯胺(品红)的盐酸化物,溶于水即成品红,呈现红色,固体为暗绿色晶体。碱性品红是碱性染料,呈暗红色粉末或结晶状,能溶于水(溶解度1%)和酒精(溶解度8%)。碱性复红(又称碱性品红)是蔷薇苯胺、副蔷薇苯胺(副品红,pararosaniline,分子结构见附图13)、新复红(碱性紫2或品红Ⅲ,分子结构见附图14)和品红Ⅱ的混合物。复红在生物学制片中用途很广,可用来染色胶原纤维、弹性纤维、嗜复红性颗粒和中枢神经组织的核质、维管束植物的木质化壁,又作为原球藻、轮藻的整体染色。在细菌学制片中,复红常用来鉴别**结核分枝小杆菌**(俗称结核杆菌)。在孚尔根氏反应(Feulgen)中,复红用作组织化学试剂,核查染色体或脱氧核糖核酸(DNA)。

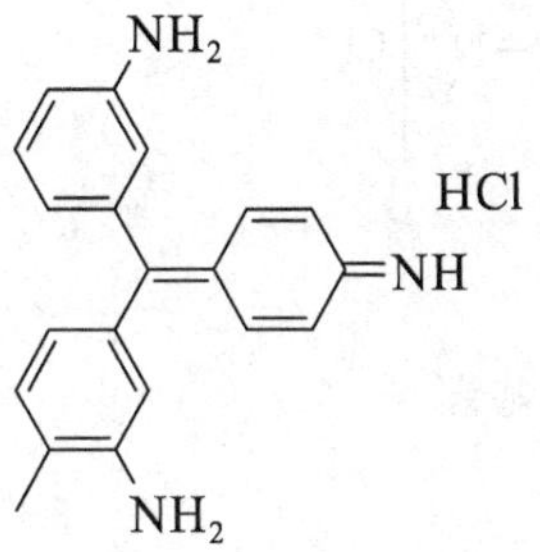

NH_2 HCl =NH NH_2

附图12 复红

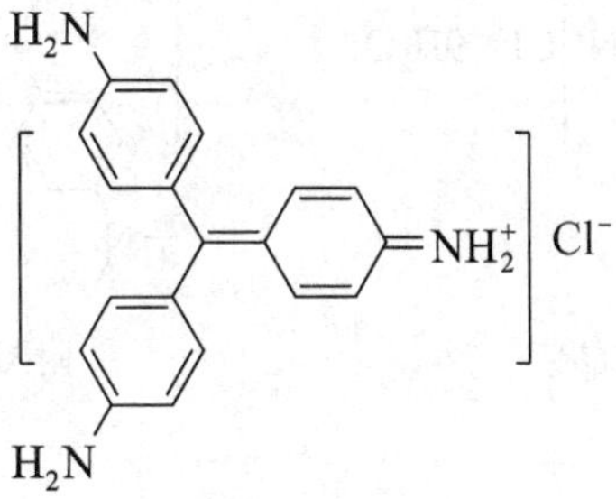

H_2N $=NH_2^+$ Cl^- H_2N

附图13 副品红

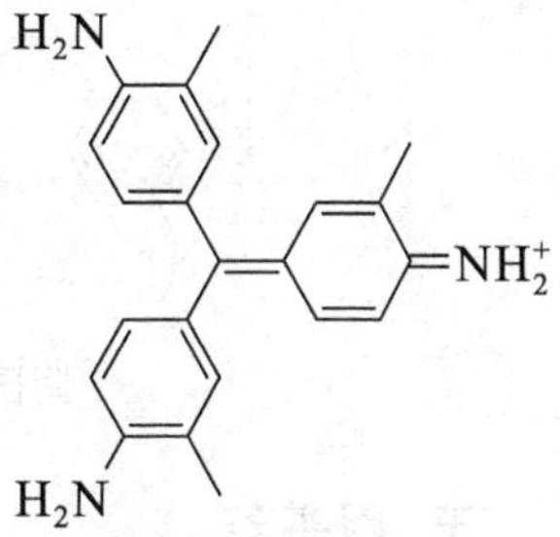

H_2N $=NH_2^+$ H_2N

附图14 新复红

二、酸性复红

酸性复红(又称酸性品红)是复红磺酸化的同系物混合物,理论上有12个位置异构体。酸性复红是酸性染料,呈红色粉末状,能溶于水,略溶于酒精(0.3%),是良好的细胞制片染色剂,在动物制片上应用很广,在植物制片上用来染皮层、髓部等薄壁细胞和纤维素壁。它跟甲基绿同染,能显示线粒体。组织切片在染色前先浸在带酸性的水中,可增强它的染色力。酸性复红容易跟碱起作用,所以染色过度时易在自来水中褪色。

三、番红

番红(藏红T,$C_{20}H_{19}ClN_4$,350.85g/mol,附图15)是碱性染料,能溶于水和酒精。番红是细胞学和动植物组织学中常用的染料,能染细胞核、染色体和植物朊质,染维管束植物木质化、木栓化和角质化的组织,还能染孢子囊。番红的市售商品一般是二甲基和三甲基的混合物。

番红O(Safranin O)、碱性红2(basic red 2)都是别名,对细菌和孢子染色有效。

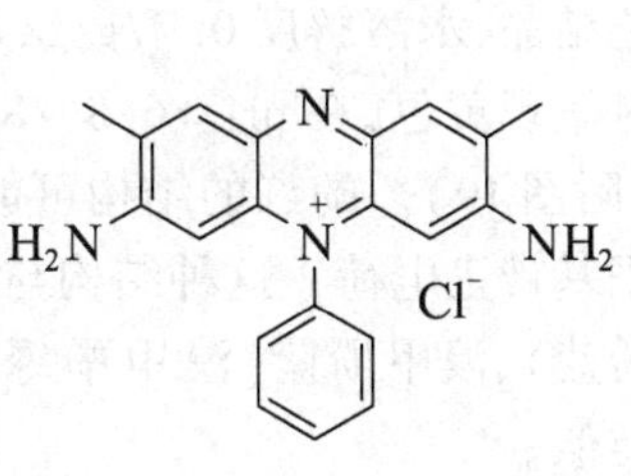

N N^+ H_2N NH_2 Cl^-

附图15 番红

四、结晶紫

结晶紫(又称甲基紫 10B,分子结构见附图 16)是碱性染料,能溶于水(溶解度 9%)和酒精(溶解度 8.75%)。结晶紫在细胞学、组织学和细菌学等方面应用极广,是一种优良的染色剂,常用于细胞核染色,用来显示染色体的中心体,并可染淀粉、纤维朊、神经胶质等。凡是用番红和苏木精或其它染料染细胞核不能成功时,用它能得到良好的结果。用番红和结晶紫作染色体的二重染色,染色体染成红色,纺锤丝染成紫色,所以结晶紫也是一种显示细胞分裂的优良染色剂。用结晶紫染纤毛,效果也很好。用结晶紫染色的切片缺点是不易长久保存。甲基紫(分子结构见附图 17)和甲紫都是混合物,为四、五、六甲基取代基的混合物。医药上用的紫药水,主要成分是甲基紫,需要时能代替甲紫和结晶紫。大多数精确的实验均可用结晶紫染色。

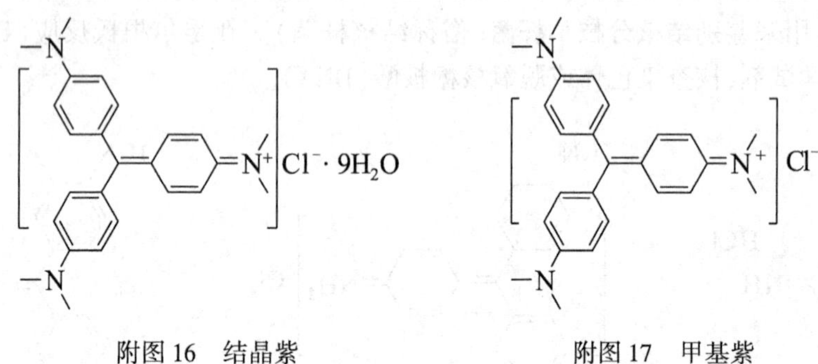

附图 16　结晶紫　　附图 17　甲基紫

五、甲基红

甲基红(Methyl red),又名酸性红 2,对二甲氨基偶氮苯邻羧酸,虽然同甲基紫和甲基蓝在名字上仅差一字,但分子结构(附图 18)是完全不同的。甲基红是偶氮染料,纯物质为暗红色晶体粉末,在酸性溶液中呈现红色,因此可作为 pH 指示染料。它在 pH 低于 4.4 时呈现红色,在 pH 大于 6.2 时呈现黄色,介于两者之间呈现橘黄色。甲基红被 IARC 归为第三类(对人类致癌性方面证据不足的物质)。

六、酚红

酚红(Phenol red),又名苯酚红、苯酚磺酞(PSP),在细胞生物学中是一类广泛使用的 pH 指示剂,品质见 HG/T 4100—2009《化学试剂　苯酚红》。酚红在空气中稳定,呈现为红色结晶,水溶解度 0.77g/L,乙醇溶解度 2.9g/L,弱酸性。作为 pH 指示剂,酚红在 $pH < 6.8$ 时呈现黄色,在 $pH = 6.8 \sim 8.2$ 时呈现黄色到红色的逐渐转变,在 $pH > 8.2$ 时呈现紫红色(附图 19)。酚红的结构可能多种形式,如硫原子为环式和两性离子,硫酸基团带负电荷,酮基带正电荷。这种结构与溴麝香草酚蓝(分子结构见第五章实验七)、麝香草酚蓝(百里酚蓝)、溴甲酚蓝(溴甲酚绿)(分子结构见第五章实验六)、麝香草酚酞和酚酞等结构类似。

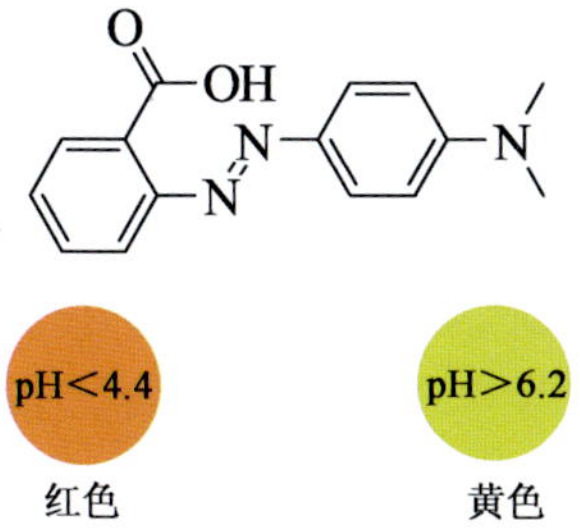

红色　黄色　黄色　紫红色

附图 18　甲基红 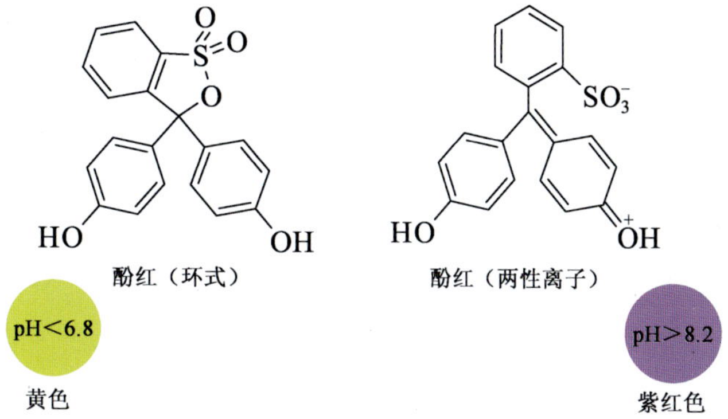　　附图 19　酚红

七、麝香草酚酞

麝香草酚酞(分子结构见附图 20)是一种 pH 指示剂,渐变色范围 pH = 9.3 ~ 10.5,pH 在 9.3 以下时为无色,pH 在 10.5 以上时是蓝色。

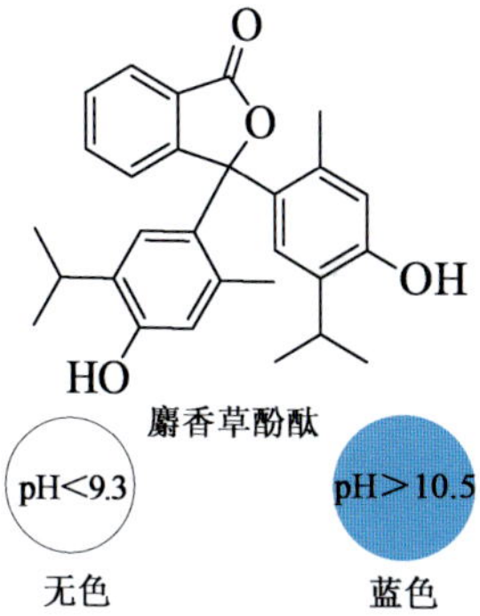

无色　蓝色

附图 20　麝香草酚酞

八、酚酞

酚酞(附图 21)是最常见的一种滴定指示剂,分子式 $C_{20}H_{14}O_4$,常见英文缩写 HIn 或 phph,品质参见 HG/T 4101—2009《化学试剂　酚酞》。酚酞不溶于水,实验中一般先溶于醇溶液。酚酞分子无色,其离子为粉色。分子结构式较为复杂,分别对应不同的酸碱条件,在酸性和中性/弱碱性(pH 在 0 ~ 8.2 之间)为无色,但在极强的酸性条件下(pH < 0)变为橘色;在碱性(pH 在 8.2 ~ 12.0 之间)为粉红色或紫红色,但在极强的碱性时(pH > 12.0)又变为无色。值得一提的是,酚酞作为一种泻药已经有百多年历史了,但现在由于其可能的致癌性正受到抵制,但我国内尚无有关研究和立法。

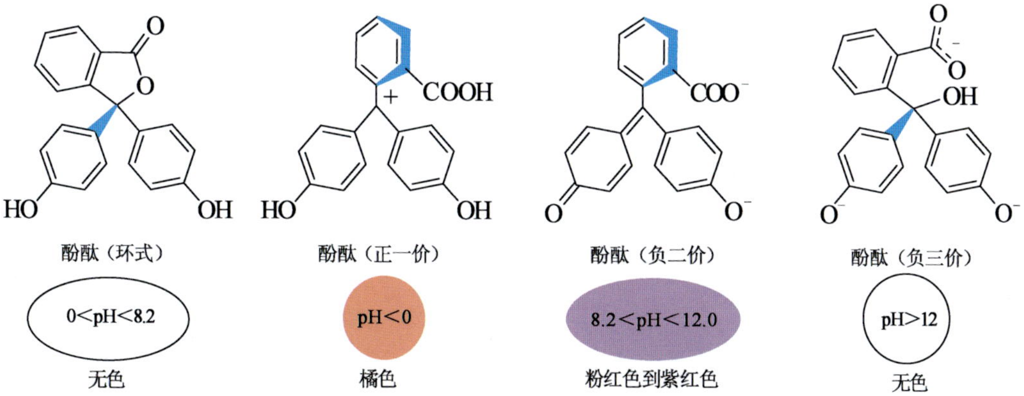

无色　橘色　粉红色到紫红色　无色

附图 21　酚酞

如上所述,由于具有不同的 pH 响应和显色范围,酚酞、溴麝香草酚蓝、麝香草酚蓝和甲基红可用来制作通用指示剂。

九、溴酚蓝

溴酚蓝也是一种酚酞型酸碱指示剂，也可作为色彩指示剂、染料，其制备也非常简单，酚酞热液在冰醋酸氛围中，慢慢滴加过量溴即可制备溴酚蓝，品质参照 HG/T 4099—2009《化学试剂　溴酚蓝》，熔点 273℃，沸点 279℃。在 pH <3.0 到 pH >4.6 的变化过程中，其颜色慢慢地从黄色变到紫色(附图 22)，此过程可逆。在琼脂糖凝胶电泳和聚丙烯酰胺凝胶电泳实验中，溴酚蓝也作为色彩指示剂。溴酚蓝在中性条件下带有微量负电荷，也会随着 DNA 或朊在凝胶中迁移，其迁移速率根据凝胶密度和缓冲液组成而定。由 Tris - 乙酸 - EDTA(TAE)或 Tris - 硼酸 - EDTA(TBE)缓冲液配制的 1% 的琼脂糖凝胶中，溴酚蓝的迁移速率基本等同于 500 个碱基对的 DNA 片段；在 2% 的琼脂糖凝胶中，则等同于 150 个碱基对的 DNA 片段。

pH<3.0　黄色　　pH>4.6　紫色

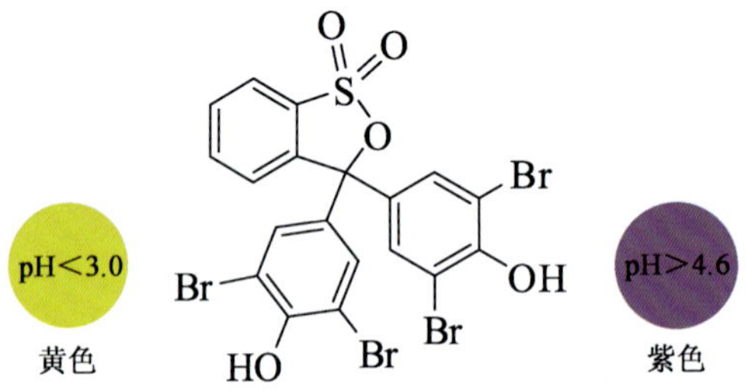

附图 22　溴酚蓝

十、刚果红

刚果红是钠盐、酸性染料，呈枣红色粉末状，在水中的溶解性好于酒精等有机溶剂，遇酸呈蓝色。在植物制片中，刚果红常作为苏木精或其它细胞染料的衬垫剂。在用来染细胞质时，刚果红能把胶制或纤维素染成红色。在动物组织制片中，刚果红用来染神经轴、弹性纤维、胚胎材料等。刚果红可以跟苏木精进行二重染色，也可用作类淀粉染色，由于刚果红能溶于水和酒精，所以洗涤和脱水处理要迅速。刚果红也用作 pH 指示剂，在 pH 低于 3.0 时呈蓝色，pH 高于 5.2 时呈红色(附图 23)。

注意：一般来说，所有作为 pH 指示剂的物质，在培养基配制须进行 pH 调节时，必须在培养基 pH 调节好后再加入。

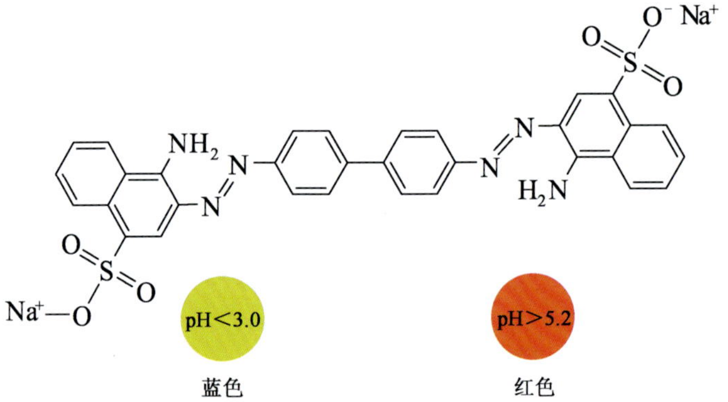

pH<3.0　蓝色　　pH>5.2　红色

附图 23　刚果红

十一、甲基蓝

甲基蓝(methyl blue),也称棉蓝、酸蓝 93、中国蓝,是弱酸性染料,能溶于水(溶解度约 300g/L),微溶于酒精。虽然甲基蓝在名字上同甲基红仅差一字,但它的分子结构截然不同(附图 24)。甲基蓝是组织染色剂,可将组织中的胶原染成蓝色,因而在动植物的制片技术方面应用极广。它跟伊红合用能染神经细胞,也是细菌制片中不可缺少的染料。它的水溶液(商业名可为水蓝、溶蓝、苯胺蓝等)是原生动物的活体染色剂。甲基蓝极易氧化,因此用它染色后不能长久保存。甲基蓝也是铊中毒的解毒剂,因为它可以同铊反应结合。

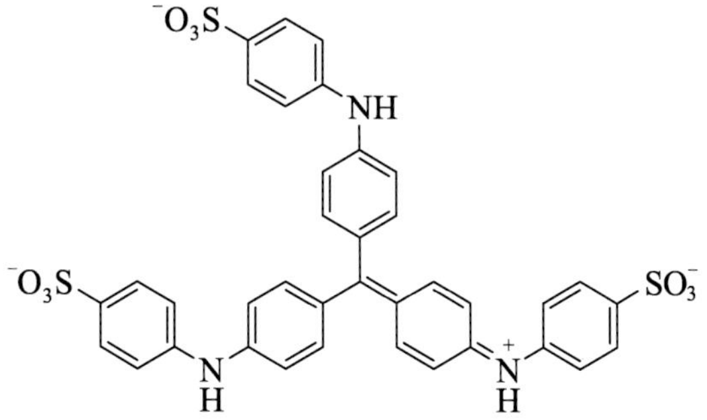

附图 24　甲基蓝

十二、固绿

固绿(solid green)(附图 25),又称快绿(fast green)、食绿 3,是海绿三苯甲烷食品染料。固绿由于其磺酸基团而呈酸性染料,染色更加亮丽、更加牢固不易褪色。固绿能溶于水(溶解度为 4%)和酒精(溶解度为 9%)。固绿是一种染含有浆质的纤维素细胞组织的染色剂,在染细胞和植物组织上应用极广。DNA 酸提取后的组织朊,在碱性 pH 下可用固绿定量染色。固绿和苏木精、番红并列为植物组织学上三种最常用的染料,但要注意,该物质在动物实验中存在致肿瘤、突变效应,对眼睛、皮肤、消化道、呼吸道等有刺激作用。

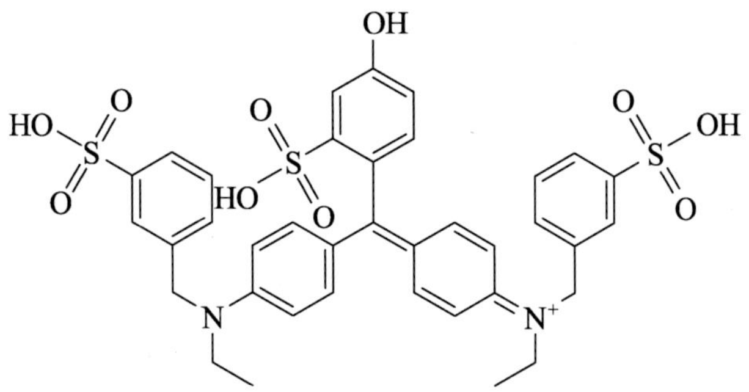

附图 25　固绿

十三、苏丹Ⅲ

苏丹Ⅲ(附图 26),又称苏丹红Ⅲ,是弱酸性染料,呈红色粉末状,易溶于脂肪和酒精(溶解度为 0. 15%)。苏丹Ⅲ是脂肪染色剂,最大吸收峰在 507nm 和 304nm。它和苏丹Ⅰ

(附图 27)、苏丹Ⅳ(附图 28)同被国际癌研究机构(IARC)归为 3 类致癌剂。

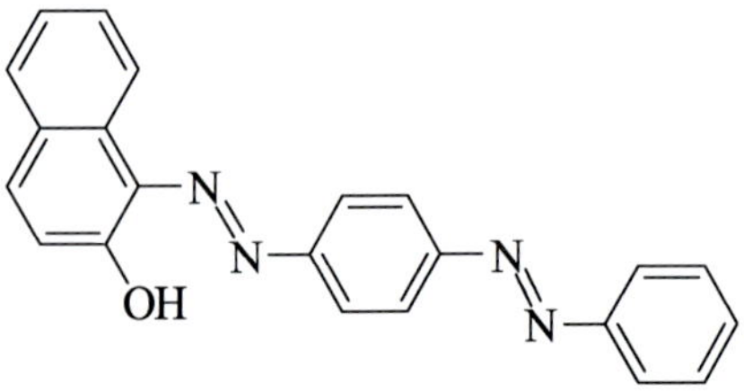

附图 26　苏丹Ⅲ 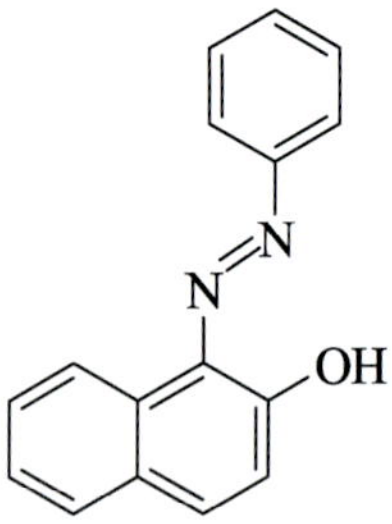　　附图 27　苏丹Ⅰ 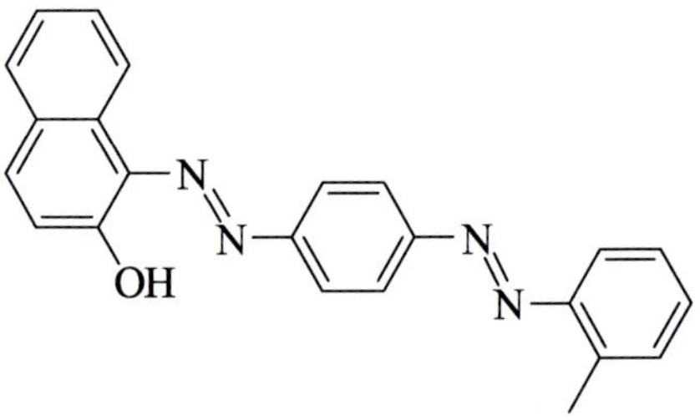　　附图 28　苏丹Ⅳ

十四、伊红

伊红(Eosin)是荧光素(附图 29)(HG/T 3494—1999《化学试剂　荧光素》)的溴化物,主要由两种结构类似的物质组成。最常用的伊红 - Y(也称为伊红黄、曙红、酸红 87、溴伊红等,分子结构见附图 30)(HG/T 3495—1999),是荧光素的四溴化物,是酸性染料,呈红色带蓝的小结晶或棕色粉末状,溶于水(15℃条件下溶解度为 44%)和酒精(在无水酒精中的溶解度为 2%)。另一种是伊红 - B(也称为伊红蓝、酸红 91,分子结构见附图 31),是荧光素的二溴化物。这两种形式是可以互换的,选择其中一种更多的是一种偏好或习惯。伊红在动物制片中广泛应用,是很好的细胞质染料,常用作苏木精的衬染剂。

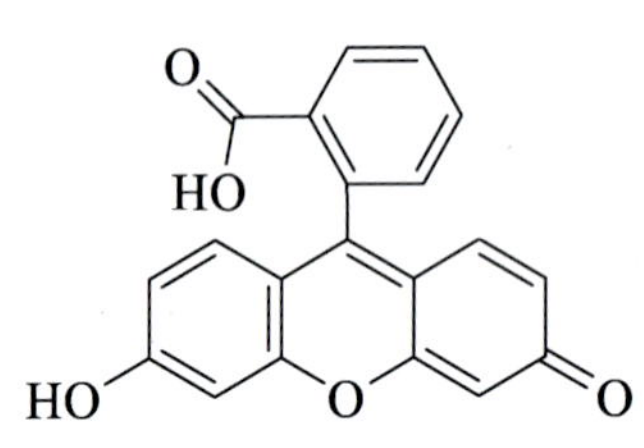

附图 29　荧光素

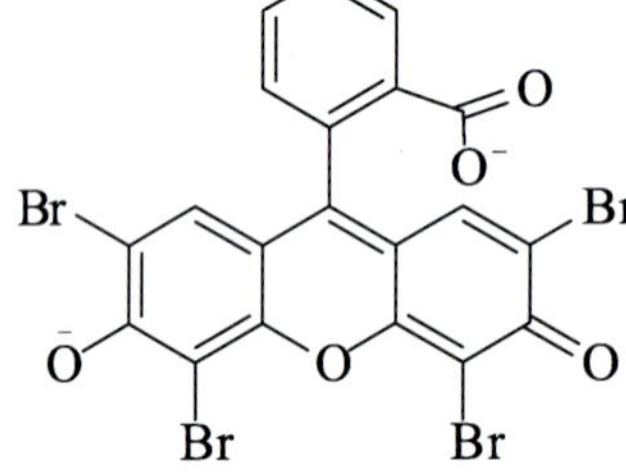

附图 30　伊红 - Y

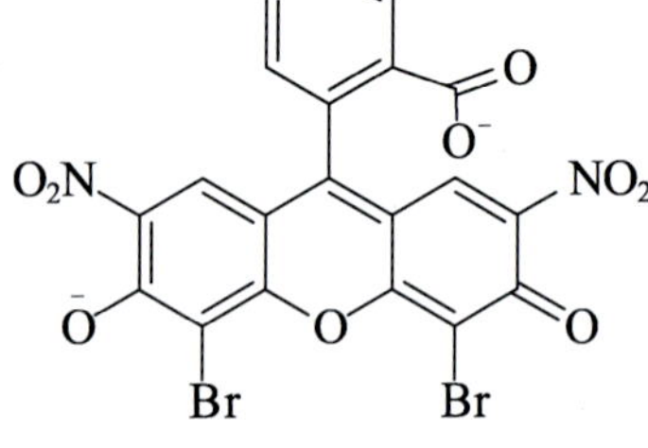

附图 31　伊红 - B

十五、中性红

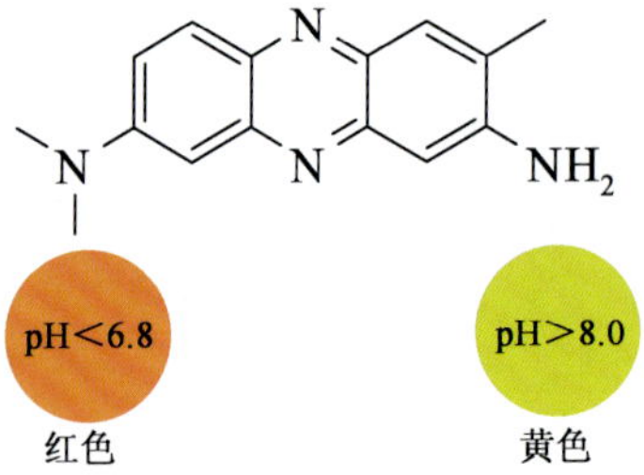

中性红,又称碱性红 5,是弱碱性染料,呈红色粉末状,能溶于水(溶解度 4%)和酒精(溶解度 1.8%)。它在 pH 低于 6.8 的溶液中呈现红色,在 pH 大于 8.0 的溶液中呈黄色(附图 32),所以能用作 pH 指示剂。中性红无毒,常做活体染色的染料,用来染原生动物和显示动植物组织中活细胞的内含物等。陈久的中性红水溶液,用作显示尼尔体的常用染料。

pH<6.8　红色　　pH>8.0　黄色

附图 32　中性红

十六、亚甲蓝

亚甲蓝(methylene blue)是碱性染料,在室温下无气味,固体,呈暗绿色粉末状,能溶于水

(溶解度9.5%)和酒精(溶解度6%)。在氧化环境(O)中呈蓝色,在有还原剂(R)存在时呈无色(附图33)。"蓝瓶"实验即是利用亚甲蓝的这种特性,摇动由葡萄糖、亚甲蓝和氢氧化钠配制的溶液瓶,氧气将氧化亚甲蓝而使得溶液呈蓝色,即"蓝瓶";由于葡萄糖的存在,将慢慢还原亚甲蓝而使其呈还原态,溶液从蓝色变成无色;当溶液中的葡萄糖耗尽后,溶液又从无色转变为蓝色(蓝瓶)。亚甲蓝是动物学和细胞学染色上十分重要的细胞核染料,其优点是染色不会过深。新亚甲蓝(附图34)结构同亚甲蓝类似,但是有毒,要避免皮肤接触或吸入,在细胞学诊断中诊断未成熟红血细胞。

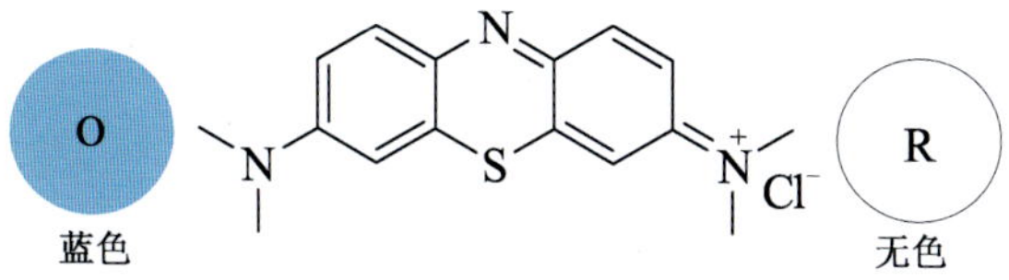

O 蓝色 R 无色

附图33 亚甲蓝

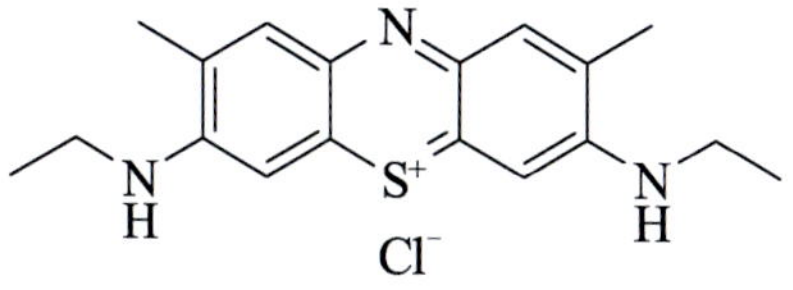

附图34 新亚甲蓝

十七、甲基绿和乙基绿(ethyl green)

甲基绿(methyl green),又称甲绿,是一种三芳基甲烷碱性染料。同结晶紫相比,甲基绿多一个甲基(附图35),而这个甲基在溶液中相对容易丢失而转变成结晶紫,因此甲基绿经常混有结晶紫。现在国际上几大药品公司如西格玛等实际上提供的甲基绿是乙基绿(附图36),即第七个甲基变成了乙基。乙基绿和甲基绿性质相似,几乎可以互换。

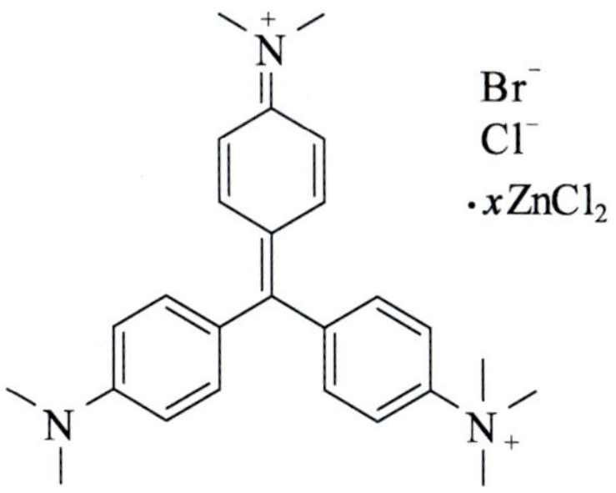

附图35 甲基绿

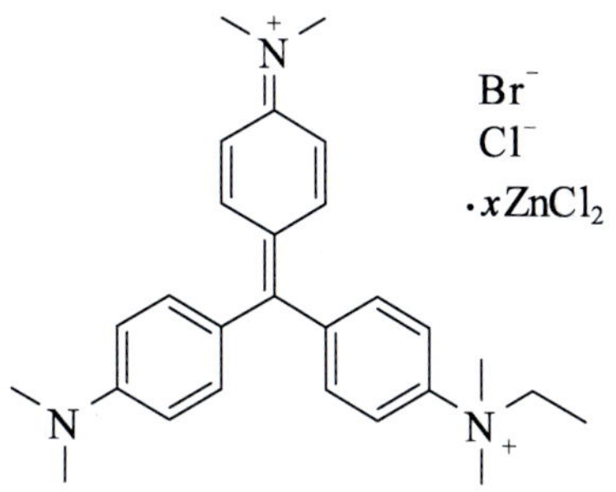

附图36 乙基绿

甲基绿是绿色粉末状,能溶于水(溶解度8%)和酒精(溶解度3%),也由结晶紫制备,容易混入结晶紫。甲基绿是极有价值的细胞染色剂,细胞学上常用来染染色质,跟酸性品红一起可作植物木质部的染色。

十八、孔雀绿

孔雀绿(Malachite Green),即氯化四甲基代二氨基三苯甲烷,又名碱性绿、严基块绿,三芳基甲烷染料之一。孔雀绿分子式为$[C_6H_5C(C_6H_4N(CH_3)_2)_2]Cl$或$C_{23}H_{25}ClN_2$(附图37),是一种带有金属光泽的绿色结晶体,既是杀真菌剂,又是染料,极易溶于水,溶液呈蓝绿色。孔雀绿是有毒的三苯甲烷类人工合成有机化合物,可致癌,其在水生生物体中的主要代谢产物为无色孔雀石绿。无色孔雀石绿不溶于水,残留毒性比孔雀绿更强。孔雀绿可用作生物染色剂,把细胞或细胞组织染成蓝绿色,在显微镜下研究,也用作丝绸、皮革和纸张的染料。

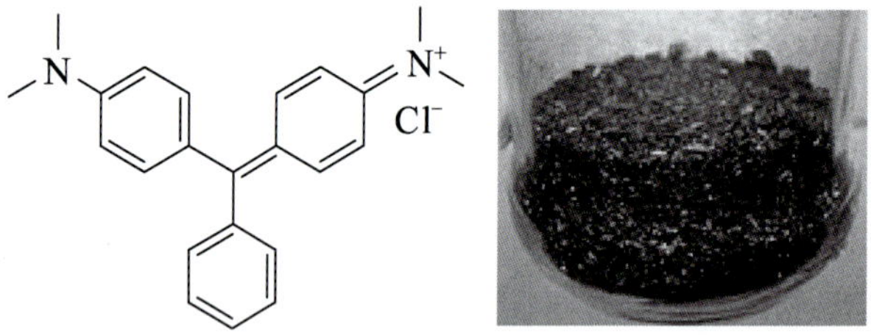

附图 37　孔雀绿

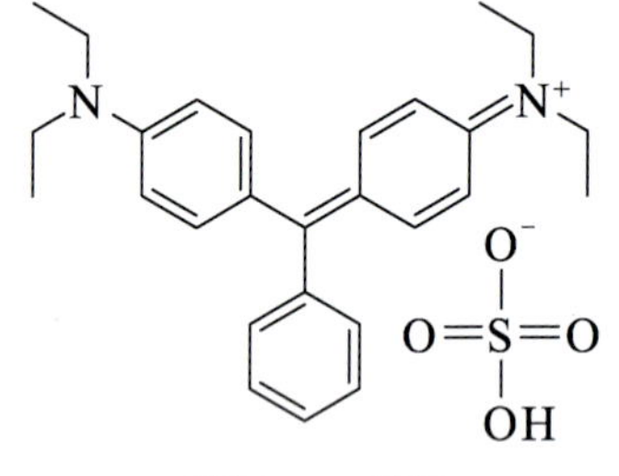

附图 38　煌绿

十九、煌绿

煌绿(Brilliant Green)(附图 38)又名亮绿、苯胺绿、快绿 J，非常类似于孔雀绿(所以有时也称为孔雀绿 G)，也是三芳基甲烷染料之一。煌绿可用于丝绸和羊毛着色，也可以作为防腐剂、抗菌剂，对革兰氏阳性菌有效。同常用消毒剂如碘相比，煌绿不刺激黏膜，可作为眼睛、舌头、鼻窦感染的治疗药物。

二十、吖啶橙

吖啶橙(Acridine orange)(附图 39)是一种核酸选择性荧光阳离子染料，分子式 3，6 – 双(二甲氨基 – 10)吖啶，一般用于细胞周期测定。它与 DNA 的作用是插入双链碱基对，与 RNA 的作用是静电吸引方式。它与 DNA 结合的最大激发波长为 502nm(青色荧光)，最大发射波长为 525nm(绿色荧光)；与 RNA 作用时，最大激发波长为 460nm(蓝色荧光)，最大发射波长为 650nm(红色荧光)。由于它的这种特性，区分 DNA 和 RNA 显得十分容易。吖啶橙还有一个很强的特点，它能快速区分样品是否受到人为污染。在 pH <3.5 时，当用蓝光激发吖啶橙时，被人为染色的细胞呈现绿色，微生物细胞呈现亮橙色。

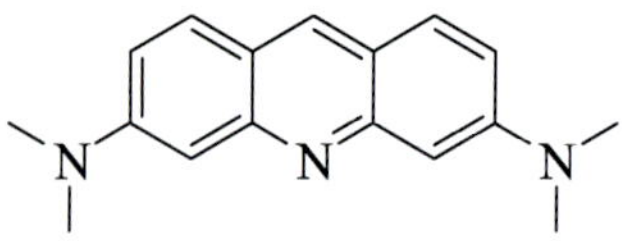

附图 39　吖啶橙

现在更多用 4′，6 – 二脒基 – 2 – 苯基吲哚(4′，6 – diamidino – 2 – phenylindole，DAPI)。

二十一、刃天青

刃天青(Resazurin)(附图 40)是一种蓝色的染料，自身具有弱荧光性，如果完全氧化将被不可逆转地还原为有荧光性的试卤灵(resorufin)；刃天青可用于细胞免疫分析时的氧化还原指示剂，用于河床生物的有氧呼吸测定，也可用作 pH 指示剂(附图 40)。

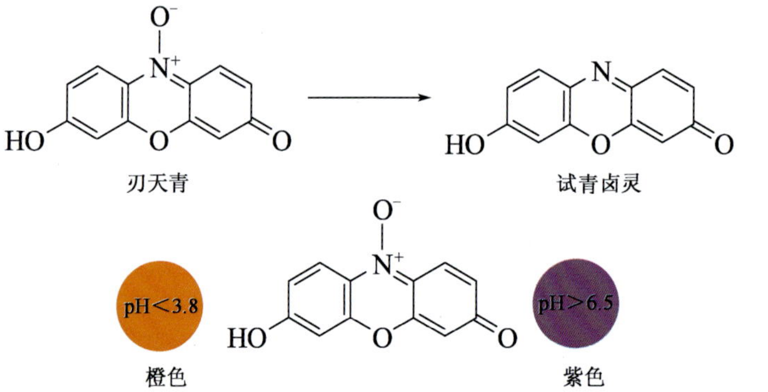

附图 40　刃天青

二十二、苏木精(haematoxylin)

苏木精,又称苏木素、天然黑1号,是从南美的苏木(热带豆科植物)干枝中用乙醚浸制出来的一种天然色素,是最常用的染料之一。苏木精不能直接染色,必须暴露在通气的地方,使它变成苏木红(又称氧化苏木精)后才能使用,这叫做"成熟"。苏木精的"成熟"过程需时较长,配制后时间越久,染色力越强。苏木红同金属盐有极强的络合作用,形成强着色力,所以在配制苏木精染剂时,都要用金属媒染剂,常用的有 Fe(Ⅲ)和 Al(Ⅲ)盐,如硫酸铝铵[分子式为 $NH_4Al(SO_4)_2$]、钾明矾[分子式为 $KAl(SO_4)_2 \cdot 12H_2O$]和铁明矾[分子式为 $FeNH_4(SO_4)_2$]等。苏木精氧化过程如下:

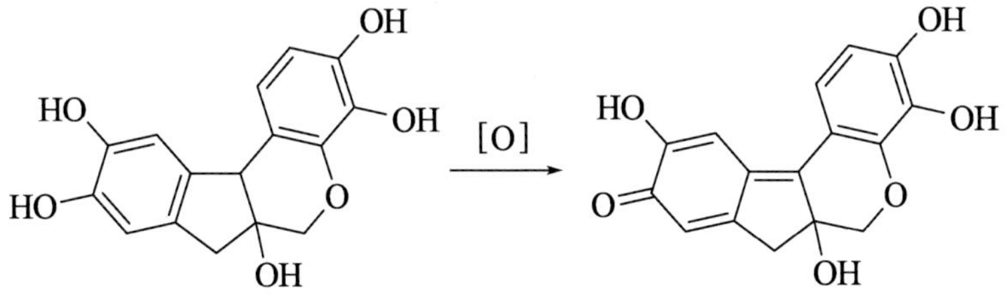

苏木精 —[O]→ 苏木红

苏木精是淡黄色到锈紫色的结晶体,易溶于酒精,微溶于水和甘油,是染细胞核的优良材料,它能把细胞中不同的结构分化出各种不同的颜色。分化时,组织所染的颜色因处理的情况而异,用酸性溶液(如盐酸—酒精)分化后呈红色,水洗后仍恢复青蓝色;用碱性溶液(如氨水)分化后呈蓝色,水洗后呈蓝黑色。

二十三、洋红

洋红又叫胭脂红或卡红。一种热带产的雌性胭脂虫干燥后,磨成粉末,提取出虫红,再用明矾处理,除去其中杂质,就制成洋红:

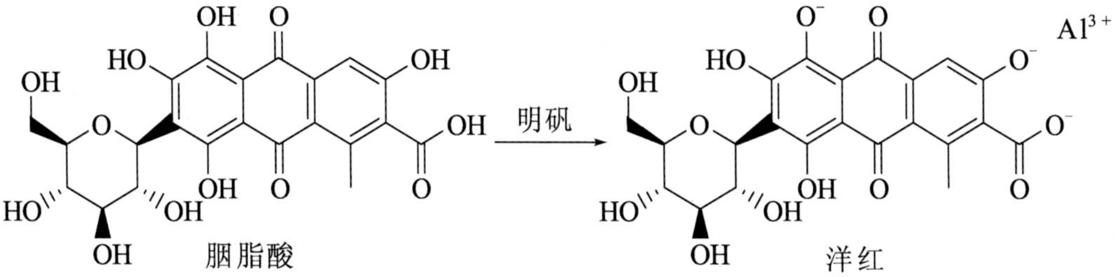

胭脂酸 —明矾→ 洋红

单纯的洋红不能染色,要经酸性或碱性溶液溶解后才能染色。常用的酸性溶液有冰醋酸或苦味酸,碱性溶液有氨水、硼砂等。

洋红是细胞核的优良染料,染色的标本不易褪色,用作切片或组织块染都适宜,尤其适宜于小型材料的整体染色。用洋红配成的溶液染色后能保持几年。洋红溶液出现浑浊时要过滤后再用。

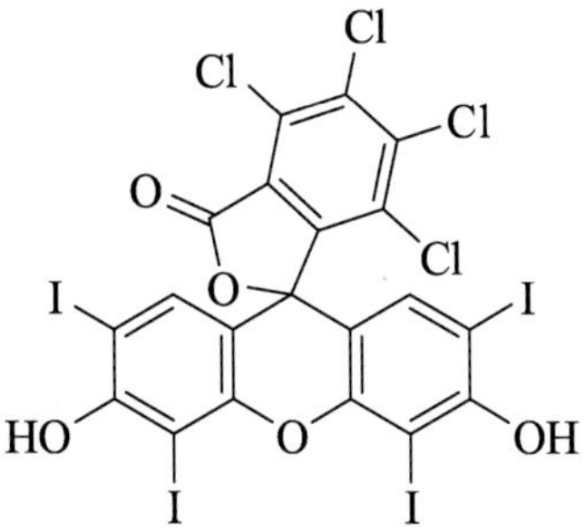

二十四、孟加拉红

孟加拉红(rose bengal)(附图41),又叫虎红,学名四碘四氯

附图41 孟加拉红

荧光素(4,5,6,7 - tetrachloro - 2′,4′,5′,7′ - tetraiodofluorescein),用作染料、眼药水、配制孟加拉红培养基等。

二十五、胶红和胶绿

胶红(GelRed),或凝胶红,是英文 GelRed 的中译。胶红在结构上由两个乙锭亚基组成,由一个线性氧化间隔基桥接,实际上是碘化物,分子式是 5,5′ - (6,22 - 二酮 - 11,14,17 - 三醚 -7,21 - 二氮庚烷 - 1,27 - 二酰胺)双(3,8 - 二氨基 - 6 - 苯基菲 - 5 - 啶)碘。

很明显,其荧光团及其由此的光学性质基本上与溴化乙锭(有时写作"溴化乙啶")相同,但由于对核酸毒性更小、更敏感,基本上已作为溴化乙啶的代替物了,一般是配置成无水 DMSO 溶液或超纯水溶液。暴露在紫外线下时,胶红会发出橙色荧光,在与 DNA 结合后会强烈增强,是一种插入式核酸染料(染色剂),用于琼脂糖凝胶 DNA 电泳的分子遗传学。

胶红、胶绿、乙啶和溴化乙锭分子式为:

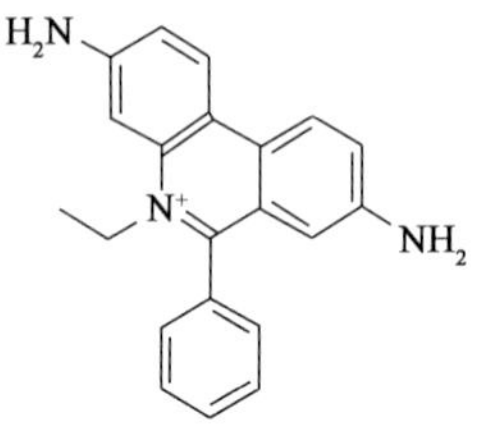

乙锭(啶鎓)

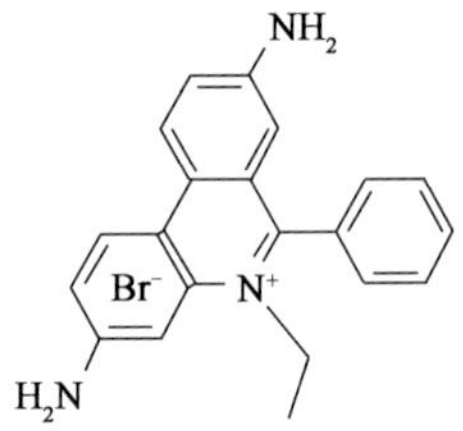

溴化乙锭

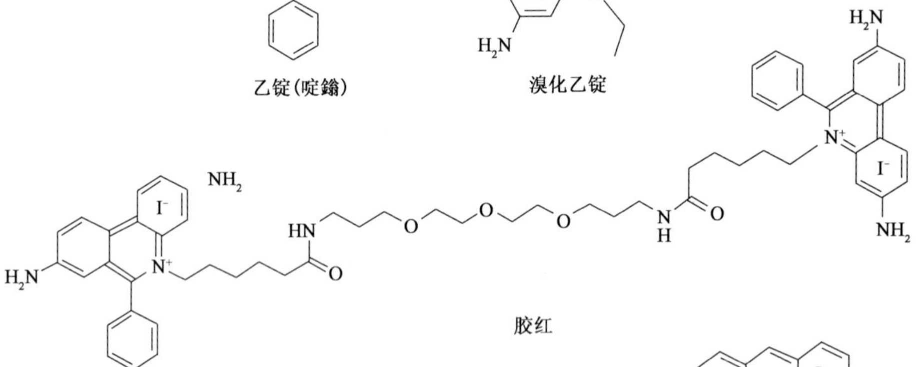

胶红

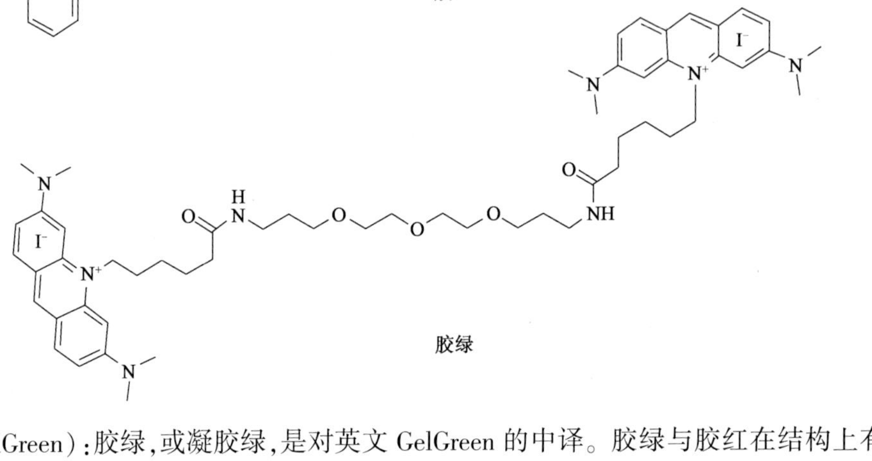

胶绿

胶绿(GelGreen):胶绿,或凝胶绿,是对英文 GelGreen 的中译。胶绿与胶红在结构上有类似之处。胶绿由两个吖啶橙亚基组成,与胶红一样,是由一个线性氧化间隔基桥接,实际上也是碘化物,分子式为 10,10′ - (6,22 - 二酮 - 11,14,17 - 三醚 - 7,21 - 二氮庚烷 - 1,27 - 二酰胺基)双(3,6 - 双(二甲氨基)吖啶 - 10)碘。

很明显,其荧光团及其由此的光学性质本质上与 *N* - 烷基吖啶橙染料相同,但由于对核酸毒性更小、更敏感,基本上已作为溴化乙啶的代替物了,一般是配置成无水 DMSO 溶液或水溶液。暴露在紫外线下时，胶绿会发出绿色荧光，在与 DNA 结合后会强烈增强，是一种插入式核酸染料（染色剂），用于琼脂糖凝胶 DNA 电泳的分子遗传学。

胶红和胶绿是目前市面上灵敏度最高的凝胶核酸染料之一，稳定性极好（可以微波炉加热，可室温保存），比溴化乙锭诱变性低（艾姆斯氏试验），广泛适用于预制凝胶和凝胶电泳后染色，且染色过程简单：与溴化乙锭一样，在预制胶和电泳过程中不必担心染料降解，而电泳后染色过程也只需 30 分钟且无需脱色或冲洗，对 DNA 和 RNA 的迁移影响小，与标准凝胶成像系统以及可见光激发的凝胶观察装置兼容，使用 312nm UV 凝胶成像系统时，胶红可替代溴化乙锭；使用 254nm UV 凝胶成像系统或可见光激发的凝胶观察装置时，胶绿可替代任意一种 SYB 染料。胶红和胶绿的安全环保通过美国环保局环境安全认定，是可以直接排放、直接丢弃的，无需特殊处理。

二十六、本书中涉及的部分化合物结构

1. 链霉素

链霉素的分子结构见附图 42。

2. 海藻糖

海藻糖的分子结构见附图 43。

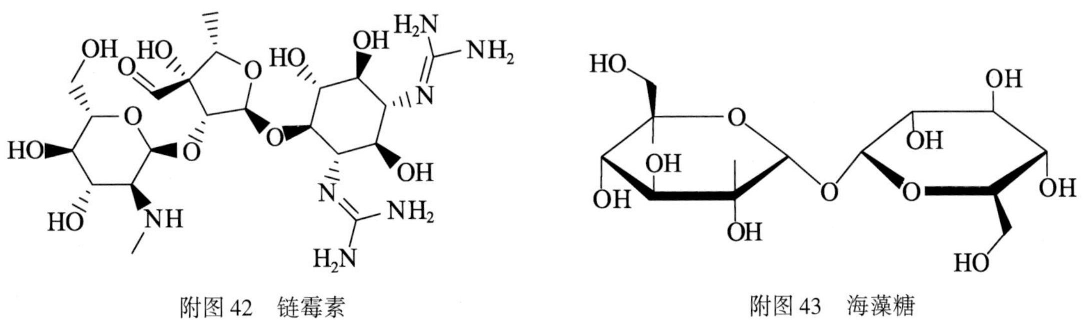

附图 42　链霉素　　　附图 43　海藻糖

3. 吐温 80

吐温 80，或称聚山梨醇酯 80、聚氧乙烯（20）山梨醇单油酸酯，分子结构见附图 44。

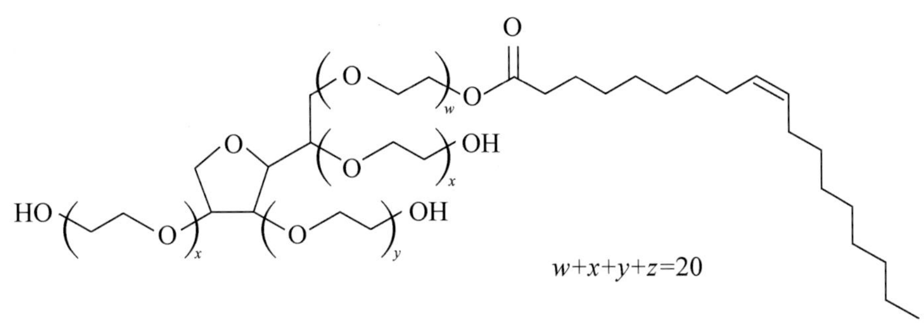

附图 44　吐温 80

4. 双（氯甲基）醚

双（氯甲基）醚的分子结构见附图 45。

5. 3,6 – 脱水 – α – L – 半乳吡喃糖

3,6 – 脱水 – α – L – 半乳吡喃糖的分子结构见附图 46。

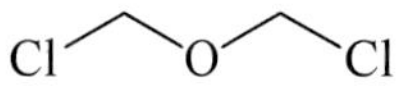

附图 45　双(氯甲基)醚

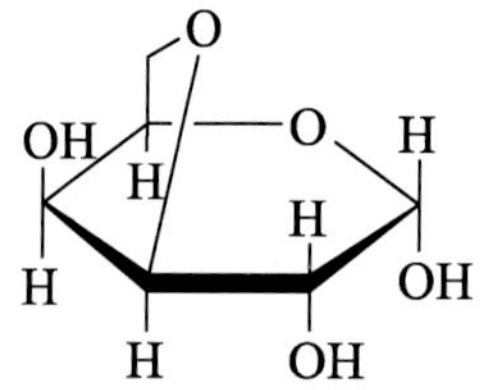

附图 46　3,6 – 脱水 – α – L – 半乳吡喃糖

6. 谷胱甘肽

谷胱甘肽的分子结构见附图 47。

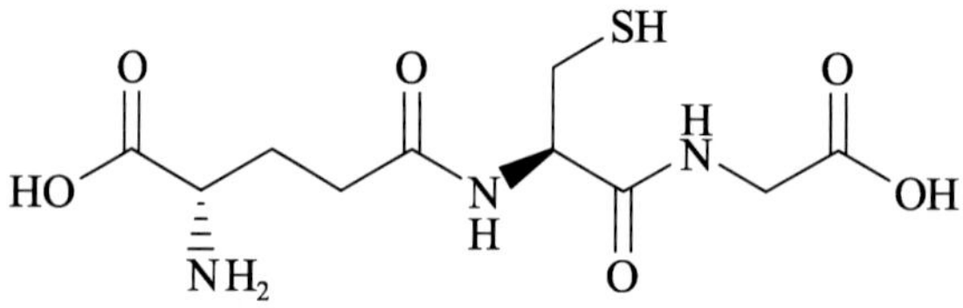

附图 47　谷胱甘肽

7. 磺胺噻唑

磺胺噻唑(Sulfathiazole)的分子结构见附图 48。

8. 硫乙醇酸钠

硫乙醇酸钠的分子结构见附图 49。

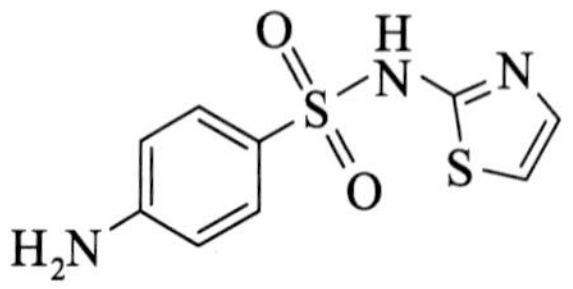

附图 48　磺胺噻唑

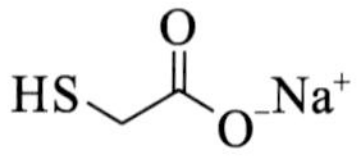

附图 49　硫乙醇酸钠

9. 焦性没食子酸

焦性没食子酸又称连苯三酚。它和没食子酸(Gallic acid)的区别只是少一个羧基,因为是通过加热没食子酸获得的,故名。焦性没食子酸少一个羧基,酸性较弱。焦性没食子酸具有吸收氧气并从白色变成棕色的特点。奥氏(Orsat)气体分析仪就是建立在此基础上,用于分析化石燃料烟道气中氧气、一氧化碳和二氧化碳,迄今仍是一种简单可靠的方法。

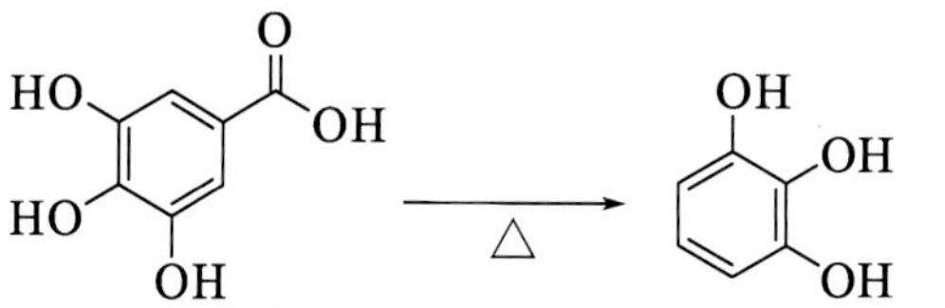

△

没食子酸　　焦性没食子酸

10. 单宁酸

单宁酸(tannic acid)是一种天然多酚,市售天然单宁酸的分子式 $C_{76}H_{52}O_{46}$,结构见附图 50,是十棓酰葡萄糖(decagalloyl glucose),可从盐肤木或没食子树的棓子、西西里漆树叶中提取。单宁酸现在也被用于制备焦性没食子酸。

11. 肌苷

肌苷(inosine)是一种核苷,由次黄嘌呤与核糖环(也称为呋喃核糖)经 b - N_9 - 糖苷键组成,见附图 51。肌苷通常存在于 tRNA 中,对于摆动碱基对中遗传密码的正确翻译起着关键作用。

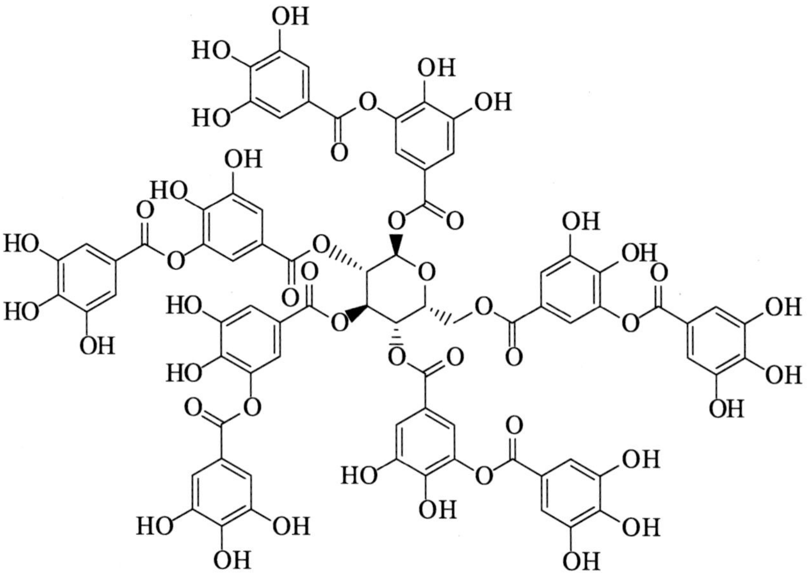

附图 50　单宁酸

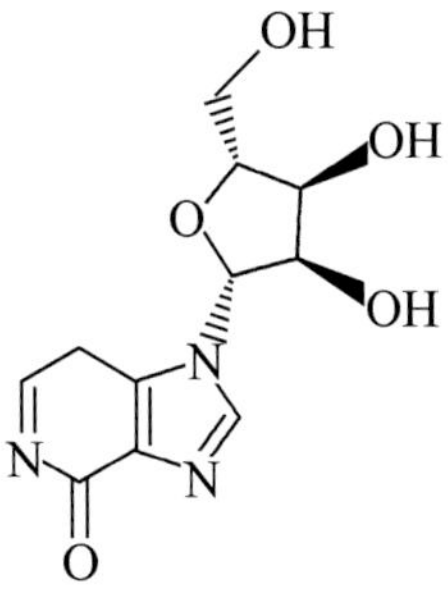

附图 51　肌苷

附录 11　本书部分彩图

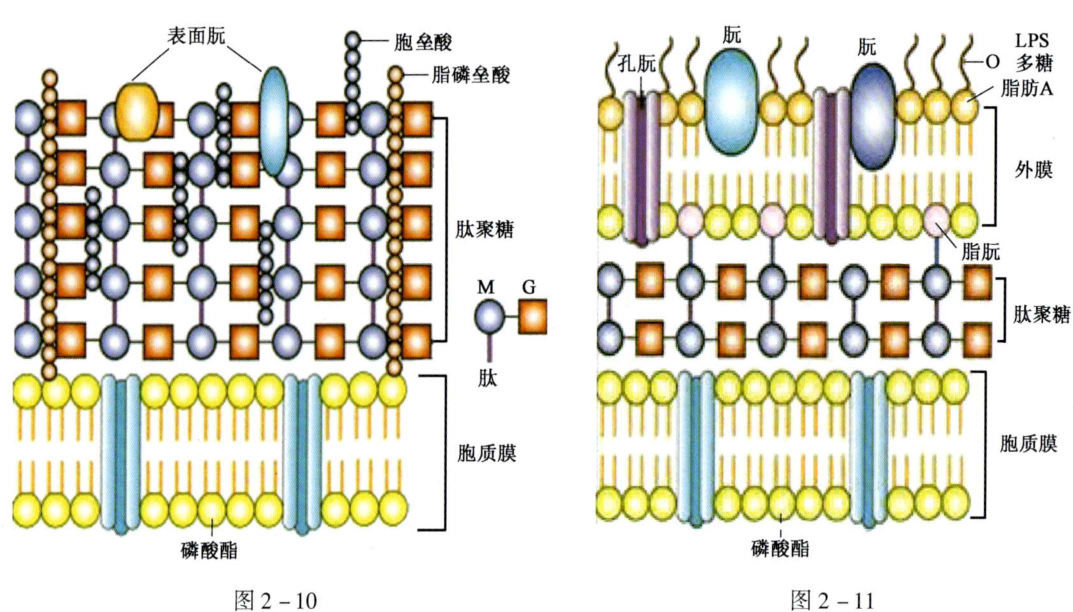

图 2－10　　　　图 2－11

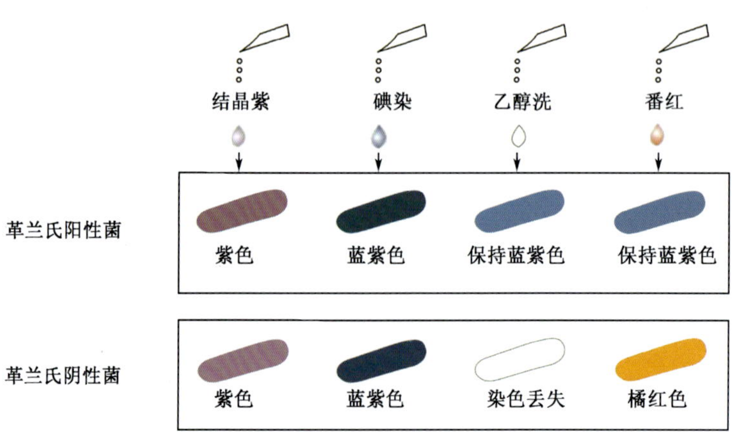

图 2－12

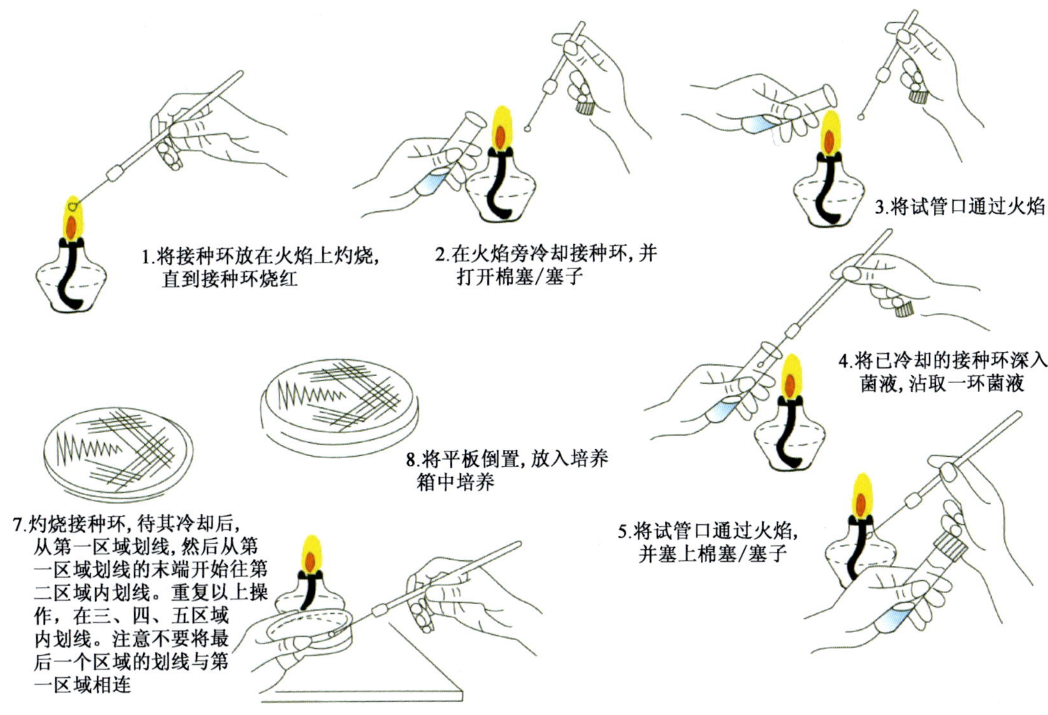

图 3－11

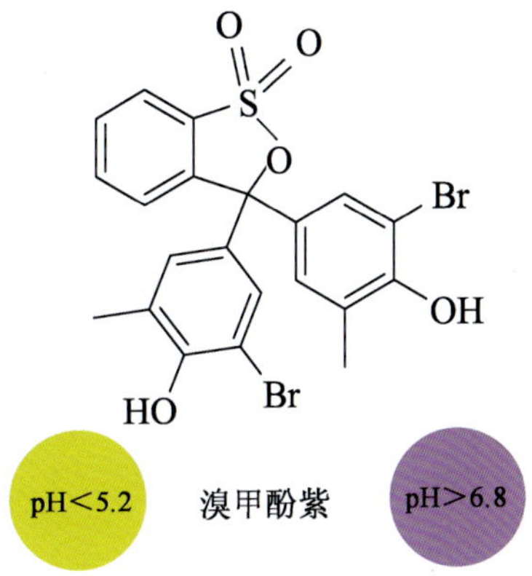

O O S O Br OH HO Br

pH<5.2 溴甲酚紫 pH>6.8

图 5－5

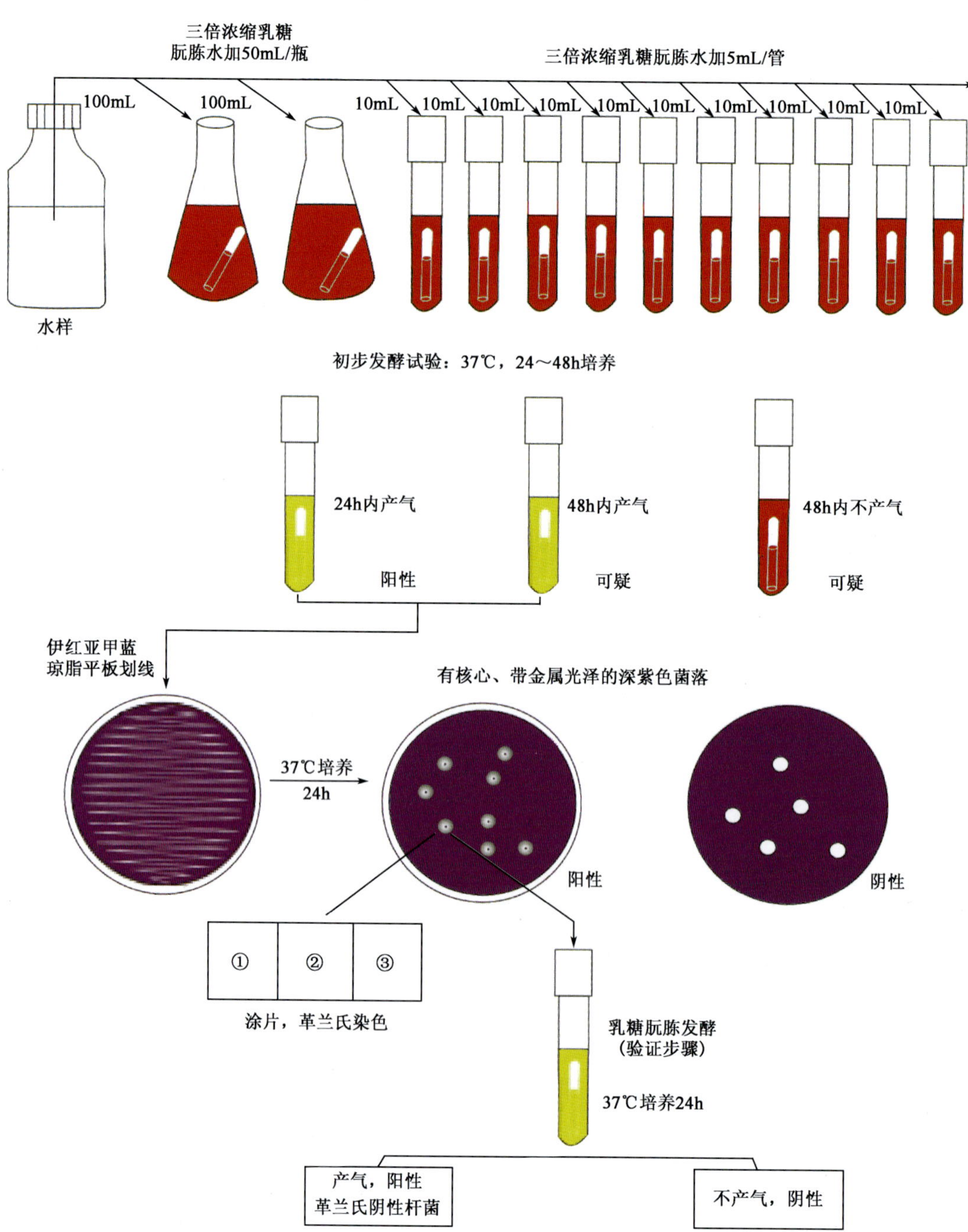
三倍浓缩乳糖
胨胨水加50mL/瓶
三倍浓缩乳糖胨胨水加5mL/管
100mL
100mL
10mL
10mL
10mL
10mL
10mL
10mL
10mL
10mL
10mL
10mL
水样
初步发酵试验：37℃，24～48h培养
24h内产气
阳性
48h内产气
可疑
48h内不产气
可疑
伊红亚甲蓝
琼脂平板划线
有核心、带金属光泽的深紫色菌落
37℃培养
24h
阳性
阴性
①
②
③
涂片，革兰氏染色
乳糖胨胨发酵
(验证步骤)
37℃培养24h
产气，阳性
革兰氏阴性杆菌
不产气，阴性

图 5－6

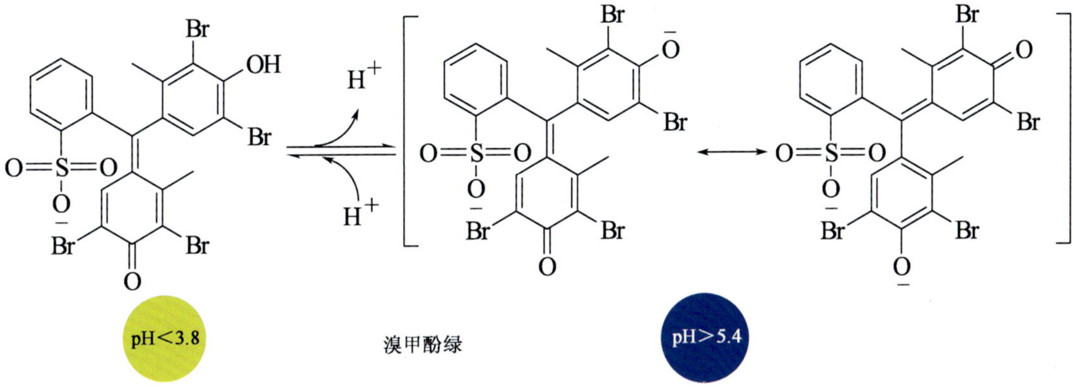

H^+ H^+

$pH<3.8$

溴甲酚绿

$pH>5.4$

图 5－9

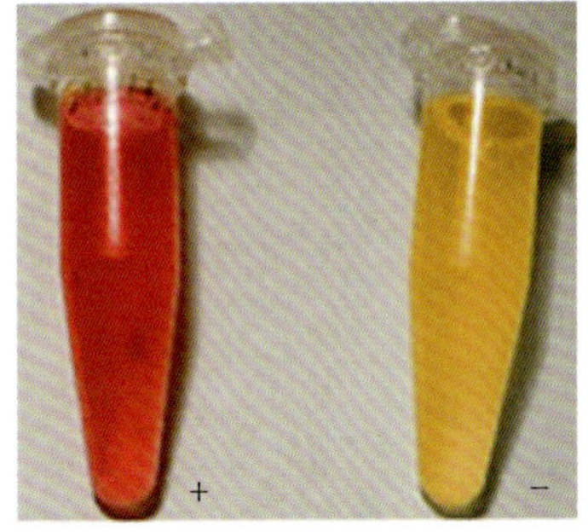

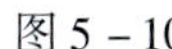
图 5－10

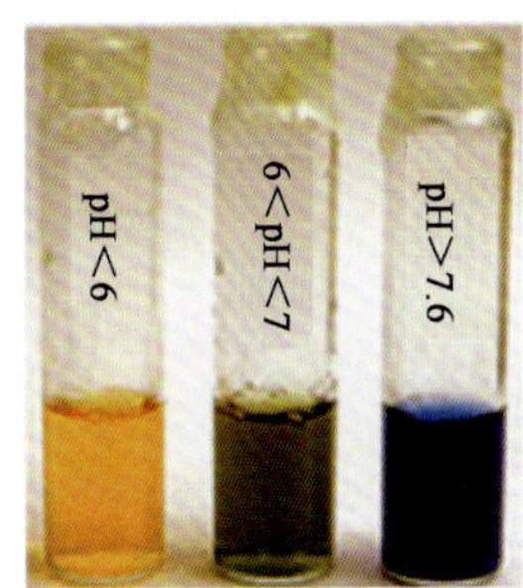

图 5－11

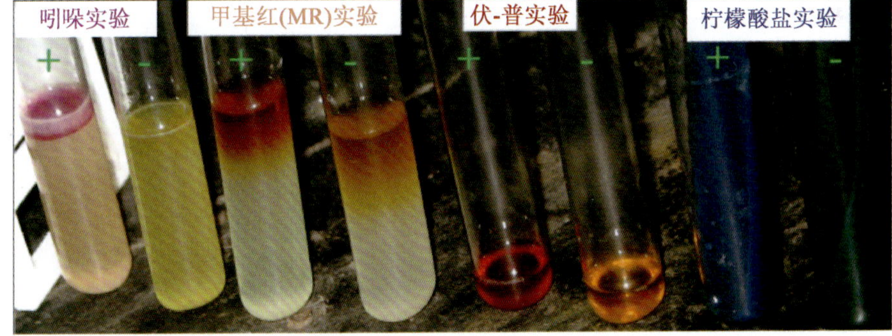

图 5－12

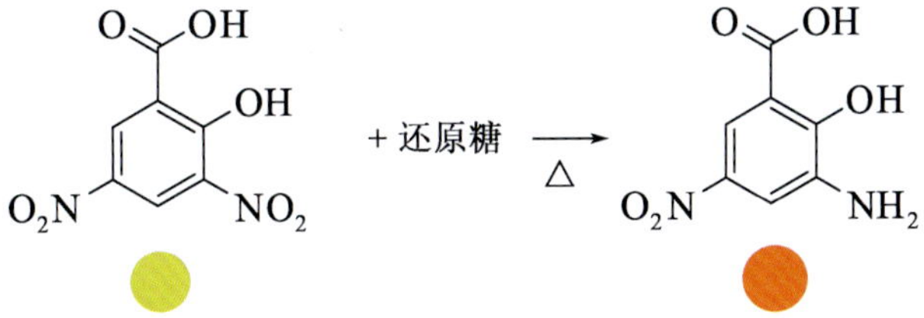

+还原糖 $\xrightarrow{\triangle}$

图 5－15

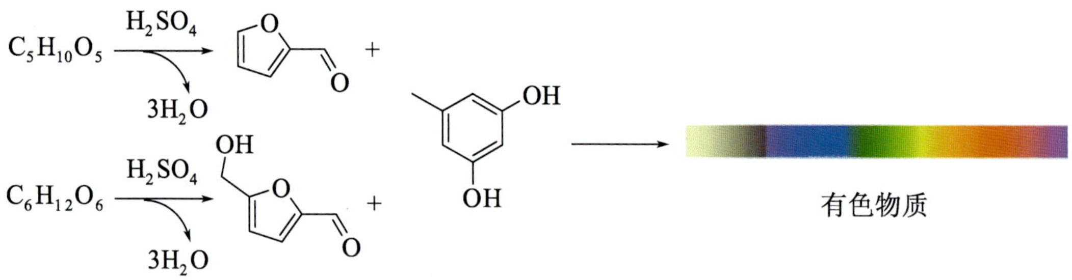

$C_5H_{10}O_5$ $\xrightarrow{H_2SO_4}$ (−3H_2O) 糠醛 +

$C_6H_{12}O_6$ $\xrightarrow{H_2SO_4}$ (−3H_2O) 5-羟甲基糠醛 +

(苔黑酚) ⟶ 有色物质

图 5－16

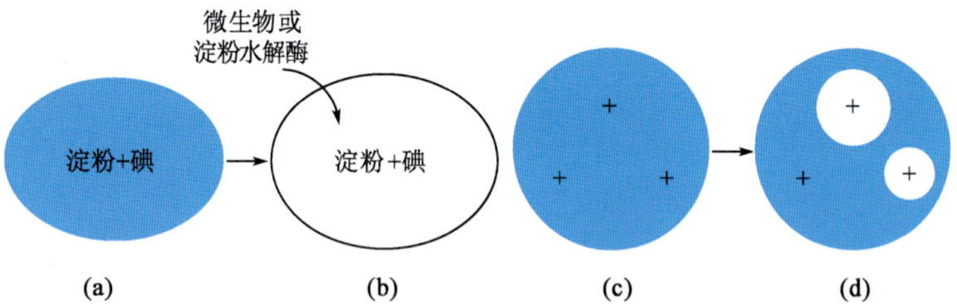

微生物或
淀粉水解酶

淀粉+碘 → 淀粉+碘

(a) (b) (c) (d)

图 5－20

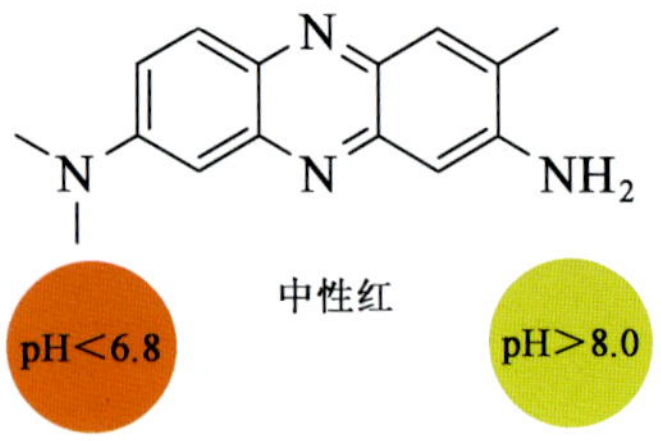

中性红

pH<6.8 pH>8.0

图 5－22

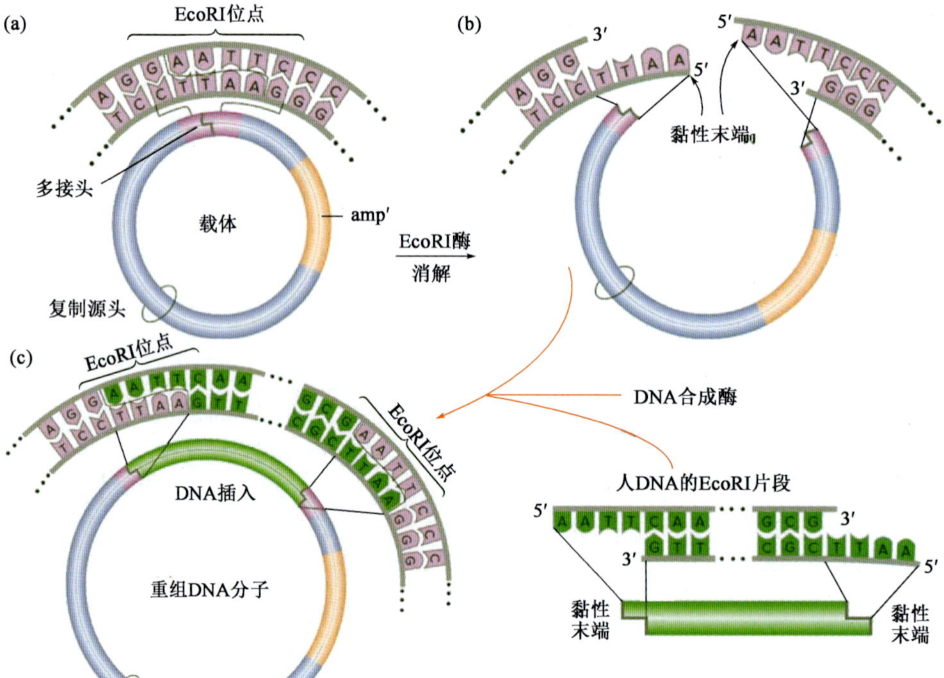

(a) EcoRI位点

多接头 载体 amp′ 复制源头

EcoRI酶
消解

(b) 3′ 5′ 5′ 3′ 黏性末端

(c) EcoRI位点 EcoRI位点

DNA插入

重组DNA分子

DNA合成酶

人DNA的EcoRI片段

5′ 3′ 3′ 5′

黏性末端 黏性末端

图 6－6

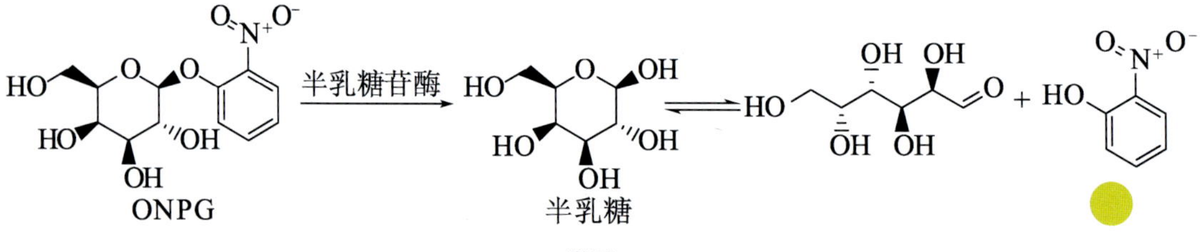

ONPG $\xrightarrow{半乳糖苷酶}$ 半乳糖 ⇌ + HO(邻硝基苯酚)

附图 2